芯片战争

余　盛　著

华中科技大学出版社
http://www.hustp.com
中国·武汉

图书在版编目(CIP)数据

芯片战争/余盛著. —武汉:华中科技大学出版社,2022.1(2024.3 重印)
ISBN 978-7-5680-7661-6

Ⅰ.①芯… Ⅱ.①余… Ⅲ.①芯片-技术发展-世界 Ⅳ.①TN43-11

中国版本图书馆 CIP 数据核字(2021)第 218081 号

芯片战争
余 盛 著
Xinpian Zhanzheng

策划编辑:亢博剑　田金麟
责任编辑:江彦彧
封面设计:璞茜设计
责任校对:曾　婷
责任监印:朱　玢
出版发行:华中科技大学出版社(中国·武汉)　　电话:(027)81321913
　　　　　武汉市东湖新技术开发区华工科技园　　邮编:430223
录　　排:华中科技大学惠友文印中心
印　　刷:武汉科源印刷设计有限公司
开　　本:710mm×1000mm　1/16
印　　张:27.5
字　　数:380 千字
版　　次:2024 年 3 月第 1 版第 14 次印刷
定　　价:59.80 元

推荐序一

　　我与余兄交往已久,一向佩服他视野开阔,政经史地无不涉猎,每个领域并非浅尝辄止,而是都穷根究底、颇下一番功夫的。余兄思维活跃,多真知灼见,与之交谈,每每有意外收获。我也知道他近年来关注信息产业,在这一方面也颇有研究,并且已有一部与手机相关的书籍出版。前些天,余兄发给我一部新书的书稿,说是与我的专业相关,嘱我一定要为之作序。打开一看,竟是一部关于全球芯片发展历史与现状的三十几万字的纪实大作。

　　打开这部书稿,就很难再把它合上。在从事微纳电子科学与技术研究与教学的十几年中,这应该算是我看过的第一部能够将芯片大事件讲述得相当完整而又脉络清晰的书稿。将此书读完,从美国、日本、欧洲、韩国到中国等各个国家的芯片发展成败教训俱已了然在胸。更难得的是,作者不囿于成见,对许多芯片大历史或小事件都能有自己独到的见解,每每有发人深省的议论。我花了几晚的时间一口气把书稿看完,掩卷之际,竟感觉自己浑如身处芯片战场一般,耳边尚有金戈铁马的铿锵之音在回响。芯片从诞生至今不过六十多年,却已改变了整个人类社会的面貌,将工业时代尚多野蛮行径的人类带入高度文明发达的信息社会,很难有一个发明能有芯片这般重要。直到这部书稿问世的这一天，全球电子产业界都正在为芯片短缺而焦虑，芯片仍然对人类社会的方方面面产生着深刻的影响，地球上现今所有大国的兴衰均与之密切相关，数十亿人的命运在不知不觉间被裹挟其中。小小芯片所蕴含的巨大能量，不能不让人心惊与感叹。

中国大陆在芯片技术上已经苦苦追赶世界先进水平几十年，虽然已经有了不小的成绩，在一些领域也有了可喜的突破，但不可否认的是，整体水平仍然与国际先进国家有较大的差距。由于受到国际政治势力的干扰，中国要想在极紫外线光刻机、5纳米以下先进制程等半导体技术上取得突破相当艰难。不过，信息产业的本质特征是它总会给你换道超车的机会。当摩尔定律走到尽头，需要寻找新的路径实现芯片性能提升的时候，大家将站在同一条起跑线上。芯片发展如果想要突破摩尔定律的极限，迈向1纳米乃至更小的线宽尺寸，势必要探究新的颠覆性前沿技术，譬如研究基于碳纳米管、石墨烯或新型二维材料等的晶体管和集成电路技术。这样中国才会有机会与半导体技术领先的国家在同等条件下进行竞争。"芯芯"之火，可以燎原，在此与在中国芯片征途上努力的诸君共勉！

好书多读，开卷有益。无论是芯片领域的专业人士，还是仍在校园的莘莘学子，相信都可以从这部佳作中获得不小的收益。余兄或许是我所认识的人当中在写作上最勤奋的一个，近年来笔耕不辍，不断有作品问世。难得的是，其作品部部都是沥血之作，出版后皆广受好评。期待余兄下一部佳作能够尽快问世。

陈长鑫[1]

2021年8月28日

---

[1] 陈长鑫，上海交通大学电子信息与电气工程学院微纳电子学系教授、博导

推荐序二

　　人类自进入文明社会以来,以生产力为标准,大致可以分为农业社会、工业社会和信息社会三个阶段。农业社会有锄头、瓷器、丝绸、纸张、弓箭……它们都要靠手工来打磨;工业社会靠机械和能源,用机械替代手工是一个巨大的进步,而机械如果没有煤、石油或电力等能源的驱动也就无法发挥作用;至于信息社会的标志,则必定是芯片。与信息有关的产业可以分成硬件、软件、互联网、移动互联网、人工智能……硬件是基础,而芯片又是所有硬件的核心。过去,我们会把电脑视作信息社会最重要的产品。如今,我们发现,智能手机扮演着越来越重要的角色。未来,更多的智能产品,如智能汽车、穿戴式设备、智能家电等将越来越多地出现在我们的日常生活中。不管哪一种智能产品,都要用到芯片,而且其产品性能的提升都直接依赖芯片技术的进步。

　　与以往的各项技术相比,芯片的一个极大的不同点在于,它以指数级增长的速度在不断进步。大约每过两年左右的时间,芯片上的晶体管密度就会增加一倍,这意味着芯片的性能也在翻倍增长。这一发展规律被称为摩尔定律,芯片技术的进步仰赖于摩尔定律的指引。摩尔定律其实是信息社会的普遍特征,信息社会的各个子产业都存在指数级发展速度。

摩尔定律意味着芯片技术的竞争是相当残酷的,第一名往往能够吃掉行业半数营收和大部分的利润,第二名还能喝到一些汤,再后来者只能吃些残羹冷饭。信息社会盛行的是"赢家通吃"的游戏规则,只有极少数胜利者能够赢得牌桌上几乎所有的筹码。要想获得最大的奖赏,所应支付的代价也高得惊人。芯片技术的研发和生产投入也需要指数级的增长,这样才能保持技术领先的地位。利润回报与资本投入必须形成正循环,否则在芯片事业上的亏损黑洞之大,即便是一个大国或强国也无法承受。在自由市场竞争中,以"偏执狂"式的努力并取得商业成功的公司才有可能跟得上摩尔定律的脚步。

日本电器时代的索尼、东芝、松下、夏普,电脑时代的 IBM、英特尔、微软、联想、惠普,智能手机时代的华为、苹果、三星、高通、小米、OPPO、VIVO,人工智能时代的谷歌、特斯拉、亚马逊、阿里巴巴、腾讯,这些都是我们耳熟能详的公司名字。《芯片战争》这本书以芯片为纽带,将它们串联起来,它们或者设计芯片,或者制造芯片,或者利用芯片,芯片的力量成就了它们的辉煌,芯片的发展也离不开它们的努力。

伟大的公司驱动经济的成长和社会的进步,一个国家或地区的经济发展也有赖于伟大公司的成功。人类进入信息社会以后,值得警惕的现象是不公正的社会分配让信息技术带来的财富越来越集中到少数人手中,发达国家俱乐部的进入门槛也越来越高。二战以后,亚洲仅有几个国家成功跻身发达国家或地区之列,芯片技术在这一进程中扮演了一个重要的角色,可以说是后进经济体赶超先进经济体的一大利器。如果没有三星电子,韩国几无可能取得今日在地球村中之显赫地位。中国要想成为下一个发达经济体,在全球芯片产业中占据一席之地是必经之路。中国也需要培养起自己的"三星电子"。也可以这么说,中华民族要想取得伟大复兴,在很大程度上有赖于一块小小的芯片。

　　芯片的背后是半导体,一项尖端半导体技术的研发,往往需要许多公司甚至是多个国家的共同努力。半导体技术的进步是全人类的福祉。芯片应用得越广泛,人类社会的财富就增加得越多。我们很遗憾地看到,因为政治的关系,全球半导体产业版图有被人为割裂的危险,最喜欢鼓吹自由市场竞争的国家对市场的践踏也最为粗暴。

　　科学技术是第一生产力,半导体技术又是所有科学技术中最基础、最尖端的部分。真正的技术是买不来的,也无法在温室里苗壮成长。芯片发展的历史告诉我们,技术发展要走引进、消化、吸收和创新的道路,政策引导与市场竞争两手都要硬,国家扶持与企业自强两者相结合,才能够真正地将半导体技术发展起来。中国芯片大业,需要每一个中国人的努力,不管你是中国芯片的制造者,还是中国芯片的消费者。

李菁[①]

2021 年 9 月 9 日

---

　　① 李菁,华中科技大学公共管理学院教授、博导

自 序

　　自中兴、华为相继被美国制裁以来,芯片在中国成为热词。一夜之间,人们忽然发现,在"GDP 全球第二""中国制造"名闻天下的今天,中国居然还有如此大的一块短板。中国每年芯片进口额超过石油,最先进的高科技企业在面临芯片断供时束手无策,种种残酷的现实刺激着中国人的神经。一时间,种种关于芯片的资本炒作概念满天飞,关于芯片的网络文章到处流传,但对许多重要问题,如芯片发展的来龙去脉是怎样的、芯片的影响力为什么会这么大、中国的芯片产业的现状到底如何、中国芯片的发展出路在哪里等等这类问题,真正能够说清楚的文章很少。有许多文章不仅连最基本的芯片概念都没有说清楚,甚至还有很多错误。市场呼唤着关于芯片的,严肃而科学的大众普及读物。

　　目前人们能够看到的与芯片相关的书籍屈指可数,少数几本也多出自专业技术人员之手。因为芯片技术是人类社会最尖端的技术之一,要把芯片搞明白需要不少相关的科学知识、技术知识的积累,非专业技术人员一般不敢做这方面的尝试。专业技术人员所出的关于芯片的书籍基本可以保证在专业方面的严谨与认真,文字方面却容易偏于生硬,难以卒读。而且,芯片是整个电子产业乃至信息产业的基础,芯片技术的进步关系到整个人类社会的进步;芯片还关系到大国之间的竞争,美国称霸、苏联解体、日本衰退、中国崛起,这些大国命运的变迁无一不与那小小的芯片相关。要说明白芯片,就得读懂一块芯片所蕴含的政治、经济和社会意义,这就远远超过芯片专业技术知识的范畴。而且,有意思的是,虽说技术对芯片至关重要,但芯片更需要的是市场。唯技术论曾经导致中国芯片发展屡屡碰壁,中国芯片直到取得市场上的成功后才能够真正拥有世界范围的影响力。所以,讲清楚那些与芯片相关的公司的商业成功逻辑,着实要比讲明白那些深奥的芯片技术知识更加重要。

本书是市场上第一部从商业竞争的角度说尽全球芯片产业发展史的财经书籍,是一本对芯片产业感兴趣的投资者、研究者和普通大众读者不能错过的芯片产业普及读物。它也可以作为中学生和大学生的课外推荐读物,是一本很可能影响莘莘学子学业或职业选择的书籍。全球芯片产业巨头,从英特尔、三星电子、台积电、SK 海力士、美光、德州仪器、东芝、英伟达、索尼、英飞凌、恩智浦、超威、IBM、格罗方德、联华电子、安谋到阿斯麦尔,它们的辉煌与挣扎、光荣与磨难,本书尽可能地一一历数。中芯国际、兆易创新、中微、华润微电子、紫光国微、华虹、上海贝岭、寒武纪,这些中国芯片概念上市企业的前世今生,书中也都一一做了记录。还有龙芯、众志、展讯、海思、成芯、武汉新芯、长江存储、合肥长鑫,从芯片设计到芯片制造,中国企业不断攻克难点,往事与现状,本书也尽力详叙。美国、日本、韩国、中国台湾、中国大陆、欧盟,全球六大芯片经济体在芯片产业上又进行着怎样的合纵连横、征战杀伐与合作共赢?全人类的现在与将来都被席卷其中,如此一盘大棋,惊心动魄,令人荡气回肠。

在华为手机芯片断供的背后有着怎样的大国角力,中国芯片面临怎样的危险与机遇?商用计算机、个人电脑、智能手机、云计算、物联网、人工智能,下一个芯片主战场在哪里?已经走过五十多个年头的摩尔定律,还能再走多远？芯片产业的未来走向在哪里？本书都一一给出了自己的观点。因为芯片技术仍然在向前发展，关于芯片的公司竞争与大国角逐仍在继续，许多问题都还没有最终的答案。我们只能够说，我们有幸参与其中，见证人类社会伟大、重要的技术奇迹的延续之路。

余盛

目录

上部　全球芯风云

下部　中国芯势力

楔子

华为的难题

"很遗憾在半导体制造方面，华为没有参与重资产投入型的领域、重资金密集型的产业，我们只是做了芯片的设计，没搞芯片的制造。"

2020 年 8 月 7 日，在中国信息化百人会 2020 年峰会上，华为消费者业务首席执行官余承东表示，将于当年 9 月份发布新一代华为 Mate 40 系列手机，搭载最先进的华为麒麟 9000 芯片。麒麟 9000 也是全球首款成功流片的 5 纳米工艺制程的芯片，将与搭载在苹果 iPhone 12 系列手机上的 A14 处理器芯片在最新款的手机市场上巅峰对决。不过，麒麟系列芯片在 9 月份以后就无法再生产，华为 Mate 40 系列将成为搭载高端麒麟芯片的"绝版"机。华为智能手机 2019 年的全球销量仅次于三星，2020 年冲刺全球销量第一的计划就此破灭。智能手机为华为贡献了一半的销售额，华为的整体业绩也受到重大影响。

麒麟芯片之所以在 9 月份以后无法生产，是缘于美国商务部当年 5 月 15 日针对华为出台的第二轮出口管制措施。美国商务部下令，任何厂商若使用美国设备或美国软件为华为设计或制造芯片，都必须额外取得美国政府的出口许可证。这意味着如果没有许可证，三家垄断芯片电子设计自动化（EDA）工具的美国企业不能为华为旗下的海思半导体提供芯片设计的工具服务，台积电和其他芯片制造厂也都不能为海思制造芯片。美国商务部对这一禁令给出了 120 天的过渡期，将于 9 月 15 日开始正式执行。此前华为已经挺过了美国商务部的第一轮制裁，在美国不供应芯片和操作系统服务的背景下，华为成功实现了芯片的自研或从美国之外进行采购替代，并且推出了自主开发的鸿蒙操作系统，自建手机应用生态。鉴于对华为的第一轮制裁无效，美国将打击对象升级到了芯片的设计与制造环节，而且将"美国技术占比在 25% 以上"的限定修改为"只要用到美国技术就都属受限范围"。

美国商务部的新禁令出台的同一天，台积电宣布将投入 120 亿美元在美国亚利桑那州建 5 纳米制程晶圆厂。两个月后，台积电正式对外宣布：受美国政策影响,9月14号之后台积电无法再向华为继续供货。台积电是华为5纳米制程麒麟芯片的唯一供应商。这意味着,华为自研的高端手机芯片将断供。三星电子虽然也有能力代工5纳米制程芯片,但它明显也不可能为华为提供代工服务。至于全球第三家芯片制造能力接近5纳米制程的公司英特尔,则是一家老牌的美国半导体企业。

至于中国大陆自己的晶圆代工厂,目前技术最先进的中芯国际才刚刚完成28纳米制程芯片的量产和14纳米制程芯片的试产,7纳米制程芯片还在研发中。且不说中芯国际的技术还有几年的差距,即使它要为华为代工5纳米制程芯片,还将面临一个无法解决的瓶颈问题:中芯国际拿不到生产5纳米制程芯片所必需的关键设备——极紫外线(EUV)光刻机。全球仅有荷兰的阿斯麦尔(ASML)一家企业能够生产极紫外线光刻机,中芯国际曾经从阿斯麦尔订购了一台,因受美国政府的阻挠,迟迟不能到货。中国本土最先进的光刻机供应商上海微电子,目前还只能造出生产90纳米制程芯片的光刻机。

迫不及待的华为,竟传出消息要亲自招兵买马,采购相关设备,打算自己制造光刻机。半导体是所有制造业的核心产业,光刻机又被誉为半导体制造业皇冠上的明珠。曾经在移动通信、智能手机和网络设备领域无往不胜的华为,这回能够攻克极紫外线光刻机难关吗?

2020年8月底到9月初,美光(Micron)、三星电子和SK海力士(SK Hynix)相继宣布,9月15日起无法向华为供应存储芯片。全球存储芯片亦控制在少数几家企业手中,中国本土企业在存储芯片领域才刚刚起步。

华为、中芯国际、英特尔、台积电、三星电子、阿斯麦尔、SK海力士、美光……在全球风起云涌的芯片战争中,这些商业帝国各自都扮演着怎样的角色?在这些企业的背后,中国、美国、欧洲、韩国和日本,又在围绕芯片进行着怎样的高科技角力?

上部　全球芯风云

第一章

从晶体管到芯片

晶体管替代真空管

1883 年,美国发明大王爱迪生为电灯泡的碳丝在高温下容易蒸发伤透了脑筋。他尝试着在加热的灯丝附近装上一块金属片,在给金属片接上电流计时,他意外地观察到没有连接上电路的金属片居然有微弱的电流产生。爱迪生不知道这是什么原因以及它能起什么作用,但颇具商业头脑的他还是申请了专利,并将它命名为"爱迪生效应"。爱迪生没有料到,他在无意中开启了电子学的大门。

后来人们知道,当金属物质被加热时,高温会导致金属物质上的电子活性增强并产生游离现象,此时若附近有一正电压强力吸引,游离的电子就会在处于真空状态的空间中流动。基于这一认识,英国物理学家弗莱明制造出第一支二极真空电子管。二极管内部封装阴极和阳极两个电极。当加热的阴极与电源负极相连、阳极与电源正极相连时,电子从阴极跑到阳极,二极管导通,表现为没有电阻的导线;反之,二极管不通,表现为一个没有合上的开关。所以二极管起到单向阀门的作用,因此它也被叫作"弗莱明阀门"。二极管无论是外观还是本质就是一个灯泡,只是没有像灯泡一样给灯丝通电发光,而是用一个发射器喷射出电子,电子在越过真空后被一个接收器收到。

1907 年,美国发明家德福雷斯特尝试着在二极管的阴极和阳极之间增加了一个电极,他惊讶地发现加在中间电极上的电荷量的大小会导致阴极和阳极之间的电子流的速度产生明显的变化,从而让真空电子管拥有了将电子信号放大的作用。三极真空电子管(简称真空管或电子管)解决了电流或电波在传送信号的过程中逐渐衰弱的问题,让信号的无线传送成为可能。德福雷斯特惊喜地宣称:"我发现了一个看不见的空中帝国。"

由于真空管能在不失真的前提下放大微弱的信号,使得收音机、电视、步话机、对讲机、移动电话等收发电子信号的设备的出现成为可能,为广播、电视和无线通信等技术的发展铺平了道路。如果以真空管充当开关器件,其速度要比有百分之一秒延时的继电器快成千上万倍,真空管因此还受到计算机研制者的青睐。二战期间,美国陆军为了提高火炮弹道计算速度,出资支持宾夕法尼亚大学开发出了世界上第一台通用电子计算机"埃尼阿克"(ENIAC),计算机的历史从此跨进了电子的纪元。一个真空管的发明居然同时推动了通信和计算机两大产业的发展,而这两大产业因为以相同的电子元器件为基础,在未来几十年后又融为一体,成为当今世界最为重要的信息通信(ICT)产业。

真空管的发明被视作电子工业诞生的标志,它整整统治了全球电子产业 40 余年的时间。但真空管也有很多问题。由于真空管的电子是在真空状态中传送的,真空状态会带来很大的大气压强(对大气压强缺乏概念的读者可以了解一下那个 16 匹大马才能拉开两个真空半球的马德堡半球实验),并且真空管体积大、易破碎、有慢性漏气风险且制造工艺复杂。真空管要加热后才能使用,这导致其还有启动慢、能耗大的问题。二战中,真空管的缺点暴露无遗,在雷达工作频段上使用的真空管效果极不稳定,应用了真空管的移动通信装备笨拙且易出故障。使用了 18000 个真空管的 ENIAC 计算机重量超过 30 吨,占地 170 多平方米,耗电量惊人,而且平均每 15 分钟就会烧坏一个真空管,操作员不得不频繁地停工检修。因此,许多科学家都在努力寻找能在固体状态中控制电子的传送、能像真空管一样起到放大和开关作用的电子器件。

德福雷斯特把他的真空管专利以 39 万美元的高价出售给了美国电话电报公司(AT&T)。美国电话电报公司的前身是美国贝尔电话公司,由电话的发明人贝尔创建。自成立以来,依靠丰厚的通信业务利润,美国电话电报公司一直是全世界最大的电信运营商,并拥有自己的通信设备制造企业——西部电子公司,及全世界最强大的企业实验室——贝尔实验室。贝尔实验室致力用半导体制造可替代真空管的电子管。半导体是一种神奇的材料，它在常温下的导电性能介于导体与绝缘体之间，而且在掺杂微量杂质后能够改善导电性能。到了1947年12月，约翰·巴丁和沃尔特·布拉顿终于取得了成功，他们发明了用锗制成的可替代真空管的点接触式晶体管（transistor）。贝尔实验室没把项目领导威廉·肖克利列为这一专利的发明人。肖克利很不高兴，他继续推进并发明了结型晶体管（junction transistor）。点接触式晶体管的产量非常有限，不能算是商业上的成功；结型晶体管性能更可靠且易生产，使得现代半导体工艺成为可能。

晶体管的体积、重量和能耗远远小于真空管，结实可靠、寿命很长，可彻底解决真空管固有的缺陷。贝尔实验室不仅发明了晶体管，还发明或改进了与半导体产品生产相关的晶体提纯、掩膜、光刻和扩散等技术。可是，美国电话电报公司没有成为半导体产业的领军者。它只打算研究晶体管在通信领域的用途，此外就是收取晶体管专利的授权费用。贝尔实验室自1925年成立以来，平均每天都要申请一个专利，已经习惯了在专利授权上躺着赚钱。可是，时代在变化，晶体管问世两年后，针对美国电话电报公司在美国电信业的垄断地位，美国司法部展开了反托拉斯调查。美国电话电报公司被要求限制其在电子通信设备和服务方面可能有碍自由市场竞争的商业活动，并且必须以合理的价格出售专利许可或者以专利交换的形式允许其他厂商使用其专利。总之，美国电话电报公司必须容忍竞争对手的存在。

在反托拉斯诉讼的威胁下，美国电话电报公司不得不将晶体管及其相关的半导体技术以很低的价格对外授权，授权费不过区区2.5万美元。实验室里做出的晶体管离产业化应用还有很长一段路要走，这里有着巨大的商业机会。有二三十家企业获得了晶体管技术的授权，其中包括真空管时代的电子行业巨头通用电气公司和美国无线电公司（RCA）。这两家公司的前者由爱迪生创办，后者由通用电气、美国电话电报公司和西屋电气联合创建。除了这些巨头，不少嗅觉灵敏的小公司或初创企业也勇敢地进入了晶体管的研究和生产领域。

与电子公司不同,国际商业机器公司(IBM)、美国电话电报公司和摩托罗拉公司这类计算或通信领域的大公司则积极研究晶体管的应用。1954年,贝尔实验室开发了第一台晶体管计算机 TRADIC,使用了大约 700 个晶体管和 10000 个二极管,每秒钟可以执行 100 万次逻辑操作,效率是 ENIAC 的 200 倍,功率仅为 100 瓦。计算机因为晶体管的问世发生了跨时代的巨大进步。

由晶体管的发明引发的半导体技术革命很快就席卷了整个电子产业界。晶体管和晶体管化的电子设备在刚开始的时候并不受欢迎,因为以锗为材料的晶体管太贵,而且性能不稳定,对高温、潮湿和震动非常敏感。硅管替代锗管势在必行,但硅管的工艺要复杂很多,硅的提纯需要 1415℃的高温,远高于锗的 937℃。在这样的高温下,几乎所有物质都会与融化的硅发生化学反应,很难保证硅的纯度。谁也没想到,在硅管商业化技术上取得突破的竟是一家名叫德州仪器的小公司。

德州仪器总部位于美国得克萨斯州中北部的达拉斯。得州盛产石油,德州仪器的前身地球物理业务公司就是做石油勘探的。二战期间,地球物理业务公司开始扩大业务,为美国军队生产国防电子产品。电子业务发展成为地球物理业务公司的支柱产业,最终独立门户,重组成立德州仪器。原来的地球物理业务公司后来变成德州仪器的一个子公司,应市场需求而不断转型也成为德州仪器的企业基因。得州这样落后的地方居然也有企业想做高精尖的晶体管?尽管"相当受到奚落",德州仪器还是得到了晶体管技术的专利授权。德州仪器的执行副总裁帕特·哈格蒂是个相当有雄心壮志和战略眼光的人物,在获得技术授权后,他就开始大力寻找人才,挖人直接挖到了发明晶体管的贝尔实验室。

得州是美国非常独特的一个州,在历史上它甚至独立过。得克萨斯共和国宣布脱离墨西哥后,存在了整整 10 年才宣布取消独立并加入美国。得州是仅次于加利福尼亚州的美国第二大州，得州人以狂野的个性而自豪，自称"a fierce texan"，有很重的家乡情结。所以，当戈登·蒂尔得知得州居然也有想做半导体的企业，就高兴地回到故乡，进入德州仪器担任研发主任。贝尔实验室人人对蒂尔的离职啧啧称奇，因为贝尔实验室名满天下，得州则被认为是个只有石油和牛仔的蛮荒之地，更不要谈有什么高科技。

在高温提炼纯硅的技术突破后，1954 年 2 月，蒂尔研制出了第一个可商用的硅晶体三极管。三个月后，蒂尔参加了一个半导体学术会议。当蒂尔讲到德州仪器已成功制造出硅管，并从口袋里掏出几个硅管时，台下昏昏欲睡的听众马上清醒过来，大家都抱着怀疑的态度。蒂尔取出两部各用锗管和硅管制成的收音机，然后让人拿来一桶热水，他把两部收音机先后放入热水中，锗管收音机马上断了音乐，硅管收音机仍然音乐声不断。会场马上炸开了锅，许多人冲出会场去打电话，他们冲着电话嚷道："他们在得克萨斯做出硅晶体管了！"

美国军方马上相中了德州仪器开发的硅管，大规模采购并应用于雷达、导弹系统。军用设备对便携性、可靠性和耐用性有着特殊的要求，对价格倒是不太在乎。在 20 世纪 50 年代的大部分时间里，正是美国军方的支持才让新生的半导体产业得到了快速的发展。苏联于 1957 年率先发射了第一颗人造卫星，美国举国震惊，加大了在太空竞赛上的投入。与苏联相比，美国的火箭技术略微落后一些，所以更重视减轻重量，所有太空用的电子设备都尽可能地使用硅管，以硅管为基础的美国半导体产业也因此突飞猛进。

军方需求的数量毕竟有限，为了扩大硅管的市场，德州仪器发明了世界上的第一台晶体管收音机。哈格蒂孤注一掷地投入 200 万美元建立硅管的生产线，将硅管的价格从 16 美元降到 2.5 美元。在那个年代，收音机的重要性不亚于后来的电视机或手机，美国家家户户至少必备一个收音机。第一年，德州仪器就卖出去了 10 万台晶体管收音机。尽管每台售价 49.95 美元，相当于现在的 1000 美元，德州仪器在晶体管收音机的业务上仍然是亏钱的。

不过,德州仪器的目的达到了,它成功吸引了 IBM 的关注。为了与价格只有 1 美元的锗管竞争,德州仪器再次扩大硅管的生产规模,将硅管的价格降到 1.5 美元,从而获得了 IBM 计算机的晶体管采购订单。小小的德州仪器一跃成了半导体产业的领跑者。

晶体管替代真空管是一个巨大的进步,工程师们得以设计出许多更加复杂的电子设备。不管什么电子设备,都需要将各种电子器件相互连接以形成电子线路,而完全通过人工将成千上万个电子器件焊接到同样数量级别的导线上,整个工序耗时耗力且成本高昂。又由于每个焊接接头都可能出现故障,故电子线路越复杂,可靠性就越低,其成品率完全依赖操作人员的熟练度和责任心。美国海军的一艘航空母舰有 35 万个电子设备,有上千万个焊接点,这样的工程量让电子设备的低生产效率和低产品质量变得难以忍受。

工程师们面临的挑战是寻找可靠而又低成本的方式来生产这些电子器件并将它们彼此相连。英国皇家雷达研究所的杰夫·达默第一个提出了集成电路的设想:把一个电路所需的晶体管和其他器件制作在一块半导体上。提出这个想法很容易,关键在于找到实现这一方法的工艺。

当时的人们提出了两种解决方法。一种方法是用薄膜制造各种器件,不能用薄膜做的器件后加上去,这一思路后来发展成了平面光刻工艺。另一种方法是美国通信兵团提出来的"微模块"计划。该计划的理念是将所有电子器件的尺寸和外形做得一模一样,并将接线内嵌至元件中,然后只要将各个模块卡在一起,就能组成电路,从而不再需要用电线连接。

因为在半导体领域中的领先地位以及和军方的良好合作关系,德州仪器被美国国防部拉进了电子设备微型化计划,接下了"微模块"的研发任务。

德州仪器和仙童发明芯片

1958 年 7 月,得克萨斯州的夏天炎热又漫长。德州仪器的许多员工都离开了公司,享受为期两周的传统假期。新入职的工程师杰克·基尔比因没有攒够假期,不得不在公司里加班。基尔比的研究方向是电子器件及线路的微型化,他也被德州仪器微模块项目小组看中,但他认为微模块的方向是错误的,对这个项目没有什么兴趣。就在这段郁闷而又宁静的时光里,基尔比突发奇想:为什么不将所有的电子器件都用同一种半导体材料来制造呢?这样就可以将它们集中在一块小小的半导体芯片上并相互连接,做出极小的微型电路了。

于是,在 7 月 24 日这一天,基尔比用了五页纸记下关于如何把几种电子器件集成在一起的方法,他甚至构想了用这一方法生产出具有完整功能的电路的工艺流程。基尔比兴奋地把这个想法告诉了一个名叫张忠谋的同事。张忠谋与基尔比几乎同时进入德州仪器,因此与基尔比一样,不得不在公司加班。张忠谋对基尔比的想法不以为然,觉得"这玩意儿要有实际应用,还远得很"。连基尔比的上司也认为"这事好像挺麻烦的",但他同意让基尔比尝试一下。总裁哈格蒂则对这个研究很感兴趣,"认为这是半导体未来的发展方向"。

基尔比用他的设想做出一个叫相位转换振荡器的简易集成电路,他在一块小小的锗片上,手工集成了晶体管、电阻和电容等 20 余个电子器件,连接这些电子器件的是黄金膜导线。9 月 12 日,基尔比紧张地将 10 伏电压接在了输入端,再将一个示波器连在了输出端,电路接通的一刹那,示波器上出现了频率为 1.2MHz、振幅为 0.2 V 的震荡波形。现代电子工业的第一个用单一材料制成的集成电路,或者被通俗地称作芯片[①]的东西,就这样诞生了。尽管它的制作很粗糙,后来却被称作是"轮子之后最重要的发明"。

芯片的诞生并没有马上就被业内接受,相反,人们都怀疑这想法是否可

---

① 半导体可分为分立器件和集成器件,比如单独使用的晶体管、光电半导体和传感器就是分立器件而非芯片,逻辑芯片、模拟芯片、存储器芯片等集成器件才是芯片。所以,虽然在多数情况下,芯片和半导体的概念可以通用,但严格意义上,半导体的范畴应大于芯片。

行。基尔比说："我为不少技术论坛带来娱乐效果。"当时晶体管的生产平均只能达到 20% 的良品率，如果要在 1 块锗片或硅片上加工出 8 个晶体管，良品率将低到微乎其微，这样是不可能降低产品成本的。基尔比的芯片似乎很难解决在规模化生产的同时还能拥有可接受的良品率的问题。幸运的是，仙童半导体公司已经有人在思考这个问题了。

说到仙童，就得先从肖克利说起。看到晶体管收音机等产品的巨大成功，肖克利经常问自己一个问题："为什么那些人在利用我的发明发财？"他看到，硅的提纯问题已经解决，硅管取代真空管是迟早的事。当时市场上销售的真空管数量超过 10 亿个，而晶体管的销量还不到真空管的 1%，这个市场潜力巨大。而且，他相信自己能做出比德州仪器所做的更好的硅管。于是，1956 年，肖克利离开贝尔实验室，回老家加州圣克拉拉谷创业，打算在硅管商业化的项目上发大财。正好斯坦福大学由于资金困难拿出土地创办了一个科技园，肖克利便来到科技园创办了肖克利实验室股份有限公司。

肖克利要创业的消息，就像 17 世纪的牛顿宣布要建立工场一样引起了轰动。那时候，美国还在草创时期的半导体产业主要集中在东部的波士顿和纽约长岛地区，许多科学家和工程师精英都慕肖克利之名前往美国西海岸，不远千里地聚集在肖克利旗下。可以这么说，肖克利给硅谷带来了最初的火种。

罗伯特·诺伊斯回忆他接到肖克利邀请加盟的电话时的感觉："就像是接到上帝打来的电话一样。"诺伊斯是个天生的领袖人物，从小就敢想敢做、爱出风头。12 岁时，他与大他两岁的哥哥召集邻居家所有的孩子帮忙，按照百科全书上的一张插图设计，自造了一架简陋的滑翔机。诺伊斯勇敢地举着滑翔机从三四层楼高的谷仓上一跃而下，跳上了当地一份小报纸的图片新闻。在大学里，为了给一个夏威夷主题的寝室晚宴添加一头烤全猪，诺伊斯和一名同学自告奋勇地从邻近的农场偷来一头 25 磅的小猪，小猪被宰杀时的尖叫声响彻校园。"偷猪英雄"第二天酒醒后羞愧难当，便去道歉赔钱，才发现农场是市长家的。市长要求起诉,所幸在学校的庇护下,诺伊斯只受到停学一学期的轻罚。获得麻省理工学院物理学博士学位后,诺伊斯出人意料地没有进入通用电气之类的大公司工作,而是进入了一家二流电子企业,主导该公司的晶体管项目,并成为当时少有的晶体管专家。诺伊斯在一次学术会议上陈述论文并受到肖克利的赏识,于是他成为肖克利公司唯一不需要面试的员工,他在与肖克利面谈之前就先在附近把房子买好了。其他员工都经过肖克利本人的精挑细选,肖克利建立起了一支"博士生产线"队伍。

可是,这些科学精英忽视了一点:没有一个贝尔实验室的人追随肖克利而来,他们都受够了肖克利的独断专行。肖克利是个伟大的科学家,却很难与人共事,而且不懂管理。他延续了他在贝尔实验室做基础研究的习惯,只对发明新东西感兴趣,一心想做出价格仅有 5 美分的晶体管,不把心思放在为公司创造经济效益上。公司成立了一年,竟没有研制出任何像样的产品,这引发了公司员工的普遍不满。加上肖克利在获颁诺贝尔物理学奖后更加不可一世,其专横的家长制作风让人无法忍受,诺伊斯和戈登·摩尔等 8 个人共同"出逃"。这 8 个人被愤怒的肖克利称为"八叛逆"。不过,后来听说仙童用了不到一年的时间就开始赚大钱,肖克利也意识到自己的失误,改口称他们为"八个叛逆的天才"。

刚从肖克利公司"出逃"的时候,"八叛逆"这么一大帮人要想同时都找到工作可不容易,当时斯坦福科技园还没有几家公司,"硅谷"这个词还要十几年后才会出现。于是,他们决定合伙创办公司,他们从一家摄影器材公司那里拿到了 138 万美元的可转股贷款,并以投资人谢尔曼·菲尔柴尔德的姓将新公司命名为仙童(Fairchild)。讽刺的是,正是肖克利的名声帮助他们拿到了风险投资。投资银行家阿瑟·洛克认为:"当时肖克利可以找美国任何一个人为他工作,但他只选了他们几个,这比什么都有说服力。"

美苏冷战给新生的仙童带来了巨大的发展机会,仙童的销售人员在报纸上得知 IBM 在为北美人航空公司中标的 XB-70"女武神"超音速轰炸机设计导航计算系统，但是找不到合适的晶体管，德州仪器的硅管也没能通过 IBM 的测试。仙童迅速抓住了机会，从 IBM 那里拿到了第一张订单：IBM 以每个 150 美元的高价向仙童订购了 100 个硅管，这个价格是标准工业价格的 30 倍。

仙童还参与了"民兵"洲际导弹导航系统项目的晶体管竞标，然而，仙童的晶体管样品这回未能通过军方的测试。测试结果是灾难性的，有的晶体管甚至用铅笔敲一敲都会出现故障。为了提高晶体管的可靠性，琼·赫尔尼发明了平面工艺，可以用类似印刷的方式一次从一块硅片上生产出多个晶体管。仙童不仅解决了"民兵"洲际导弹项目所用晶体管的可靠性问题，还立即把其他几乎所有晶体管都从这个产业淘汰了。

其他半导体公司都得向仙童购买平面技术的授权，IBM 也和仙童签订了长期军事供货合同。不能忽视的是，菲尔柴尔德家族当时是 IBM 最大的股东，这也帮助仙童从 IBM 那里拿到了大笔订单。美国政府也乐意扶持仙童这样的初创公司成长。到 1958 年年底，仙童已经拥有 50 万美元的销售额和 100 名员工。

军方发现，"民兵"洲际导弹还是会发生故障，原因是导弹在发射时产生的巨大震动会让电子设备因金属微粒脱离而短路。平面工艺只是解决了晶体管自身的可靠性问题，晶体管从硅片上切割下来后，仍然需要由生产线上的女工们用细小的镊子在放大镜下装上导线，封装为成品，再焊到电路板上，做出电子设备。这样的手工作业做出的电子设备的质量显然难以应付军用品在恶劣环境下的品质要求。军方要求仙童想办法解决。

既然可以批量生产晶体管，那为什么不批量制造电路板呢？要解决的无非是各电子器件之间的导线连接问题。1959 年 1 月 23 日，"八叛逆"的领袖、领导仙童的诺伊斯也有了发明集成电路的想法。他在工作笔记上写道："将各种器件制作在同一硅芯片上，再用平面工艺将其连接起来，就能制造出多功能的电子线路。这一技术可以使电路的体积减小、重量减轻,并使成本下降。"于是,仙童研究出蒸发沉积金属铝的方法,替代热焊接导线将硅片上的电子器件连接起来。

在得知德州仪器向美国联邦专利局递交了集成电路的专利申请后,诺伊斯也提交了集成电路的专利申请书。实际上,仙童和德州仪器几乎同时发明了集成电路,诺伊斯和基尔比都是把当时已有的各项工艺技术结合在一起来使用的,这些技术大多数开发自贝尔实验室。后来诺伊斯说:"即使我们没有这些想法,即使集成电路制造工艺专利不在仙童出现,那也一定会在别的地方出现,即使不在 50 年代末出现,那也会在后来的某一个时间出现。只要晶体管制造工艺发展到一定程度,集成电路制造工艺的想法就会出现,这一技术就会被人发明。"

为了争夺集成电路的发明权,基尔比和诺伊斯打了十年的官司。最终,1969 年,美国联邦法院认定集成电路是一项"同时"的发明。基尔比被认为是"第一块集成电路的发明者",而诺伊斯则"提出了集成电路适合工业生产的理论"。德州仪器和仙童亦达成协议,互相承认对方部分地享有集成电路的发明专利权,共享集成电路的专利授权收益。

芯片从军用走向民用

在半导体产业发展的早期阶段,晶体管、芯片等半导体器件的研发成本大、风险高、回报周期长,没有多少私人资本敢投资,美国政府极具战略眼光,坚持不计代价地大规模投入,美国国家科学基金会(NSF)、美国国防部高级研究计划局(DARPA)以项目的形式支持斯坦福大学、贝尔实验室、IBM、德州仪器和仙童等科研机构和企业进行半导体技术研发。据美国商务部的数据统计,在芯片诞生的 1958 年,政府直接拨款 400 万美元进行研发支持,此外还有高达 990 万美元的订单合同。芯片发明后的六年间,政府对芯片项目的资助高达 3200 万美元,其中 70% 来自空军。同期美国半导体产业的研发经费有约 85% 的比例来自政府,政府的支持成就了美国在半导体领域的技术优势。"华盛顿通过支付技术研发费用和保证最终产品的市场份额,将原子弹最终制造成功的间隔缩短至六年,晶体管缩短至五年,集成电路缩短至三年。"①不过,这些半导体企业实力壮大以后,往往不愿再参与美国政府出资的研发项目,因为那意味着专利权归政府所有,而且还得受保密条款的约束。

芯片刚问世的时候,性能还很弱,产量也很小,成本高达每块 100 美元,售价至少得 120 美元。如果用分立元件组装出与芯片功能相同的电路,则成本还不到 10 美元。这么贵的芯片几乎找不到市场。和晶体管一样,芯片的金主仍然来自军工产业,最初的市场需求来自一个相当细分的市场——诸如导弹、飞机,甚至是宇宙飞船之类的飞行器。飞行器要求电路设计尽可能的小而轻,可靠性必须做到最高。将电子元器件和线路都封装在一块硅片上的芯片,不会出现哪个焊接头松了的问题,因此美国国防部和美国宇航局(NASA)对芯片产生了浓厚的兴趣。

1962 年,德州仪器为"民兵"导弹制导系统供应了 22 套芯片,这是芯片第一次在导弹制导系统中使用。这也意味着德州仪器在与仙童夺取军事订单的竞争中终于扳回了一局,而且其生产工艺也赶上了仙童的水平。1969 年 7 月 16 日,阿波罗 11 号飞船飞往月球,整个登月计划耗用了 100 万块芯片。当时飞船上的导航计算机和飞控计算机的运算能力之和还远远不如今天的一部手机,但也足以确保登月计划的顺利进行。20 世纪 70 年代初,第一架装配了一块约 40 平方英寸的微处理器的美国海军"雄猫"战斗机试飞成功。没有芯片,巨大的航天火箭无法从发射台升空。有了芯片,"北极星"导

---

① 威廉·曼彻斯特,《光荣与梦想 4》,四川外国语大学翻译学院翻译组翻译,北京:中信出版社,2015 年版,第 305 页。

弹和折翼式 F-11 战斗机的研制才能进行。芯片技术使美国的军事装备在冷战期间对比苏联有了很大的优势。美国国防部和美国宇航局的订单大大促进了新生的芯片产业的发展。在早期阶段,美国军用芯片市场占比高达80％以上。甚至直到 20 世纪 90 年代初期,军用市场仍然占了芯片总市场的40％。而且,美国军方对芯片的采购价格要大大高于民用市场的采购价,让半导体企业收益颇丰。

诺伊斯清楚,芯片不能仅仅依赖航空和军用市场,芯片能否在民用市场取得成功的关键在于降低成本。诺伊斯说服了仙童的董事会,于 1964 年在中国香港开设了第一家海外工厂,芯片的成本开始大幅持续下降,直到对晶体管等分立器件取得优势。同一年,芯片被应用在助听器上,开始走进民用市场。诺伊斯采用激进的价格政策,将主要芯片产品的价格一举降到 1 美元,不仅是市场上的主流芯片价格的零头,还低于当时芯片的成本。这不是传统意义上的亏本倾销,而是第一个以反摩尔定律为定价依据的案例。反摩尔定律认为,同样的芯片在 18 个月后价格就会跌一半,所以按照几年后的价格为当前的芯片定价是有一定合理性的。市场被迅速打开,芯片很快在民用市场得到越来越广泛的应用,仙童的营收和利润都迅速上升,还带动了其母公司的股价上涨。摩尔后来评论:"诺伊斯以低价刺激需求,继而扩大产能、降低成本的策略,对于芯片产业的发展而言,其重要性堪比芯片的发明。"

同时,发明芯片的德州仪器和仙童在芯片技术上展开了激烈的竞争。20 世纪 70 年代,德州仪器和仙童都是美国(当然也是全球)排名前三的半导体巨头,另外一家进入前三的半导体巨头是我们更加熟悉的摩托罗拉。除了这三巨头外,硅谷还有很多新兴的半导体企业。美国政府担心集中采购半导体和集成电路产品会完全依赖单一供应商,因此推行"第二供应商"(second source)策略,给众多新加入的厂商提供采购订单,以加速尖端技术向市场的扩散。

芯片问世不久,哈格蒂即提出了半导体渗透论。他的意思是:在20世纪内,半导体因其特殊性能,必定渗透到国防、工商业、民生各个领域。对传统产业植入芯片进行智能改造,往往能提高效率、节约能耗、重新焕发青春活力。诺伊斯也指出半导体产业在美国经济中的首要地位:美国的半导体产业提供"原油",这些核心组件让电子产业内的其他部分(国内最大的制造业雇主)运转起来,也因此让美国经济运转起来。芯片就像一颗明珠,使得其他所有工业在它的相衬之下都黯然失色,却又能为其他所有工业照亮繁荣发展的道路。美国在全球半导体产业的绝对领先优势让美国经济长期处于繁荣之中,美国半导体技术和产业链的延伸又带动了全球经济的进步。

仙童在中国香港建芯片厂,是美国芯片产业链向亚洲延伸的开始。在此之前,日本就已经开始吸纳美国的晶体管技术了。二战后,日本的军用市场受到极大的限制,反而让日本更注重民用市场的发展。还在晶体管时代,日本的半导体电子产品就崭露头角,德州仪器发明了晶体管收音机,将晶体管收音机卖到全世界去的却是一家名叫索尼的日本公司。

二战结束后,美国原本打算在日本实施去工业化的计划,然而随着朝鲜战争的爆发,日本得到美国的大力扶持,依靠朝鲜战争带来的军需订单,日本经济迅速恢复,而且因为军需订单的高质量标准开始重视质量管理。从经济的角度上说,美国也需要将部分低端的生产线转移到那时人工成本还很低的日本。美国慷慨地向日本转移了数百项先进技术,如黑白电视机、彩色显像管电视机、录音机、计算器、电冰箱、洗衣机等,这些在当时都是新式的民用消费品。

在东京的残墙断瓦间,井深大和盛田昭夫创办了索尼的前身东京通信工业株式会社①(简称东通工)。为了从西部电气拿到生产晶体管的授权,井

①　日本的"株式会社"就是股份公司的意思,社长相当于总经理、会长相当于董事长。韩国受日本的影响,也有类似的称谓。

深大向通商产业省(简称通产省,现经济产业省)申请了 2.5 万美元的贷款,"在别人的嘲笑声中走出了房间"。当时开发半导体技术的松下、日立和东芝等公司都是日本最大的电子产品制造商,通产省质疑东通工这样的小公司怎么也敢驾驭半导体这样的尖端技术。为了与西部电气签约,盛田昭夫第一次到了美国。在逛了纽约帝国大厦、布鲁克林大桥后,他向同行友人感叹:"日本和这样的国家交战,真是鲁莽呀!"

东通工研发出了高频的晶体管,于 1957 年做出世界上第一款袖珍收音机,并在这款产品上启用了索尼商标。盛田昭夫到美国去推销袖珍收音机的时候,德州仪器刚刚轻率地放弃了这个市场。美国人对盛田昭夫说:你们为什么要制造这种小收音机? 美国人都想要大收音机。盛田昭夫回答:单单纽约就有 20 多家广播公司,同时就有 20 多套节目在播放,每人使用一台小收音机收听自己喜欢的节目,岂不更好? 索尼用"一人一台"的宣传成功打破了美国人全家共用一台大型收音机的观念,成为全世界最畅销的收音机品牌。

索尼的袖珍收音机售价高达 39.95 美元,即使大批模仿者蜂拥而至,索尼也坚持不降价,而是不断推出一代又一代音质更好、体积更小的袖珍收音机产品。在收音机产品上初战告捷后,索尼不断推出晶体管电视机、摄像机、CD 播放器和随身听等创新消费电子产品,成功跻身全球最著名的电器品牌之列。日本厂商生产的袖珍收音机的价格最低曾降到 10 美元,而美国厂商做出同类产品的成本至少也要 15 美元,无法与日本产品竞争,这被视为日本电子产品向全球市场发起冲击的第一个信号。在此后长达半个世纪的时间里,日本电子产品以小巧、廉价和精致闻名于世。

在日本袖珍收音机不断降价的背后,是日本产的晶体管随着规模化生产而不断降低成本。1953 年,索尼试制的晶体管成本为一个 11 美元,到 1959 年,日本晶体管产量达到 8650 万个,产值约 4445 万美元,每个售价仅为 0.5 美元。晶体管产业在日本方兴未艾,却又很快将被芯片产业淘汰。

1959 年 2 月,德州仪器率先发布芯片产品。芯片代表半导体市场的未来,这对日本产生了强烈刺激。

1960 年 12 月,通产省下属的工业技术院电气试验所成功研制出日本第一块芯片。1962 年,日本电气(NEC,简称日电)从仙童买来平面光刻技术的授权,从零起步,三年做到了 5 万块的芯片年产量。日电同时还研制了多个型号的计算机,成为日本计算机市场的领导者。贝尔实验室刚发明了"金属氧化物半导体"(MOS)晶体管,日立公司就与美国无线电公司合作研制并于1966 年发布了 15 微米①制程②的 MOS 芯片,用于计算器的生产。到 1970年,日电的芯片年产量达到 4000 万块。应日本政府的要求,日电将芯片技术开放给其他日本企业,富士通、东芝、三菱也纷纷开始生产芯片,芯片在日本迅速形成产业规模。

日本为了保护自己稚嫩的电子工业,坚决实行贸易保护主义。依据通产省颁布的《电子工业振兴临时措置法》,只有极少数的高端电子器件才允许进口。日本采用提高进口关税、发放进口许可证等方式限制价格在 200 日元以下的中低端芯片进口。此外,日本还限制外资比例,引导日本企业发展半导体产业。德州仪器为打开日本半导体市场,不得不以技术来换市场,和索尼合作成立双方各占一半股份的合资公司。合资协议规定:在三年内,德州仪器必须向日本公开相关技术专利,并且合资公司的产品在日本市场占有率不得超过 10%;三年后,合资公司才可转为独资企业。通过严苛的限制,日本不仅让美国企业交出了核心专利技术,还将本国市场牢牢掌握在自己手里,同时还大量出口半导体产品到对日本高度开放的美国市场。

德州仪器惊讶地发现,日本厂的良品率大大高过美国厂。以 64K 内存

---

①　一皮米(pm)等于千分之一纳米(nm),或百万分之一微米(μm),或十亿分之一毫米(mm),或万亿分之一米(m)。

②　芯片的工艺节点或制程一般都称作多少微米或多少纳米,这个尺寸指的是线宽,也就是晶体管内部电子线路的宽度,或光刻机所能刻出的线路宽度。线宽决定了晶体管的大小。

为例,在产品未成熟阶段,美国厂的良品率仅有 5％到 10％,日本厂却有 20％;就成熟产品来说,美国厂的良品率仅有 30％到 40％,日本厂却有 60％ 到 70％。日本企业员工素质好、训练好、流动率低、缺席率低、富于团队精 神,因此日本厂的设备故障率低,生产运转良好,产品质量高。讽刺的是,日 本企业的质量管理方法是努力从美国学习来的。有了德州仪器日本厂的成 功投资范例,仙童与日电、美国无线电公司与日立、美国通用电气公司与东 芝也都签订了各种半导体技术的转让协议,建立合作关系。

由于日本地处冷战的第一线,所以美国对日本种种妨碍自由市场竞争 的做法相当宽容,日本因此奠定了战后电子产业发展的根基。20 世纪六七 十年代是美日关系的蜜月期,那段岁月也被认为是日本经济发展的黄金年 代。日本人如饥似渴地向美国学习半导体技术。美国人嘲笑说,在半导体 产业技术会议上每放一张新的幻灯片,都能听到一阵日本相机"咔嚓咔嚓" 的声音。不久以后,美日之间爆发了一场长达数年的贸易战争,而这场贸易 战的最高潮,竟然就源于那一块小小的存储器芯片。美国人再也笑不出 来了。

第二章

存储器公司英特尔

提出摩尔定律

美国向东亚转移半导体技术,东亚也在持续不断地为美国的半导体产业贡献人才。移民是建设硅谷的重要力量,"八叛逆"中就有三个人是第一代移民,东亚移民又是硅谷移民中最重要的一部分。加州因为与东亚距离较近而成为亚裔最喜欢移民的美国州,这也是硅谷得以崛起的一个非常重要的地理因素。萨支唐就是最早来到硅谷的华人之一。

萨支唐 1949 年从福州英华中学毕业,然后赴美深造。从斯坦福大学电机工程系博士毕业后,他加入肖克利的公司。萨支唐出身于中国近现代史上赫赫有名的萨氏家族,萨氏一门中最有名的是曾经担任过民国代理总理的萨镇冰。萨镇冰有个堂侄孙叫萨本栋,萨本栋是厦门大学的第一任校长。萨支唐即是萨本栋的儿子,如今是厦门大学物理与机电工程学院的教授。萨本栋和萨支唐父子两代都是院士。

1959 年,萨支唐也从肖克利的公司跳到了仙童,在摩尔的领导下进行芯片技术的研发。萨支唐与下属弗兰克·万拉斯共同在 MOSFET 的基础上发明了"互补金属氧化物半导体场效应管"(CMOSFET)。所谓的"互补",就是把 N 型和 P 型两种 MOSFET 组合成一个 CMOSFET。CMOSFET 在逻辑状态转换时才会产生大电流,在静止状态时电流几乎为零,所以功耗非常低。此外,CMOSFET 还具有速度快、抗干扰能力强等优点。然而,仙童因被远在美国东海岸的母公司拿走多数利润而缺乏再投资的能力,只好宣布在没有确切实验数据之前不会采用这项技术。后来,是美国无线电公司引领了互补金属氧化物半导体(CMOS)技术的应用,分别在 1966 年和 1974 年研制出首块 CMOS 芯片和首个 CMOS 微处理器。

在肖克利发明双极型的结型晶体管后不久,单极型的结型场效应晶体管(Junction Field Effect Transistor,JFET)就被发明了出来。但一直要到

CMOS 工艺发明以后,场效应管(FET)才在与双极型晶体管的竞争中取得优势。双极型晶体管制作工艺复杂、功耗较大,优点是速度快且耐用,比较受军队和航天系统的青睐。有了低成本且功耗极低的 CMOSFET,才有可能实现在一块很小的硅晶片上集成更多的晶体管也不会发热,芯片才可能在消费电子市场上获得广阔的发展前景。CMOS 工艺成为芯片制备的主流技术,此后无论芯片制造发展到哪一个技术节点,其根本技术原理都离不开它。除了芯片,CMOS 在数码摄像器材的感光元件等领域也有广泛的应用。

CMOSFET 的发展,给了摩尔极大的灵感。他意识到,有了这一技术的加持,晶体管也许可以越做越小。

基尔比制作的第一块芯片上仅有 20 个左右的电子器件。到 1965 年,也就是芯片问世的第七年,摩尔观察到了一个现象:晶体管的尺寸在不断地缩小,这使得一个同样大小的芯片可以封装更多的电路。芯片上的晶体管[①]密度,每隔一年就能翻上一倍。晶体管随着尺寸缩小,几乎所有的指标都改善了,单位成本和开关功率消耗下降,速度提高。这意味着芯片的性能也成倍地增长。摩尔预言:"集成电路将带来诸多奇迹——家庭计算机、自动控制的汽车以及个人便携式通信设备。"摩尔将他的观点写成一篇以《让集成电路填满更多的组件》为题的文章,发表在《电子学》杂志上。后来人们把他的这一观点称为摩尔定律。需要说明的是,其实仅有存储器和处理器芯片是严格遵循摩尔定律发展的,其他芯片如模拟芯片[②]的发展速度明显不可能遵循摩尔定律的要求。

在当时,摩尔的预测听起来就像是科幻小说。连他本人都认为,这个增

---

①　由于晶体管是集成电路中应用数量最多的电子器件,后来晶体管也成为芯片中的所有电子器件的通称。所以,处理器或存储器芯片中的晶体管数量的翻倍,其实是指芯片中所有的电子元器件数量的翻倍。

②　模拟芯片,是处理声音、光线、温度等连续性的模拟信号的芯片,与之相对的是处理 0 和 1 这样的离散性的数字信号的数字芯片。

长速度不会一成不变地永远继续下去，还有十年至十五年就会发生变化。要知道，摩尔定律实际上并不是一条严谨的、客观的物理定律，只是对一种经济现象的主观描述或者预测。摩尔定律也并非一成不变。后来，摩尔定律被修正为每18个月翻一倍，再后来又修正为每24个月翻一倍，到如今速度明显更慢。正确说法应该是，摩尔定律是一个自我实现的预言，正是因为摩尔和诺伊斯创办的英特尔领导着全球芯片产业界几十年如一日地朝着摩尔定律的方向努力，一次又一次地越过巨大的技术瓶颈，才造就了摩尔定律持续五十多年的奇迹。

至于摩尔本人，意识到仙童不仅不可能跟得上摩尔定律的发展速度，而且仙童付给他的薪水的增长速度更慢。仙童刚创立的时候，"八叛逆"每个人都分到了7.5％的股份。在这之前，所有著名的信息技术(IT)公司，如IBM、摩托罗拉和德州仪器等，都乐于给员工丰厚的待遇，但从来没有给员工股权的习惯。诺伊斯很感慨地说："像我这样的人本以为这辈子只是上班挣工资的命，突然间，我们竟然得到了一家新创公司的股份。"股权激励的作用是惊人的，仙童仅用了6个月就开始盈利。到1967年，公司营业额已接近2亿美元。可是，菲尔柴尔德按照事先的约定用300万美元收回了所有的股权。于是，仙童的那些半导体精英们再次陆续"出逃"，像蒲公英一样将芯片技术的种子撒遍了硅谷。在仙童之后，资本方才开始重视给精英员工股份或期权。加上加州法律对将老东家技术带走创业的离职员工一向很宽容，这才有了今天硅谷的繁荣。

1968年，摩尔和诺伊斯离开了仙童，创办了英特尔(Intel)。公司名称来自"集成电子学"(Integrated Electronics)的缩写。投资家阿瑟·洛克仅用48小时就为英特尔筹足了250万美元的初始股本。新生的英特尔要做什么产品呢？他们把目光投在了计算机使用的存储器芯片。他们相信，只要产品能够跟上摩尔定律的节奏，英特尔就能横扫所有竞争对手。

内存与微处理器的诞生

在半导体存储器问世之前,计算机用磁芯存储。全世界最大的磁芯存储系统需要配备像机房那样庞大的设备,还仅能存储相当于一本500页的书的1M①字节的信息。磁芯存储系统体积庞大、速度很慢、价格昂贵,还要消耗大量电能。磁芯存储器是美国哈佛大学实验室的王安博士于1949年发明的,如今看来性能非常落后,但当时磁芯存储器在计算机的存储领域统治了二十多年的时间。在磁芯存储器之前是IBM于1932年发明的磁鼓存储器。磁鼓非常笨重,售价更加昂贵,存储容量也只有几K。因为磁鼓性能太落后,第一台通用电子计算机ENIAC最初都没有安装存储装置。磁鼓存储器之前呢?没了。在那之前,美国要做人口普查,得把数据用穿孔的方式存在纸卡上,有点结绳记事的感觉。

IBM正是销售穿孔卡片机起家的。在二战期间,IBM曾为国家生产了机枪、卡宾枪等30多种军用品。朝鲜战争爆发后,IBM遍访国防部各部门,了解到它们最需要的是高效的计算机器。IBM于是研制出第一台拥有存储程序的商用大型计算机IBM 701,这也是第一台通常意义上的电脑。到20世纪50年代末期,IBM 7090开始采用晶体管代替真空管,它是IBM第一款可以批量制造的大型计算机。1964年4月7日,IBM推出第一款小规模集成电路计算机System-360,每秒运算速度超过百万次大关。为了推出这款具有划时代意义的计算机,IBM在这个项目上的投资超过了二战期间美国研制原子弹的费用,攻克了从操作系统、数据库到芯片的大量技术难关,获得超过300项的专利,《财富》称其为"IBM的50亿豪赌"。System-360有许多革命性的地方,比如硬件开始注重兼容性,即不同型号的计算机都能使用

①　比特(bit),简写b;字节(Byte),简写B。1B=8b,1K或1Kb=1024B,1M或1Mb=1024Kb,1G或1Gb=1024Mb,1T或1Tb=1024Gb。

相同的软件、磁盘和打印机。软件开发的成本超过了硬件,这预告了软件时代的到来。更重要的是,IBM 开始自己制造芯片,并率先将芯片用于计算机。IBM 为建设芯片工厂投下 10 亿美元的巨资,它的无尘车间看起来不像工厂,倒像外科手术室,其造价接近于普通车间的 4 倍。在把芯片厂卖给格罗方德之前,IBM 其实一直是全球半导体行业技术领先而且销售排名前列的大厂,只是半导体行业做统计时一向不把 IBM 计算在内。

System-360 每台售价 250 万～300 万美元,问世不到三年就已售出 8000 多台,使 IBM 年营收突破 40 亿美元,纯利润高达 10 亿美元。年纯利 10 亿美元是什么概念呢? 美国建成的世界第一艘核动力航空母舰,花费也不过 4.5 亿美元。IBM 迅速占领了大型计算机大部分的美欧市场和接近一半的日本市场。1967 年,IBM 市值高达 1923 亿美元,相当于同期美国 GDP 的四分之一。按照通货膨胀率计算,其市值相当于今天的 1.3 万亿美元。1968 年,IBM 的收入达到了 70 亿美元,将通用电气公司和美国无线电公司都甩到了后面——这两个电子巨头十年前的销售规模分别是 IBM 的 5 倍和 1.5 倍。IBM 成为世界电子产业难以撼动的蓝色巨人。

System-360 用的还是磁鼓存储器。1966 年,IBM 托马斯·沃森研究中心 34 岁的罗伯特·登纳德博士提出,可以利用电容内存储电荷的多寡来代表一个二进制比特(bit)是 1 还是 0。这样的话,每一个比特的存储只需要一个晶体管加一个电容。为达到存储的目的,需要不断地给电容充电,否则,随着电容中电荷的消散,数据也会丢失。基于这一设想,登纳德成功地发明了动态随机存储器(DRAM),也就是在现在的计算机和手机上普遍使用的内存①。1968 年 6 月,IBM 注册了内存的发明专利。也就是这一年,IBM 再次遭受美国司法部的反垄断调查,它受到的主要指控是将硬件、软件、技术

---

① 广义上的内存包括动态随机存储器(DRAM)、静态随机存储器(SRAM)和可擦除可编程只读存储器(EPROM)等类型。为了叙述简便,本书提到的"内存"均仅指最常见也最有代表性的动态随机存储器(DRAM)。

支持、维护乃至培训等所有服务内容全都"捆绑销售",这被认为会让小型专业供应商没有参与竞争的机会。IBM 因此改变了定价策略,将所有服务单独定价,并且在内存等零部件上实施对外采购的政策,这给英特尔带来了机会。

公司成立 18 个月后,英特尔做出了第一款存储器产品,是仅拥有 64B 容量的 3101 型静态随机存储器(SRAM)。第一批产品装运后,公司的 18 名员工聚会祝贺,聚会上有 3 个脚上绑着石膏的伤兵,其中诺伊斯是滑雪时摔断了腿,另一名员工是跳伞时跌坏了脚踝。从这件趣事可以看出英特尔当时蓬勃的朝气。诺伊斯豁达正直,他把肖克利公司作为反面教材,在英特尔开创了没有墙壁的隔间办公室新格局,取消了管理上的等级观念,这些都成了硅谷普遍流行的公司文化。

随后,英特尔又开发出 256B 的 1101 型 SRAM。让业界震惊的是,这款产品不是双极型的 SRAM,而是用上了被仙童轻视的 MOS 技术。半导体技术研发成本巨大,已经亏损了几年的英特尔正处在一个生死存亡的关键时期,公司被迫裁掉了 20 多个员工,接近英特尔当时员工总数的 10%。负责运营的安迪·格鲁夫很生气地得知,英特尔居然还在秘密进行一个被称作微处理器的新品开发项目。

英特尔刚刚成立时,诺伊斯就亲自打电话,邀请在斯坦福大学从事计算机研究的特德·霍夫加盟。于是,霍夫成了英特尔的第 12 名员工。在霍夫进入英特尔的这一年,著名导演斯坦利·库布里克花四年时间制作的巅峰之作《2001 太空漫游》上映。这是一部美国电影史上里程碑式的科幻片,讲述了人类为寻找黑石的来源而开展登陆木星的计划。飞往木星的途中,飞船上载着的高智能电脑"HAL9000"发生错乱,令多个飞行员及陷入冬眠的人员相继丧命。死里逃生的船长大卫一气之下关掉主脑系统,让 HAL9000 死亡。最后,大卫独自一人在茫茫宇宙中向木星进发。

这部影片上映后轰动一时,令人恐惧的 HAL9000 成为热门话题,站在计算领域最前沿的英特尔研发人员深受启发。霍夫提出了一个设想："能否开发微型的通用计算机芯片?"多数人对此并无兴趣,在当时人们的心目中,计算机就应该是大型而昂贵的设备,如宝贝般深藏在大公司的专用机房内,只有神秘的专业人员才能够伺候得了。计算机就得是大公司才能高效率地使用并负担得起它的费用,普通人怎么能用得起计算机? 能拿它来做什么?

这时候,正好有家日本公司 Busicom 要求英特尔帮忙研制一款计算器。在与以岛正利为首的日方团队讨论的过程中,霍夫认为日方提出的芯片设计方案过于复杂,要用 12 块芯片才能组成一个计算系统,实现难度很大。他忽然有了灵感,何不只用 4 块芯片来完成一部计算器的功能集成呢? 这样既简化结构,又降低成本。岛正利一开始并不同意,霍夫绕过上司格鲁夫,直接找诺伊斯寻求支持。诺伊斯不仅同意霍夫开展微处理器的研究,还说服日方接受新的设计方案。而岛正利也因为原设计方案没有进展,接受了诺伊斯的意见,下了三年内订货 6 万套的订单后回国了。

结果呢,英特尔当时忙着做对公司生死攸关的存储器。市场主流的存储器正在从 SRAM 转向速度更快、晶体管密度更大、价格更低的内存。为了将 1101 推向市场、提高 1102 的良品率、进行 1103 的设计,英特尔把微处理器给抛到了一边。

几个月后,岛正利回访时发现微处理器项目毫无进展,相当生气。同样很生气的格鲁夫为了解决这个问题,就让刚从仙童跳槽来的弗德里克·法金负责这个项目。法金和岛正利合作,又用了半年的时间,把霍夫的想法变成了现实,做出了历史上第一个微处理器——4004。4004 芯片用 10 微米制程的工艺生产,拥有 2250 个晶体管,时钟频率为 740KHz[1]。4004

---

[1]　在电子技术中,脉冲信号是按一定电压幅度、一定时间间隔连续发出的,单位时间内所产生的脉冲个数称为频率。频率的标准计量单位是 Hz(赫兹)、KHz(千赫兹)、MHz(兆赫兹)、GHz(吉赫兹),其中 1GHz＝1000MHz,1MHz＝1000KHz,1KHz＝1000Hz。740KHz 意味着每秒可进行 74 万次操作。

可以完成指令的读取与执行,并和其他计算机部件进行信息交换。它每秒能运算 6 万次,计算能力是 ENIAC 的 12 倍,体积却小到可以用两根手指捏起来。4004 微处理器和 4001 内存、4002 只读存储器(ROM)、4003 寄存器(Register)四兄弟一起,再加上键盘和显示屏,就可以构成一个微型计算系统。

由于英特尔延期到 1971 年 3 月才交货,此时计算器的市场价格已经下跌。Busicom 颇为恼怒,他们要求英特尔降价。英特尔同意了,但是附加了一个条件:允许英特尔在除计算器之外的其他市场上自由出售 4004 芯片。Busicom 同意了,放弃了对 4004 芯片的独占权。日本将为这个轻率的决定后悔不已,在未来的几十年内,日本对微处理器发起了多次冲击,均以失败告终。不久后,Busicom 倒闭,岛正利接受法金的邀请加入了英特尔。

摩尔认为 4004 是人类历史上最具革命性的产品之一,格鲁夫却声称:"微处理器对我来说什么也不是。我为了让存储器的良品率提高两个点而忙得脱不了身。"由于不知道能拿 4004 做什么,英特尔迟迟没把它推向市场。直到德州仪器推出 8 位①的微处理器,还抢先注册了专利,情况才有了戏剧性的转变。格鲁夫的竞争欲望燃烧了起来,他对 4004 的态度从反对转变成大力支持。英特尔给 4004 打了个以"集成电子——芯片上的微型可编程计算机的新纪元"为题的广告。意外的是,有 5000 多人立刻写信与英特尔联系,希望获得更多有关 4004 的信息,其中包括保罗·艾伦和比尔·盖茨。在4004 诞生之前,芯片的功能是事先定义好了的。如果想要改变功能,就必须改变硬件。而现在,只要改变 4002 中保存的用户指令,就可以让 4004 实现不同的功能,独立的软件行业因此诞生。

英特尔不能确定微处理器的市场前景,而存储器业务已开始欣欣向荣。

---

①　处理器的"位"指一个时钟周期内可以处理的数据数量。8 位为一个字节,8 位处理器一次可以处理 1 个字节。以此类推,16 位和 32 位一次可以分别处理 2 个和 4 个字节。目前最高的 64 位一次可以处理 8 个字节。位数越大,意味着一次可处理的数据量越多,处理器的速度就越快。

1970 年,英特尔在自己的 3 英寸晶圆厂成功量产了划时代的 1K 容量的内存 1103。1103 的售价仅 10 美元,平均下来每个比特的售价只要 1 美分,性价比超过传统的磁芯存储器。这使得内存的生产真正达到了经济规模。惠普和日电生产的计算机都采用了 1103。1103 也被业界称为"磁芯存储器杀手",成为当时全球最畅销的半导体芯片。凭借 1103 的热销,到了 1972 年,英特尔发展成一家拥有 1000 名员工、年收入 2300 万美元的产业新贵。IBM 在新推出的大型计算机上也开始使用 1103,这是英特尔标志性的成功。基本上,英特尔按照摩尔定律的节奏,每三年推出新一代产品,每一代新产品的存储容量是上一代产品的 4 倍。

个人电脑时代来临

英特尔刚发明微处理器时,其最初的用途是电子计算器、打印机和工业自动化(比如为交通灯计时,帮助腌肉生产者均匀切割腌肉片)等领域。1974 年,法金设计出首款商业化的 8 位单芯片微处理器 8080。法金认为:"8080 真正开创了微处理器市场,人类真的可以说发生了改变。在一年之内,它就被用于数百种不同的产品,一切都跟以前不一样了。"由于 8080 的巨大成功,后来,国际天文学联合会把人类发现的第 8080 颗小行星命名为英特尔,以此纪念这款划时代的微处理器的问世。

随着微处理器的出现,美国出现了电脑爱好者利用业余时间购买散件、在家里的车库内组装电脑的热潮。爱德华·罗伯茨率先使用 8080 做出了一台家用电脑,美国的大众电子杂志将其命名为"牛郎星"(Altair),并刊登了以 397 美元的低廉价格销售的广告。这则广告吸引了大批计算机爱好者的关注,其中包括斯蒂芬·沃兹和乔布斯。

沃兹和乔布斯决定自己也来组装一台电脑。那时英特尔的 8080 和摩托罗拉的 6800 零售价为两三百美元,莫斯泰克的微处理器 MOS 6502 仅售 20

美元,沃兹因此选用了 MOS 6502 作为中央处理器(CPU①),动手组装出了一台电脑。在乔布斯的鼓动下,这台电脑于 1976 年 4 月 1 日推向市场,并被冠以"苹果"商标。与"牛郎星"不同的是,苹果一号是第一台在出厂前就组装好的家用电脑。苹果二号仍然采用莫斯泰克的微处理器和内存,并配备了彩色显示器和外部磁盘存储器,还为普通商业用户提供了办公用的电子制表软件。人们很快发现,这台看似沉闷的机器原来可以用来打游戏。一夜之间,有娱乐用途的家用电脑就流行开来了。

苹果没有采用英特尔的微处理器,却与英特尔有着外人难以想象的隐秘关系。英特尔原营销经理迈克·马库拉将用英特尔股票换来的 100 万美元中的四分之一投给苹果公司,并成为其第三位创始人,他还充当乔布斯的导师,指引苹果公司走上正轨。将苹果公司推荐给马库拉的雷吉斯·麦肯纳在将来也长期为苹果提供一流的营销与公关服务,苹果的"麦金塔(Mac)1984"等许多经典广告都出自他的手笔。诺伊斯的第二任妻子原本是英特尔的人事部主管,后来跳槽去苹果成为其第一任人事总监。乔布斯通过这些关系结识了诺伊斯并成为他的"儿子"。特别是乔布斯在被逐出苹果公司后的那段最灰暗的日子,乔布斯从诺伊斯这里得到了大量的指点和慰藉。年轻的乔布斯行事无忌,他经常在半夜给诺伊斯打电话。诺伊斯曾开玩笑地对妻子说:"如果他再这么晚给我打电话,我会杀了他。"然后继续接乔布斯的下一个深夜来电。英特尔 CPU 在个人电脑领域的强势地位不能不让乔布斯艳羡,他深知没有自己的 CPU 是苹果电脑最大的软肋,这为苹果日后进军手机处理器埋下了种子。英特尔给予乔布斯最大的影响还是它的企业文化。苹果公司自认为它是地球上最强大的技术公司,苹果的员工都是高科技行业里最优秀的人才,这样的公司不只是在追求商业目标,而是承担

---

① CPU:central processing unit,也称中央处理单元,是计算机系统的运算和控制核心,也是微处理器的主要用途之一。

了一种要去改变世界的道义责任。苹果公司这种自命不凡的精神正是从英特尔传承而来的。英特尔是乔布斯终生效仿的对象。

1978 年,苹果二号卖了 2 万台,苹果公司迅速成为年销售额突破 3000 万美元的明星企业。这一年,家用电脑的总销量达到了 20 万台,销售额达到 5 亿美元。家用电脑市场的兴起吸引了蓝色巨人 IBM 的关注。要做出家用电脑的 CPU,对 IBM 来说并非难事,但也不可能在一两年的时间内就做好。为了迅速开发出能在市场普及的家用电脑,IBM 决定实行"开放"政策,借助其他企业的现成软硬件集成。当时参与 IBM 家用电脑 CPU 竞标的除了有德州仪器、摩托罗拉这些行业巨头,还有智陆、莫斯泰克这样的行业新秀。英特尔的技术没有什么优势,而摩托罗拉的微处理器远比英特尔的强大,所以被苹果的麦金塔电脑选用。英特尔的价格也远比德州仪器、智陆和莫斯泰克要高。出乎大家意料之外,凭借更好的问题解决方案以及与 IBM 的良好合作关系,英特尔的 8088 胜出。英特尔清楚自己的产品不够先进,因此把更多的心思放在理解客户的需求和提供更好的服务上。在格鲁夫的领导下,英特尔比大多数高科技企业都重视营销,比如他还聘请了麦肯纳这样的营销大师提供专业营销和公关服务。对 IBM 来说,当然也不愿扶持摩托罗拉这样更可能成为竞争对手的企业,还是英特尔更让人放心。

当然,对于英特尔,IBM 也留了一手。为了防止英特尔一家独大,IBM 要求英特尔必须将其 CPU 的设计对外授权,英特尔不得不同意这一霸王条款。把 CPU 技术授权给谁呢? 诺伊斯一拍脑袋:当然是超威(AMD)①呀。超威是他在仙童时的老同事杰里·桑德斯创办的。"桑德斯把诺伊斯视为英明智慧、通情达理的父亲,是他这个在芝加哥街头混大的顽童从未拥有过

---

① 超威半导体有限公司(Advanced Micro Devices, Inc.),也有译作超微半导体公司或高级微设备公司,最常用的还是 AMD。

的慈父。"①桑德斯和乔布斯一样都不是亲生父母养大的。更重要的原因则是,诺伊斯本人在这家小公司里也投了一些钱。

超威的故事,从1969年开始。在此之前,桑德斯在仙童干了五年的销售,他带领的销售队伍就像是"作风强硬的贫民区黑帮"。常开黑色凯迪拉克或宾利敞篷车的"好莱坞杰里"最爱招摇,每个硅谷人都会有板有眼地讲述一个他穿着粉红色裤子去刻板的IBM推销的故事,这很可能不是真的。桑德斯是仙童的销售巨星。但在仙童拿到的可观收入还是不够他花,他花起钱来就好像他赚了两倍于实际上挣到的钱那样。与那些主动离开仙童的技术天才不同,桑德斯打死也不想离开仙童。可是仙童开始摇摇欲坠,从摩托罗拉空降过来替代诺伊斯的莱斯·霍根解雇了桑德斯。尽管霍根后来真诚地对桑德斯说,这个解雇的确是一个错误。

很可能因为格鲁夫的坚决反对,桑德斯没能进入英特尔为诺伊斯工作。口袋里仅剩50美元的桑德斯发誓这辈子绝对不再被人解雇,他决定自己创建一家公司,于是就有了超威。当时公司有8个人,桑德斯是总裁。他说:"噢,我们得有一名推销员。"大家说:"你就是呀。"于是,桑德斯身兼两职。

桑德斯去筹集资金,才发现他的泼辣劲和销售声望毫无用处。桑德斯游说投资者的征途,第一站就是洛克。洛克经常把诺斯伊视为不需商业计划书就能拿到资金的投资案例,"正式文件?其实一点也没用。光凭诺伊斯的声誉和人品就足够了。"桑德斯为这位财神爷准备了70页厚的计划书,而且他去找洛克筹钱的时间只比诺伊斯晚了一年,洛克却说:"太迟了。"桑德斯还苦苦劝说。洛克就说,在他过去进行的所有投资中,那几个赔钱的项目都是由推销人员经营的。

桑德斯需要凑足150万美元的创业资本。他的许多朋友都为此出了力,

① 迈克尔·马隆,《三位一体:英特尔传奇》,黄亚昌译,浙江:浙江人民出版社,2015年版,第37页。

其中最重要的当然是诺伊斯。凭借诺伊斯的声望,只要他投了钱,桑德斯再去筹资就容易多了。1969年6月20日下午5点钟前,桑德斯必须凑齐这笔最低限度的预定款额。下午4点30分,桑德斯已拿到148万美元。他们反复计算,结果总数还是那么多。在随后的20分钟内,三个人还有两位投资顾问,都默不作声地坐着,你瞪我,我瞪你,气氛令人窒息。就在最后绝望的关头,4点55分,一个邮递员拿着信封进来了,信封里是一张25000美元的支票。天无绝人之路,离截止时刻还差5分钟,比最低限额还多5000美元,超威公司正式营业。

洛克的意见其实也没有错,由推销人员经营的超威由于缺乏技术实力,只能靠山寨和低价产品混生活,日子过得着实艰难。如果不是意外获得英特尔的技术授权,超威这家公司很可能早就没有了。超威与英特尔签订了五年合作协议,获得允许可以使用X86架构来生产微处理器。超威采用的是跟随策略,不断推出与英特尔的处理器可兼容却更便宜的替代品。超威咸鱼翻身,还跃上了IPO的龙门。几年后,当超威的股票在纽约上市时,公司年收已逾4亿美元。诺伊斯很高兴,他在超威的投资获得了20倍的回报。

1981年,IBM通过对苹果二号电脑的模仿,强势进入家用电脑市场。IBM将其电脑命名为IBM PC机,PC(个人电脑)从此成为家用电脑的代名词。凭借强大的实力,IBM第一年就卖掉了10万台个人电脑。苹果引燃了个人电脑的火种,IBM则将这把火燃遍了全球。

IBM的订单使英特尔微处理器的销量陡然上升。不过,电脑市场的主流还是商用计算机。诺伊斯认为:"CPU是一个有趣的想法,英特尔有能力做,但是脑子坏了才会真的去干。卖CPU的话,每台(个人)电脑只能卖一块,我们现在做内存,每台(商用)电脑能卖几百块芯片。"而且,IBM是英特尔最大的客户,英特尔担心做微处理器会让IBM不高兴,以为英特尔要抢它的饭碗,影响它以后卖内存给IBM。法金对英特尔的目光短浅气愤不已,带着岛正利离职,创办智陆(Zilog)公司,专推廉价的微处理器。英特尔的微处理器要卖几百美元,智陆的只卖几十美元。

英特尔坚持它的定位:一家存储器公司。内存刚问世的那几年,英特尔拥有这一市场几乎100%的份额。1973年石油危机爆发后,欧美经济发展停滞,商用计算机的需求放缓,影响了半导体产业,给了其他公司赶超英特尔的机会。德州仪器半导体中心的首席工程师也拉了一票人马,在马萨诸塞州成立了莫斯泰克(Mostek)公司,公司名称来自"MOS technology",业务与英特尔相似,主要为计算机企业配套生产存储器件。莫斯泰克研制出低成本的4K内存,以价格杀手的姿态迅速在内存市场占得一席之地,紧接着在16K内存上取得了技术领先,市场份额一度超越英特尔。再下一个回合,则是德州仪器赶了上来。内存市场上的玩家越来越多,美国内存市场一片繁荣。

直到20世纪80年代,内存市场上出现了一波新的竞争者,日本公司上场了。

日本 VLSI 计划

1972年,IBM"未来系统计划"的部分内容曝光,在日本掀起轩然大波。IBM计划投入巨资,在1980年前开发出1M容量的内存,应用到下一代电脑上。当时,美国最先进的内存不过4K大小,如此野心勃勃的计划让尚停留在1K内存技术层次的日本企业产生强烈的危机感。更加现实的压力是,1973年,第四次中东战争打响,石油价格翻了4倍,这对石油完全依赖进口的日本产生了严重的打击,持续了多年高速增长的日本经济出现了急刹车。1974年,日本在美国要求开放市场的政治压力下,被迫放宽计算机和电子器件进口限制,IBM随后仅用了一年时间就横扫日本计算机市场。

不过,石油危机爆发也带来了一个机遇。全球经济发展速度放缓,美国工业生产也大幅下滑,美国各大半导体公司的盈利受损,于是都放缓了对新技术的投资,这就给了日本一个赶超的机会。

　　于是,1976年,日本启动了"下世代电子计算机用超大规模集成电路"(VLSI①)研究开发计划,要在半导体技术上超越美国。计划的核心是先进制程内存及半导体生产设备的研发。VLSI计划由通产省牵头,喊来了日电、日立、东芝、富士通和三菱五大做芯片和电脑的企业商量。这五大企业不简单,它们都是日本"电力家族"或"电电家族"的成员。日本的电力由东京电力等10家电力公司分区域独家垄断经营,向这些电力公司供应电力设备的特定企业被称作电力家族的企业。日本的通信服务则是由日本电报电话公司(NTT,简称日本电电)垄断经营,日本电电也只向电(报)电(话)家族的特定企业采购通信设备。日本政府通过对电力市场和通信市场的垄断来调控宏观经济。比如,提高通信和电力的收费标准,用这些钱来支持基础设施建设,拉动GDP增长,增加就业率。话费和电费不是税,却比征税好使得多。电力家族企业与电电家族企业有不少是重合的,它们都是大而全的巨无霸公司,业务范围都非常广泛。

　　国家平时养着你,现在到了需要你的时候,你该出力了吧? 事实却是,这些企业你看我、我看你,没人愿意拿出看家货,都等着别人出活儿。日电的技术人员曾回顾道:"即使国家项目提出抽调人手,各个公司因为彼此之间的竞争关系都不会派出最优秀的人才。大家都抱着'反正我们也没拿出什么像样的技术,如果能带回去一点什么新东西,就算赚到了'的心态参与到国家项目中。"

　　这时候,关键人物垂井康夫站了出来。垂井康夫年仅22岁就从早稻田大学第一理工学院电气工学专业毕业,29岁就申请了晶体管相关的专利,在半导体产业有着20多年的资历,是日本半导体研究的开山鼻祖,被任命为

---

　　①　最初,拥有100个以下晶体管的芯片被称作小型集成电路SSI,然后是中型集成电路MSI(101～1000个晶体管)、大规模集成电路LSI(1001～10000个晶体管)、超大规模集成电路VLSI(10001～100000个晶体管)、极大规模集成电路ULSI(100001～10000000个晶体管)。1M内存就是ULSI了。

VLSI 计划联合研究所的所长。垂井康夫在日本半导体业界颇具声望,他做领导让各个成员都信服。垂井康夫指出,半导体基础技术投入大、见效慢,大家只有同心协力才能改变日本半导体基础技术落后的局面,在基础技术开发完成后各企业再各自进行产品开发,这样才能解决各个企业在国际竞争中孤军作战的问题。由于垂井康夫对各企业都十分了解,他亲自点名要求各企业派遣被他看中的一流人才,谁也别想出工不出力。

在垂井康夫的鞭策下,日本企业摒弃门派之别,整合半导体产学研人才,在四年时间内搞出上千件专利。在产业化方面,日本政府为半导体企业提供了高达 16 亿美元的巨额资金,包括税赋减免、低息贷款等扶持政策,帮助日本企业打造半导体产业群。日本在半导体产业上从设备、原料到芯片的三个方面都取得了重大突破:以尼康和佳能的光刻机为核心的半导体设备国际市场占有率超过美国;信越化学(Shin-Estu)和胜高(SUMCO)在全球硅晶圆市场占据超过一半的份额,日本整体在全球半导体材料市场上的占有率超过了 70%;富士通与 IBM 几乎同步研制出 64K 内存,日本企业凭借64K 内存拿下全球一半以上的内存市场,256K 内存也实现了量产。通过VLSI 计划,日本构建起了相对完整的半导体产业链。

VLSI 计划结束时,垂井康夫满意地认为:日本的半导体技术已和 IBM并驾齐驱。但他没有说或者有意选择无视的是:日本在最关键的微处理器和软件上,仍然与美国有着很大的差距。

内存是电脑必不可少的存储设备,内存的容量越大,电脑能够同时处理和存储的数据就越多。IBM、惠普等美国企业占据了全球最主要的大小型商用计算机的生产,日本的内存主要出口给美国。

1980 年年初,惠普电脑招标采购 16K 内存,日电、日立和富士通完胜英特尔、德州仪器和莫斯泰克等美国芯片企业。惠普发现,在合格率指标上,日本公司都在 90% 以上,美国公司仅有 60%~70%。此外,美国产的芯片经常延迟交货,而且至少会产生 5% 的退货;而日本芯片的交货总是很准时,并很少发生退货。3 月,惠普公司总经理安德森在华盛顿的一次会议上发表了关于日美两国芯片质量的比较报告,这份报告引起硅谷的震惊。

当时,美国内存相对日本内存还有先进制程上的技术优势,很快,芯片制程也被日本赶了上来。前往日本参观的美国人惊恐地看到,日本公司采用"三箭齐发"的研发节奏,在一幢楼内,第一层的技术人员在研发当前市场主流的 16K 内存,第二层的技术人员则在开发下一代的 64K,而第三层的技术人员则在储备再下一代的 256K 的技术。日本的内存技术因此在 20 世纪 80 年代取得了突飞猛进的进步。

1982 年 3 月,仅日电九州工厂的内存月产量就达到 1000 万块,10 月更是暴增至 1900 万块。这一年,日本成为全球最大的内存生产国。与产量暴涨相伴的是价格暴跌。一个两年前还卖 100 美元的 64K 内存,现在只要 5 美元就能买到。卖这个价格,日本厂商还能赚钱,美国厂商由于成品率低就得亏钱了。

同样是在 1982 年,美国刚刚研制出 256K 内存,日本富士通和日立的 256K 内存已经批量上市。到 1983 年间,销售 256K 内存的公司中,除了富士通、日立、三菱、日电、东芝之外,只有一家摩托罗拉是美国公司。光是日电九州工厂的 256K 内存月产量就高达 300 万块。日本厂商的海量产能导致这一年内存价格暴跌了 70%,这使得正在跟进投资、更新技术设备的美国企业普遍陷入巨额亏损状态。

还是在 1982 年,东芝半导体事业部的部长川西刚带领一个 1500 人的团队开始实施以更大容量内存技术攻关为核心的"W 计划"。东芝为了这个项目投资 340 亿日元,其中仅仅对超净厂房的投资就达到 200 亿日元。三年后,东芝率先实现了 1M 内存的量产,这也是东芝第一个超越世界水准的半导体产品,为日本的内存产品称雄国际市场奠定了基础。东芝还研制出直径 8 英寸的当时世界上最大的硅晶棒。

美国的半导体企业多是初创公司,日本的半导体企业则多是电子巨头下属的一个部门,双方实力不可相比。半导体原本是美国的强势产业,然而,日本半导体对美国出口额从 1979 年的 4400 万美元暴增至 1984 年的 23 亿美元,同期美国对日本的半导体出口仅仅增长了 2 倍。到 1986 年,日本半导体产值已大幅超越美国,并且在全球半导体产业中所占的份额超过了一半。1990 年,全球前 10 大半导体企业中,有 6 家来自日本,日电、东芝和日立占据了前 3(IC Insights 数据)。一向阳光明媚的硅谷,此时被笼罩在大片的乌云之下。

第三章

英特尔向 CPU 转型

美日芯片战争

在日本芯片企业咄咄逼人的攻势下,美国芯片企业招架无力。1981 年,超威净利润下滑三分之二,美国国家半导体公司亏损 1100 万美元。1982 年,英特尔裁员 2000 人。IBM 被迫出手相救,以 2.5 亿美元买下英特尔 12％的股份,让英特尔能够拥有保证正常营业的现金流。富士通提出要收购仙童,这更是刺激了硅谷的神经。"硅谷市长"诺伊斯哀叹美国进入了半导体产业衰退的阶段,他断言硅谷将成为废墟。

面对前所未见的惨况,原本一盘散沙的美国半导体企业终于想到要联合起来了。信息产业是最不讲究行业协会的,因为 IT 企业的更新太快,不管是巨头还是新手,大家都在忙着为生存而战,哪里还有心思在协会里一团和气、海侃神聊?因为发明芯片及创办仙童和英特尔,诺伊斯深受日本人的尊崇。此时他不得不挺身而出,领导这场针对日本的芯片战争。他出面协调,成立了美国半导体工业协会,亲自前往几乎从未打过交道的华盛顿。尽管硅谷最初深深受益于政府订单的支持,但硅谷企业一旦发展壮大,全都不约而同地尽可能与华盛顿拉开距离,以至于没什么人在华盛顿拥有关系和人脉。经过几年的努力,诺伊斯得到的成果是将资本所得税从 49％减到 28％(后来在里根政府手中再降至 20％),允许养老基金进入风险投资,还有全球第一部专门保护芯片知识产权的法律——《半导体芯片保护法》的出台。这些措施是很重要,比如风险投资基金在短短 18 个月内从 5000 万美元增加到 10 亿美元,但依然无助于应对日本芯片的竞争。当时美国经济的主流思想是自由企业制度和市场平等竞争,政府尽量不干预企业的经营活动,除非是为了反垄断或反不正当竞争,而天然就有垄断倾向的 IT 企业在这方面的记录不甚良好。自一战结束以来,美国政府已经习惯了自己在全球经济中的强势地位,从来没想过有政府在正常市场竞争中出手来保护自己企业的事情。

到了 1985 年 6 月，美国半导体产业贸易保护的调子开始升高。英特尔、超威等芯片公司联合起来相继指控日本不公正贸易行为。美国半导体工业协会也向国会递交一份正式的"301 条款"文本，要求美国政府制止日本公司的倾销行为。协会还向美国商务部投诉："日本半导体产业在日本国内封闭的市场结构下进行非正常的设备投资，并以过低的价格出口，破坏了美国半导体产业的秩序。"协会认为，美国先进的武器装备离不开超级电子技术，而超级电子技术又离不开最新的半导体技术。如果美国在半导体技术上落后，美国将被迫在关键电子部件上使用包括日本在内的外国生产的产品。万一外国企业在战争时期对美国断货，或者在非战争时期给美国的对手供货，都会严重威胁美国的国家安全。因此，美国半导体工业协会提出一个爆炸性的郑重警告：美国半导体行业的削弱将给国家安全带来重大风险。

"芯片关系国家安全说"一出，美国政府终于被戳到了痛点。那时候，美国的媒体也都在恶炒日本威胁论。1978 年，美国《财富》杂志刊登了《硅谷的日本间谍》的报道，三年后又将 IBM 商业间谍案耸人听闻地冠以"新珍珠港事件"之称。1983 年，《商业周刊》杂志更是以 11 页的篇幅刊登了题为《芯片战争：日本的威胁》的专题报道。民意调查显示，68％的美国人认为日本是美国最大的威胁。在舆论的引导和半导体工业协会的推动下，里根总统宣称："美国半导体产业的健康和生命力对于美国未来的竞争能力至关重要。我们不能容许这一领域受到不公平贸易的危害。"美国政府将信息产业定为可以动用国家安全借口进行保护的新兴战略产业，半导体产业成为美日贸易战的焦点。

1985 年 10 月，美国商务部出面指控日本公司倾销 256K 和 1M 内存。一年后，没有选择余地的日本通产省被迫与美国商务部签署第一次《美日半导体协议》。根据这项协议，美国暂时停止对日本企业的反倾销诉讼，作为交换条件，要求日本政府促进日本企业购买美国生产的半导体，加强政府对价格的监督以防止倾销。日本同意设置 6 个品种的半导体产品对美国及第三国的出口价格下限,不再低价倾销芯片。日本还同意开放半导体市场,目标是到 1991 年,外国公司在日本市场的份额达到 20%。1987 年,美日贸易冲突升级,美国宣称日本并没有完全遵守《美日半导体协议》,根据"301 条款"对日本出口到美国的 3 亿多美元的芯片征收 100%惩罚关税。美国还否决了富士通对仙童的收购计划。

《美日半导体协议》的签署,标志着美苏冷战后期,美国从全力扶植日本经济转向全面打压日本经济。美国的这一操作开了个很坏的先例,那就是以国家安全为借口,将经济层面的争端上升到政治层面,对他国的高科技产业进行赤裸裸的打压。

更恶劣的是,美国政府直接插手企业之间的商业竞争,以行政和司法手段对日本高科技企业进行定点打击。美国联邦调查局采用钓鱼执法的方式,专门设立了一个引诱日本企业上钩的咨询公司,让日立和三菱吞下诱饵,然后以"非法获取 IBM 计算机最新技术情报"的罪名逮捕了 6 个日本人。日立和三菱不得不以签署技术使用费合同的方式与 IBM 取得庭外和解。仅1983 年度,日立就付给 IBM 约 100 亿日元的技术使用费。1981 年,东芝出售了几台被列入巴统出口管制目录的高精度数控机床给苏联,苏联得以突破核潜艇螺旋桨的静音难关,直接导致美军难以追踪携带核导弹的苏联核潜艇。这起事件被《华盛顿邮报》称为冷战期间对西方安全危害最大的军用敏感高科技走私案之一,3 个国会议员抢起锤子在国会大厦前开砸东芝收音机。东芝机械被禁止对美出口长达三年时间,日本政府还应美国的要求逮捕了 2 名东芝高管。日本不得不掏出 13.3 亿美元用于帮助美国改进 F16战机,并被迫向美国开放了大量的先进军工技术。

值得注意的是,正是在美国调查东芝期间,1985 年 7 月,美国对《出口管制法》进行修正,规定即便不是美国公民,只要违反美国参加的正式或非正式的多国协定,美国政府都可以对其实行贸易制裁。这就让美国制裁东芝有了法律上的依据。

后来,日本人将美国的这种手段做了总结:"美国解决大框架问题的方法是,攻击个人和企业,各个击破,促成整体解决。"日本人还将之与美国制裁华为的事情进行类比,"美国政府和产业界基于这些成功经验,这次也采取了抑制中国半导体和通信领域企业进一步崛起的战术。"

《美日半导体协议》相当于是美国拿着刀架在日本的脖子上逼着签的,《广场协议》却不同。《广场协议》其实是日本大藏省(现财务省和金融厅)强力推动美国出台的。

二战以后,美国成为全球经济发展的火车头。世界贸易格局基本上是美国一个国家凭借强大的购买力大量进口,其他国家都向美国出口的状况。到了 20 世纪 80 年代,美国这个火车头跑不动了,因为美国的贸易赤字已经高到了其国民经济无法承受的水平。美国决定将美元贬值。美元一贬值,美国的进口就会减少,出口就会增加,美国的贸易赤字就会下降。

日本居然是第一个拍手赞成的,这有点让人不好理解。当时,日本是美国最大的贸易逆差国,拥有最多的美元外汇储备。美元如果贬值,就意味着日本手中持有的美元没那么值钱了,日本不就亏了吗?但国际贸易没那么简单,美国没有什么东西值得日本进口,日本拿着这些美元也没什么用。还不如让日元升值,这样日本的钱就更值钱了。

于是,1985 年,美国招来日本、联邦德国、法国以及英国的财政部部长和中央银行行长在纽约广场饭店开了个会,决定由这 4 个储备美元最多的国家联合抛售美元,诱导美元贬值,以解决美国的巨额贸易赤字问题。因协议在广场饭店签署,故被称为《广场协议》。

《广场协议》签订后的十年时间里,日元币值平均每年上升 5%。日元的大幅升值提高了日元在国际货币体系中的地位,促进了日本的对外投资大幅度增加,为日本企业在海外扩张提供了机遇。1989 年,三菱以 14 亿美元购入纽约著名地标洛克菲勒中心,索尼以 60 亿美元买下哥伦比亚电影公司。

一时间,日本人以"土豪"的形象闻名于世。《商业周刊》以《日本入侵好莱坞》为题的文章再次引发美国人的不安。

日元不断升值意味着只要持有日元就是赚,大量热钱因此涌入日本,这些热钱都冲进了股市和房市。而且,日本为了维持出口企业的竞争力,不得不连续降息,也释放出了大量的货币,这些钱也不受控制地多数投入于股市和房市。高峰时期,日本股市的总市值占了全世界的一半,仅仅东京一带的房地产总值就相当于整个美国的房市总值。日本出现了类似"上市公司辛苦一年的利润买不了一套房"的现象,既然房市和股市赚钱容易,哪里还有银行和企业愿意把钱投到投资大、见效慢、风险高、利润低的半导体产业上去呢?在《广场协议》签订的这一年,日本半导体企业砍掉了近40%的设备更新投资,最终的投资额仅仅20亿美元,此后几年的投资也都保持在很低的水平上。在大量日本厂商把钱转投房市、股市的时候,没人注意到韩国人正悄悄在半导体产业上注入大笔的资金。

日本半导体企业减少投资,也是因为出口芯片不赚钱了,而这又与日元升值有着直接关系。要知道,内存只要价格贵一点就没人会要,日本内存芯片的出口价格受日元升值影响而大幅推高,这对日本芯片在国际市场上的竞争是非常不利的。可以说,日元升值坑苦了日本的芯片。

话说回来,联邦德国、英国和法国也都和日本一样签订了《广场协议》,它们怎么就没受到什么负面影响?与日本不同的是,西欧对美国市场的依赖要小得多。随着欧共体的发展和东欧的变色,欧洲统一市场越来越大,德国、英国和法国也就拥有了广阔的经济腹地支持。另外,欧洲国家对房市和股市的管理也要比日本好得多,没有出现像日本那样的经济泡沫。最后,货币升值其实是一个国家经济结构调整的契机,如果日本能够及时将产业升级,将内存、液晶面板这样价格敏感型产品的生产转移到其他国家,提高具有更高科技含量的高附加值产品的出口,日元升值未尝不是好事。但热钱却都在流向房市和股市,这是高高兴兴签下《广场协议》的日本政府始料不及的。

有人说，美国和日本签了两个协议，断送了日本的经济发展，让日本失去了三十年。《美日半导体协议》和《广场协议》的内容其实都有其积极的一面，比如日元升值有助于改善日本经济结构，增加高附加值产品的出口；适度开放国内半导体市场有助于增加企业的竞争力。事实上，这两个协议签订后一直到 20 世纪 90 年代初，日本经济都保持着繁荣发展的势头。后面我们还将谈到，日本之所以失去三十年，最大原因还是日本企业自身竞争力的问题。

日本 VLSI 计划的成功，让美国认识到技术研发的协同效应：个别企业掌握的技术有限，需要在相互交流中更加明晰自身的研发方向，通过协同发展开发出更好的产品。当时代表美国与日本交涉的美国商务部亚洲地区首席贸易谈判代表克莱德·普雷斯托维茨公开表示出双重标准："我们虽然指责日本政府的目标产业政策不合理，但作为国家的大政方针，这个政策是完全正确的。所以我对美国政府说我们要采取和日本相同的政策措施。"

由于国防订单在美国半导体产品中仍然占据相当大的比重，1987 年，由美国国防部高级研究计划局每年提供 1 亿美元的预算补贴，牵头联合英特尔、德州仪器、IBM、摩托罗拉等 14 家公司组成半导体制造技术战略联盟（SEMATECH）。该联盟代表当时美国约 85％ 的半导体制造能力，共有约 400 名研发人员，其中 220 名来自不同企业。联盟成立前，半导体电子设备研发资金中来源于政府资助的比例约占 7％；联盟成立后第八年，这个数字上升到了 13％，增加接近一倍。政府的资金支持为美国半导体产业重整旗鼓提供了重要的保障。

SEMATECH 是一个非营利性的技术开发联盟，采取的是董事会负责下的项目管理制，其成员共同开发通用技术，减少重复研究造成的浪费，共享知识产权成果，这与日本的 VLSI 计划十分相似。联盟也面临着日本 VLSI 计划一开始时遇到的缺乏协调、各自为战的局面，来自不同企业的人员因为各自企业文化的巨大差异很难凑在一块工作。《纽约时报》写道："被称为'白衬衫'的 IBM 员工看不惯来自超威的风格更为随意的加州人。美国电话电报公司的人讳莫如深，不愿畅所欲言。而来自英特尔的人太直率。"最终，已经从英特尔退休的诺伊斯站了出来，担任联盟的首席执行官，凭借他个人的巨大声望号召，才打破了僵局。

在随后的发展中，联盟节约研发资金、缩短研发周期，开发出大量先进技术，帮助美国重新取得了芯片技术上的领先地位。到了 1998 年，联盟准许外国半导体企业参加联合研发，现代、三星、飞利浦、西门子、台积电等企业陆续加入，甚至还有联盟成立之初想要打败的日本企业参与。目前，SEMATECH 已逐步演化成为跨国的半导体技术、工艺、设备和标准的合作研发组织，成为美国半导体行业开展国际合作的重要平台。

为了与日本的半导体企业巨头相抗衡，美国国内放宽反托拉斯政策的呼声达到高潮，认为美国政府必须从世界市场竞争的角度来考察公司的竞争行为，美国半导体企业的规模需要提升。于是，美国政府逐步放松反托拉斯法的限制，长达十二年的 IBM 垄断案的审理被终止，美国反垄断政策的重要规章——《并购指南》和《横向并购指南》多次被重新修订。在相对宽松的反托拉斯气氛下，美国半导体产业内的并购案数量迅速上升。发起方为美国半导体企业、价值高于 100 万美元的并购案数量从 1980 年到 1985 年间的每年 6 起左右，上升到 1986 年到 1990 年间的每年 18 起，1991 年到 1996 年间的每年 34 起[①]。并购案的数量和金额都大幅提升。

大浪淘沙，通过并购和整合，竞争力强的企业迅速扩大规模，竞争力弱的企业则退出市场。在仙童、摩托罗拉、美国国家半导体等老一代芯片企业谢幕之后，美国又迎来了英特尔、超威、美光等新一波芯片巨头的崛起。

---

① 国君宏观团队，《那些年，美国走过的半导体产业保护之路》，2018-08-08，https://www.sohu.com/a/245991133_700722。

只有偏执狂才能生存

英特尔在内存领域称霸多年,英特尔曾经是内存的代名词。1981 年 12 月,英特尔推出 64K 内存的芯片。然而,日本松下的 64K 芯片成为半路杀出来的一匹黑马,凭借低成本和高可靠性迅速占有美国市场,使英特尔的 64K 芯片的价格在一年内就从 28 美元惨跌至 6 美元。

诺伊斯早已退出了对公司的经营管理。安迪·格鲁夫一向抱怨诺伊斯在管理上缺乏强硬手段,他终于如愿以偿地担任了英特尔的执行总裁,并成为英特尔的实际掌舵人,因为摩尔从来不会否决格鲁夫的意见。如果要分别用一句话形容英特尔的三巨头,那么,诺伊斯是"生性洒脱、热情奔放",摩尔是"沉着冷静、气定神闲",格鲁夫则是"一头拼命的驴"(风险投资家约翰·道尔的评论)。诺伊斯是万人迷,摩尔是老好人,他们需要格鲁夫来扮演鞭子的角色,"必须有人来踢屁股和背黑锅,而安迪恰好对这个非常在行"。

面对快速恶化的经营形势,格鲁夫推出了他的"125％的解决方案",其实意思就是公司员工必须在每天工作 8 小时的基础上再增加没有报酬的 2 小时,以战胜咄咄逼人的日本人。格鲁夫还规定,所有在上午 8:10 以后才到公司的人都得在迟到登记表上签下大名。有一回,格鲁夫自己也签了名。

可是,在日本人"定价永远低 10％"的疯狂进攻下,英特尔无力反击,其内存的市场份额直线下滑,最低时竟到了 10％,其中最新推出的 256K 内存的市场占有率更是少到只有 1％。公司的经营者几乎无法相信这样的事实:他们竟然在自己开创的市场上被人甩在了后面。作为"美国电子业迎战日本电子业的最后希望所在"的英特尔,该往何处去?

1985 年,美元贬值降低了美国的购买力,引发世界经济衰退,全球半导体产业转入萧条,半导体产品价格大幅度下跌。64K 内存由前一年的 3 美元下降到年中的 0.75 美元,256K 内存由 31 美元下降到 3 美元。英特尔的利润剧跌到不足 200 万美元,而上一年还有 1.98 亿美元。犹豫了好几周之后,格鲁夫忽然问了首席执行官摩尔一个问题:"如果我们被踢出董事会,他们找个新的首席执行官,你认为他会采取什么行动?"摩尔犹豫了一下,答道:"他会放弃内存的生意。"格鲁夫俯身向前,用他那双深邃的纯蓝色的眼睛死死地盯着摩尔,然后说:"那我们为什么不自己动手呢?"

这是关系英特尔生死存亡的战略转折时刻,但对于童年时就习惯面对死亡威胁的格鲁夫来说,并不算什么惊涛骇浪。格鲁夫是一个移民自匈牙利的犹太人。在他 8 岁的时候,纳粹德国占领了匈牙利,匈牙利的犹太人在短短 4 个月的时间里由 65 万人锐减到 15 万人。1956 年,匈牙利爆发了反对政府的反抗运动,这一运动仅仅持续 13 天就被苏联军队镇压,20 万匈牙利难民逃到西方,格鲁夫便是他们当中的一个。他在加州大学伯克利分校获得了化学工程的博士学位,然后进入仙童工作。在仙童的四年时间里,格鲁夫成为芯片领域的专家。他升任仙童的研发副主管,并且编写了一本名为《物理学与半导体设备技术》的经典大学教材。需要注意的是,格鲁夫并不是英特尔的创始人,他只是诺伊斯和摩尔为英特尔雇佣的第一位员工,工号还被不小心排到了第 4 号。格鲁夫没有多少英特尔的股份,这使得他的财富只是诺伊斯或摩尔的零头,尽管他对英特尔的贡献并不亚于诺伊斯或摩尔。

成长时期的死亡恐惧造成了他日后的偏执,让他每天都在为无数的经营风险担惊受怕。"我担心产品会出岔子,也担心在时机未成熟的时候介绍产品。我怕工厂运转不灵,也怕工厂数目太多。我担心用人的正确与否,也担心员工的士气低落。当然,我还担心竞争对手。为了自己的生存,公司所有人员都必须一直处在偏执状态,穿越战略转折点为我们设下的死亡之谷,是一个企业必须经历的最大磨难。"

看着很眼熟,任正非不也是偏执地每天都在焦虑华为的发展问题吗?

摩尔和格鲁夫将英特尔退出内存业务的决定向董事会汇报,洛克称之为"我作为董事会成员所下过的最令人肝肠寸断的决定",诺伊斯毫不犹豫地投了赞成票。于是,英特尔终止了预计需要投入 4 亿美元的 1M 内存生产设施的建设,决定退出内存市场。在不久后的一次公司会议上,格鲁夫开门见山地宣布:"欢迎来到新的英特尔!"他解释道,存储器公司英特尔已经死亡,但公司的命运可以押在另一个产品——微处理器上。尽管如此,战略转折的过程是相当残酷的:1986 年,英特尔关闭了 8 家工厂中的 7 家,解雇了 7200 名员工,亏损超过 1.7 亿美元。这也是英特尔自上市以来经历的唯一一次亏损。格鲁夫的铁腕保证了大面积裁员的快速完成。霍根曾经这样评论格鲁夫:"如果他母亲碍着他了,他也会把她解雇掉。"霍根大概就是有样学样裁掉桑德斯的。

在退出内存业务的同时,英特尔投入 3 亿美元的研发费用,打造 80386（简称 386）微处理器。386 是英特尔第一款 32 位的处理器,其速度是 16 位处理器的 286 的 3 倍,而且可与后者兼容。它还具备多任务处理能力,即它可在同一时间运行多个程序。为了推广 386,英特尔做了一个简单而又令人难忘的广告:一整版的广告上只有一个数字"286",上面用漆喷了一个大大的红叉。当时 286 芯片的营收仍占英特尔 30 亿美元营收中的一半,这个被称为"吃掉我们的宝贝"的行动是一场巨大的冒险,而最终它取得了巨大的成功。消费者开始把他们的个人电脑称作"386",就好像这个数字是电脑的品牌。

386 芯片是计算机技术的一个真正里程碑,微软和其他软件开发商都开始青睐这个产品。但只要英特尔仍然与其他芯片制造商分享自己的设计,英特尔就只能作为一个命运不定的配件供应商,受制于比它大几十倍的客户——当时年销售额达 500 亿美元的巨型企业 IBM。IBM 一直坚持要英特尔把微处理器的设计授权给其他芯片制造商,以便自己总能得到稳定的供应和优惠的价格。

而这一次,格鲁夫决定对 IBM 说不。格鲁夫抓住《半导体芯片保护法》刚刚通过的契机,宣布收回 X86 架构的所有许可授权,386 芯片只能由英特尔独家供应。英特尔做好了与 IBM 翻脸的思想准备。格鲁夫说:"坚持我们的立场,意味着我们可能会输掉,但就我而言,那样输掉比抛弃掉我们的优势而输来得要好。"

IBM 起初拒绝在他们的机器中安装 386 芯片。但是,当康柏(Compaq)使用 386 芯片生产出与 IBM 兼容的个人电脑并成为市场的领导者后,IBM被迫跟进。英特尔赢得了赌注,控制了 X86 的生态,获得事实上的市场垄断地位,为后续称霸电脑微处理器市场奠定了基础。

1987 年,格鲁夫接替摩尔出任英特尔的首席执行官。1989 年,英特尔推出了 486 处理器。486 处理器集成了 120 万个晶体管,其晶体管数量是386 的 4 倍多;时钟频率也由 25MHz 逐步提升到 50MHz。依靠 486 处理器的成功,英特尔一跃成为全球最大的半导体企业,从此以后一直是整个行业学习和追赶的标杆。

1993 年,英特尔推出了划时代的奔腾(Pentium)处理器。按照原来的命名规则,这款处理器本该被叫作 586,但格鲁夫认为应该给这款处理器起一个可注册成商标的名字。Pentium 原本是"第五元素"的意思,既代表了 586的"5",又寓意着像神奇的第五元素那样拥有改变世界的魔力。奔腾处理器采用了 0.6 微米工艺制程,集成的晶体管数量从 486 的 120 万个大幅提升到320 万个,并且把已经持续十年未变的工作电压降低到 3.3 伏,大幅降低了芯片的工作能耗。在相同主频的前提下,奔腾处理器执行指令的速度要比486 快 5 倍以上。

在格鲁夫的领导下,英特尔的微处理器以两年更新一代的节奏不断将性能翻倍,把所有竞争对手都越来越远地甩在了后面。难能可贵的是,英特尔不仅是处理器制造的领头羊,它还和 IBM 一样,主动推动半导体生产设备的进步。毕竟工欲善其事,必先利其器,微处理器芯片性能每过两年就要翻一倍,制造芯片的设备也必须跟上这个进度。一般来说,半导体设备的进步要比芯片制造提前三五年,没有更精密的半导体生产设备,英特尔也不可能做出更强大的芯片。后面我们将看到,虽然不生产光刻机,但在光刻技术的进步上,英特尔和 IBM 都做出了很多的贡献。

印有"Intel Inside"品牌标志的微处理器成了世界上大多数个人电脑的心脏。英特尔还将"Intel Inside"做成大大的广告牌竖立在公司的楼顶上,为了让桑德斯每次在附近的圣何塞机场乘飞机起降的时候都能够看得到。

愤怒的超威与沮丧的 IBM

超威最大的优势就是推销,那当然是桑德斯的功劳。超威在技术实力上不如英特尔,在宣传声势上却有过之而无不及。超威推出过一则臭名昭著的动画片广告:超威屹立于硅谷的中心,英特尔和国家半导体只能靠边站;前方是一家由枯枝支撑的公司——自然是暗指仙童,对这家公司桑德斯永远怀恨在心;很远处,才隐约能看得到摩托罗拉和德州仪器。

桑德斯绝对是硅谷的一道风景。他在硅谷历史中所占的篇幅,甚至不少于格鲁夫。超威的影响力还是其次,主要还是因为桑德斯放荡不羁、挥金如土的个性。无论是惠普的创始人,还是仙童的后裔们,如诺伊斯、摩尔、格鲁夫、查尔斯·斯波克[①]等,都是工程师出身,崇尚勤俭、作风朴素,但他们中间偏偏出了桑德斯这样一个异类。桑德斯渴望发财,并毫不讳言地宣称"崇尚金钱"。他说:"我干这一行就是为了赚大钱,过得快活,何乐而不为呢?"他厌恶矜持和克制,着迷于财富与成功,赤裸裸地将其功利主义公之于众。桑德斯给早年硅谷的严肃刻板的风格带来了耳目一新的变化。他以自己独

---

① 查尔斯·斯波克,1959—1967 年,担任仙童半导体公司副总裁;1967—1992 年,担任国家半导体公司总裁兼首席执行官;1992—1996 年,担任国家半导体公司主席;1987—1990 年,担任半导体制造技术战略联盟第一任主席。

特的魅力和狂妄,早早成了硅谷的大名人。

1984年,超威的销售额达到了创纪录的11亿美元,这也是超威最接近英特尔的一年。英特尔在这一年的销售额是16亿美元。桑德斯在年度股东大会上宣布:"超威将在80年代末成为芯片领域的美国冠军,超过国家半导体,超过英特尔,超过德州仪器,超过摩托罗拉。"这个目标看起来好像并不遥远,但这时候,意想不到的敌人从太平洋彼岸席卷而来。在日本廉价芯片的冲击下,美国半导体工业面临着巨大的危机,超威也进入了艰难发展的阶段。

面对危局,英特尔断然放弃内存业务,将全部力量转移到微处理器,成功开发出里程碑式的386处理器。虽然英特尔早就决定在386处理器上要自己单飞,但为了麻痹竞争对手,英特尔直到上一轮授权协议到期前的最后一刻才告诉超威等公司停止合作的消息。这对一向仰赖英特尔提供技术支持的超威来说无异于晴天霹雳。如果不是因为诺伊斯和IBM的庇护,格鲁夫早就对超威下手了——他一直认为超威是英特尔最大的威胁,在浮夸表象的背后,桑德斯是硅谷最聪明的人。超威受到的打击虽然严重但并不致命,毕竟超威可以依赖已到手的X86架构,自己进行与英特尔兼容的处理器的设计,事实上超威也是这么做的。英特尔马上对超威提起了侵权诉讼,桑德斯则强硬地选择奉陪到底。1986年或许是超威历史上最困难的一年,在全球半导体产业遭遇持续好几年的大萧条的背景下,超威既面临日本内存产品的疯狂进攻,又得自力更生追赶英特尔的处理器设计。这一年,超威亏损3700万美元,从占收入的比例来说,其亏损状况远比英特尔严重。

直到1989年,超威才将公司的业务重心转移到微处理器市场上,比英特尔晚了好几年。超威和英特尔的官司耗时八年,双方耗费2亿美元律师费,最终以和解告终,超威以4000万美元的代价拿到了X86架构的永久授权。这场官司让实力相对弱小得多的超威疲惫不堪,超威已被英特尔远远地甩在了后面。

超威被英特尔踩在脚下，微软却爬到了英特尔的上面。

和乔布斯一样，保罗·艾伦和比尔·盖茨也从"牛郎星"的畅销中看到了个人电脑市场的未来潜力。他们马上动手为"牛郎星"编写了 BASIC 语言编译系统，还放弃工作和学业，千里迢迢从波士顿赶到新墨西哥来加入罗伯茨的公司。BASIC 语言编译系统随着"牛郎星"的普及被众多计算机爱好者使用。

由于 BASIC 语言编译系统是随计算机发放给用户的，所以有很多人并没有购买该软件，而是直接从朋友那里拷贝，这引起了比尔·盖茨的不满。于是他给计算机发烧友们写了一封著名的"使用软件应该付费"的公开信。随后，比尔·盖茨创立了专门开发软件的微软公司。正逢 IBM 也要为它准备上市的个人电脑产品配置各种软件，于是微软与 IBM 签署了开发 DOS 操作系统的协议，成为 IBM 个人电脑的操作系统供应商。

英特尔的 386 芯片风靡一时，微软于 1990 年推出的视窗 3.0 操作系统，正是为在 386 芯片上运行而设计的。软件反过来又推动着硬件的进步。微软的视窗操作系统功能越来越强大，代码越写越多，英特尔也必须不断研发出更加强大高速的微处理器，否则视窗操作系统的运行就快不起来。就这样，微软每次发布新的操作系统，就带来微处理器和内存等硬件厂商的新一轮商机。操作系统是所有应用软件的基础，其他应用软件都必须建筑在操作系统之上，这就形成了一个以视窗为核心的软件生态。生态一旦形成，视窗的地位就牢不可破。因为想要让成千上万的软件厂商都为一个新的操作系统去重新编写软件，是个几乎不可能完成的任务。

计算机行业的游戏规则被改变了。在以前的商用计算机时代，客户都是大企业，数量较少且合同金额大，市场是割裂的，每家计算机公司都是垂直一体化的形态，自己做自己的处理器、操作系统和软件，大家井水不犯河水。到了个人电脑时代，客户变成了数量庞大且购买力较小的消费者，这些大众消费者对计算机软硬件产品有强烈的兼容需求，没人愿意自己的文档在别的电脑上无法打开,市场于是走向统一,软件公司需要考虑一种软件在不同厂家的电脑上都能运行的问题。IBM 是市场上最强大的个人电脑品牌,软件公司都得优先考虑让自己的软件能够在 IBM 的电脑上运行,也就必须适配英特尔的 CPU 和微软的视窗操作系统。为了省去软件公司重新编写程序的麻烦,英特尔让自己推出的每一代 CPU 都能够与之前的兼容,这就形成了源自 8086 微处理器的 X86 架构。从奔腾系列开始,英特尔不再用数字对处理器命名,大家还是习惯将英特尔的处理器称作 X86 系列。其他电脑公司为了适配那些能够在 X86 架构上运行的软件,不得不采用英特尔的 CPU 和微软的视窗。时间一长,建筑于 X86 和微软架构之上的软件生态就形成了,"Windows+Intel"形成的 Wintel 联盟赢家通吃。而沃兹当初由于价格太贵而没有选用 8080,这使得苹果电脑的微处理器后来因为与英特尔不兼容而饱受困扰。

刚开始卖个人电脑的时候,IBM 对于这块针对消费者市场的业务并不重视。卖 10 万台个人电脑的利润还不如谈下一单企业客户的大合同,而签下一单大合同可比卖掉 10 万台个人电脑容易多了。个人电脑的 CPU 的性能相对大型商用计算机的处理器要差很多,也不被向来追求高端技术的 IBM 放在眼里。再加上迫于政府反垄断的压力,IBM 也不敢打击竞争对手对其"基本输入输出系统"(BIOS)之类的电脑核心技术的抄袭。时间一长,IBM 发现自己在个人电脑上竟然再无技术优势,惠普、戴尔等竞争对手都拿出了质量不错、价格更低、服务更优的个人电脑产品。更重要的是,所有个人电脑的厂商都沦为替英特尔和微软打工的组装商,IBM 也一样有被个人电脑市场边缘化的危险。

为了同微软竞争,技术实力强大的 IBM 推出了连比尔·盖茨都认为是"90 年代最好的操作系统"的 OS/2。但时间已晚,IBM 已经独木难支,不可能以一己之力去挑战已建好应用软件生态壁垒的视窗操作系统。更何况其他电脑厂商还视 IBM 为竞争对手,不愿意采用它的 OS/2。

随着互联网的普及,个人电脑成为社交的工具,迅速成为普通家庭必不可少的家用商品。计算机由商用走向家用,带来了芯片产业的第一次大洗牌。主推商用计算机的 IBM,原本是美国的国家骄傲,从德州仪器、仙童到英特尔,它们的半导体业务的起步无不受益于 IBM 这一巨无霸企业的订单。但从个人电脑时代、互联网时代再到智能手机时代,IBM 一再无所作为,逐渐变得黯然失色。

Wintel 联盟赢得了辉煌的胜利,实现了对个人电脑市场最核心的 CPU 和操作系统的完全垄断。仅仅因为忌惮美国政府的反垄断压力,Wintel 联盟才允许苹果操作系统和超威微处理器通过与其兼容而生存了下来。看似铁板一块的 Wintel 联盟之间其实也有嫌隙,毕竟哪个企业也不愿将自己的生存完全依赖于另一个企业,但市场决定了它们必须捆绑在一块往前走,连英特尔或微软自己也无法将 Wintel 联盟打破。相对来说,操作系统的垄断程度比 CPU 更甚,在 CPU 领域还有超威在与英特尔竞争,操作系统却独有微软一家。这也是个人电脑的硬件越卖越便宜、视窗操作系统却越卖越贵的原因。

英特尔面临的最危险的敌人还不是 IBM 或超威,而是“精简指令集计算机”(RISC)技术路线。

一个计算机程序最终要变成一系列指令才能在处理器上运行。早期的处理器,从 IBM 到英特尔,在设计的时候都想着实现尽可能多的指令,这一做法的优势是功能齐全、性能强大,但劣势则是设计复杂,每个指令执行时间不一样,导致处理器在运行时出现不必要的等待,而且产生较大的功耗。这一类处理器被归作“复杂指令集计算机”(CISC)的类型。

针对复杂指令集的缺陷,1977 年,美国加州大学伯克利分校的戴维·帕特森教授提出了精简指令集的处理器设计思想,主张只保留很少的常用指令,较为复杂的指令则利用常用的指令去组合。这样的话,由于每条指令的执行时间相同,处理器的运作就会比较流畅,速度比较快,功耗也会比较低。

　　精简指令集大幅简化了计算机处理器的设计,它的出现是计算机发展史上的一次革命。在当时,学术界一边倒地认为复杂指令集的设计已经过时,许多厂商纷纷转入精简指令集处理器的设计,英特尔竟有些孤家寡人的味道。甚至微软都公然支持精简指令集,鼓吹"RISC 代替英特尔原有芯片是大势所趋",打算借这个机会干掉英特尔。格鲁夫在复杂指令集和精简指令集技术的路线选择上犹豫不决。坚持复杂指令集会有被行业发展趋势淘汰的风险,选择精简指令集就要从零起步,而且会面对很多的竞争对手。考虑到复杂指令集是英特尔的强项,英特尔的复杂指令集技术已成为行业的标准,技术授权收入的价值超过百亿美元,格鲁夫最终决定选择复杂指令集,放弃了精简指令集。为了保险起见,英特尔自己也试着推出了基于精简指令集的 80860 处理器,由于该处理器与 X86 架构不兼容而不被消费者接受,于是英特尔铁了心专注发展复杂指令集。

　　在整个 20 世纪 90 年代,除了采取跟随政策的超威,只有英特尔一家坚持开发复杂指令集处理器,与力推精简指令集路线的整个处理器工业界相对抗。这是电脑 CPU 领域的一场史诗级别的大较量。如果失败,英特尔将万劫不复;如果胜利,英特尔将君临天下。

　　英特尔虽然不做内存了,但它其实一直没有真正离开存储器产业。英特尔毕竟是存储器产业的开山祖师,拥有大量的存储器专利技术,还可以依靠专利授权来赚钱。美光成为英特尔存储器技术最重要的合作对象,而且英特尔还借助与美光的合作一度返回了存储器产业。

第四章

存储器新势力

"土豆州"出了个美光

内存产品的价格敏感度很高,英特尔输在无法把成本做到足够低。所以,内存产业有个很明显的迁移路径,那就是从高收入国家和地区向低收入国家和地区转移,最早从美国转移到日本,再从日本转移到韩国和中国台湾,如今又有向中国大陆转移的趋势。可是,为什么美国有一家叫美光的化石级别的老牌芯片企业不仅还在做内存,而且如今还是与三星电子、SK 海力士并列的全球存储器三巨头?

美光是一家非常另类的美国企业。如果它像其他半导体企业一样建立在硅谷这样高房价高消费的美国沿海城市,估计早就生存不下去了。美光成立于美国最贫困的西北内陆农业州之一:爱达荷州。当地最著名的物产是土豆。该州首府博伊西也不过是个人口 20 多万的小城市。美光一家公司的收入竟超过该州 GDP 的三分之一。如果没有美光,该州的人均 GDP 就得在美国各州的排名中垫底了。

1978 年,四个前莫斯泰克公司的员工在博伊西一家牙科诊所的地下室里创立了美光,美光拿到的第一个订单是莫斯泰克的 64K 内存。美光用 40% 的股份从当地一个靠种土豆和养猪起家的富豪 J. R. 辛普劳手中获取了 100 万美元的资金。薯条和芯片在英文是同一个单词:chip。J. R. 辛普劳可能没搞明白这两种 chip 有什么区别,但他日后将高兴地看到这笔投资让他成了亿万富翁。为了节省投资费用,美光的第一间晶圆厂建设在一家废弃的超市建筑里,净化车间是用肉类冷库改造出来的,买的设备都是二手的。到 1981 年工厂投产,美光总共只花了 700 万美元,而新建一座同类工厂的投资额一般得 1 亿美元。

然后,整个美国的内存产业都遭遇了来自日本的廉价内存的竞争,美光也出现了资金周转上的困难。这个消息被三星电子探知后,三星电子找上门来，提出要向美光购买内存技术的授权。自己都快活不下去的美光，哪里还会去想技术封锁的事情。当时喜出望外的美光怎么也不会想到，将来三星电子会成为它在全球内存市场上最强有力的竞争对手。

1985年，日本占领了全球内存60％以上的市场。在日本内存的冲击下，英特尔、仙童、莫斯泰克这些内存大厂都撑不下去了，美国的九家独立内存生产商中只有地处边陲的德州仪器和美光得以幸存（此外还有IBM和摩托罗拉这两个综合性巨头保持内存生产）。美光反正是在农村过惯苦日子的乡巴佬，节约成本自有一套。美光不像其他美国企业只会追求大而无当的创新，而是以旨在降低成本的设计能力见长，专注于增加每一片晶圆能生产的芯片数量，并将光刻所需的掩膜数量降到最低。例如，同样是生产1M内存，美光仅需要曝光7次，它的日本竞争对手的曝光次数要比它多一倍。强大的降低成本能力，使得美光能够不被日本厂商的价格战打败。直至熬到《美日半导体协议》终止了日本芯片的低价倾销，以及《广场协议》签订后的美元持续贬值，美光内存芯片的价格竞争力大增，销售额在两年内增加6倍。美光起死回生。

在政府对价格进行保护及美元贬值的背景之下，降低成本变得相对不重要，美光改变策略，开始重视工艺制程的研发，致力于开发更高世代的产品。1987年和1991年，美光分别成功开发出1M和4M的内存，仅比日韩企业晚一两年。

内存产品价格变动大，赚的时候赚饱，亏的时候亏死，没有一颗强壮的心脏，千万不要去玩内存。而美光恰恰就有一位喜欢冒险的首席执行官史蒂文·阿普尔顿。阿普尔顿从博伊西州立大学毕业之后就进入美光工作，当时美光成立仅仅五年。阿普尔顿从时薪不到5美元的夜班工人做起，经历过美光最艰难的岁月，亲眼见证美光被迫裁员一半、1400名工人失业的凄凉场景。1994年，在美光工作了十一年的阿普尔顿成为首席执行官，时年仅33岁。阿普尔顿爱好潜水、冲浪、摩托越野、跳伞和驾驶飞机，总之刺激就是他所追求的感觉。爱玩"心跳"的阿普尔顿执掌美光长达十八年,他带领美光迎接一波又一波来自日本、韩国和中国台湾的存储器企业的有力挑战,也带领美光在英特尔的技术支持下拓展了至关重要的闪存(Flash)的业务。

闪存的诞生

许多人认为,发明了闪存的舛冈富士雄完全有资格获得诺贝尔奖。舛冈是在东芝工作时发明了闪存,但在东芝的时候,他似乎多数时间里都混得不好。

1971年,舛冈完成了日本东北大学工程系电子工程专业的博士课程,准备从学校毕业。舛冈师承被称为"半导体先生"的西泽润一。西泽润一是半导体和光纤等电子工程学领域的世界权威,还担任过日本东北大学的校长。名师出高徒,有许多企业都向舛冈伸出了橄榄枝。在当时,日本正处在半导体产业的高速发展期,急缺高端半导体技术人才。许多公司甚至派车接送舛冈到预订好的酒店吃饭,但是他一直都没有决定去哪家公司。直到东芝VLSI研究所的一个叫武石喜幸的人来找他,他们两人在车站内站着吃了一碗荞麦面。武石对舛冈说:"我们一起做一个不存在于这个世界上的东西吧。"这一点深深地吸引了舛冈。因为其他公司都拼命地向他介绍公司现在的产品,武石却希望和他一起开发下个时代的产品。

于是,舛冈进入了东芝,被分配到半导体的研究开发部门工作。正如武石所料,舛冈拥有难以想象的技术开发能力,为东芝在内存领域做了大量的改进和发明。可是,"谁的话也不听"的舛冈并不受领导的待见,做了六年研发之后竟然被调至营业部门做销售。营业部门的领导不知道是想人尽其才还是故意刁难这个大博士,就把最难啃的大客户——IBM和英特尔丢给他去应付。舛冈使出浑身解数,仍然什么都没有卖出去。不过,干干销售也是一段难得的经历,经过销售第一线锻炼的舛冈认识到:"无论性能多好的内存,价格高就完全卖不出去。"

一年后,舛冈灰溜溜地从营业部门转入制造技术部门。做了几年生产后,舛冈终于回到了研发岗位。当年招他进东芝的武石升任为 VLSI 研究所的所长,于是将他调回研究开发部门担任研发主任。在分工非常细致的日本半导体企业中,舛冈成为极少数拥有从研发、生产到销售的全盘经验的人才,这对他后来在闪存研发上取得革命性的突破有着极大的帮助。

回归研究开发部门的舛冈,在下属眼里,就是一个十足的怪人。

舛冈自我感觉非常良好,经常把那句"地球可是为了我而转"的话挂在嘴边,总是一副"唯我独尊"的架势。

他喜欢喝酒,而且是在办公室喝酒。当时能容纳 100 人的大办公室里一直飘着一股酒味。据说,有一回,下午 3 点,他让总务的女员工倒了一杯红茶,之后却说"香味不够",又往里面加了白兰地。

他脾气还不好,总是容易发火。他的直接下属,NAND 闪存团队负责人白田理一郎与他水火不容。白田理一郎会在早上上班的时候,在他和舛冈之间放一盆花。"有那盆花在,两个人就不用直接面对面了。"白田理一郎是个"在东芝以外的其他地方找不到工作"的怪人,是一位"与舛冈不同类型"的"优雅的天才"。①

没喝酒的时候,舛冈会把自己比作"如来佛",只管安排方针策略,而部下都是"孙悟空",只要他一吹气,部下们自己就开始干活儿了。舛冈不会追究细节,不考虑具体方案,他会把那些复杂的问题丢给下属,给他们很大的自由发挥空间。

他的下属甚至都不知道他有没有在工作,因为他在公司时常常都是在睡觉,有时甚至"发着火就睡着了"。

不过,大家都相信,他是因为整夜都在撰写专利文件才会经常在公司睡

① 日本 NHK 电视台纪录片《勇敢者:硬骨头的工程师》。

觉的。他在东芝工作二十二年，竟申请了约 500 件专利，平均一个月约 2 件，频率之高令人咋舌。

闪存会在东芝被发明出来，除了因为东芝这样的公司能够容忍舛冈这样的怪人存在，还因为东芝有一项独特的名为"桌下（under the desk）"的研究制度。东芝的技术人员可以提出申请，拿出 10％的时间和预算，使用公司的设备，在公司分配的任务之外进行一定范围内的自由研究。后来的谷歌也宣称会给工程师 20％的自由时间（也有人说其实是 100％的工作时间＋20％的加班时间），不知道是不是从东芝这里学来的。

回到研发岗位上的舛冈，想起了他在做销售时美国客户说的话："性能可以降低一点，价格能不能再便宜一些？"这让他确定了自己的研发方向：刻意地降低性能，以削减成本来迎合市场的需求。

当时市场上的内存，体积比较大，价格也相对较贵。如果想清除储存的数据，需要一个单位一个单位地操作，速度比较慢。于是，舛冈就构想了一种可以一次全部抹去数据的储存装置。因为快，所以舛冈将其命名为"闪存"。在当时，如果电脑的电源被切断了，内存会失去存储的功能，数据就会丢失，因此需要另外的存储设备来保存数据。而舛冈所发明的闪存，即使在电源被切断的情况下，也能将数据保存下来。

1984 年，舛冈率先提出了 NOR① 型闪存的概念，为此开始申请研发费用。可是，当时的日本还沉浸在一种"开发出比其他公司性能更好的产品"的氛围当中，他这种刻意降低性能来迎合市场的做法不被公司认可，自然也没有申请到研发费用。舛冈当时经常说：如果有小型的储存装置，就可以一边听歌一边跑步了。不过，20 世纪 80 年代的日本流行的是索尼的 CD 机，几乎没有人会预想到小巧的 MP3 的问世。在周围的人看来，舛冈是在痴人说梦，只有武石依然相信舛冈的才能。舛冈找武石诉苦"没有开发资金"，武

---

① NOR：AND OR，逻辑或非。NAND：NOT AND，逻辑与非。

石将其他部门的开发资金分配给了他。

东芝并不重视舛冈的闪存,英特尔却看到了这项发明的潜力。英特尔与东芝签订了交叉授权协议,成立了多达 300 人的闪存事业部,完成 NOR 闪存的技术攻关并实现了商业化。英特尔技术制造本部副总经理、中国香港出生的史蒂芬·赖称,英特尔改良了东芝发明的 NOR 闪存,并成功实现批量生产和将价格降到市场可接受的程度。

舛冈很不服气,在 1987 年又提出 NAND 型闪存的概念。NOR 闪存读取速度快、写入速度慢,适合用来做只读存储器(ROM),将程序写入一次后就长期不改。相对 NOR 闪存而言,NAND 闪存在提高写入速度、存储容量和存储性能上有很大潜力,且有更佳的耐用性,在数据存储市场上有广阔发展前景。

那时候,内存作为东芝的主力商品,发展正处于鼎盛时期,平均每天产生 2 亿日元的收益。很多人都觉得舛冈的闪存是个包袱。大家都跟舛冈说,与其研究闪存,还不如好好做内存。舛冈强硬地回应:"让我做内存,我却偏要做闪存。"当东芝的半导体部门正全力发展内存时,只有舛冈的团队在向别的方向努力。"我们爬上了一个背阴坡,就像不见天日的夜行者。"幸好舛冈的 NAND 团队还有武石的支持。"舛冈的做法符合技术发展的方向,那就好好做吧。"这句话成了抵抗内存派的坚实力量。

舛冈和 10 位各具独特个性的同事组成了梦之队,共同努力研发,仅三年时间就获得成功。最初做出来的 NAND 闪存的传输速度慢到不足 NOR 闪存的千分之一,舛冈仍然断言"NAND 会取代硬盘"。可是,NAND 闪存虽然可以大容量存储,却因初期成本太高而找不到市场,当时 NAND 闪存的单位容量成本是传统硬盘存储器的 5 倍到 50 倍(具体成本取决于存储量)。这是一个过于超越时代的产品。

1989 年,第一款固态硬盘(SSD)问世,当时用的还是 NOR 闪存芯片,后来则都改用 NAND 闪存芯片。固态硬盘与传统硬盘(HDD)相比,耐震、无噪音、速度快、重量轻,取代趋势明显,发展前景很好。可是,1991年,年仅63岁的武石突然去世,舛冈失去了最理解和最支持他的领导。更糟糕的是,在韩国内存产品的竞争压力下,东芝无法在NAND闪存上投入足够的生产资金来取得规模效应和降低成本。

三星内存崛起

朝鲜战争结束后,韩国一片废墟,满目疮痍。

为了让孩子得到良好的学习环境,三星集团的会长李秉喆把三个儿子都送去日本学习。韩国在那时刚刚结束了日本对其的殖民统治,对日本相当仇视。三星从日本进口了先进的生产设备,负责安装的日本技术人员居然都被拒绝入境。所以,李秉喆坚持要让孩子到日本去学习是很不容易的。最小的儿子李健熙,因为语言不通而受到日本孩子的歧视,不得不在孤独中成长,直到高中毕业才回到韩国。据李健熙的一个高中同窗回忆:“一天,健熙忽然给我几本小学教科书,让我学日语,说以你的能力学两个月就能差不多了。我说现在正是高中生反日情绪高涨的时候,为什么还要学日语。他带着一副不屑的表情回答,说我们可以从日本的变化过程中找到我们自己的发展道路。”

李健熙从小就喜欢拆解玩具并研究其内部构造,长大后发展到拆解手表和相机等精密机械产品。当索尼生产出袖珍收音机的时候,李健熙也买了一台,将它拆开细细研究。让他惊讶的是,袖珍收音机与他之前拆解的那些机械产品完全不同。李健熙发现,电子产品的内部由并不复杂的电子线路上的一些电子零部件构成。这些神秘的电子零部件是什么?为什么能产生这些神奇的作用?这些用廉价的原材料做成的电子产品为什么能够卖出这么高的价格?这些问题深深地吸引了李健熙。他相信,电子产业才是最有前途的产业,而芯片则是整个电子产业的基础。

1974 年,李健熙用其个人资产买下一家因资金不足而经营不下去的韩美合资的半导体工厂,从开始只能生产晶体管发展到能制造出彩电使用的彩色信号芯片,这家半导体工厂成为后来三星电子庞大的半导体业务的起点。

刚开始的时候,李健熙的半导体工厂并未获得李秉喆的支持。三星做电子产品本来就晚,金星社①早在 1958 年就开始做家用电器的组装,三星电子则迟至 1969 年才成立。三星电子从日电、三洋等日本企业那里引进技术,竟遭到其他韩国企业的普遍反对。他们认为三星引进日本技术和资金的做法会让其他韩国企业努力发展的国产技术失去立足之地,三星被迫承诺所有产品外销才得到建厂的许可。三星电子才刚刚拥有冰箱、洗衣机和黑白电视机等家用电器的组装能力,而电器组装和芯片制造完全是两回事,后者在技术和资金上的要求都远非前者可比。李秉喆一生谨慎,"石桥也要先敲一敲再走过去",他对是否要进入半导体产业陷入了长时间的犹豫。当时,多数人对三星进入半导体产业持反对意见,最后还是一个日本人帮助李秉喆下定了决心。稻叶秀三博士告诉李秉喆,半导体是日本产业结构演进中最重要的一个产业。李秉喆一向深信日本的今天就是韩国的未来,如果韩国不发展半导体产业,何谈实现对日本的赶超?

李秉喆想到了李健熙所建的那家半导体工厂,于是喊来三星电子的姜社长询问:"最近都说半导体很重要,我们不也在搞这个半导体吗?为什么进展这么不顺,至今还没有什么利润可言?就算退一步,利润之类的暂且放一边,可为什么都没见它发展壮大?"

姜社长回答:"半导体产业的胜负关键在于数量。开发一个新产品,要有每月数十万、数百万的市场需求量才行,目前我们三星电子还达不到这个

---

① 1995 年,韩国的 LUCKY(乐喜)和 GOLD STAR(金星)两家公司合并成 LG(乐金),金星更名为 LG 电子。

规模,必须研发需求量大的产品。"

突然,李秉喆看向姜社长,眼里闪着光:"能有需求量这么大的产品吗?"

"存储器和计算元件在全世界都是一个规格,市场规模大,需求量也很大。"

这次谈话是三星电子未来成为存储器全球领导者的起点。经过对美国和日本市场的认真考察和研究,李秉喆做出了以内存这一市场规模最大的存储器为发展重点、以超大规模集成电路开发为近期目标的半导体产业发展的新计划,三星战车义无反顾地朝着芯片的方向启动了。

三星电子需要从国外引进内存生产技术,但是没有一家一线半导体厂家搭理它。经过多方努力,三星电子从美国西翠克斯(Citrix)公司拿到了CMOS 工艺技术,从当时规模还很小并且缺乏资金的美光拿到了 64K 内存技术的授权,从夏普买来了几乎全套量产设备——夏普被日本通产省归类为消费电子公司而非半导体公司,因此钻了空子,得以不受技术出口的管制。1983 年夏,三星电子大规模兴建位于器兴的晶圆厂,正式进军内存市场。为了尽快缩小与日本的差距,三星电子变本加厉地以搭乘周末往返航班的方式从东芝那里邀请技术人员来韩指导,以至于东芝被迫对所有技术人员的护照进行检查,寻找技术人员私自飞往韩国的证据。1985 年,三星电子又从濒临破产的美光手中拿到了 256K 内存技术的授权,只用了 7 个月就完成了这一产品的量产,进一步缩小了与日本的技术差距。

与此同时,韩国政府眼馋日本通过出口半导体产品赚取了大量外汇,也开始重视半导体产业的发展。而且,韩国当时正在经历民主化的运动,频发的劳资纠纷和暴涨的工资让韩国失去了低价劳动力优势,发展知识密集型的半导体产业势在必行。在日本启动 VLSI 计划的同时,韩国政府建立了韩国电子通信研究院(ETRI),招收从美国归来的韩裔工程师,设置试验生产线,于 1979 年成功生产出了 16K 内存。这是韩国掌握内存技术的开始。1982 年,韩国政府颁布类似日本 VLSI 计划的"半导体产业振兴计划",提出要实现电子配件和半导体生产的本土化,而非通过跨国公司的投资来发展。韩国建立了由国家研究所、3 家财团与 6 所大学联手的共同研究发展体制,在三年内一共投入了 2.5 亿美元的研发资金,其中多数由政府拨款。20 世纪 80 年代,韩国政府大力支持三星、现代和金星发展半导体产业,附带条件是必须将半导体产品出口来为国家创汇。

韩国政府对本土半导体企业的最大帮助,是通过银行不断地输血。1981 年 5 月,韩国实行了普通银行民营化的政策,陆续把 15 家普通银行交给大企业集团经营。三星集团一口气购买了商业银行、大邱银行和长期信用银行的股份。李秉喆曾经说过:"我在银行搭上 1 万元的股份,就可以调动它们 10 万元、20 万元的资金。"韩国三大半导体企业在刚开始发展半导体业务时都经历了多年的巨额亏损,全赖韩国银行在政府直接干预下持续给予的贷款支持,政策性贷款在韩国各大银行所有贷款中的占比一度高达 60%。

韩国半导体企业在悄悄积蓄力量的时候,日本半导体企业中技术最强的东芝如日中天,1M 内存的月产量超过 100 万个。三星电子通过东芝主管国际事务的人员热情邀请川西刚访问三星电子。川西刚并不想去,三星电子说周六周日来就行,"这样一来总不能说周六很忙,或是周日去不了。"川西刚到达首尔后,在三星豪华的迎宾馆,受到了三星电子的社长及其属下所有干部的热烈欢迎。甚至在迎宾馆的院子里还树立了两座象征着三星和东芝间友好关系的玻璃雕塑。觥筹交错间,还有韩国美女为川西刚表演韩国传统的歌舞节目。

三星电子向不知所措的川西刚提出了请求,请他前往正在建设的首尔厂参观。三星电子的器兴厂当时还只能生产 256K 内存,与日本相比有着两年的差距。正在兴建的首尔厂是为生产 1M 内存做准备的。"我不怎么想看,如果我看了他们的工厂,他们会要求参观东芝的工厂。但是拒绝又有失颜面,最后还是参观了他们的工厂。"

果不其然，之后，三星电子要求参观东芝的工厂。无奈之下，作为回礼，川西刚也让他们参观了东芝的大分工厂。大分厂是当时全世界最先进的芯片厂，三星电子组织了一个庞大的考察团对大分厂进行考察。

三星电子对东芝大分厂绝对不是走马观花，曾经发生过的一件情报案很能说明问题。两名三星电子职员和两名金星供应商职员弄了假名片，一同混入了金星的一家冰箱工厂。他们对金星社畅销产品"泡菜冰箱"的生产过程偷偷观察了一个多小时，结果被发现并逮送警察局。尽管李健熙对此事表现得相当愤怒，三星电子的管理人员却不认为这件事情有错，反而认为这是竞争企业之间常有的事。参观大分厂结束后，三星电子就把大分厂管辖生产线的生产部长给挖走了，然后建了一个几乎与大分厂一模一样的工厂。

三星还塑造了强大的市场调研能力。三星的战略市场部门有800人，其中市场调研专员竟有230人。"这些市场调研专员并不仅仅进行市场统计。以负责中国市场的专员为例，他们首先要在中国居住一两年，学说汉语，和中国人吃一样的食物，了解中国人有怎样的嗜好。""惊人的不仅是数量。三星电子将最优秀的人才任命为市场调研专员。因为三星电子认为公司的未来担负在这些市场调研人员的肩上。"以印度冰箱市场为例。因为印度是一个偷盗频繁、经常停电的国家，因此三星电子专门为印度生产了装配有防盗锁以及备用电池的冰箱，价格还仅是日本冰箱的一半。这个例子可以解释日本的冰箱、电视和手机等电器或电子产品的销量为何被三星电子超越，因为日本企业对消费者需求的调研不够重视。

三星对情报工作的重视上升到了集团战略的层面。三星向日本企业学习，在韩国企业中第一个建立了秘书室。伊藤忠商社的社长濑岛龙三曾经担任日本关东军司令部主任参谋和大本营陆海军参谋等职务，遂仿照军队的参谋组织在日本企业中率先建立了秘书室这么一个机构，用于搜集和整理各种情报。濑岛龙三是李秉喆的好友，伊藤忠商社的腾飞启发了李秉喆对秘书室情报工作的重视。李秉喆在秘书室中聚集了最优秀的人才,三星集团秘书室竟得到了个"人才士官学校"的别称,并且被认为是韩国 20 世纪八九十年代最强大的情报分析组织。

三星电子的第一个内存工厂的 64K 和 256K 技术拿的是美光的授权,并凭此获得了成功。三星想独立自主,于是靠自身的力量建设了一家 1M 内存工厂,但效果很差,亏损严重。在建 4M 内存工厂的时候,三星吸取了经验教训,认为能花钱解决的问题就一定要靠钱解决,于是花高价组织了一个近百人的日本顾问团。这个日本顾问团在帮助三星电子引进日本先进技术、猎取日本技术人员等方面发挥了极大的作用。汤之上隆对此评论道:"三星电子拥有一张无比强大的信息收集网,特别是在对日本制造商的技术收集方面,三星进行得非常彻底。他们搜罗各种最新信息和机密情报并分析,不管合法或非法。"[1]

在三星进军内存领域的时候,正逢国际半导体产业进入低谷期。领跑的日本内存企业在设备折旧后就通过大幅打折大量抛售,内存国际市场价格暴跌,低到仅有韩国价格的一半。三星在半导体项目上的亏损累计达到了 3 亿美元,将所投资本全部亏光。由于 1M 内存的建厂晚于日本,按当时的市场价格,开工后亏损的可能性很大。但为了缩小与日本企业的差距,三星仍然按计划启用了 1M 内存厂,并追加投资进行 4M 内存工厂的建设。

4M 是当时内存芯片最先进的制程,已无可能取得国外公司的技术授权。1986 年,韩国政府将 4M 内存列作国家项目,还是由韩国电子通信研究院牵头,三星、金星、现代和韩国 6 所大学联合进行 4M 内存技术的攻关,三年间投入研发费用 1.1 亿美元,其中多数投资仍由政府承担。

1985 年,被打得惨兮兮的美国内存厂向日本发起内存反倾销诉讼。在

---

① 汤之上隆著,林曌等译,《失去制造业:日本制造业的败北》,北京:机械工业出版社,2015 年版,第 85 页。

美国政府的强势打压下,日本政府不得不顺从美国的要求,控制本国的内存产量,大力监管由于生产过多而造成的低价出口。日本内存制造商强烈反对日本政府的这一政策,最终还是低头屈服,将 1M 内存生产线大量停产转售,把产业重心移向下一代的 4M 内存。为了避开美国的反倾销指控,日本企业还改变了低价策略,不惜成本地研发性能优越的高端内存产品。国际市场上内存价格回升,三星电子和美光一样坐收渔利,刚刚扩大的产能正好填补了日本企业让出的市场空白。由于韩币采用与美元挂钩的政策,美元贬值后韩币跟着贬值,也有利于三星电子内存的出口。三星电子的内存项目在这一年第一次实现了盈利。

1988 年,三星半导体 & 无线通信合并进三星电子,三星的几个电子业务版块抱团取暖,其实主要是依靠通信和家电业务的利润来为三星的半导体业务输血。三星电子的规模是它的一大竞争优势。

1989 年,三星电子实现了 4M 内存的量产,赶上了东芝的进度,达到了世界领先水平。

就在这时候,市场出现了重大变化:个人电脑成为计算机市场的主流。微软每过个三至五年就会升级视窗操作系统,英特尔也跟着推出新一代的 CPU,所以消费者一般五年左右也就会升级个人电脑,市场对寿命短、性能差的低端内存产生了大量需求。美光率先做出反应,以使用年限较短、价位更低的存储芯片作为研发重点。日本企业原本为商用计算机研发的高端内存号称能保质使用二十五年,进入个人电脑时代后没能及时改变思维模式,仍然生产技术过于先进且质量过高的内存,竟因为价格太贵而打不进个人电脑市场。个人电脑一般用五年就要淘汰,谁还在乎你长达二十五年的保质期? 技术水平较差的三星电子大规模生产出来的廉价内存无意中迎合了个人电脑市场的需求,抢占了这块大市场。三星电子从此进入全球半导体一线企业阵营,日本内存产业则受到了很大的打击。

与韩国差不多时间,中国台湾也开始做内存。

跟风的中国台湾内存产业

1974 年 2 月的一天,在台北市南阳街的小欣欣豆浆店,7 个人凑在一块吃了顿早餐。

这些人的身份个个都大有来头,分别是台湾地区行政管理机构幕僚长费骅、台湾地区经济管理机构负责人孙运璇、电信总局局长方贤齐、台湾地区交通管理机构负责人高玉树、工业技术研究院(简称工研院)的首任院长王兆振、电信研究所所长康宝煌,以及美国无线电公司微波研究室主任潘文渊。

大家一边喝豆浆一边讨论台湾经济未来发展的方向。自 20 世纪 50 年代以来,台湾的经济发展战略发生过几次改变。一开始是劳动密集型的出口替代策略,通过发展来料加工的出口工业来替代初级产品出口,后来调整为资本密集型的出口扩张型策略,优先发展面向国际市场的重工业。到了20 世纪 70 年代,台湾经济整体达到了一个全新的高度,那么下一步该往哪里走?

潘文渊提出,集成电路是电子工业中最核心的一部分,发展集成电路产业是往高科技转型最有机会的方式,应该作为台湾产业下一步发展的方向。他的建议获得孙运璇等人的认同。大家认为,要想快速发展集成电路产业,最优的方案是在未来四年的时间内一口气投入 1000 万美元,争取从美国引进集成电路工业的相关技术并落地。

这一次决定了中国台湾半导体行业未来的"早餐会议",一共只花了 300台币。

"早餐会议"结束后,工研院成立了电子工业研究中心,后升格为电子工业研究所(简称电子所)。电子所的使命是从事半导体技术研究,并不断为企业输入半导体技术,引导台湾半导体产业的发展。电子所由台湾当局出资,以公司体制运行,用高薪聘请专业人才。

在潘文渊的推动下，工研院电子所从美国无线电公司购买了专利技术，还将一批年轻人送去美国培训，其中包括曹兴诚、蔡明介、曾繁城、杨丁元(华邦电子创办人)、章青驹(世界先进前董事长)等。美国无线电公司是电台广播时代的全球霸主，如果没有美国无线电公司，那么很有可能就不会出现电子显微镜、彩色显像管、CMOS 技术、光电子发射器件、LCD、卡式录音机、直播电视、卫星直播系统以及高清电视等多项对人类文明进步有至关重要作用的产品。但在向半导体产业转型的过程中，美国无线电公司开始走下坡路，于是乐于从技术转让中获益，成为台湾芯片技术的重要来源。

1976 年 6 月，工研院耗资 5 亿台币，主持了台湾第一座 3 英寸晶圆、7 微米制程示范工厂的兴建。一年多之后，示范工厂落成，那些在美国接受培训的年轻人也返回宝岛，在这家示范工厂利用他们刚刚学习的技术试生产芯片。他们做的第一批产品是电子钟表芯片，生产良品率在短短六个月之后就超越了美国无线电公司。这让美国无线电公司对这个示范工厂有了浓厚的兴趣，他们甚至提议买下这家工厂，这个念头差点断送了台湾芯片产业的未来。工研院坚持向台湾经济主管部门要求拥有自己的产线，理由是要靠它带动台湾电子产业的升级，这才保住了台湾芯片产业的火种。因为电子钟表芯片的成功，台湾迅速成为世界三大电子钟表出口地之一。

如果工研院电子所本身的技术和指导不过关，企业就不可能成功；而如果企业成功了，也就不再需要它的帮助。第三任电子所的所长甚至说过这样一句话："不管我们成不成功，摆在我们面前的都是死路一条，所以我们的前途在哪里？"

好在他的这个疑问很快就有了答案。到了 1980 年，联华电子股份有限公司成立，它引进了 4 英寸晶圆生产线，是一家既做芯片设计，又做芯片生产的垂直整合制造工厂(IDM)，也是工研院衍生的第一家公司。工研院协助联华电子建厂、装配设备和培训员工，还向联华电子转移了新开发的 3.5 微米工艺和 40 多个自己的工程师。1983 年，年仅 33 岁的电子所副所长曹兴诚走马上任,成为联华电子的副总经理。"他的话不多,但意见很多,有大格局。"电子所所长胡定华在一众博士之外相中了曹兴诚这个硕士生。曹兴诚在管理上也确实有自己的一套。初任联华电子总经理之后,他便首创分红配股制度,提出"每个员工都是老板",这一策略引得台湾科技企业纷纷跟进,由此吸引了一大批海外优秀人才来台。曹兴诚讲究多劳多得,他坚信一家公司超过80%的成绩仅仅由20%的人创造,所以他特别重视精英人才,将公司奖金的80%都分配给表现好的前20%的人。

联华电子原计划筹资8亿台币,因为民间资本不愿投入,最后仅筹到5亿台币,政府资本竟占了70%。1985年,联华电子销售额达到13亿台币,获利2亿台币,利润之丰厚让原来不愿投钱的人都后悔不迭。

1990年前后,台湾半导体工业开始爆炸式发展,其中有很大一部分都要归功于工研院电子所的付出。工研院前后总计有2000多位员工到民间半导体企业中去。在企业研发规模和实力都上去后,工研院还积极充当半导体企业之间、企业与官方之间的桥梁,帮助半导体企业之间进行友好交流和共同进步。工研院电子所凭一己之力,硬是将整个台湾的半导体产业撑了起来。

中国台湾的电子工业以个人电脑的组装出名,内存是电脑最重要的配件之一,台湾半导体产业做内存也就顺理成章。宏碁最早是由施振荣等人创办的一家小公司,靠生产计算器起家,在生产掌上学习机后发展壮大,做电脑成名,1988年上市。凭借股市疯狂上涨筹措到的充裕资金,宏碁一头扎进了内存产业。

宏碁本来想找日本企业合作,当时日本内存厂牛气冲天,没人理会宏碁,宏碁只好找了正面临巨大价格竞争压力的德州仪器。1989年,宏碁与德州仪器合资31亿台币设立德碁半导体,双方分别占股74%和26%,由德州仪器提供技术,在新竹园区建设6英寸晶圆厂,生产1M内存产品。被德州仪器派来台湾建厂的人中包括张汝京,他参与建成了台湾的第一家专业内存生产厂。

等到德碁投产时，市场已经向 4M 内存过渡，宏碁只好追加投资。正逢内存市场不景气加上台湾股市暴跌，逼着德碁咬牙发行了 9 亿台币的三年期特别股，年息 5%，期满后由宏碁购回。在沉重的资金压力下，宏碁还将德碁16% 的股份转让给了中华开发信托公司。德碁的苦日子熬了三年，直到1992 年日本住友半导体环氧树脂厂爆炸，引发内存价格从谷底翻升，德碁才扭亏为盈，随后又建设了一座 8 英寸晶圆厂。

德碁做内存的成功，在台湾企业界产生了很大的反响。大家都忘了德碁那些亏损的日子，纷纷把钱砸到内存芯片厂上。力晶（Powerchip）、世界先进、瑞晶、茂德、南亚科、华亚科等一批台湾内存厂相继成立，中国台湾一时成为全球内存产业的重地。

从芯片诞生到 20 世纪 80 年代末的 30 年，是芯片产业的草莽时期。摩尔定律还在爬坡中积蓄自己的力量，市场上到处都是机会，每个领域都还没有出现明显的垄断者。芯片竞争的背后是芯片生产设备的竞争，在一波又一波芯片厂家崛起的背后，是芯片设备厂特别是光刻机厂的一轮又一轮更替。在美日两大半导体产业阵营对峙的背后，是美日两国光刻机厂的对垒。再有想象力的人也不敢预测，在欧洲小国荷兰诞生的一家名叫阿斯麦尔的小企业，会对未来全球芯片竞争格局演变产生至关重要的影响。

而自诞生的第一天起，阿斯麦尔就在为打造全球最强的光刻机不懈努力。

第五章

丑小鸭阿斯麦尔

被业界笑话的飞利浦光刻机

芯片的生产过程大致如下。

首先,要做出高纯度的硅。硅是一种很常见的元素,我们日常随处可见的沙子中就富含二氧化硅。将自然界存在的硅原料在高温下进行多次提纯和整形,最终可以得到纯度极高的圆柱体形状的单晶硅锭。

将单晶硅锭像香肠切片一样横向切割,得到厚度不超过1毫米的硅片,也就是晶圆(wafer)。我们为什么把芯片工厂称为晶圆厂(foundry),就是因为芯片是在晶圆上加工出来的。相对应地,不做芯片制造的芯片设计公司也被称为无晶圆厂(fabless)。

然后,就要在硅片上做出电路。这个过程大致包括:(1)画出线路图;(2)把线路图刻到玻璃板上,制成掩膜(也叫光罩),相当于做出照片的底片;(3)把掩膜上的线路图用强光投射到涂了一层非常薄、非常均匀的光刻胶的硅片上,光刻胶被强光照射的部分变得可以溶解,就像洗照片一样,在硅片上曝光出线路图;(4)对硅片上的线路图多次使用刻蚀、扩散、沉积等工艺做出复杂的晶体管和电路网络,最终做出来的芯片就像是迷你的多层城市交通网络。

最后,将晶圆切割成一块块芯片内核,将芯片内核与衬底、散热片等封装到一起,就形成了一个完整的芯片。芯片还得通过测试,确保达到设计的功能,才能最终出厂。

如果把制作芯片比作刻版画,芯片生产的过程就是在硅衬底这张"纸"上,先涂上一层名为光刻胶的"油墨",再用光线作"笔",在硅衬底上"拓"出需要的图案,然后用化学物质作"刻刀",把图案雕刻出来。其中,以光线为笔拓印图案这一步被称为光刻,图案线条的粗细直接影响后续雕刻的精细程度。

在芯片制造的几百道工序里,光刻是最重要的步骤。一块芯片在整个生产过程中需要光刻二三十次,耗时占生产过程的一半,成本能占到三分之一。光刻不仅影响晶圆厂的生产效率及成本,还决定了芯片的工艺制程,晶体管的尺寸必须由光刻来确定,所以光刻机在半导体产业中占据着极为重要的地位。

光刻技术的诞生比芯片还早。1955 年,贝尔实验室的朱尔斯·安德鲁斯和沃尔特·邦德合作实现了在硅片上用光刻加工出电子元器件的方法。他们俩在二氧化硅的氧化膜上均匀涂抹一层具有高度光敏感性的光刻胶,做成一个类似幻灯片一样的掩膜,然后将光线把掩膜上的电子线路图案投射到硅片上,被光线照射到的光刻胶会发生化学反应。再用特定显影液洗去光刻胶,就完成了把电路图从掩膜转移到硅片上的流程,最后用扩散技术做出晶体管。

芯片诞生之初,晶体管的尺寸还比较大,光刻没有多少技术含量。当时的半导体公司通常自己设计生产芯片的工艺装备,比如发明平面工艺的仙童最早是直接拿 16 毫米的电影镜头来进行光刻。英特尔也自己设了个光刻机部门,没事就买一些零件组装几台光刻机玩玩。1961 年,美国地球物理学公司(GCA)造出了第一台重复曝光光刻机(photo repeater)。GCA 有一手绝活,它的"微米轮"——带有导程螺丝杆和微米线的手动定位装置,能够定位到 1 微米的精度,远远超过当时其他仪器仅仅 25 微米的定位精度。GCA在整个 20 世纪 60 年代占据了光刻机市场的主导地位,占据了 60%到 70%的市场份额。

GCA 以 3 万美元的价格卖了一台重复曝光光刻机给飞利浦,飞利浦以此为起点开始研究光刻机。在中国消费者的心目中,飞利浦是荷兰的一家老牌的消费电子厂商,飞利浦品牌以质量优越、做工精美的小家电产品闻名于世。一般人不知道,在 20 世纪,飞利浦还是一家著名的芯片制造厂。在功能手机时代,诺基亚和爱立信等著名手机品牌都离不开飞利浦供应的芯片。

　　为了提高芯片产品的竞争力,1966 年,飞利浦物理实验室正式对光刻机进行立项。

　　飞利浦对市场上的 20 个镜头进行检测,认为德国蔡司(Zeiss)镜头的质量是最好的。但蔡司对这么小的订单不感兴趣,飞利浦只好找了法国的 CERCO 公司来作为镜头的供应商。飞利浦很快就开发出了重复曝光光刻机。当时的光刻机是接触式的,掩膜直接放在硅片上进行曝光。这个技术非常简单,是直接从相片洗印技术发展过来的。掩膜与光刻胶多次触碰容易产生污染,而且掩膜在和硅片接触后会造成磨损,大概用个十来次就报废了。飞利浦的重复曝光光刻机很受欢迎。但他们清楚,这个生意做不长久,必须进一步研发非接触式的光刻机。

　　如果将掩膜和硅片拉开距离,即使仅仅 0.1 微米,光线也会出现散射,光刻效果就会差很多。所以,接近式光刻机只是个过渡产品。为了解决散射问题,人们在掩膜和硅片之间加上透镜,这就有了投影式光刻机。投影式光刻不仅解决了接触式和接近式光刻存在的种种问题,还能够达到缩印的效果。之前的光刻,掩膜和硅片上的图形是 1∶1 同样大小的,所以掩膜的分辨率决定了硅片的分辨率。掩膜的分辨率很难提高,达到 1 微米已经是极限,这就决定了使用接触式或接近式光刻是无法进一步提高刻到硅片上的线路图的精细度的。投影式光刻则可以在不提高掩膜精度的前提下,将硅片上的光刻分辨率实现从微米级向纳米级提升。

　　1973 年,拿到美国军方投资的珀金埃尔默科学仪器公司(Perkin Elmer)率先推出了第一台投影式光刻机。珀金埃尔默公司在掩膜和硅片之间加了两个有凹面的球形透镜,一个球形透镜造成的图案畸变可由另一个球形透镜纠正回来,这样就既避免了掩膜和硅片的接触,又实现了缩印的效果。德州仪器花了 9.8 万美元购买了一台试用,发现不仅可以节约大笔采购掩膜的资金,还可将芯片良品率提高几十个百分点。听说德州仪器仅用 10 个月就收回了投影式光刻机的采购成本,各芯片厂的订单如潮水般涌向珀金埃尔默公司,不久后,新下单的客户得等到一年后才能收到货。英特尔正是用珀金埃尔默公司的投影光刻机造出了 8086 处理器,珀金埃尔默公司在 20 世纪70 年代后期占据了 90% 的光刻机市场。

1978 年,不甘落后的 GCA 公司推出了世界第一台自动化步进投影式光刻机(stepper)——DSW4800。DSW4800 的分辨率可以达到 1∶10,这相对于珀金埃尔默公司的投影式光刻机 1∶1 的分辨率来说是个巨大的进步。Stepper 这个名字来自照相术语"步进重复"(step and repeat),意思是每次可以透过掩膜把大约一平方厘米的一束光照在晶圆上,曝光完一块芯片后,机器自动挪个位置再刻下一块。在此之前,挪位只能通过手工操作。随着晶圆面积变大,一块晶圆上要制作出的芯片数量也越来越多,步进光刻机显示出巨大的优势。一台步进光刻机要卖 45 万美元还供不应求。GCA 重新成为光刻市场的领导者,中国一度把 DSW 作为光刻机的代名词。Stepper是第一台现代意义上的光刻机,后续的光刻机基本上都属于这种类型,差异只在于光学系统的变化。

和飞利浦一样,GCA 也不自产镜头,需要解决镜头质量的问题。一开始,GCA 的光刻机镜头直接用博士伦光学显微镜的物镜。后来,GCA 开始向博士伦定制镜头,但博士伦很难提供能够满足 GCA 质量要求的镜头,有时一个批次里连一个合格的镜头都挑不出来。GCA 只好寻找替代方案,他们认为,日本尼康镜头的质量是最好的。尼康于 1917 年由 3 家日本光学公司合并而成,专门制造照相机、显微镜、望远镜和光学仪器,在制造镜头上已经拥有半个世纪的经验。1981 年,GCA 销售了 200 台的步进光刻机,珀金埃尔默公司也交付了 2400 台投影式光刻机,全球光刻机市场的大半江山都在美国公司的手中。如果遇到产能不足,美国光刻机供应商会优先供应美国客户,这让蓄势待发的日本半导体企业相当不爽。

在光刻机进入投影时代以后,镜头质量越来越重要,尼康和佳能这样能自己造高质量镜头的专业相机厂家有很大的优势。1975 年,佳能率先做出分辨率可达 0.8 微米的镜头,这也是全世界首次实现 1 微米以下的曝光,日本国立科学博物馆后来将其作为"重要科学技术历史遗产"收录。1976 年,尼康和佳能受日本国家项目 VLSI 计划委托,开发将电路图案缩小为十分之一的晶圆曝光装备。20 世纪 80 年代初,尼康发售了自己首台商用步进式光刻机 NSR-1010G,采用自研镜头,拥有比 GCA 和佳能更先进的光学系统。1982 年,尼康在硅谷设厂,开始从 GCA 手里夺下一个又一个大客户:IBM、英特尔、德州仪器、超威等。

在尼康和佳能崛起的同时,GCA 却犯下了一系列的错误。DSW4800 的巨大成功让它在短短三年时间内收入增加了 8 倍,达到 1.1 亿美元,拥有的工程师数量从 10 人增加到 200 多人。这时候,GCA 面临着三个主要问题:管理好快速增长的业务,为客户提供优质服务和持续改进其步进光刻机。可是,它在研发上未能建立起统一的管理系统,19 个开发团队独立做出各个模块,研发进度和磨合过程都显得杂乱无章,导致其光刻机经常宕机。它的研发人员对芯片制造工序缺乏了解,也不知道客户真正的需求,无法确定需要优先完成的项目。比如在过于超前的电子束光刻机项目上,GCA 就浪费了 1 亿多美元。雪上加霜的是,GCA 试图扩张成一站式的半导体设备供应商,为此又增加了 40 个开发团队,既分散了管理层的精力,浪费了三分之二的研发预算,又几乎没有贡献任何利润。

GCA 最致命的问题还是出在光刻机所使用的镜片组。它的镜片组来自蔡司,傲慢的蔡司认为它的镜头质量非常可靠,完全不需要在出厂前做质量检验。因为交货压力巨大,GCA 就听从了蔡司的意见。偏偏蔡司当时出品的镜头在密封剂上出现了很严重的质量问题。光刻机一开始运作良好,运行一段时间后成像质量就会下降,导致机器需要长时间停机做检修。因为不知道问题出在哪里,GCA 迟迟没能解决这个质量问题,这是导致它迅速由盛转衰的重要原因。

光刻机市场风起云涌,各路豪杰轮番登场。至于飞利浦呢?市场占有率几乎为零。飞利浦的光刻机起了个大早，却连晚集都险些没能赶上。研发了十多年，竟然还没推出可以商用的制造芯片的光刻机。为什么会这样？飞利浦是个相当官僚的大型企业，研发部门（物理实验室）与生产部门（科学与工业部）之间有很深的隔阂，研究部门自视甚高，研发起光刻机来不紧不快，不听客户的意见，也不管怎么生产的事情，做出来的原型机很难被生产部门接受。飞利浦的光刻机在工程技术上拥有巨大的优势，它能把多个掩膜精准地套刻在一起，又能让光束在晶圆上进行极精确的移动定位，还能够长时间地连续工作。但它也有致命的缺陷，比如油压驱动，油污一旦泄漏，结果将是灾难性的，相当于80个标准大气压的压力会将油雾喷满整个车间，芯片厂需要停工几个月的时间才能将油污清理干净。但研发部门自以为油压驱动是确保精确定位的关键先进技术，迟迟没有改进为电动。生产部门为了提高芯片产品的竞争力，更愿意选用市场上最成熟的产品，不爱用自己企业的研发大老爷们闭门造车弄出来的麻烦玩意。

除了内因还有外因，飞利浦光刻机缺乏生态环境。美国为什么能涌现那么多光刻机厂家？是因为有许多芯片小厂乐于选用价格低廉又最适合自己需求的小品牌光刻机。后来阿斯麦尔的第一款商用光刻机PAS2400最大的客户是美国的一家小芯片厂，这就很能说明问题。

飞利浦决定，必须尽快把光刻机这个不赚钱的"个人爱好"处理掉。

阿斯麦尔在愚人节成立

当飞利浦在实验室里造出步进光刻机的原型机的时候，发现自己居然成为唯一一家还在造光刻机的芯片厂。造光刻机这样高精密的设备已经发展成一桩相当专业的事情，早就没有别的芯片厂干这事了。飞利浦的光刻机开发陷入僵局。思前想后，飞利浦决定找人合伙，这样不仅降低风险，还容易打开美国市场。于是，飞利浦就去美国拜访了不少光刻机厂商。珀金埃尔默公司相当感兴趣,他们也希望开发步进光刻机以重新成为市场领导者。珀金埃尔默公司派了一个代表团来访问飞利浦,参观完后,他们给了飞利浦7天的时间来考虑是否决定合作,否则他们就会选择另一家有德国资金背景的小企业作为合作伙伴。飞利浦的高级管理层对芯片和光刻机都一无所知,讲究繁文缛节的飞利浦无法在如此短的时间内做出决定,于是这个极好的合作机会不幸告吹。

这时候,有家叫先进半导体材料公司(简称阿斯麦①)的荷兰小公司的老板亚瑟·德尔·普拉多听说了这事,主动跑来要求合作。

普拉多出生于荷兰殖民时代的印尼,父亲有犹太血统。二战时,10来岁的他曾被关进印尼的集中营。所以,普拉多既天生拥有犹太人的精明,又在成长历程中培养起百折不挠的勇气。太平洋战争结束后,普拉多回到荷兰上大学,后来考取了哈佛商学院。26岁时,他到硅谷旅行,被刚刚起步的芯片产业深深吸引。从哈佛毕业后,普拉多回到荷兰,除了一小片晶圆外,他的口袋里只有500美元。普拉多创建了阿斯麦,从做半导体设备的代理起家,然后转型为半导体设备供应商。普拉多干得很成功,阿斯麦于1981年成为第一家在纳斯达克上市的荷兰公司。在普拉多看来,他已经能够造出除光刻机外的几乎所有芯片生产设备,只要加上光刻机,他就可以成为一站式的芯片设备供应商。

对于普拉多的请求,飞利浦犹豫了一年时间。飞利浦瞧不起阿斯麦是有理由的。一来,其他芯片生产设备在技术层次上根本不能和光刻机相比,阿斯麦在飞利浦眼里只是个"做工业炉子的供应商",它的技术在光刻机研发上完全没用。二来,光刻机的销售与其他芯片生产设备也是两回事,其他芯片生产设备的采购,经理层就能拍板,而光刻机的销售只有董事会才能决

---

① 先进半导体材料公司(阿斯麦)的英文全名为 Advanced Semiconductor Material,英文简称 ASM。

策,所以阿斯麦的销售渠道对光刻机也没有帮助。三来,也是最重要的,飞利浦认为阿斯麦没有那个实力。要研发光刻机,起码还得投入数千万美元,阿斯麦的营收也才数千万美元级别,怎么玩得起这种高精尖的东西?

但是,到了 1983 年年底,如果不是因为欧共体为研发存储器的 Megachip 项目提供了大量的资金,飞利浦险些就要将光刻机项目停掉了。还有一个因素不容忽视:当时业界普遍认为未来属于电子束光刻机,电子的波长极短,曝光精度极高,只是需要解决功率较低、曝光需时较长的问题。飞利浦甚至已经手握几台电子束光刻机的订单,光学光刻机在它眼中只是一个临时解决方案。于是,飞利浦终于同意与阿斯麦合作设立 50∶50 的合资公司。阿斯麦出资 210 万美元,飞利浦则把在光刻机项目上库存的 17 套光刻机零部件及所有零零碎碎的设备、材料、杂项费用等折价 180 万美元,再加 30 万美元现金算作出资。

1984 年 4 月 1 日,由飞利浦的光刻机项目剥离而来的阿斯麦尔公司成立了。公司名称"ASML"中的那个"L"就是"平版印刷术"(lithography)的首字母,在半导体行业一般将其中文译为"光刻"。合资公司的名称没有带上飞利浦的痕迹,倒不是说飞利浦担心阿斯麦尔砸了自己的招牌,而是这样方便从政府那里单独申请补助,另外也不会让客户觉得是从竞争对手飞利浦那里买光刻机。飞利浦没有在自己漂亮的玻璃大厦内给阿斯麦尔提供办公场所。阿斯麦尔成立之初,其员工只能窝在临时搭建的简易平房里工作,平房旁边挨着飞利浦大厦的垃圾桶。阿斯麦尔在官网"我们的历史"里,用"我们一开始就很倒霉"来心酸地回忆当年创业之艰辛。为了把优秀人才"忽悠"进公司,阿斯麦尔首任首席执行官贾尔特·斯米特未经授权就在招聘广告中使用飞利浦的标志,不知那些兴冲冲的应聘者发现自己将要在如此简陋的平房内办公是什么感受。还好,受益于当时糟糕的经济形势,阿斯麦尔轻易就招来了近百名员工。

连斯米特自己,也被人们认为受了骗。斯米特听到一些著名的分析师关于飞利浦的光刻机是个笑话的论调,当他向普拉多说出担忧时,普拉多安慰他:"贾尔特,我们在美国有一支很棒的队伍,他们都会支持你。IBM非常期待这台机器,飞利浦在奈梅亨和汉堡的工厂也都有需求。"

也许普拉多自己也不知道,他的这些话没有一句靠谱。阿斯麦尔的美国销售队伍不具备卖光刻机的能力,IBM已经给飞利浦的光刻机判了死刑,强卖给飞利浦自己工厂的两台光刻机处在闲置状态。可是,斯米特已经从上一家公司辞职,他没有退路,只能硬着头皮迎难而上。

47名飞利浦的员工转入了阿斯麦尔——几乎没人愿意转岗,他们认为自己是被公司抛弃了,坚决向工会要求拥有可返回飞利浦的选择权。16台即将生产出来的PAS2000光刻机自然也移交给了阿斯麦尔。这些光刻机采用的是油压传动台,需要配合的动力单元比机器本身还要大,这又产生了震动和噪音的问题,而且别忘了还有油污的风险。PAS2000的光学部件来自法国,精度也不够好。这些问题对光刻机来说都是硬伤,根本别指望它们能够被卖得出去。

一支匆匆拼凑起来的信心不足的队伍、一个不靠谱而且市场占有率为零的产品、一个急着甩包袱的大公司股东再加上一个稀里糊涂就接下包袱的小公司股东,阿斯麦尔凭什么去参与人类有史以来最高精尖的机器设备的竞争?

斯米特领导的阿斯麦尔对飞利浦的控制保持着高度警惕,尽管在成立之后长达八年的时间里阿斯麦尔都严重依赖飞利浦的资金、研发和订单的支持。斯米特在获得天体物理学博士学位后就进入飞利浦开始他的第一份工作,当时他震惊于这家公司的保守主义及部门间的内部争斗,于是领导了一批同样刚毕业的年轻人一块向公司的管理层提交了一份提案,报告他们的发现。斯米特喜欢冒险和逞能,不惧权威,与飞利浦官僚而且僵化的企业文化格格不入。在飞利浦的米兰分公司工作的时候,他以高过IBM的价格为公司拿到了一张50万美元的订单。然而,为了避免因跨界而引起内部斗争的危险,他的上司维姆·特罗斯特命令他放弃这个合同。于是,斯米特觉得他离开飞利浦的时候到了。如今,他回来负责飞利浦合资公司的管理,但显然没有改变他的工作作风。当知道必须和特罗斯特在同一栋楼里办公时,他要求给他和特罗斯特办公室之间的那扇门加把锁。更糟糕的是,斯米特的老同事告诉他,他听说的那些谣言都是真的,"我们认为你真是疯了才会回到这里,合资企业注定会失败。"在过去几年里,他们为光刻机项目多次申请资金,"特罗斯特甚至一分钱都拿不出来"。

入职一个多月,斯米特即前往美国参加一个半导体设备展。他借这个机会拜访了美国应用材料公司的一个高管,很好奇地询问这家实力强大的半导体设备供应商为什么不做光刻机。美国应用材料公司是阿斯麦最大的竞争对手,但看在飞利浦的面子上,这位高管给了一些建议。他说他肯定不会去碰光刻,光刻根本不能说是一道工序,而是要有能力用机器去驾驭光。他补充说,芯片厂一般只会固定向一家供应商购买光刻机,而且要董事会级别才能决定。

在展会上,斯米特问了许多客户,他可以做些什么来激发他们对其光刻机的购买兴趣,得到的答复经常是:"等你卖了 20 台光刻机后,再回来找我谈。"

斯米特意识到,光刻机的销售并不是件一锤子买卖的事情。芯片制造商被卷入的是一场无情的竞争,率先采用新设备的公司将受益于超高的毛利和巨额的利润,慢一步的公司就会被迫在供过于求的市场上忍受价格战的煎熬。芯片制造商可以接受新研发的还不成熟的光刻机。机器的复杂性和新技术的不断集成也意味着第一台新型光刻机必定是不成熟的。芯片制造商会花大约一年的时间使用新型光刻机来试生产新一代的芯片,在此过程中不断地测试和调整新工艺,对新设备进行不断地改进,使它们更加精确和可靠,直到设备成熟,设备商能够进行批量生产。所以,对于设备商来说,如果错过了不成熟的设备的第一次的销售,几乎就等同于失去了这个客户。

而且,设备商和芯片制造商经过长期磨合形成非常密切的合作关系,新厂商要想在其中插上一脚简直难于上青天。即使用低价格也撬不开光刻机的市场。对芯片厂来说,芯片的质量和产量最重要,一台好的光刻机就是一台印钞机,他们根本不在乎光刻机的价格。

当然,斯米特也并非没有收获。他发现,还没有一个光刻机供应商能够制造 VLSI 的光刻机。而且,无论美国还是日本的供应商,都还在使用导程螺丝杆来移动晶圆台,这意味着他们不可能达到小于 1 微米的光刻精度,而工件台技术正是阿斯麦尔的强项。当光刻机从 LSI 向 VLSI 演进的时候,大家都站在同一条起跑线上,阿斯麦尔就有机会跑到前面。此外,当时处于市场主流的 4 英寸晶圆也将很快被 6 英寸晶圆取代,这意味着光刻机供应商的新一轮商机。

斯米特知道,摆在阿斯麦尔面前的只有两个选择:要么马上退出,要么在两年后交付一台成熟的 VLSI 光刻机。而按照飞利浦原来的计划,要到六年后才能推出下一代的光刻机。阿斯麦尔要想在两年时间内交付这么一台有上万个零部件的精密机器,只能走将绝大部分零部件都进行外包的道路。阿斯麦尔要成为一家只进行研发和组装的公司,这样的做法在当时闻所未闻。在人们的眼中,阿斯麦尔疯了,"你会完全失去控制权",这样做就好比是"把钥匙交给别人"。

在董事会上,斯米特以他工作过的航空和电信业为例说明,由于恶性竞争和过高的开发成本,航空业只剩下两三个巨头,电信业也在朝这个方向发展。光刻机的未来也将是如此,整个市场只会剩下几家厂商。所以,"如果我们对排名第三或第六感到满意,那么我们最好现在就收手别干了。我们必须把目标定在顶峰,没有其他选择。这是我们唯一的生存机会。"为阿斯麦尔的未来描绘出一幅美好的蓝图之后,斯米特审慎地指出所需要投入的资金:1 亿美元。其中包括花费 2000 万美元建立超净厂房、数百万美元用于订购为生产 5 套光刻机所需准备的零部件、数百万美元采购一套能够确保项目顺利实施的信息管理系统,以及最大的一项开支:将项目分成 5 个同时推进的子系统所需的 250 名工程师的薪酬。

斯米特描绘的前景打动了董事会,来自飞利浦的董事没对 1 亿美元提出什么异议,这个规模的投资在飞利浦司空见惯。倒是普拉多大为震惊,他对光刻机如此烧钱确实没有足够的心理准备,毕竟合资公司成立时的初始投入资本仅有 420 万美元。董事会最后决定,斯米特自己也要去努力寻找外部资金,然后慷慨地给阿斯麦尔追加了一笔 300 万美元的投资。

应该说,斯米特做事还是很专业的。阿斯麦尔从成立到研发出成熟的光刻机仅亏损就差不多达到了 1 亿美元。光刻机的研发为什么这么烧钱呢?因为它的要求实在是太高了。

光刻机要刻画出多精细的图案?最新技术是 1 平方毫米(比芝麻还小)里面要有 1 亿个晶体管。

光刻机的生产效率要达到多高?半导体行业一寸光阴一寸金,芯片转眼间从海鲜价掉到白菜价是常有的事情。所以,光刻机必须 24 小时连续工作,全年停机时间不超过 3%。目前的光刻机一般每小时要出产近 300 片 12 英寸(300 毫米)晶圆,每片晶圆要做出上千个芯片。这意味着一台光刻机每年要连续加工出数亿个芯片。

光刻机的机台运动要达到多高的精度?如今的光刻机每次移动的定位要精确到几十纳米,也就是头发丝直径的几万分之一。如果用两辆同时移动的车进行类比,两车以每小时 3 万公里的速度并驾齐驱,它们之间的差值必须小于 0.5 毫米,才能达到与光刻机一样的精度。

光刻机一次只能曝光指甲那么大的一点区域,一块直径 12 英寸的晶圆全部曝光一遍至少要移动好几百次。你可以想象光刻机台的移动速度有多快。让动作精密到令人发指的机器 24 小时全年连续稳定工作,是工程学上的巨大挑战。

我们有时会看到新闻,说某科研单位实现了多少纳米光刻。这时你要理解,从实验室刻出两条线到工厂全年连续光刻作业之间是有天堑横亘着的。

　　阿斯麦尔自己最擅长的正是光刻机工件台的"定位精准"和"唯快不破",这是阿斯麦尔后来成功的基石。但阿斯麦尔不可能一口就吃成胖子,它最需要的是找到愿意"陪太子读书"的外部芯片制造厂。

从超威获得市场突破

　　阿斯麦尔诞生之际,正逢世界面临美元贬值带来的糟糕经济形势,半导体行业衰退周期之长出乎大多数人的预料。但这对于阿斯麦尔来说是一种幸运,半导体行业必须在产业衰退期建厂,这条规律也适用于光刻机产业。正是行业性的衰退才给了阿斯麦尔喘息的机会,否则不论是技术还是产能,新生的阿斯麦尔都没有做好应对市场竞争的准备。

　　1984年,GCA获利2亿美元,成为全球最大的半导体设备供应商,但这也是它最后的辉煌。这一年,全球卖出1100台光刻机,其中600台被日本芯片制造商买下。尼康成为日本芯片崛起最大的受益者,它的市场份额上升到和GCA平起平坐的地位,两个公司各享三成市场占有率。优特(Ultratech)、伊顿(EATON)、珀金埃尔默、佳能、日立等公司瓜分剩下的40%。

　　随着美国在芯片市场上的份额急剧下降,加上全球半导体市场大滑坡,美国芯片制造商的光刻机采购量大幅下降,GCA出现连年亏损,新产品开发停滞,竟沦落到了无法继续经营的地步。1987年1月,《纽约时报》称,为了尖端半导体的生产,美国将严重依赖国际竞争对手的光刻机。"这是GCA在20世纪70年末首创的技术。直到几年前,这项技术还是美国在芯片领域用来争夺主导地位的核心。"对GCA表达了收购兴趣的人甚至包括普拉多,但他应该庆幸这项交易并没有谈成。GCA被通用信号公司(General

Signal)收购后,经营仍然不善,最后竟因找不到下一个买家而直接关门。优特原本也被通用信号公司收购,后来被管理层持股,退守 LED 领域的光刻及其他半导体器件供应。珀金埃尔默公司将光刻机部门卖给美国硅谷集团(SVG)后,转型为分析仪器生产制造商。美国光刻机三巨头全部陨落,美国光刻机产业从此一蹶不振。

到了 20 世纪 80 年代后半期,日本半导体产业如日中天,日电和东芝的江湖地位就像今天的英特尔和三星。日本生产的内存芯片之所以能够良品率远远高于美国,与背后有尼康和佳能两大光学巨头的光刻机以及东京电子、日立、迪恩士、住友、东横等一系列原料和设备配套厂商的支持有很大关系。反过来说,也正是依托了日本发达的芯片产业,尼康和佳能才得以双雄称霸,成为当之无愧的全球光刻机巨头。

在光刻机这个圈子里,还没有什么人把阿斯麦尔放在眼里。刚刚出道的阿斯麦尔不可能得到一线厂家的订单,于是就把市场开拓的重点放在二线厂家上。听说桑德斯在一次宴会上公开抱怨美国芯片设备供应商糟糕的质量和服务,害得他不得不去向日本购买设备,阿斯麦尔马上行动起来,在行业期刊上用大而粗的字体喊道:“我们听见了你的话,杰里。”然后是一行小字:“阿斯麦尔光刻机接受杰里·桑德斯的可靠性挑战……”不知道虚荣的桑德斯有没有看到这则广告,总之,一个月后,阿斯麦尔约到了超威生产设备采购的负责人。

超威接收了一台 PAS2400 进行测试,同台竞技的还有尼康和佳能的设备。PAS2400 其实就是电动版的 PAS2000。几个月后,超威告知阿斯麦尔,它赢得了第一,但问题在于法国产的镜头的性能低于标准,阿斯麦尔没能拿到订单。

在公司成立后的头一年,阿斯麦尔只卖出 1 台光刻机,第二年也只卖出 4 台。现实很残酷,除了飞利浦,阿斯麦尔仍然没有能拿得出手的客户。

在斯米特没日没夜的鞭策下,1986 年 5 月 7 日,阿斯麦尔的第二代光刻机——能够生产 VLSI 芯片的 PAS2500,在多次推迟完工日期后终于问世了。PAS2500 一小时可以加工 70 片 6 英寸晶圆,它还用上了能满足超威要求的蔡司镜头。阿斯麦尔和超威谈好了采购合同的所有细节,在最后一刻,桑德斯否决了交易。超威也没有资金了,它的业务不管是内存还是微处理器方面都岌岌可危——英特尔刚刚取消了对超威的 386 授权,桑德斯想等到市场出现回暖迹象时再采购。超威取消的订单占用了阿斯麦尔一半的产能,这无疑对阿斯麦尔是个沉重的打击。

这一年,阿斯麦尔仅卖出 12 台光刻机,收入 1100 万美元,亏损高达 1400 万美元。这个收入和亏损还是有些水分的,飞利浦的订单占了阿斯麦尔收入的 68%。飞利浦按照每台 250 万美元的全价购买了 3 台 PAS2500,而外部客户每台最低仅需支付 85 万美元。为了得到赛普拉斯(Cypress)公司区区 172.5 万美元的订单,斯米特瞒着董事会,委托 NMB 银行代为购买了数百万美元的赛普拉斯的股份。赛普拉斯是芯片产业第三波浪潮的代表,与第一波代表仙童和第二波代表英特尔不同,这波芯片企业专注于利基市场,即小规模生产的应用型定制芯片。很多企业完全没有能力搞定生产环节,这将给晶圆代工商的出现提供契机。

一个坏消息居然给了阿斯麦尔一些安慰,蔡司镜头的严重质量问题终于被发现了。因为应用了问题镜头的 PAS2500 几乎没有销量,所以镜头质量问题就没有对阿斯麦尔产生像对 GCA 那样的致命影响。想象一下,如果超威这样一个重要客户签下这一大单 PAS2500 的采购合同,那将会让阿斯麦尔面对多大的灾难性后果。阿斯麦尔很快就将所有的 PAS2500 都换上了没有质量问题的蔡司镜头。

桑德斯否决交易一年后,超威意外地成为阿斯麦尔的客户。超威收购 MMI 这家美国小型内存芯片制造商后发现,MMI 的工厂里有 6 台 PAS2400 在一刻不停地制造芯片,珀金埃尔默公司的光刻机则在角落里落满灰尘。MMI 声称 PAS2400 帮助他们提高了三分之一的产量,而且正常工作时间高达 90%。1987 年 6 月，超威签署了购买 25 台 PAS2500 的合同，此外还要求阿斯麦尔对未来另外 25 到 30 台光刻机的订单报价。超威超过飞利浦成为阿斯麦尔的最大客户，那天斯米特高兴得不停地吹口哨。

拥有斯米特这样一位首任首席执行官是阿斯麦尔的幸运。斯米特给了阿斯麦尔一个清晰的愿景，塑造了阿斯麦尔追求卓越的企业文化，还率领阿斯麦尔以闪电般的速度持续向前奔跑。斯米特为阿斯麦尔的成功奠定了基础。可是，斯米特相信能花钱才会赚钱，他花起钱来大手大脚，就好像钱放着会过期一样。几乎没什么收入的阿斯麦尔成了一个无底洞，每个月都要花掉数百万美元。斯米特使尽了浑身解数去满世界找钱，从欧共体和荷兰政府争取研发费用支持、从银行申请贷款、到美国弄融资租赁，甚至是拖欠建筑商的工程款，钱还是不够开销。财大气粗的飞利浦没说什么，欧美许多企业在研发上从来都不在乎成本，但做小本生意而且其他业务也在亏损的普拉多可承受不了。荷兰人习惯有话直接说，说不清楚的就拍桌子，于是，普拉多和斯米特经常在阿斯麦尔的办公区相互怒目咆哮。

1987 年 8 月，斯米特决定挂冠而去，接受一家德国公司给他开出的多一倍的薪水。按照荷兰公司的传统，收集离职红包的帽子传遍了阿斯麦尔的 300 名员工，最终收到的现金总额只有不到 80 美元。

截至 1987 年年底，飞利浦和阿斯麦各向合资公司注资 3250 万美元，同时也分别承担了 2200 万美元的亏损。实际上，如果将库存的无法销售的 PAS2000 销账的话，合资公司的全部损失一定会超过 5000 万美元，而这是飞利浦能承受的亏损底线。

阿斯麦尔摇摇欲坠，全赖不规范的会计处理方法才得以维持。关键时刻，飞利浦帮助阿斯麦尔忽悠来了一个大客户：台积电。飞利浦对这家刚成立的小公司有一些投资，而且飞利浦要负责给予台积电技术支持，阿斯麦尔不"宰"台积电还"宰"谁呢？

第六章

芯片食物链

被迫下海的工研院院长

张忠谋的一生,非同寻常地经历了两个"大时代"。第一个是中国近代史上最惨烈的战争大时代,第二个是芯片技术按照摩尔定律快速进步的大时代,后者的竞争激烈之程度不亚于一场战争。

张忠谋于 1931 年出生于浙江宁波,其父是银行经理,其母是清代著名藏书家徐时栋的后人。他成长的这段时间,正好完整经历了十四年的抗日战争和三年的解放战争。为避战乱,张忠谋一家人三次逃难,辗转迁徙于重庆、上海和香港等城市。他上过 10 所学校,童年的大部分时光是在香港度过的,中等教育主要接受于重庆南开中学。青少年时期走遍半个中国的动荡经历,让他有着常人少有的时代感和洞察大趋势的能力。

1949 年年初,张忠谋全家在香港重聚,其父余生都将挂念他用平生所有积蓄在上海买下的房子。这一年,父亲用最后的积蓄将 18 岁的张忠谋送进美国哈佛大学。全校 1000 多位新生中,他是唯一的华人。隔年,张忠谋转学到麻省理工学院。获得机械系硕士学位后,因 1 美元月薪差距及年轻气盛,张忠谋拒绝了大名鼎鼎的福特汽车的聘用通知,去了一家不知名的正准备做晶体管的电子公司,做了一名负责锗晶体管自动化生产的工程师,由此阴差阳错地进入了半导体行业。多年以后,一位福特退休高管来到德州仪器做董事。得知培训他的张忠谋当年没选择福特后,他激动地说:"你真幸运,如果你那时去福特,恐怕现在还烂在福特的研发部里。"

在这家电子公司做了三年后,27 岁的张忠谋成了一个半导体专家。由于公司管理混乱,张忠谋决意离开。他拒绝了 IBM 的邀聘,进入年营业额还只有 7000 万美元的德州仪器半导体部门工作。发明了硅管的德州仪器野心勃勃、充满朝气。它确立了一个典范,那就是在信息时代来临后,一个微不足道的小公司都能够凭借一项"转折点"般的新技术快速胜过大公司。正是这一点深深吸引了同样野心勃勃的张忠谋。

因为同年进入公司之谊，年龄相差 8 岁的基尔比和张忠谋关系很好。基尔比常常拿着一杯咖啡到张忠谋的办公室找他聊天。见证基尔比发明第一块芯片的全过程，让张忠谋意识到跟踪科技新动向的重要性，从此他时时保持着对半导体新技术和新观点的强烈关注。

德州仪器是一家年轻、平等、开放且注重技术的公司。哈格蒂相当欣赏表现出众的张忠谋，每个星期都会与张忠谋交流，还首开先例地安排公司出资送张忠谋保留全薪去读博士。做管理的其实有硕士学位就够了，做技术才需要读到博士，张忠谋为了一圆博士梦，还是脱产攻读三年，获博士学位而归。张忠谋在德州仪器混得顺风顺水，作为有史以来第一个入职德州仪器的华人，他 41 岁就做到了德州仪器的资深副总裁兼半导体集团总经理，是德州仪器仅次于董事长和总裁的第三号人物。在德州仪器的全球 6 万名员工中，有一半归张忠谋管。他也是最早进入美国大型公司最高管理层的华人之一。张忠谋领导了德州仪器内存业务的崛起，以每季降价 10％的战略凶猛占领市场，将德州仪器打造成美国最大的内存厂。张忠谋还远比格鲁夫更加认可微处理器业务的发展前景，为之匹配了从设计到制造的巨量资源。在英特尔的 8080 诞生几个月后，德州仪器就推出了性能相当、价格更低的单芯片微处理器 TMS-1000，并用在了自己的袖珍计算器产品上。德州仪器还险些从英特尔手中夺走了微处理器的发明专利。当时的德州仪器还是世界上最大的专用芯片制造商及最大的商用微处理器制造商，其规模是英特尔的 6 倍。美国杂志称张忠谋为"让竞争对手发抖的人"。

在那个年代，华人在美国大企业不可能做到一把手，不像现在的美国半导体企业中到处都是华人老板或首席执行官。1978 年，张忠谋被调任消费电子集团总经理，而消费电子的发展方向一直不被张忠谋认可。性格过于刚烈的张忠谋在公司内外不同场合都大声疾呼加大半导体投资，引发了重视消费电子产品的总裁夏柏对他的不满。1980 年，哈格蒂从董事长的位置上退休。再过三年，张忠谋离开了德州仪器，到通用仪器担任了一年总裁，后转做风险投资。历史很难假设，如果张忠谋一直掌管德州仪器的半导体业务的话，或许德州仪器的内存和微处理器业务就不会走向失败。但可以肯定的是，如果张忠谋能够升任德州仪器董事长的话，就不会有后来的台积电了。

早在1967年，继通用仪器在台湾首建晶体管装配厂之后，张忠谋也为德州仪器建厂事宜来台湾考察，那也是张忠谋第一次来到台湾。在张忠谋撞上职业天花板的时候，台湾向他抛出了橄榄枝。工研院在台湾半导体产业中起到极为关键的核心作用，工研院的院长自然也必须是人中翘楚。没什么悬念，1985年，华人中顶尖的半导体大咖张忠谋被请到中国台湾，出任工研院院长。

张忠谋发现，在上一任院长的工作交接清单中，最优先的工作就是为华智、茂矽①(Mosel)等几家台湾芯片设计公司的存储器芯片寻找代工方。当时，受日本廉价内存芯片冲击，华智和茂矽自建工厂的计划不断推后。为什么不找联华电子呢？因为联华电子产能有限，如果新增产线就得增加200亿台币的投资，产能还很可能吃不饱，当时整个中国台湾的半导体产值也不过150亿台币，产业规模还不如中国大陆。张忠谋也知道，业界有许多芯片设计师都想独立创业，自己设计芯片，但苦于自建晶圆厂的门槛太高，市场上又不存在专业提供晶圆代工服务的供应商。当时全世界的半导体企业都是IDM模式。英特尔、德州仪器、IBM、日电、东芝、富士通等巨头自己设计芯片，在自有的晶圆厂生产，并且自己完成芯片的测试与封装，产业链基本完全在企业内部封闭完成。独立的芯片设计公司全球仅不到20家。

工研院正在计划建造台湾的第一座6英寸晶圆实验工厂。张忠谋认为，这么大的投资，如果只是用来研究，那实在太浪费了，为何不让它进行商业

---

① 台湾习惯把"硅"称为"矽"。

化运营呢？可是，找不到愿意承接这个项目的企业，谁都担心这个项目的投资回报。如何能让这家工厂盈利？思前想后，他拿出了一个即便是半导体行业内人士都觉得不可行的方案：成立一家史无前例的专业做晶圆代工的公司。这家公司本身不设计芯片，只为用户制造芯片，可以通过面向全球客户寻求订单来跑满产能。

为了让这家新工厂的产品有竞争力，张忠谋还特别坚持一点：资本规模必须向美国中小型晶圆厂看齐。他说："如果打一场仗需要十万兵力，但现在只有一千人，经营者是绝不打这种仗的。我们不能让一千人上战场，结果被打败了，才来说是因为人不够的关系。"张忠谋将新工厂的整体投资额定为 2 亿美元，这一数字大概是同时期台湾其他新建晶圆厂的 10～15 倍。

从哪里凑那么多钱？

还有一个更重要的问题：谁来提供技术支持？

张忠谋亲自给美国、日本的 10 多家半导体企业写信，大多数公司都拒绝了，他们都认为单一的晶圆代工生意行不通。桑德斯表示不屑一顾："有晶圆厂的才叫男子汉。"连摩尔也不认为晶圆代工是个好主意。

张忠谋跑遍全球，终于从欧洲的一个小国家找来了一个合作者：飞利浦。

飞利浦也可以说是台湾的老朋友了。20 世纪 60 年代，仙童、德州仪器等发达国家的半导体企业因成本考量，纷纷将晶体管组装的生产线移往人力成本更低廉的亚洲地区，飞利浦也在台湾以合资方式成立了"飞利浦建元电子厂"。这些组装厂承接母公司的技术与订单，业务内容也由初期的晶体管组装发展到后来的芯片封装。中国台湾的芯片封装测试产业如今能做到全球第一，就是在那个时间段打下的基础。

1987 年，在张忠谋的主导下，中国台湾当局、飞利浦和台湾民间资本分别出资,共同成立了台湾积体电路制造股份有限公司(简称台积电)①。那个原本计划用来做实验的工研院超大规模集成电路实验工厂摇身一变,成了台积电的一厂。张忠谋撸起袖子,亲自上阵,担任台积电的董事长兼执行长②。张忠谋习惯了做企业管理,不喜欢在工研院院长的宝座上轻松稳坐。不过,对 56 岁的张忠谋来说,从执掌国际一流大企业的美国高管转变为找投资、拉订单的落后地区初创企业的创业者,面对这样巨大的反差也需要不小的勇气。

由于台湾企业都不看好这个项目,台积电用了五年时间才把资金凑齐。台塑集团素有"经营之神"称谓的王永庆在中国台湾当局的压力下投了资,一旦能够转让就将股份全数脱手。投产第一年,台积电只能使用工研院电子所的那条老旧的 3 英寸实验线,只有 3 微米和 2.5 微米两种制程的生产工艺,全年产能不到 7000 片 6 英寸晶圆,加上没什么名声,基本上接不到大公司的订单,整个公司以亏损的状态运行。

与台积电成立同一年,英特尔换帅,格鲁夫接替摩尔成为首席执行官。为了应对东芝、日电等日本企业的芯片的低价竞争,格鲁夫想将低端芯片的生产转移到亚洲去,自己集中精力生产微处理器。张忠谋与格鲁夫的私交甚好(更多的可能是强大竞争对手间的惺惺相惜),于是就请英特尔来对台积电进行代工生产的认证。台积电在 3 微米技术上有不错的良品率,给格鲁夫留下了深刻的印象。格鲁夫说:"或许英特尔用得上你们。"

于是,在台积电芯片制造工艺落后英特尔两代半的情况下,格鲁夫将部分订单交给了台积电。英特尔的订单是对台积电产能与质量的最好背书,相当于给台积电打了一个全球性的广告,台积电就此打开了市场。

英特尔的订单让台积电尝到了甜头,台积电专门制定了一个"群山计

---

① 台湾习惯称集成电路为"积体电路"。

② 台湾习惯称首席执行官 CEO 为执行长、首席技术官 CTO 为技术长、首席运营官 COO 为运营长、首席法务官 CLO 为法务长、首席财务官 CFO 为财务长。

划",目标是要拿下5家类似英特尔这样在半导体制造技术上比较领先的公司,为他们量身定做技术解决方案。在台积电的规划当中,英特尔、飞利浦和德州仪器这样的大厂应占近7成的营业额,台湾本地企业占3成。

让人意想不到的是,当台积电的晶圆代工业务真正跑起来之后,世界各地大大小小的独立芯片设计公司似乎都在一夜之间冒了出来,一口气占到了台积电7成的营收占比。更重要的是,这些公司多数不是台湾本地的,而是主要来自芯片的传统优势区域:北美。这些半导体初创公司的共同点是没有资金和人力建自己的晶圆厂,对外部晶圆代工服务有极强的需求,台积电成了它们唯一的选择。正因为有了台积电这样的独立专业晶圆代工企业,半导体行业的进入门槛大大降低,催生了大量的芯片设计企业,才造就了全球半导体产业的繁荣。

芯片设计行业进入门槛低,竞争也激烈。正如张忠谋所言:"在台积电众多的 Fabless 客户当中,今天的客户和五年前的早就不一样了,因为五年前的客户中有一批已经被市场淘汰了。"同时,大浪淘沙中,也有一批芯片设计公司成长为行业巨头,比如高通(Qualcomm)、博通(Broadcom)、美满(Marvell),它们在通信信号、网络连接和 Wi-Fi 等芯片设计领域各有专长,它们的市值甚至能够超过一些 IDM 大厂。

对于这些芯片设计巨头来说,它们发送给台积电的芯片设计图都是高度机密的资料。这也是当初很多传统半导体人不看好台积电的主要原因。如何让数百家互为竞争对手的芯片设计公司把企业最高机密的芯片设计图都发送到同一家晶圆代工厂生产?如果泄密了,那绝对是灾难性的。

为此,张忠谋一方面严守"只做代工、不与客户竞争"的本分,另一方面用一套异常严苛的诚信管理系统来管理台积电员工,防止有任何泄密的可能。为了确保客户的机密不泄露,台积电员工不能在上班时间玩手机、不能带 U 盘,就连进厕所都要刷员工身份卡。如果一个员工被抓住上班玩手机4次,这名员工的诚信报告就会被直接上交到张忠谋的桌子上。也因为台积电对诚信的严守,才能让那些在芯片市场上斗得你死我活的竞争对手,都不约而同地让台积电为它们代工。

张忠谋的一个决定,对整个世界的半导体产业链都产生了深远的影响。然而,曹兴诚却公开表示,晶圆代工是他的创意,张忠谋只是个"剽窃者"。早在 1984 年,曹兴诚便托人带了一份晶圆代工模式的企划书给张忠谋。当时的张忠谋刚离开德州仪器,任美国通用器材公司的总裁,并被中国台湾地区经济管理机构聘为科技顾问。曹兴诚在企划书中详细阐述了晶圆代工的好处,希望能和张忠谋合作,但是未得到对方的回应。一年后,张忠谋来台湾担任工研院的院长,同时还兼任联华电子的董事长,成了曹兴诚的顶头上司。

担任联华电子总经理的曹兴诚对张忠谋与飞利浦联手创办台积电很不满,认为这是让外资从当局资源中得利。1991 年,曹兴诚以张忠谋没有给联华电子与台积电同等的待遇为由,要求张忠谋"竞业回避",联合其他董事共同罢免了张忠谋联华电子董事长的职位。这件事在台湾引发轩然大波,彼时张忠谋的地位还不像今天这样坚如磐石,由此受到了不少风言风语。不过张忠谋也没有精力去管顾这些事。台积电获得巨额贷款,于 1992 年建成月产能 7.6 万片的 6 英寸晶圆厂,张忠谋有得忙的了。1994 年,台积电上市,张忠谋辞去工研院院长职务,专心经营台积电。

罢免了张忠谋,曹兴诚顺理成章接棒成为联华电子的董事长,联华电子由此进入新的发展阶段。当时联华电子三大业务并重,晶圆代工、芯片设计、存储器各占三成多的比例。曹兴诚却也没有立刻转型做晶圆代工,他像一只雄鹰一样仍然在空中翱翔和等待,他要等这个市场培育得更成熟一些再动手。

阿斯麦尔的转机

日本和美国在内存上大打出手,两国占有全球 90% 的半导体市场,欧洲沦为看客。为了在高科技领域与美日竞争,欧洲共同体推出由欧洲各国政府资助主导的"尤里卡计划"。在这个计划框架内,有个关于芯片的子项目"联合欧洲亚微米硅计划(JESSI)",欧洲打算投资 35 亿美元,用八年时间做出 0.3 微米制程、64M 的内存,以摆脱对美国和日本的依赖。该计划吸引了16 个国家和地区、190 个机构、3000 多名科学家的参与。飞利浦负责SRAM,西门子负责内存,意法半导体负责 EPROM。飞利浦和西门子合作进行 1M 存储器的开发,这个项目被命名为 Megachip(mega 是巨大的意思)。西门子居然不用阿斯麦尔的光刻机,而是向佳能采购,由此也可以看出阿斯麦尔在行业中的软弱地位。

以飞利浦那种极官僚的企业文化,根本不可能跟得上摩尔定律的要求。飞利浦做 SRAM 失败,其巨大的产能需要找出路。有分析师认为,飞利浦SRAM 的年产能足够全球用四年。于是,飞利浦毫无保留地把 SRAM 的生产线开放给台积电学习,然后再原封不动地把整条生产线搬到台湾,给了台积电。飞利浦在台积电的投资是有不小的溢价的,溢价部分就是飞利浦提供给台积电的技术支持。

台积电要生产芯片,当然要用到光刻机。按照惯例,飞利浦当然又会把光刻机的包袱丢给台积电。再说了,飞利浦在阿斯麦尔和台积电分别占50% 和 27.5% 的股份,谁亲谁疏,一目了然。于是,不管台积电有多挑剔或是多能砍价,阿斯麦尔那些库存里卖不动的光刻机,最终还是顺顺当当地漂洋过海,来到台积电。

眼看台湾市场就要打开,但普拉多已经撑不住了。在过去的三年时间里,阿斯麦累计亏损了 5380 万美元,主要原因是全球半导体行业的持续衰退,但子公司阿斯麦尔带来的亏损也占了 4 成的比例。从 1988 年的春天开始,阿斯麦尔已经付不出工资,只能依靠飞利浦每个月在工资日转来的 130万美元进行支付。8 月份,普拉多别无选择,只能将阿斯麦尔的股份全部转让给飞利浦,由飞利浦独自承担阿斯麦尔的所有债务。这意味着普拉多在阿斯麦尔上投入的 3500 万美元全部打了水漂。

全球半导体产业尚未走出衰退周期，飞利浦也要开源节流，于是竟把看来没什么赚钱希望的阿斯麦尔光刻机项目列入裁撤之列。在这危急关头，飞利浦的一个德国董事挺身而出，他不仅说服飞利浦董事会保留阿斯麦尔，还为接近破产的阿斯麦尔拉来了一大笔救命钱。在当时，美国和欧洲都在担忧过于依赖日本供应芯片的问题，许多人认为放弃光刻机和内存芯片这样的战略性产业是非常危险的，德国尤其坚持欧洲要保持半导体技术的独立。

台积电项目给阿斯麦尔带来意外的惊喜。1988 年年底，台积电的芯片生产线快装好的时候，发生了一场火灾。台积电把所有被烟熏了的光刻机退回阿斯麦尔，并新下了个 17 台光刻机的订单。正急缺资金的阿斯麦尔靠这个意外的订单救了急，而且被退回来的光刻机有不少擦洗一下就能正常销售。为台积电的火灾买单的保险公司成了阿斯麦尔 1989 年最大的客户。阿斯麦尔因此得意洋洋地宣称，它占据了全球光刻机市场 15％ 的份额。实际上，如果按照 Dataquest 的数据，阿斯麦尔当时的市场份额仅为 6％，排在尼康的 53％、佳能的 18％ 和 GCA 的 10％ 之后。

斯米特离开阿斯麦尔后，接替他的是特罗斯特。从某种意义上来说，特罗斯特对光刻机的贡献并不比斯米特小。早在 1978 年，正是特罗斯特领导的科学与工业部从物理实验室接手了光刻机项目，承担了将光刻机从实验室里的原型机转化为可批量生产和对外销售的正式机型的任务。物理实验室嘲笑科学与工业部为光刻机定义了 PAS2000 这样的型号，认为科学与工业部要到 2000 年才能把光刻机造出来。如果不是特罗斯特的坚持，光刻机项目肯定等不到阿斯麦尔的成立就早被废掉了。特罗斯特动用了秘密储备资金为光刻机项目提供研发费用支持，整个飞利浦恐怕只有他一个人有权限这样做。看在他曾经为飞利浦贡献了至少 5 亿美元利润的份上，飞利浦的财务部门才容忍了特罗斯特不断地在光刻机项目上烧钱。

特罗斯特原本在 1985 年就该退休了,在斯米特的邀请下,他又为阿斯麦尔做了两年的兼职顾问。顾问期结束后,特罗斯特仅仅享受了 4 个月的退休生活,就因为斯米特的去职而不得不回来接管阿斯麦尔。特罗斯特是个工作狂,他在阿斯麦尔的周工作时间很快就上升到了 60 个小时。特罗斯特的个性与斯米特完全相反,他作风老派、注重细节,节约每一分钱的开销。特罗斯特不是个擅长变革的人,而阿斯麦尔也不需要他做什么改变。斯米特留下了一个从研发、生产到销售都充满热情的组织,阿斯麦尔就像一列能够自动驾驶的火车在设定好的轨道上自行高速飞驰。

1988 年是阿斯麦尔最困难的时候,市场也正是在这一年出现了明显的转机。除了台积电,阿斯麦尔又赢得了一个重要的新客户:美光。擅长节约成本的美光需要找质量最可靠的光刻机,阿斯麦尔的 PAS2500 让美光赞不绝口,这台机器拥有美光前所未见的高精度的对准系统。PAS2500 在美光还经历了一场被视为传奇的停电事故:整个工厂因断电而中断生产,恢复供电后,PAS2500 仅用不到 4 个小时就恢复生产,美光甚至不必调整 PAS2500上的仪表参数。阿斯麦尔为美光配备了专门的现场服务团队,并与美光签署协议,可分享美光的利润。到了 1989 年,成立了五年的阿斯麦尔终于第一次有了利润和正现金流,但它很快又将陷入亏损。

阿斯麦尔要投入巨额资金开始下一代的光刻机的研发,它需要重点考虑采用哪种光源的问题。

20 世纪六七十年代,芯片制造商使用可见光作为光刻机的光源。20 世纪 80 年代,改用高压汞灯产生的紫外光(UV)。紫外光中能量最高的两个谱线是 G 线和 I 线,两者的波长分别是 436 纳米和 365 纳米。波长越短,光刻分辨率越高,镜头的制作难度也越大。

随着芯片制程向 0.5 微米以下挺进,紫外光不够用了。1982 年,IBM 的坎蒂·贾恩提出了用波长更短的深紫外光(DUV),也就是准分子激光

(Excimer Laser)来进行光刻。准分子激光无热效应,是方向性强、波长纯度高、输出功率大的脉冲激光,光子能量波长范围为157～353纳米,可以将芯片制程继续往下推进。1986年,贝尔实验室研制出第一台准分子激光分步投影光刻机的实验机型。许多实验室及光刻机制造厂商都对这一技术产生了浓厚的兴趣。同一年,美国西盟(Cymer)公司成立,也进入这一领域淘金。

西盟由美国加州大学圣地亚哥分校的两位博士——罗伯特·埃金斯和理查德·桑德斯特罗姆创立。两人都曾在美国的军工企业从事激光研究,比如卫星与潜水艇之间的激光通信等。在研发准分子激光器时,他们遇到了很多技术瓶颈,比如产生准分子激光需要用到高达12000伏的高压电对氪和氟的混合气体进行放电,高压放电会产生每秒上千次的剧烈震动,这不利于激光保持长时间的稳定性。即便从美国国防部争取来了一些委托研究的资金,在利用加州大学实验室进行漫长摸索研究的过程中,两个人还是积欠了加州大学约25万美元的债务,无奈之下只好抵押房屋。1988年,他们获得了一笔风险投资。佳能和尼康也对西盟的工作产生了兴趣,于是购买了西盟6%的股份。

当时市场的主流是G线光源,佳能和尼康决定押宝西盟,跳过I线光源,直接进行准分子激光光刻机的研发。佳能和尼康为了这个激进的决定付出了惨痛的代价。因为直到1995年,西盟才成功推出准分子激光光源产品。很少人注意到,摩尔曾经提出警告:比落后于摩尔定律更危险的是超前于摩尔定律。如果落后于摩尔定律,你在一些利基或低端市场还能有些钱赚;如果超前于摩尔定律则很可能投入巨额资金却血本无归。佳能和尼康试图跳过I线光源就是一个这样的例子。

阿斯麦尔则决定采用稳妥路线,进行I线光刻机的研发并打算率先将它推向市场。新款光刻机的型号被定为PAS5500,研发时间与PAS2500一样,仅有短短的两年。阿斯麦尔的研发人员又要开始疯狂地加班了。

1990年,飞利浦新一任首席执行官,绰号"坦克"的扬·蒂默上任,他的任务是拯救这家处在悬崖边缘的跨国公司。他将半导体部门分拆出来,成立了飞利浦半导体公司,这成为恩智浦的前身。他终止了投入超过 10 亿美元的 Megachip 项目,裁掉了芯片部门 25000 人中的 5000 人。

阿斯麦尔当然也经受了蒂默的盘算。光刻机不是飞利浦的核心业务,而且明显业绩不佳。只是因为它的规模较小,还不算蒂默最头疼的问题(再为耗不起的普拉多哭一下),且中断投资的损失更大,蒂默才没有把阿斯麦尔灭掉。他想要把阿斯麦尔摆脱掉,只是实在找不到第二个普拉多,飞利浦不得不继续扛着这个包袱。

Megachip 项目的原负责人威廉·马里斯来到阿斯麦尔接替特罗斯特担任首席执行官,大家都认为他是被蒂默"流放"过来的。"哦,又来了一个飞利浦的人,我们该完蛋了。"这是阿斯麦尔员工的第一反应。出乎大家意料的是,马里斯成功地融入了阿斯麦尔的企业文化。他接受了被直呼其名而不是称作"领导",学会了自己倒咖啡,还以身作则地坐起了经济舱。

马里斯同样要为筹资的问题伤透脑筋,阿斯麦尔为了赶在两年时间内研发出 PAS5500 不得不大量增加工程师并扩建工厂。PAS2500 只能赢得超威、美国国家半导体、赛普拉斯、美光、台积电这些二三线芯片厂的订单,还未赢得 IBM、英特尔、摩托罗拉和三星电子这些一线芯片厂中的任何一个的青睐,更不要说打入日本这个生产了全球一半芯片的光刻机的最大市场。阿斯麦尔的业绩依然不振,不能指望每年都碰到台积电火灾这样的好事。

1991 年的 5 月 1 日,阿斯麦尔终于推出了第一台 PAS5500 光刻机。这款光刻机应用 I 线光源,可加工 8 英寸晶圆,拥有业界领先的分辨率和生产力。PAS5500 是一台乐高式的机器,它的组件系统高度模块化,非常容易进行组装、维修或升级,这可以为芯片厂节约大量的时间和资金成本。如果芯片厂需要换一个更高分辨率的镜头,只需要更换镜头组件,而不需要像以往那样更换掉整部机器。

PAS5500 通过了 IBM 的测试,这是很不容易的。因为 IBM 拥有当时世界上最先进的芯片工厂,按照它的标准,阿斯麦尔只是一家非常小的供应商,几乎没有任何过往的合作记录,排在 IBM 光刻机供应商名单上的第五位而且是最后一位。痛失个人电脑市场的 IBM 仍然是全球领先的大型计算机的供应商,要想提供最强的计算和存储能力,IBM 就必须制造出最先进的芯片。IBM 在 8 英寸晶圆生产线的项目上投入超过 10 亿美元,打算建造出全球首家 8 英寸晶圆厂。获得 IBM 的认可就等于是获得全球 8 英寸晶圆厂的敲门砖,三星电子等重要客户都对 PAS5500 产生了浓厚的兴趣。一旦它们的生产线对新型光刻机磨合完毕,大订单就会接踵而来,每个芯片制造厂都会需要 10 到 20 台光刻机,拥有多个芯片厂的大客户会一次吃下上百台的光刻机。

对于阿斯麦尔来说,当时到了黎明前最黑暗的时刻。PAS5500 得到 IBM 的认可并不等于阿斯麦尔马上就能有收入,这台新机器还必须交给各大芯片厂进行为期至少一年的试用和磨合。不仅没有收入,开支还得进一步加大,阿斯麦尔必须建设新工厂以实现 PAS5500 的量产。所以,阿斯麦尔在 1991 年又亏损了 500 万美元,可以预见 1992 年的亏损还将进一步放大。阿斯麦尔急需尽快向市场交付足够数量的 PAS5500,每台 PAS5500 的售价将超过 500 万美元。

可是,阿斯麦尔却没有把握在一年后能够向市场交付数百台的 PAS5500,因为蔡司不能保证及时如数交付阿斯麦尔急需的 I 线镜头。

蔡司镜头传奇

我们知道,华为是中国公认的最强大的高科技企业之一。但是在芯片食物链上,华为处在台积电的下方,没有台积电为华为代工芯片,华为的手机业务就要"饿"死。而台积电又处在阿斯麦尔的下方,没有阿斯麦尔供应的光刻机,台积电就做不出最先进的芯片。阿斯麦尔处于食物链的最顶端了吗？当然不是,处在阿斯麦尔上方的是蔡司。对阿斯麦尔光刻机至关重要的镜头仅有蔡司一家企业能够供应。

蔡司公司的创始人卡尔·弗雷德里希·蔡司原先是一位出色的技工,1846 年在德国耶拿创立了蔡司公司。这家公司起初主要是生产显微镜和其他一些光学仪器。为了提高生产效率,卡尔·蔡司聘用了年仅 26 岁的耶拿大学讲师厄内斯特·阿贝为公司的研究员,这个决定使得蔡司公司由一间规模很小的工厂逐渐发展成为一家驰名全球的大型企业。在卡尔·蔡司去世后,阿贝接掌了蔡司公司的管理工作。

作为蔡司初始股东之一的阿贝原本可以成为一个亿万富翁,但他创立了卡尔·蔡司基金会,捐出自己所有的股份,并说服其他股东也这么做。于是,基金会成为蔡司的唯一所有人。阿贝为基金会制定章程,章程规定了公司利润应如何投入研发以保证公司长期专注科技进步,并对员工的最低工资、奖金收益和带薪年假做出保障。蔡司也是当时世界上为数不多的建立 8 小时工作制的公司之一。在其一百七十五年的历史中,蔡司一向以高质量的产品和推动社会进步的政策而闻名于世。

二战期间,蔡司是德军望远镜、测距仪、瞄准镜和航空摄像机的主要供应商,在战争快结束时被美国列为接收德国技术的首要目标。巴顿将军率领第三集团军不顾破坏《雅尔塔协定》的风险,闯入划给苏联的民主德国区域,占领了蔡司所在的耶拿,准备用 600 辆卡车把蔡司整个搬到联邦德国去。由于苏军的迅速推进,美国人只能"拿走了大脑",把最核心的 100 多人迁到联邦德国的奥伯科亨,建了个新蔡司。美国人还曾经命令蔡司为仙童相机供应 3400 个目镜,就是这个仙童相机后来成立了一家叫作仙童半导体的子公司。苏联则把美国没拿走的东西全部掳走。神奇的是,耶拿人自己从头来过,迅速重建了老蔡司。

在蔡司员工的眼里,蔡司是"一所拥有自己车间的光学大学",被称为"数学家"的光学设计师实际上拥有神一般的地位。那里的每个人都专注于生产高品质的产品,但创新、成长和利润并不在其文化之中。

在与阿斯麦尔合作之初,蔡司并没有看到阿斯麦尔的订单有多重要。它的历史订单表明,阿斯麦尔的镜头需求数量在下降。阿斯麦尔自 1989 年卖出 74 台光刻机(其中最大的订单来自遭遇火灾的台积电)后,其后两年的销售数量分别是 54 台和 36 台。蔡司不能理解,阿斯麦尔凭什么认为它的镜头需求数量在今后几年将会有 10 倍以上的增长?而且,光刻机镜头的质量要求还指数级地增加。因此,蔡司优先关注的是显微镜、照相机、望远镜和医疗器械的镜头需求,光刻机镜头和太空望远镜一样,被蔡司列入次要的特殊细分市场。蔡司也不会给心急火燎的阿斯麦尔及时供货,德国人坚持他们历史悠久的供应模式:先下订单,看看什么时候有空再开始做。阿斯麦尔什么时候能够拿到镜头?没人能清楚地回答这个问题。

糟糕的是,蔡司还有许多自身的重大问题需要解决。1990 年,两德统一,联邦德国新蔡司正被日本低价镜头和电子测光及电子快门技术的冲击搞得焦头烂额,很不情愿地兼并了问题更大的民主德国老蔡司。老蔡司是民主德国最大的国营企业,人数最多时有 70000 人(新蔡司只有 15000 人),人浮于事相当严重,正到了快发不出工资的地步。而且,老蔡司由于原先技术禁运的缘故拿不到最先进的生产设备,技术水平也比新蔡司落后。老蔡司最后被裁减到只剩 20000 多人,对老蔡司的整合让原本就不宽裕的新蔡司更加捉襟见肘。

蔡司镜头对阿斯麦尔如此重要,以至于蔡司成了关系阿斯麦尔能否上市的一个关键点。投资者质疑,阿斯麦尔在至关重要的镜头上竟完全依赖单一供应商,这个单一供应商自身还麻烦多多,这不是明显存在重大经营隐患吗?

在数万名蔡司员工中,仅有数百名被安排为光刻机制造镜头,使用的还是传统的制造方法,几十年来几乎没有变化。蔡司的镜头曾经帮助 GCA 取得巨大的成功,当时对镜头的质量要求不算高,蔡司每年供应数百个不成问题。但到了 20 世纪 80 年代中期,光刻机供应商不仅要求提供更大数值孔径和更大曝光场的 G 线镜头,还要求蔡司开始研发难度更大的 I 线镜头。比如阿斯麦尔的 PAS5500 所需要的 I 线镜头,其镜头直径要增加百分之三四十,需要抛光的镜头表面积增加 1 倍,而且 I 线镜头柱需要的镜头数量多达30 个,几乎比 G 线增加了 1 倍。如此高标准要求的镜头,居然仍有大量的工作需要手工完成。蔡司的工匠们凭借肉眼判断镜头的打磨质量,以决定如何用手工继续完成抛光工序。拥有这样经验和能力的工匠被称作"金手指",他们需要六到十年的时间才能磨炼出这样的技能。在 1990 年秋,蔡司为阿斯麦尔做出第一个 I 线镜头时,蔡司仅有 6 个"金手指"。为了满足阿斯麦尔的需求,蔡司估计至少需要 40 个"金手指",而这是绝对不可能做到的。即便是"金手指"也不可能不犯错。仅仅出现一个极其微小的凹陷,也需要将整个镜头表面全部重新打磨。有时候,他们会陷入无休止的循环,连续好多天都摆弄不好一个镜头。

意识到手工作业难以为继,蔡司开始了一项庞大的工程,自行设计或从外部引入一系列信息化和自动化的设备来替代手工作业。比如,先用激光干涉仪将纳米级的拓扑信息从镜头抛光表面发送到计算机,计算机将这些数据与数字设计蓝图进行比较并计算差异,当时最先进的 286 计算机用一整晚的时间可以完成一个镜头的测量数据处理。一旦发现不规则的地方,计算机就能指示机器人用手指大小的抛光笔在需要的地方打磨。

蔡司既要努力提高光刻机镜头的精度,又要不断解决在光刻机镜头上应用新技术而出现的新问题,很多新问题需要在光刻机的实际使用过程中才能发现。比如 1990 年和 1991 年,美光和台积电退回了许多透光率下降了的镜头,原因是高能紫外线让胶水中所含的碳化合物挥发和沉积;1992 年年初,IBM 发现了光玻璃板不均匀产生误差的问题,不得不从日本小原公司找到合格的 I 线玻璃来应急。

麻烦不断的光刻机镜头还没有被蔡司当作一项重要的业务来看待,而作为蔡司主业的相机镜头等业务面临着全面的危机,同时,对民主德国蔡司的整合又迅速地吞噬掉联邦德国蔡司宝贵的现金。然而,企业经营的情况如此危急,蔡司仍然没有出现有业绩压力、利润追求且认真解决问题的人。是的,蔡司正在走向破产,但似乎没人对此负责,而这是最糟糕的地方。

1991 年,张忠谋被逐出了联华电子,他需要用台积电的成功来恢复声誉;阿斯麦尔的收入跌到了谷底,如果没有欧共体、荷兰政府和飞利浦的拨款,它随时都会宣告破产;业绩不佳的联邦德国蔡司很不情愿地合并了发不出工资的民主德国蔡司。台积电、阿斯麦尔和蔡司各有各的问题,无人能够预见它们在未来将整合成一条全球最强大的芯片食物链。1991 年,从芯片问世到这一年已经走过三十三个年头。三十三年的时间不算长,对人类来说只是一代人的时间,对芯片来说却意味着 22 代(18 个月一代),每代增加一倍性能的芯片已经悄悄地对这个世界做出了许多重要的改变。虽然地球上的多数人此前都还没有意识到芯片的重要性,但不要紧,芯片马上会在1991 年年初有一个精彩的亮相,让所有人都感到深深的震撼。许多在芯片生产和使用上落伍的国家,则将会得到一个无比惨痛的教训。

第七章

美国完胜海湾战争

日本可以说"不"？

1991 年 1 月 17 日凌晨 2 时 40 分,100 多枚"战斧"式巡航导弹突然向伊拉克防空阵地和雷达基地呼啸而来,停泊在海湾地区的美国军舰首先发难。伊军还未做出反应,从沙特、巴林和美国航空母舰起飞的数百架飞机已经降临,对伊拉克的重要军事目标轮番轰炸。突袭火力持续两小时后,时任美国总统布什出现在新闻发布会上,郑重宣布代号为"沙漠风暴"的军事行动开始,以美国为首的多国部队对阵伊拉克的海湾战争正式打响。

经受过八年两伊战争洗礼的伊拉克几十万大军严阵以待,可是他们连一个敌人都没有看到。从 1 月 17 日到 2 月 24 日,多国部队对伊军实施了 38 天不间断的高强度空中火力打击,毫无制空权的伊军只能消极防守、被动挨打。萨达姆引以为豪的坦克装甲部队灰飞烟灭,伊军重装备损失近半,士气完全丧尽。等到多国部队发进地面进攻的时候,伊军一触即溃,毫无还手之力。地面战役仅仅历时 100 个小时,伊拉克即宣布接受停火。战争以一边倒的结果告终,伊军伤亡人数大约 10 万人;多国部队亡 140 人,伤 458 人[①]。

美军在海湾战争中的辉煌战绩震惊了全世界。当时正处在冷战的最后时刻,很多国家的作战思维还停留在二战的阶段,以为只要凭借钢铁洪流和人海战术就能赢得战争。制空权的概念其实早已有之,但是在海湾战争之前,还没有哪场陆地战争是仅靠制空权来打赢的。海湾战争的不同在于,它讲究的不再是过去的"地毯式轰炸",而是"精确定点轰炸"。例如,对伊拉克参谋部的空袭,炸弹精准地从烟囱里钻了进去;对飞机库的轰炸,是先炸开大门,再把导弹送到飞机库里。在芯片技术的支持下,美军对伊拉克军队的轰炸效率大大提高,以至于仅凭空军就能奠定一场陆战的胜利。

海湾战争实质上是一场以芯片技术为核心的高科技战争,精度和速度

---

① 乔良、王湘穗,《超限战》,北京:中国社会出版社,2005 年版,第 19 页。

取代数量成为制胜的关键。由于芯片和计算机已普遍应用于各种新式且先进的武器系统中，如预警机、电子干扰机、反雷达机等电子战飞机，巡航导弹、舰对舰导弹、地对空导弹等制导武器，还有这些武器背后的多颗军用卫星和强大高效的信息管理系统等，所以这场战争被欧美媒体认为是"硅对钢的胜利"。高科技武器在海湾战争中的大量使用，使现代战争的作战思想、作战方法以及作战组织等方面都出现了重大变化。海湾战争引发了一场从机械化战争向信息化战争转变的世界范围的军事革命。

在海湾战争结束不久，1991年3月22日，美国参议院国际贸易委员会、财政委员会就《美日半导体协议》的执行情况举行听证会。五年前签订的这一协议即将于这一年7月到期，美国和日本需要就如何续签进行新一轮的谈判。

美国认为，该协议执行五年后，其在芯片市场状况更糟糕了，日本仍然是美国芯片产业的最大威胁。美国在世界芯片市场上的份额继续以每年两个百分点的速度萎缩，至1989年只剩下35％，而日本则占到了52％。美国坚信，造成这一现象的原因是日本芯片市场的封闭。当时日本电器产品行销全世界，就像今天的中国一样，成为世界上最大的芯片市场。美国在欧洲芯片市场的份额高达42％，在日本却只有12％。美国认为正是日本企业在国内市场获得的丰厚利润支持了它们在其他市场上的低价倾销。

IBM和惠普等美国内存大买家却对美国政府提出抗议，认为1986年《美日半导体协议》抬高了内存的进口价格，结果让美国消费者花更多的钱才能买到拥有主流内存的电脑。于是，美国不再对进口的外国内存产品进行最低价格限制，但要求日本也要进行同等的市场开放。1991年6月，美国和日本政府签订了五年期的新半导体协议，鼓励日本市场购买美国半导体，要求在1992年年底前让美国及其他国家的半导体产品在日本市场占有不低于20％的市场份额。

在海湾战争中参战的高技术武器大量使用日本的电子技术，采用由日本生产的芯片。美国原本就担心在尖端武器上依赖日本的芯片会威胁国家的安全,此时在日本居然还出版了一本由日本著名右翼保守政治人物石原慎太郎和盛田昭夫合著的《日本可以说"不"》。石原慎太郎在书中吹嘘美国在海湾战争中对日本芯片的依赖:"不使用日本的半导体,导弹精度就无法得到保障。""如果没有日本的芯片,美国就打不赢这场战争。"该书认为,日本当时的高科技水平已经领先美国五年以上。"不管美苏如何继续扩充军备,只要日本说一声停止出售尖端部件,他们就会陷入一筹莫展的境地。假若日本把半导体卖给苏联而不卖给美国,美苏军事力量对比就会一下子失去平衡。"他们俩认为,日本人应该大胆向美国说"不"。盛田昭夫在书中的言论相对温和,主要是论述美国对外贸易立场的不平等性和偏见。

美国的芯片真的落后于日本吗?或许真如石原慎太郎在该书中所言,美国的高科技武器在大量使用日本产的芯片。但数量不等于质量,所有芯片中最核心的微处理器,一直牢牢掌握在英特尔等美国公司手中。

更可笑的是,日本大胆说"不",不仅没有让日本人的腰杆硬起来,反而警醒了美国。美国国防部科学委员会在一份关于电子工程的报告上指出:"美国的半导体产业正逐渐丧失大量商业化生产的优势。半导体技术的优势不但直接影响制造业的优势,而且在时时刻刻地向外国转移。美国的国防不久就要从海外获得最新技术。这对美国来说,是绝对难以接受的事实。"1990 年,美国国防部发布的保持其战略优势的 22 项关键技术中,"集成电路及其制造工艺技术"名列榜首。1993 年,美国政府发布了"国家出口战略",半导体、计算机、通信等 6 大产业被列为国家重点出口产业,减少政府对技术领先产业的出口管制,提供贸易融资、贸易咨询服务等措施,以扩大美国企业的产品出口,强化美国企业的国际竞争力。美日贸易战永久性地改变了美国对半导体产业自由放任的政策,从此对保护本国的半导体产业采取警惕态度。直至 2017 年,一份由白宫发布的报告仍然指出:"前沿半导体技术对于国防和军方的强大而言,至关重要。"

极具讽刺意味的是,美日半导体战争结束后,日本政府对半导体产业的直接支援逐渐减少,美国政府却在驱动半导体产业的发展中扮演着一个越来越积极的角色。

日本对美国说"不"的话音刚落,日本芯片产业就盛极而衰,开始一路下坡,美国的芯片产业则再度崛起。日本自以为美国离不开日本的芯片供应,而事实却是日本高度依赖美国企业,特别是英特尔供应的处理器芯片。

1992年,英特尔销售额为58亿美元,实现了对日本芯片企业的反超,登上全球最大半导体企业的宝座(Dataquest数据),从此一坐就是二十五年。最让竞争对手恐惧的地方在于,英特尔长年坚持10%以上的研发投入,坚定不移地按照两年一代的节奏追随摩尔定律前进。行业处在衰退周期时,英特尔仍然在大笔投入,这样在行业恢复繁荣时英特尔就能跑得更快。摩尔定律被证明依旧是信息产业的一种强大而有效的竞争策略:如果快于摩尔定律,可能会因为产品过于超前而失败;如果慢于摩尔定律,你会面临一大堆的竞争对手;只要与摩尔定律保持同一速度,企业就能天下无敌。在格鲁夫担任英特尔首席执行官的十年时间里(1987—1996年),英特尔残酷无情地将所有竞争对手赶尽杀绝,其销售额从19亿美元增长到208亿美元,利润从1亿美元增加到52亿美元,市值从10亿美元上升到1500亿美元,投资者每年的回报率平均达到44%。如果没有格鲁夫,英特尔很可能仅仅是家二流的半导体企业,甚至可能早已倒闭,是格鲁夫一手将英特尔打造成为超级巨人。

以英特尔领军的美国半导体产业自1992年起在全球所占的份额重回世界第一,从此一直以占据全球一半左右的体量保持着全球绝对领先地位。美国是全球最大的芯片制造国,自然也是全球最大的半导体设备市场。美国应用材料公司亦从1992年开始直到现在都是全球最大的半导体设备供应商。

韩国内存击败日本

对日本半导体产业来说，1991 年是一个重要的转折点。前一年，IBM 联合西门子建立了全球第一条 8 英寸晶圆线，标志着全球芯片制造业开始进入从 6 英寸(150 毫米)线到 8 英寸(200 毫米)线的迭代。在此之前，6 英寸晶圆主导了全球芯片产线足足十一年，时间之长远远超过此前更小尺寸的晶圆。8 英寸晶圆的面积是 6 英寸晶圆的 1.78 倍，更大的晶圆并不能节省光刻和测试等工艺的时间，只能节省晶圆装载、蚀刻、清洁打磨等时间，生产效率约可提高二三十个百分点，这意味着巨大的竞争优势。但是，8 英寸晶圆线毕竟是新生事物，投资巨大且技术上还存在很大的风险。而 1991 年正是日本泡沫经济的转折年，股市开始大跌，房市还在上涨。股市大跌影响了企业对生产的投资信心，房市上涨意味着企业将资金投向房地产仍有暴利可图。加上 4M 内存产品在市场上遭遇挫折，东芝、日电等日本电子巨头都在大幅缩减对半导体的投资。在这种形势下，日本企业普遍对 8 英寸晶圆线的投资产生了犹豫。

这时候，已接替李秉喆担任三星集团会长的李健熙意识到，8 英寸晶圆是芯片工厂的一次非常难得的产能迭代的机会，三星电子终于可以和竞争对手站在同一条起跑线上。风险之中孕育着机会，要想赶超竞争对手，你就必须孤注一掷。不顾周围人的极力反对，李健熙把已有的 5 条 6 英寸生产线全部改成 8 英寸生产线，紧接着新建的第 6 条和第 7 条的 8 英寸生产线开工，并很快就都成功运行。三星电子连续五年在 8 英寸晶圆线上投入超过 5 亿美元的巨资。凭借极大的成本优势，几乎一夜之间，三星电子就让 16M 内存的价格暴跌至之前的 4%，从而掌控了内存市场。1992 年，三星电子超过日电成为世界第一大内存制造商，此后保持领先地位至今。

1991 年的全球半导体市场还是由日本在主导。到了 1992 年，手握 CPU

的英特尔和掌控内存的三星电子成为全球半导体产业的新领袖,美国和韩国击败了狂妄的日本。到 1995 年年底,外国半导体在日本市场的占有率超过了 30％。日本进口的半导体除了美国的微处理器,就是韩国的内存。日电、日立等日本企业都让韩国企业为其代工内存。

与经济泡沫破灭后暮气沉沉的日本企业相反,三星电子、现代电子、金星等韩国企业朝气蓬勃,都在持续对半导体项目进行大规模投资,不断运用最先进的设备来提高生产效率、扩大产量。由于全球内存的主要供应基地由日本转移到了韩国,韩国开始替代日本成为美国反倾销指控的对象。三星对美国白宫、议会、贸易及科技部门展开了强大的游说攻势,解释说:"如果三星无法正常制造芯片,日本企业占据市场的趋势将更加明显,竞争者的减少将进一步抬高美国企业购入芯片的价格,对于美国企业将更加不利。"而且,与日本内存直接出口美国不同,韩国内存主要出口到中国台湾,再由中国台湾将组装好的电脑出口到美国,所以贸易逆差问题也不是太严重。结果,美国仅象征性地向三星电子收取 0.74％的反倾销关税。

尝到公关甜头的三星建立起全球化的公关团队,并很快就获得了新的战果。美国生产的微处理器也要用到内存,三星的内存与微处理器匹配的方案被美国半导体标准化委员会认可。新标准再次对日本芯片产业造成了冲击,需要按照新标准重新设计内存的日本企业失去了抢占市场的先机,与三星电子之间的差距被进一步拉大。可以说,美日贸易战给了韩国芯片可乘之机,韩国芯片在美国和日本的夹缝间硬是挤出了一条道路。

在三星电子等企业取得内存技术的领先后,韩国仍然不遗余力地对本国半导体市场实施保持优势的政策。1993 年,韩国政府制定了《21 世纪电子发展规划》,明确了电子产业自力更生的方针,规定不再批准从国外购买电子设备和给外方建设电子工厂工程的合同,在非引进不可的特殊情况下,韩国电子企业必须联合起来共同承包。1994 年,韩国政府颁布《半导体芯片保护法》,以法律的形式来保护韩国半导体芯片的技术创新。同年,韩国政府还制定了电子产业技术发展战略，将集成电路等 7 大战略技术作为重点开发对象，计划在未来五年内投资 2 万亿韩元来发展国内电子产业，其中政府投资 9000 亿韩元。到了 1995 年，韩国销售了 163 亿美元的芯片，成为全球仅次于美国、日本和德国的第 4 大半导体生产国。韩国 91% 的芯片都供出口，其中内存芯片又占了出口总额的 90%，同期韩国仅进口了 3.35 亿美元的芯片。

韩国芯片的崛起离不开美国的支持。韩国和日本都位于东亚，都是黄色人种，也都属于儒家文化圈，但为何美国厚此薄彼，扶持韩国而打压日本？就因为韩国从来没有说过不？答案当然不会这么简单。日本是一个多地震的岛国，自古以来就有很深的危机感，比较图强进取。自明治维新以来到 20 世纪末，在长达一百多年的时间里，日本一直是亚洲最强大的国家，认为自己肩负着领导亚洲与西方对抗的历史使命。虽然在二战中被美国打败，但桀骜的日本一直不太服气，总想从哪里扳回点什么。而韩国作为一个向来比较贫弱的半岛国家，经常成为日本进军亚洲大陆的跳板，在历史上饱受日本的欺负，在美国的帮助下才最终取得独立。在日本人眼里，美国是个征服者；在韩国人眼里，美国却是个解放者。两个国家对美国的态度截然不同，美国当然亲韩国、远日本。还有一点不容忽视，那就是宗教。2015 年，日本 70% 的人口同时信仰佛教和神道教，仅 1.5% 的人口信仰基督教。韩国原本也是以信仰佛教为主，二战之后短短几十年时间，韩国迅速转变成一个以信仰新教和天主教为主的国家，信仰新教和天主教的人口占到总人口的 28%，信仰佛教的只剩 15.5%。从宗教心理的角度来说，韩国也更倾向于西方文明。

现在回头来看，日本芯片对美国的威胁其实并不严重，美国国家科学基金会就曾经认为芯片产业"极端过度地夸大"这一问题，《华盛顿邮报》也批评诺伊斯"在华盛顿恳求施舍"。[1] 日本刺激了美国芯片提高研发速度和对质量的重视,美国芯片的制程工艺和良品率很快就追上了日本企业的水平。美国牢牢占据了处理器的市场,即便在曾经输得一塌糊涂的存储器上也仍维持着重要的地位。不管芯片技术如何扩散以及芯片产业链如何迁移,美国始终都是半导体技术创新的源泉。可以肯定的是,与日本企业的竞争刺激了英特尔的成长,否则它绝不可能获得如此巨大的成功;即使没有美日贸易战争,日本的内存产业也必定会向韩国或中国迁移。从某种意义上说,美国和日本在半导休战争中,都不是输家,真正的输家是苏联。

苏联被摩尔定律抛弃

海湾战争也是苏式装备与美式装备的对决,伊军的惨败让世人认识到苏式装备已经极大地落伍。苏式装备的落伍在很大程度上又是因芯片技术的落后导致的。以海湾战争中大出风头的精确制导武器为例,苏联导弹的命中率有 60 米的偏差,美军的偏差仅有 15 米,而且还在不断地缩小。

苏联在海湾危机和战争中的表现说明,它作为两极格局中的一极已名存实亡,昔日的超级大国只能听任事态的发展。从一定程度上讲,美国在海湾战争中既是打伊拉克,也是在打苏联。海湾战争暴露了苏联的虚弱,加速了苏联的解体。海湾战争结束后不过五个月,华沙条约组织解散;不过十个月,苏联宣布解体。海湾战争、华约解散和苏联解体这三件大事,居然在1991 年短短的一年时间内相继完成。

曾经不可一世、纵横近半个地球的超级大国,为何在一夜之间轰然倒下?

谈到苏联的兴衰,就得从冷战说起。二战结束后,东西方之间拉起冷战的铁幕。美国实施援助欧洲的马歇尔计划时就声称,该计划的参加国如果

---

① 迈克尔·马隆,《三位一体:英特尔传奇》,浙江:浙江人民出版社,2015 年版,第 410 页。

向特定国家出口军事装备、尖端技术和稀有物资之类的禁运物资,美国政府则有权拒绝向该国继续提供援助。1949 年,欧洲开始讨论对苏联的贸易管制问题。美国最初想把贸易管制与北约联系起来,将经济话题列入政治和军事安全范畴进行考量,结果遭到欧洲抵制。欧洲国家需要苏联的石油,不愿停止与苏联的贸易,但他们又不敢得罪美国。最终妥协的结果是成立了"对共产党国家出口管制统筹委员会",总部设在美国驻巴黎大使馆,所以又被称为巴黎统筹委员会(简称巴统)。巴统有 17 个成员国,包括美国、日本、澳大利亚和 14 个欧洲国家。被巴统列为禁运对象的除了社会主义国家,还包括一些民族主义国家,总数共约 30 个。

芯片技术,是巴统对社会主义阵营采取技术禁运政策的重中之重。

通过对西方科技发展的跟踪,苏联在晶体管的发展上落后得并不多。1950 年,苏联有多家单位完成了晶体管样品的研制。到 1957 年,已经有苏联自产的晶体管收音机进入苏联百姓的家庭。可是,当美国开始大力发展芯片的时候,苏联还在焦虑地琢磨第三次世界大战的事情。在核爆试验中,苏联发现芯片在核爆带来的大量电子脉冲前毫无招架之力,被永久性烧毁的可能性很大,而真空管基本不受干扰。在核战争的阴影下,苏联决定在军用电子设备上选择真空管,走真空管小型化的道路。我们知道,军事订单对美国芯片早期发展的支持至关重要,苏联的半导体产业由于缺乏军事订单支持,在起步上就慢了半拍。

到 20 世纪 80 年代,苏联的半导体工业也有了一些成长,进入了大规模集成电路时代,有 5 家大型工厂生产大规模集成电路和微型计算机,其中微型计算机年产量突破 60 万台。然而,苏联长期重视军用工业,轻视民用工业,没有消费市场的支持,也就不可能将半导体产业发展到可与西方竞争的水平。

在冷战时期,资本主义国家和社会主义国家分别以市场和计划作为国民经济的主导。芯片和核武器、航天器等尖端技术不一样,因为核武器和航天器虽然投入巨大,但只是一次性的投入,可以凭借举国之力在短时间内达到目的,计划经济反而可能有一定的优势。芯片却是一种必须依靠市场经济才能发展起来的商品。虽然芯片厂的建设及芯片的设计开发成本非常高,但是当分散到大批量生产的通常以百万甚至数亿计的芯片上,每个芯片的成本就变得非常之低。这么大数量的芯片只能通过市场来消化。摩尔定律还决定了芯片产业需要持续进行巨大的投入,因为落后制程的芯片价格跌得很快,一旦停止或减少投入,就意味着在竞争中必然落败而且前功尽弃。所以,芯片产业必须能够实现自我良性循环,即通过芯片产品在市场上的销售来产生经济效益,从而支持新一代芯片技术的研发和资本开支。任何一个国家都不可能在芯片产业上做数十年的巨大投入而不追求利润回报。所以,只有市场经济才能支持得了芯片的发展,计划经济注定与芯片无缘。

要让芯片的性能按照摩尔定律的路径演进,需要全球半导体产业界的分工合作与共同努力。摩尔定律决定了半导体技术落后的国家是无法依靠自主研发来追上技术领先的国家的。因为芯片技术是以指数级的速度在进步,技术落后的国家只搞自主研发,不仅浪费时间和金钱,而且差距会越来越大。所以,从引进、消化吸收到自主创新,是半导体技术后发者赶超世界先进水平的必由之路。日本、韩国和中国台湾地区的半导体产业都是这么发展起来的。在冷战时期,因为西方的技术封锁,社会主义国家全都被排斥到全球半导体产业链之外,无法分享到芯片技术进步的成果。苏联根本就没有可能跟上摩尔定律发展的节奏,它的半导体技术注定会以极快的速度越来越落后于美国。

芯片每隔几年就要更新换代一次,新一代芯片的性能都将翻倍增长。强大能量的芯片就像一个超级发动机,改变了很多产业的面貌。一旦缺乏先进芯片的支持,很多国民经济门类的发展速度都要变缓。以电子工业为例,芯片被称作是所有电子整机设备的心脏。正如心脏的强弱决定了一个人是否健壮一样,芯片也决定着一个国家电子工业的发达程度,而电子工业的发达与否又在很大程度上决定了一个国家的国民经济的发达程度。

芯片技术还通过与其他学科的密切结合而催生新的产业,驱动经济增长。最典型的例子是自20世纪80年代中后期崛起的微机电系统技术。微机电系统将电子系统和外部世界联系起来,可以感受运动、光、声、热、磁等自然界的外部信号,把这些信号转换成电子系统可以认识和控制的电信号。微机电系统在电子、医学、工业、汽车、军事和航空航天等领域有着广泛的应用。

芯片被誉为"工业的粮食"。到了1990年,仅这个"粮食"本身就已经发展成为一个年产值达1000亿美元的大产业,可想而知受芯片哺育的所有行业的新增产值规模有多么巨大。苏联在半导体产业上的落后,使得它缺乏芯片这一"经济的倍增器",导致国力与美国的差距越来越大,在与美国的竞争中越来越吃力,直到整个国民经济都在与美国的全球争霸中被拖垮。

从生产力的角度出发,人类社会到目前为止可以划分成三个阶段:农业社会、工业社会和信息社会。半导体产业是信息社会的基础产业,软件、互联网、移动互联网等信息产业都必须建立在半导体产业的基础之上。芯片是进入信息社会的钥匙。无法获得足够数量的先进芯片,使得苏联的信息产业相当不发达。芯片问世仅仅三十来年的时间,西方的科技和经济发展日新月异,早已进入信息社会,苏联的国民经济基本上还停留在工业社会的水准,与西方国家有着代际的差距。

战略科学家江上舟在生命的最后十几年都在极力推动中国芯片产业的发展,他在研究国家中长期科学和技术发展规划时曾感慨:"美苏技术竞赛,苏联失败,致命之处不是因为在粮农、畜牧、轻纺、采掘、冶炼、交通、能源、机电、化工、医药甚至航海、航空、航天等非高速发展产业领域缺乏高级尖端技术。苏联失败,致命之处,乃是输在成长轨迹遵循摩尔定律日新月异飞行跳跃的半导体微电子产业领域;苏联高速发展之信息产业步履蹒跚、日趋滞后。"[1]吴军博士也认为:"俄罗斯和东欧,以及中东地区今天相对落后的根本原因,就是错过了这半个世纪以来围绕着半导体集成电路的信息革命。苏联解体和东欧剧变之前,根本就没有半导体产业,甚至很少使用集成电路。"[2]

苏联的经济基本上靠石油支撑。20世纪七八十年代是苏联石油工业大发展的时期,西伯利亚一系列大型油田陆续被开发,苏联石油产量节节上升,超过美国成为世界第一大产油国,最高年产量为6.2亿吨,创造了石油产量最高的国家的世界纪录。受益于两次石油危机带来的石油价格大涨,苏联获得了大量的外汇收入,其经济发展的种种问题都被掩盖。一旦石油价格跌落,苏联的经济就发展不下去了。比较一下,大力发展半导体产业的东亚经济体普遍贫油,正是因为自然资源的缺乏才迫使它们努力发展半导体等知识密集型产业。

苏联错过了芯片革命,也就错过了计算机革命,错过了互联网革命,更不要说错过移动互联网革命——到移动互联网革命的时候,已经没有苏联了。继承苏联主要遗产的俄罗斯,其黑客的能力很强,也拥有世界第一流的数学家,但是信息产业的基础一直都非常薄弱,电子工业和芯片技术仍然大大落后于世界先进水平,所产芯片占全球市场的份额可以忽略不计,其99%的电子器件和芯片,包括军用电子和航天电子产品,都必须依靠进口。从2014年起,俄罗斯无法从美国等国进口军用级电子零部件,俄罗斯的导弹和航天企业开始转而向中国寻求航天电子器件的替代进口。而2015年,中国最重要的北斗导航卫星已实现98%的部件国产化率,关键器件全部实现国产。[3]

① 浦祖康、李墨龙,《江上舟印象》,上海:上海人民出版社,2012年版,第30页。
② 吴军,《浪潮之巅》,北京:人民邮电出版社,2019年版,第42页。
③ 《北斗"双星",浑身都是"中国智造"》,《人民日报》,2015-07-31。

当然,在 1991 年海湾战争爆发之际,中国大陆的半导体产业还相当落后,比苏联好不了多少。

中国卧薪尝胆

海湾战争同样对中国产生了巨大的刺激。

中国看到,现代战争已经发展到信息化战争阶段,以芯片为基础的电子战和信息战对战争的进程起着决定性作用。美国军方早在 1987 年就开始耗巨资研制带有病毒的芯片。海湾战争中,伊拉克军队从法国购买的打印机中就被安装了这种病毒芯片。美军在空袭巴格达之前,将芯片上隐蔽的病毒遥控激活,结果病毒通过打印机侵入伊拉克军事指挥中心的主计算机系统,导致伊军指挥系统失灵,整个防空系统随即瘫痪,完全陷入了被动挨打的境地。[①] 如今在军舰、战车、飞机、导弹等现代化武器中,以芯片为核心的电子装备越来越多。过去几次战争的经验显示,如果电子设备失效,武器将变成一堆废铜烂铁。因此,谁拥有了先进的芯片,谁就能掌握战场的主动权。像芯片这种事关国防安全的关键技术,必须掌握在自己国家的手中。假设美国在和平时期将含有病毒的芯片作为普通商品售往他国要害部门,一旦战时需要,可以随时远程激活病毒,使敌方的指挥系统和武器系统失灵或者瘫痪。如果一个国家的芯片完全依赖进口,在未来的战场上就有可能遭受重大的损失。

中国半导体产业的落后,是有历史原因的。新中国一成立,美国就对中国实行新的出口管制制度。朝鲜战争期间,巴统专门针对中国设立了一个"中国委员会",执行对中国的禁运。巴统对中国贸易开列了一个特别禁单,该禁单所包括的项目比苏联和东欧国家所适用的国际禁单项目多 500 余种。

由于巴统的技术禁运,在计划经济时代,中国只能依靠苏联的援建和一

---

① 石丁,《芯片关系国家的命脉》,《人民日报》,2004-04-20。

批从国外归来的科学家来发展半导体产业。这些人有王守武、黄昆、谢希德、夏培肃、汤定元、黄敞和林兰英等,他们为新中国的半导体产业打下了第一根桩。1965 年,中国研制成功第一块芯片,仅比美国晚七年,与日本同步,比韩国早了十年。新生的中国半导体产业保障了"两弹一星"等一批重大军事项目的电子和计算配套。可是,在冷战的时代背景下,东西方隔绝,中国半导体产业无法引进国外先进技术,与西方的差距越来越大。

在那个年代,中国各省市纷纷兴建电子厂,自力更生研发芯片项目。甚至有报纸将老太太在弄堂里拉扩散炉搞半导体作为宣传典型。这种全民狂热局面引起了一个人的警觉。江南无线电厂厂长王洪金是一位参加过解放战争和抗美援朝的老革命,在部队里学习过无线电通信技术。他想到,市场就那么大,全国的电子厂一哄而上肯定要打架。经过深思熟虑后,他决定放弃炙手可热的集成电路生产,改为主攻分立器件。这一次转型,也让江南无线电厂成为分立器件的龙头企业,在市场竞争中站稳了脚跟。这为江南无线电厂日后多次承担国家半导体项目奠定了基础。

王守武是中国半导体科学技术的开拓者与奠基人之一。1950 年,王守武放弃美国普渡大学的教职归国。受朝鲜战争爆发影响,杜鲁门当局百般阻挠中国留学生回国,王守武只得以回乡探望年事已高的寡母为由,通过印度驻美使馆协助,经香港曲线回国。1958 年,王守武领导研制出中国第一批锗合金高频晶体管,并创建了中国最早的晶体管工厂——中科院 109 厂。1960 年,他筹建了中科院半导体研究所。中日邦交正常化后,王守武组织半导体专家赴日考察。这一看,发现差距不小,日本已经批量生产 CMOS 芯片,部分企业开始采用 3 英寸晶圆生产线。

这次考察还有一项意外的收获。当时正逢世界石油危机、欧美经济衰退,日电表示愿意将全套先进的 3 英寸晶圆生产线转让给中国,报价仅几千万美元。如果引进这条生产线,中国大陆可比中国台湾早两年、比韩国早四年应用 3 英寸线批量生产 COMS 芯片。而且中美关系刚刚解冻,美国正在和中国套近乎以联手对阵苏联,进口这批设备并无政治障碍。

王守武回国后,向时任国防科工委科学技术委员会副主任的钱学森汇报情况,钱学森却表示有心无力。一来国家没有钱,二来"四人帮"正在批判"洋奴主义"。钱学森晚年感慨:"60 年代我们全力投入两弹一星,我们得到很多。70 年代我们没有搞半导体,我们为此失去很多。"

1977 年,邓小平邀请 30 位科技界的代表在人民大会堂召开座谈会,王守武说:"全国共有 600 多家半导体生产工厂,它们一年生产的集成电路总量,只等于日本一家 2000 人的工厂月产量的十分之一。"邓小平对王守武说:"你们一定要把大规模集成电路搞上去,一年行吗?"当时的国家领导低估了发展半导体产业的难度。

直至 20 世纪 80 年代初,3 英寸晶圆厂已经落后并逐渐被淘汰,中国大陆才蜂拥从国外引进了几十条被淘汰的 3 英寸晶圆生产线,这已经要比中国台湾和韩国晚两三年了。设备安装调试完毕后才发现,许多生产技术问题和软件设计问题均无法解决,中国的半导体相关人才水平实在是太弱,根本无法吃透引进来的技术,结果多数设备未发挥作用就淡出市场,成了废铁。江南无线电厂是这轮造芯热中唯一的成功者,1985 年它开始批量生产 64K 内存,只比韩国晚一年。

20 世纪 80 年代中期,为了整治以往半导体产业一放就"散、乱、差"的问题,中国制定了"531 战略",即"普及 5 微米技术,研发 3 微米技术,攻关 1 微米技术",集中资源,对芯片产业发起第三轮冲击,于是诞生了无锡华晶(原江南无线电厂)、首钢 NEC、上海贝岭和上海飞利浦等 4 个规模相对较大的半导体企业。由于此轮冲击主要依靠与外资的合作,在设备引进的同时还注重技术、软件和管理,并依赖外方解决销路问题,取得了一定的成效。其中比较有代表性的上海贝岭微电子制造有限公司,由上海市仪表局和上海贝尔公司合资,主要业务是为上海贝尔提供专用于固定电话通信业务的芯片,所以有较好的经济效益。上海贝岭建成中国大陆的第一条 4 英寸晶圆线,这比中国台湾晚了8年。

中国得以顺利实施"531战略"的背景,是巴统对中国的技术出口限制在不断放宽。然而,到了1989年,欧共体首脑会议做出新的决定,禁止对华军售,巴统也随即终止对华尖端技术产品的出口。

海湾战争结束后,中国再度对芯片重视了起来。1992年2月10日,邓小平来到上海贝岭视察,在显微镜下仔细地看贝岭的芯片,他说:"像好多层的楼房。"贝岭公司总经理陆德纯指着一台大束流离子注入机说,这是集成电路生产的关键设备之一,就是通过合资才首次从国外引进的。邓小平沉思了一会儿,意味深长地指着离子注入机问大家:"你们说这台设备姓'社'还是姓'资'? 对外开放就是要引进先进技术为我所用,这台设备现在姓'社'不姓'资'。"

中国重整旗鼓,实施了华晶"908工程"以及现有几个半导体合资企业的技术升级,并且在浙江绍兴引进了一条微米级半导体生产线。此轮冲击,其他项目均告成功,但在西方技术限制下,唯独政府投入最多、走自主道路的"908工程"反而步履维艰。"908工程"于1990年8月在邓小平的直接关心下确定,原计划投资20多亿元,从美国朗讯引进技术,在无锡华晶建成一条6英寸晶圆,0.8微米~1.2微米制程的芯片生产线,设计月产能为1.2万片晶圆。经过漫长的行政审批、技术引进和建厂施工,华晶项目用了七年多时间才得以投产。在这段时间里,国外已沿着摩尔定律的路径实现了好几代的进步,达到了0.18微米制程,造成华晶项目一投产即落后,月产量也仅有800片,亏损相当严重。

到了1994年,中国大陆已经形成了由5家芯片生产骨干企业、10余家专业配套厂和20余家设计开发单位组成的半导体产业布局。和世界先进水平相比,中国大陆的差距十分明显。首先是产业规模十分弱小,芯片产量4.6亿块,销售额35亿元,分别只占世界市场份额的0.3%和0.2%。其次是生产水平仍然停留在4英寸至5英寸晶圆、2微米至3微米工艺的技术档次，落后美国、日本等国十五年左右的时间。比如华晶到1993年才生产出第一块256K内存，与韩国的差距拉大到了七年。而且，中国大陆的半导体企业严重依赖外方的技术，也远未形成半导体产业链。中国大陆85％以上的芯片依赖进口（到2020年仍是这一比例），形成许多电子产品产量巨大，利润却很微薄的局面。中国电子工业有永远沦为"组装业"的危险。

半导体产业已经成为促进国家经济发展和保障国家安全的基础性和战略性产业，其发展规模和技术水平已经成为衡量一个国家综合实力的重要标志。如果没有自己的强大的半导体产业，中国将不仅仅失去争夺未来庞大信息产业市场的主动权，而且会危及国家经济发展和政治主权。

一直到20世纪70年代末，中国大陆的半导体产业还要比韩国和中国台湾领先许多。此后短短十几年，中国大陆的半导体产业就被韩国和中国台湾远远抛在了后面，而且差距越来越大。韩国和中国台湾受益于全球半导体产业的国际分工合作，其经济发展蒸蒸日上，被视为全球新经济体发展的成功典范。谁也没有想到，盛世的背后潜伏着危机，一场大规模的亚洲金融风暴即将来临！

第八章

亚洲金融危机大冲击

三星神话背后的美国式成功

1996 年,韩国的人均 GDP 突破 13000 美元,与 1966 年的 128 美元相比增长了 100 倍。在这段被称为"经济神话"的三十年时间里,韩国的 GDP 一直在高速增长,年平均增长率超过了 18%(韩国中央银行数据)。

在韩国经济高速增长的背后,埋伏着巨大的危机。因为韩国是由国家掌控金融资源,依据国家经济发展战略来决定信贷规模、贷款利率和资金流向。这种金融模式能把有限资本投向重点产业,优先保证工业的发展。弊端就是金融资源配置效率低下,大财阀们容易获得银行贷款、风险意识薄弱,企业普遍规模巨大但利润率极低,产品严重依赖出口市场,产业升级一直无法进行;而急缺资金的中小企业却很难获得银行贷款。

在《广场协议》签订后,日本在亚洲地区大量对外投资,韩国和东南亚各国都大力发展出口导向型经济。到了 1995 年,日本本国经济出现了很多问题,房市股市泡沫破裂,金融机构不良资产高企。为了提振本国经济,日本转变汇率政策,将日元贬值,收缩对外投资。韩国和东南亚各国的货币基本上都和美元挂钩,受日元贬值和美元相对升值的影响,出口不畅、进口大增,出现了企业经营困难和外汇储备不足的问题。以索罗斯为首的金融巨鳄嗅到了血腥味,疯狂地进行货币炒作,加剧了亚洲各国的外汇短缺问题,迫使各国政府将本国货币大幅贬值。货币贬值导致的资金外流和企业无力偿还贷款造成的坏账,使得银行纷纷破产,这就引爆了亚洲各国的金融危机。

亚洲金融危机最先在泰国引发,波及马来西亚、印尼、韩国等国。1997 年 10 月,韩国外债高达 1100 亿美元,其中三分之二是短期外债,而外汇储备仅有 300 亿美元。到了 11 月 11 日这一天,韩国的外汇仅剩 38 亿美元,两周后需要偿还的外债是 100 亿美元。而韩国每年仅进口粮食就需要 120 亿美元。在巨大的压力下,11 月 21 日,韩国向国际货币基金组织求援。

11月22号,时任韩国总统金泳三发表电视讲话,先是对全国人民道歉,然后号召大家"拿出你的压箱子钱"帮助国家渡过难关。无数老人、孩子和家庭主妇走上街头,把存在家里的美元和黄金捐给政府。其中仅黄金就有227吨,价值22亿美元。所有黄金都融化成金锭,送往美国华盛顿的国际货币基金组织总部,用于偿还债务。

韩国老百姓的捐金活动并没有感动索罗斯们。相反,他们认为这证明韩国政府已经到了弹尽粮绝的地步。11月24日,国际货币炒家同时出手攻击韩元。韩元兑美元的价格达到了1139∶1,股市暴跌70％,创近十年的新低。资本疯狂外逃。接下来不到一个月,韩元又贬值了66％。经济泡沫全面破灭。

国际货币基金组织给韩国的受助条件和之前对泰国、印尼的一样苛刻:韩国必须加快产业结构调整和金融改革,企业必须使用国际会计准则,金融机构必须接受国际会计师事务所的审计。韩国央行必须独立运作,政府必须收紧开支,让高负债的企业和银行破产或兼并。社会经济对外资全面开放,允许外资控股韩国的银行和大公司,韩国从农业、工业到服务业完全"国际化"。条件公布后,韩国上下一片哗然。《韩国日报》发表文章说:这是"国家及人民最大的耻辱",是"自20世纪初日本入侵实行奴化以来的第二大国耻"。一些韩国人一边看报纸一边声泪俱下。

12月3日,走投无路的韩国政府宣布无条件接受国际货币基金组织提供的570亿美元解困方案。

亚洲金融危机爆发前,韩国财阀普遍高度依赖银行贷款经营,前30大财阀平均负债率达到522％,有的甚至达将近4000％。金融危机来袭,银行收贷,企业资金链断裂,30家大财阀中有8家破产倒闭,其中包括韩国第二大企业集团大宇。三星集团也陷入了全面危机:负债180亿美元,负债率高达令人咂舌的336％。1997年11月26日,李健熙宣布了革新方案:组织规模缩小30％,企业开支减少50％,管理人员工资减少10％,投资规模缩小

30％。随后,三星集团裁员5.4万人,核心业务压缩至电子、金融和物产,将汽车、重机等业务通通卖掉。即便采取了种种措施,三星集团仍然无力自救。

当时韩国成为亚洲第一债务国,韩国政府自顾不暇,根本没有能力扶助三星。国际货币基金组织在和韩国政府签订的借款协议中,还特别规定:所有的韩国企业在借到钱后要先还钱,才能再借。那没钱还怎么办？只能用公司的股份抵押。

1998年3月31日,韩国执行了国际货币基金组织提供援助的最核心要求,正式宣布全面对外开放金融业。韩国的金融系统对于外资控股不设上限。韩国金融市场一开放,美国资本如饿狼般涌入韩国,大肆买入韩国大企业的股权,三星成为最大的目标。美国资本实现了对三星多数股权的控制,三星已经转变成为一家由韩国人经营的美资企业。不只是三星,韩国财阀的大股东几乎全都变成了华尔街。有人戏说:经过1997年的洗礼,韩国只剩下韩国烤肉和韩国泡菜了。

1997年亚洲金融危机,韩国受伤害最重,却最快走出危机的泥潭。和其他受助国家的态度不同,韩国政府不仅没有抵抗国际货币基金组织的苛刻条款,而且认真地反思之前经济快速发展中忽略了的问题。经过反思后的新政府坚决推行以金融系统为首的改革,企业疯狂地投入高科技的研发。韩国是近年来全球仅有的两个研发费用占GDP比重维持在4％以上的国家(另一个是以色列)。国家经济基本完成了产业结构升级,逐步转化为创新驱动型的成熟经济体。2019年,韩国人均GDP达到3.2万美元,是1997年金融危机前夕的2.4倍。

三星也发现了美资控股的好处。在此之前,三星一直师承日本,引进日本企业的经营模式,也继承了不少日本企业管理中较为负面的因素,比如讲究论资排辈、优先考虑内部晋升、终身雇佣、优先追求规模、不舍弃亏损业务等等。在美国资本实现了对三星的控股后,三星被迫与美国接轨,引进美国企业的经营模式,比如结果导向型的薪资体系、高薪聘请国际人才、较灵活的雇佣体制、对利润更加重视、大力裁撤没有竞争力的业务。从此以后,三星被认为兼具日本和美国的企业经营模式优点,扬长避短,大大提高了企业的竞争力。更重要的是,半导体属于美国重点关注的高科技敏感产业,三星被美国资本控股后,就等于拿到了美欧国家技术和市场的入场券,不用再担心美欧国家的技术和市场封锁,从此在半导体的各个领域都高歌猛进。此外,三星还能避开美国的反垄断约束,得其利而无其弊。而获得了华尔街资本支持的韩国财阀,也不再担心韩国政府的钳制。因为它们的背后,站着连韩国政府都要惧怕的华尔街。

亚洲金融危机也给三星电子的内存芯片带来了意收的机遇。由于韩元大幅贬值,三星电子的内存芯片拥有了很大的价格优势,这巩固了三星电子在半导体产业中的领先地位。而且,在危机期间,三星不仅没有减少在半导体产业上的投资,相反还进一步增大了投入。经过两年多的产业结构调整,加上全球互联网投资热潮带来的内存芯片和液晶显示器等半导体产品的热销,以及 Windows 98 上市引发的内存升级热潮,三星电子成为三星集团主要的现金牛。到 1999 年底,三星集团实现了 27 亿美元的利润,2000 年利润更是大增至 53 亿美元。三星集团的负债率降到了 85%,财务状况得到了极大改善,顺利地走出了危机。三星最赚钱的产品是手机、液晶屏和内存芯片,最大的买家都是中国,所以也可以说是中国市场拯救了三星,是中国真正帮助韩国摆脱了 1997 年亚洲金融危机。

2002 年,三星电子的市值超越了一直被它视为追赶目标的索尼,这被视为韩国电子工业超越日本的一个重大的标志性事件。

索尼的衰退有很多的原因,比如企业经营保守、内部山头林立、机构变革不力、生产成本太高等等。这里主要谈与芯片相关的一点:三星电子对索尼的胜利,其实是数字技术对模拟技术的胜利。

我们所处的是一个从时间到空间都连续的世界,将这个世界连续的声音、图案等信息用电子设备进行复制、存储、传输和转换，就是模拟技术。在芯片产业快速发展的推动下，世界电子产业在20世纪90年代中期之后发生了惊人的变革，市场从模拟技术向数字技术演进。数字技术以0和1两个二进制数字符号代替模拟技术传送信息，无论信息传送的距离有多远，信号强度和准确度都不会下降。数字技术将连续的世界转变成不连续的信息，但只要芯片能够提供足够大的数据量，不连续的信息也可以通过无限接近连续来反映出逼真的世界。随着数字技术的发展，世界电子产业界出现了同质化、模块化和快速迭代的新特征。

首先，同质化意味着数字产品在品质上不会有什么差异。以唱片为例，模拟时代的黑胶唱片把声音记录在唱片的凹痕中，通过唱针和凹痕之间的细微变化再现声音。黑胶唱片的质量有赖于工程师多年经验的积累，每家企业的黑胶唱片质量都会有所不同，市场的新进入者的产品品质很难达到市场的老领导者的水准。属于数字时代的激光唱片则是用表示0和1的细微小洞来记录信息，经激光识别后再现声音。不管哪家企业做出来的激光唱片，在音质上都不会有差别。

其次，模块化是指数字时代的产品在价值链上形成多个相对独立的模块，整个产品就是由一个个模块组成的。所以，数字时代讲究分工，每个企业专注于将某个模块做到最好。模块化可以有效降低成本并持续改善性能。最有代表性的就是计算机，计算机的CPU、操作系统和内存分别由英特尔、微软和三星电子这样的专业厂商分工完成，很难想象再能出现像IBM那样曾经一家就搞定计算机软硬件所有功能的厂商了。

最后，数字时代的产品由于快速迭代，不再讲究质量的竞争，因为数字产品只会因为技术落伍而不再因为用坏了才被淘汰。比如手机，过去的手机厂商会因自家生产的手机摔不坏而自豪，现在再有人声称手机摔不坏就成了笑话。这也对缺乏时间来慢慢磨炼质量的市场新进入者有利。

三星电子的崛起，正好赶上了世界电子产业由模拟时代向数字时代的进化。索尼是模拟时代的霸主,它凭借特丽珑显示器在显像管电视时代辉煌一时。但数字时代的电视流行的是液晶显示器,能够在液晶显示技术上快速迭代的三星电子最终赢得了全球电视产量第一的宝座。三星手机同样得益于数字手机相对模拟手机的迭代,当三星手机取得全球销量第一的时候,谁还记得索尼曾经也卖过手机呢?盛田昭夫也看到数字时代的来临,他的应对措施却是要年轻的数字技术人员去培训年老的模拟技术人员,让那些擅长模拟芯片的老技术人员改攻数字芯片。这些老员工收入高、观念旧、效率低,转型结果可想而知。更糟糕的则是,索尼在数字时代的管理者仍然绝大多数都是模拟时代的老人,索尼可没有大规模提拔新人的习惯。索尼尽管在一些新生数字技术如 CD 音乐播放器和家庭电视游戏机上,也取得了巨大的成功,但索尼终究不忍心舍弃自己用半个世纪的时间搭建起来的模拟产品帝国,最终成为数字时代的落伍者。

到了数字时代,芯片成为电子产品决胜的关键,没有芯片技术的厂家都在沦为缺乏技术含量的组装商。没有微处理器的 IBM 在个人电脑上就没有竞争优势,没有液晶显示器的索尼就卖不好彩电,依赖通用处理器芯片的厂商就做不出最高端的手机,这都是同样一个道理。

即使索尼品牌已经慢慢淡出我们的视野,索尼仍然在高质量的手机摄像头领域拥有近乎垄断的地位,而手机摄像头属于索尼向来擅长的模拟芯片领域。2019 年,索尼是日本排名第 2、全球排名第 11 位的半导体企业(IC insights 数据),只是它的行业地位无论如何都无法与三星电子相比了。

海力士峰回路转

海力士源于韩国现代集团的现代电子。现代集团原本以汽车、造船和重型机械为主业,几乎没有任何电子产业发展经验。为了提高汽车等产业的竞争力,现代集团势必要发展电子工业。于是,1982 年底,现代集团投资 4

亿美元启动半导体项目。现代电子效仿三星电子,也在韩国和美国硅谷设置了两个研发团队。国内的半导体实验室拥有100多名工程师,硅谷的实验室主要由韩裔美国工程师组成。1984年,现代电子从硅谷华人陈正宇手中购买了16K/64K SRAM的设计,开发出16K SDRAM[①]芯片并实现量产。发了一笔小财的陈正宇则回中国台湾创办了茂矽,主要做存储器芯片的设计,找日韩企业代工。茂矽后来并购了华智,1993年开始自建内存厂。

由于缺乏经验和技术落后,现代电子生产的芯片良品率很低,被迫转做存储器代工。正逢美国内存厂商在日本的进攻下节节败退,德州仪器为降低制造成本,与现代电子签订代工协议,由德州仪器提供64K内存的技术,帮助现代电子改善产品良品率。1986年,现代电子成为韩国继三星电子之后的第二家量产64K内存的制造商。由于技术基础薄弱,现代电子的内存市场占有率远弱于三星电子和日本企业。加上内存市场不景气,日本企业有意打压价格,试图迫使韩国企业退出市场,现代电子为此承受了数亿美元的巨额亏损。幸好现代集团是韩国排名前几位的大型财阀,可以依靠赚钱的汽车部门来支持现代电子。而且,美国对日本内存的反倾销指控,也让内存价格回升。到了1991年,追上先进工艺制程且实现良品率提升的现代电子将初始投入的4亿美元资本全部收回。此时正值现代电子进入半导体行业十周年。

亚洲金融危机时,韩国财阀普遍遇到极大的困难,美资乘虚而入,现代集团也获得了85亿美元的外资注入。青瓦台一看现代集团口袋里有了点钱,便迫使现代电子以21亿美元的巨资合并LG半导体。这个价格相当于LG半导体市值的5倍。现代集团也不是傻子,干脆把现代电子切割出去独立发展,于是就有了海力士。2001年全球互联网泡沫破裂,内存价格狂跌,刚刚问世的海力士巨亏25亿美元,不仅无法按期归还收购LG半导体时欠

---

① SDRAM:同步DRAM(Synchronous DRAM)。

下的巨额贷款,还需要大量新的资金注入。海力士的资产负债率高达惊人的206%。所有人都认为,亲妈不疼、后妈嫌弃的海力士很快就要完蛋了。

2002年初,韩国政府与海力士、银行债权团、学术界就是否将海力士卖掉展开了激烈的讨论。最后,以最大债权人韩国外换银行(KEB)为首的银行债权团进驻海力士并接手了管理权,开始寻找买家。然而对于这么个巨额债务的烂摊子,又是在亏钱的内存行业,三星电子和LG集团都拒绝接手。唯一对收购海力士感兴趣的企业只有美光。

三星电子和海力士依靠不断地自己建厂将内存产业做大,美光则比较取巧,靠的是不断地并购。精力充沛、年轻有为的阿普尔顿抓住各种抄底的机会逆流而上。最关键的机会点就是亚洲金融危机带来的内存产业大萧条,以区区8亿美元收购了德州仪器的内存部门,其意义不亚于联想对IBM电脑部门的收购。美光源自莫斯泰克,而莫斯泰克又源自德州仪器,所以美光与德州仪器也颇有渊源。德州仪器避开了日本武士刀,却没能躲过韩国的棒子,结果是便宜了美光。美光实现了逆袭,不仅从德州仪器获得了重要的技术与研发能力,取得规模效应,降低制造成本,还从一家市场局限于美国的二线企业摇身一变成为具有世界影响力的国际巨头,进入了全球内存乃至芯片产业的第一阵营。

发明了内存的IBM将其与东芝合资的内存厂卖给东芝,就此痛别内存产业。摩托罗拉也退出内存生产,美光竟成为美国本土硕果仅存的内存企业,这不能不引起英特尔的担忧。英特尔是内存的大买家,为了保证内存的供应,1998年和2002年,英特尔各给了美光5亿美元的投资,与美光结成长期战略联盟关系。美光除了获得宝贵的资金和英特尔这个大客户,还获得了英特尔的强大技术的支持,改变了在存储器技术上一向比较落后的劣势。后来,美光还在英特尔的提携下进入闪存业务,真可谓受益匪浅。

除了收购德州仪器的内存业务,美光还以3.5亿美元的低价并购了日本神户钢铁公司(Kobe Steel)所持有的与德州仪器合资设立的KMT半导体公司的75％股份,并买下东芝位于美国弗吉尼亚州的原本与IBM合资建立的内存厂。

对于海力士这块大肥肉,美光自然不会放过。美光提出以1.086亿股的公司股票换取海力士的内存和闪存业务,并以2亿美元收购15％的非存储芯片业务。如果收购成功,美光将一跃成为全球最大的内存厂商。然而,对于银行债权团将海力士贱卖给美光的交易,海力士的员工提出了强烈抗议。海力士工会给美光发了声明,声称一旦收购所有员工便集体辞职。在这种情况下,海力士董事会否决了收购协议,美光也只好撤退。

全球各家内存大厂都在期待海力士的倒闭,这样内存价格就能够回升,大家都有好日子过。海力士以银行为主的130家债权人只能联合起来,自助求生。他们指派了韩国外换银行的吴教授担任海力士首席执行官。吴教授当时的压力之大可以想象,后来,他表示被任命这天是他人生中最糟糕的一天。这位银行家极其认真地研究了半导体行业并制定了惊艳的自救计划。

1. 债权团继续注入资金,救助资金总额达到46亿美元。海力士必须继续维持技术革新和资本投入。

2. 将超过一半的债务转成股份,以降低资产负债率;债权团的股权比例提高到74％。在2007年年底之前,债权团的股权比例不得低于51％,超过51％的部分可以逐步转到股市让老百姓接盘。

3. 剥离非核心业务,以3.8亿美元的价格将液晶面板部门整体出售给中国的京东方。

4. 紧缩开支。海力士在未来的四年间针对员工采取了冻结工资、停薪留职等人力资源调整措施。据说连内部食堂的配菜都从一饭五菜减少到一饭三菜。

在改善资金状况的同时,海力士通过在中国建生产基地来降低成本。海力士和无锡谈了个超级合算的投资,只花3亿美元现金就获得总投资高达20亿美元的12英寸和8英寸晶圆厂各一座。海力士还借德国英飞凌

(Infineon)和茂矽的争端,把茂德的产能纳入麾下。英飞凌原本是与茂矽合资450亿台币经营茂德。2001年茂德亏损300亿台币,茂矽将茂德股票大量质押,引发英飞凌不满。英飞凌于是从茂德撤资,转而同南亚科合作组建华亚科。此外,海力士还另辟战场,和意法半导体合作开发生产处于上升趋势的NAND闪存并为苹果供货,借以缓解内存的亏损压力。

在吴教授的领导下,海力士降低了债务负担和经营成本,提高了企业竞争力。SK海力士的无锡12英寸晶圆厂的低成本竞争力以及智能手机市场对NAND闪存的需求暴增,在接下来几年为海力士带来数10亿美元的利润,其中仅2005年就获得了创纪录的18亿美元利润。2005年7月,比计划时间提前一年半,海力士完成了债务解困方案。

没能成功买下海力士的美光很不高兴。这时候,全球内存界连续发生了两件奇怪的事情。

第一件事是内存反垄断案。由于美国电脑厂商戴尔和捷威(Gateway)的控告,美国司法部在2002年立案调查过去三年间三星电子、美光、海力士、英飞凌、尔必达等公司北美销售人员串谋控制内存价格事宜。到2007年4月,共有4家公司和18名个人被起诉,罚款总额达到7.3亿美元。认罪的公司主管均受到5～14个月入狱服刑和25万美金的重罚,4家被罚款的非美国厂商中,三星电子被罚3亿美元,海力士被罚1.85亿美元,英飞凌被罚1.6亿美元,尔必达被罚8400万美元。处罚金额按照各企业1999年至2002年在美国销售额的20％计算。仅有的一家美国厂商美光以污点证人为由被免于罚款。

第二件事是反韩国内存倾销案。来自美欧日的内存厂商以“韩国政府提供大量补贴”的不公平贸易行为作为理由进行联合围剿,收购海力士失败而感到脸面无光的美光冲在了最前头。2003年底,美光控告海力士接受韩国政府的支持。此次控告使得海力士进入美国、欧洲和日本市场分别需要被征收高达 45％、35％和 27％①的惩罚性关税。韩国政府对此提出强烈抗议，请求世界贸易组织（WTO）进行调查。WTO 于 2005 年 3 月宣布，欧共体和美国都不能证明海力士收受非法援助，6 月中旬还明文要求欧洲应重新审定对于海力士内存芯片征收的惩罚性关税，到 6 月底却撤销了裁决。WTO 没有给海力士任何提出上诉的机会，海力士就此只要向美国出口内存，都不得不支付惩罚性关税。海力士被迫将产能移到美国俄勒冈州、中国无锡和台湾来规避针对韩国产内存的高关税。这些高关税直到 2008 年才被取消，高关税一取消，海力士随即关闭了缺乏竞争力的美国俄勒冈州 8 英寸晶圆厂。

　　得知 WTO 申诉机构的裁决后，阿普尔顿发表了一通感谢词："我们很高兴 WTO 申诉机构在非法资金问题上与美国的立场一致。我要感谢爱达荷州、犹他州和弗吉尼亚州议会代表团，在他们的有力拥护和支持下，我们顺利完成整个诉讼案件。另外，我还要感谢布什政府、波特曼大使、古铁雷斯秘书长、美国商务部和美国贸易代表团全体成员，感谢他们孜孜不倦的工作。今天的裁决标志着美国自由贸易法取得了重大胜利。"②几句冠冕堂皇的感谢语大有值得玩味的地方。首先，阿普尔顿对做出"公正"裁决的 WTO 没有表示丝毫的谢意，却对一堆的美国政府机构表示了由衷的感激。可想而知，美国的政治势力给软弱的 WTO 施加了多大的政治压力。值得注意的是，被感谢者中排在第一位的是美光总部所在的父母州爱达荷州的议员，其次是美光工厂所在地的另外两个州的议员，再次才轮到布什政府。在美国，相对大州来说，人口较少的小州的议员选举竞争没那么激烈，容易获得连任，连任一多，资格就老，话语权就重，最多只能干八年的美国总统经常不被他们放在眼里。所以，美国小州的议员反而有很大的政治能量。爱达荷州

---

① 《日本决定停止对韩国海力士半导体征收惩罚性关税》，中国新闻网，2009-04-13。
② 《Hynix：WTO 裁决被推翻，Hynix DRAM 进入美国将支付惩罚性关税》，第三媒体，http://www.thethirdmedia.com/Article/200603/show31315c31p1.html，2005-06-30。

是美国最小最穷的州之一,美光又是该州的支柱企业和纳税大户,不获得该州议员的大力支持才怪。美光理所当然地也对这一点进行了充分的利用。

在这两个反垄断、反倾销的事件背后,我们隐约可以感受得到美光所能动用的巨大政治能量。再后来,当福建晋华与美光产生利益冲突时,美国政府制裁福建晋华事件的发生,也就不让人觉得奇怪了。

台湾内存产业盛世危局

德州仪器退出内存产业直接拖累了与它合作的台湾德碁。德碁未能避免亚洲金融危机导致的行业衰退周期影响,两年内累计亏损超过 50 亿台币。在失去德州仪器的技术支持后,宏碁亦萌生退意,于 1999 年将德碁出售给了台积电,账面获利超过 200 亿台币。张忠谋从来就不看好台湾的内存产业,台积电的晶圆代工产能又供不应求,于是张忠谋就将德碁改造成了晶圆代工厂。台积电同时还从德碁获得了数千位有丰富经验的工程师。台湾的第一家专业内存生产厂前后正好存活了十年,它也开启了台湾内存厂向晶圆代工厂转型的先例。

台湾也不是没尝试过自主研发内存技术。1990 年,在美国顾问建议下,台湾启动了"次微米制程技术发展五年计划",目标是砸下 59 亿台币,攻克 8 英寸晶圆 0.5 微米制程技术,获得 4M SRAM、16M 内存的自主技术和生产能力。联华电子、台积电、华邦电子(Winbond)、茂矽、旺宏电子等六家企业参与其中。由于台湾并没有相关的技术能力,就找了 IBM 负责 16M 内存研制的卢超群博士等人,由他们在台湾设立钰创科技,将技术转移到台湾。当时,美国内存产业在日本廉价芯片攻势下节节败退,大规模裁员,这也迫使一批硅谷华人回到中国台湾创业。

1994 年 12 月,为了落实工研院的次微米计划研发成果,台湾的经济主管部门决定由台积电等 13 家公司合股投资 180 亿台币,在新竹园区成立世界先进积体电路股份有限公司(简称世界先进),建设台湾第一座 8 英寸晶圆厂,以内存为主营业务。台积电占股 30%,是世界先进的第一大股东。世界先进的经营状况很不好,2001 年亏损 93 亿台币,元气大伤。到 2003 年,世界先进累计亏损达 194 亿台币,将股本全部亏光,被迫退出了内存生产。世界先进做内存十年,只有三年获利,亏损有七年。究其亏损原因,在于企业投资规模太小,产能微不足道,根本无力与三星电子等"巨无霸"进行同场厮杀。世界先进于是在台积电的主导下彻底转型成了晶圆代工厂。

世界先进是台湾唯一一家能够进行内存技术研发的企业。世界先进的垮台,让台湾失去了自主研发内存技术的平台,最终导致台湾内存产业如同无根之木,根本无法与掌握自主研发能力并取得工艺制程领先的内存企业竞争,注定了失败的命运。

1993 年,全球内存严重缺货,台湾电脑主板生产厂精英电脑的董事长黄崇仁跑到东芝要货,却吃了闭门羹。眼馋德碁做内存大赚,黄崇仁于是决定自行投资生产内存,在新竹园区成立了力晶半导体,其技术来自三菱电机的授权。由于财力不足、技术薄弱,新生的力晶面临极大的困难,直到 1996 年才建成了第一条 8 英寸生产线,以 0.4 微米工艺生产 16M 内存,两年后能生产 0.3 微米 64M 内存,主要为三菱电机代工。

1998 年 2 月,力晶股票成功上市。由于 0.18 微米制程的生产良品率问题加上亚洲金融危机导致的市场不景气,力晶上市当年即亏损 38 亿台币,成立四年累计亏损 66 亿台币,已经到了生死存亡的危急关头。联华电子提出要收购力晶,黄崇仁情急之下,找张忠谋帮忙。张忠谋趁机用台积电控股的世界先进向力晶注资 27 亿台币,获得三菱电机等日本企业释出的 11% 的股份,成为力晶最大股东。在张忠谋引导下,力晶也开始向晶圆代工转型,主要为日本瑞萨电子代工。

2000 年,内存产业景气大好。此时只有一座 8 英寸晶圆厂,台湾内存行业规模最小的力晶,宣布投入 600 亿台币的巨额资金建设 12 英寸晶圆厂,杀回内存产业。12 英寸硅片的成本只比 8 英寸贵 52%，可产芯片是 8 英寸的 2.25 倍(半径的 1.5 倍的平方)，可以使芯片成本下降 30% 左右。当时全球也没几家 12 英寸厂，黄崇仁的决定被业内视为"豪赌"。新厂建设工程开始后，市场景气却迅速下滑，为了筹集资金，力晶发行了 2 亿美元公司债，到 2002 年 11 月才建成 12 英寸晶圆厂。不等企业盈利归还欠款，次年 10 月黄崇仁即动工兴建第二座 12 英寸晶圆厂，月产能达到 13 万片。

力晶在行业低谷期的大胆投资为它带来了丰厚的回报。互联网泡沫带来的萧条很快结束，半导体市场重新开始升温。到了 2004 年，力晶成为全球唯一将 256M SDRAM 生产成本降至 3 美元以下的厂商，当年盈利高达 165 亿台币，把过去十年所有赔掉的钱一次赚了回来。力晶的股价也顺势大涨，成为台湾内存股王。2006 年，力晶营收超过 1500 亿台币，超越联华电子，成为台湾晶圆"二哥"。

黄崇仁做电脑组装出身，一再强调要把内存当成电脑行业来经营，将电脑行业对成本锱铢必较的精神灌注到内存的量产上。[①] 力晶的成本控制能力被最不会控制成本的尔必达看中。由于三菱电机将内存业务并入尔必达，力晶便和尔必达结成同盟，获得了 90 纳米制程技术的授权。2006 年 12 月，力晶与尔必达合作成立瑞晶电子，用老旧的 8 英寸晶圆生产线以及从旺宏电子收购的 12 英寸晶圆生产线，专门为尔必达做内存代工。瑞晶还规划在未来五年内于台湾中部科学园区建设 4 座 50 纳米制程的 12 英寸晶圆厂，总投资额将高达 4500 亿台币。黄崇仁拍胸脯说要挑战内存全球老大三星电子。

雄心勃勃的力晶并不算台湾最强大的内存企业，实力最雄厚者是南亚科和华亚科，因为这两家企业的背后是台塑集团。南亚科的创建人是王永庆的长子王文洋，王文洋以物理学博士的学位毕业于英国帝国大学，是他把

---

① 《黄崇仁:台湾 DRAM 企业家的一个"缩影"》,海峡科技与产业,2009 年第 1 期。

半导体等高新技术产业引入了台塑集团。

1995年3月，南亚科在台北县南林园区成立，拥有月产能3万片的8英寸晶圆内存厂，从生产16M内存起步，技术来自日本冲电气（OKI）的授权。台塑为了解决硅片供应问题，还投资42亿台币，与日本小松合资成立了专门生产高纯度单晶硅棒的工厂，这使南亚科在成本上有一些优势。南亚科的每根8英寸单晶硅棒制造成本约1000美元，比同业的1300～1400美元要低很多。

由于市场景气衰退，南亚科从建厂起就连年亏损。凭借台塑集团的雄厚资本，1998年7月，南亚科在内存市场最低迷的时候，开工建设第二座8英寸晶圆厂，并与IBM签订了0.18微米64M内存的技术授权协议，南亚科也为IBM的服务器供应内存。到2000年8月，南亚科的64M内存开始大量投片，良品率达到70％。由于行业不景气，2001年南亚科亏损116亿台币，依靠台塑集团筹集巨资才渡过难关。到2002年，南亚科凭借成本优势盈利100亿台币，成为台湾当时5大内存厂中唯一盈利的厂商。

值得一提的是，2000年，几乎与中芯国际同一时间，王文洋在上海成立了宏力半导体公司，投资建设8英寸晶圆厂。早在1991年，王文洋就做出了一份在中国大陆发展电子产品的投资计划书。1995年11月，王文洋因婚外恋和顶撞父亲被王永庆逐出家门。王文洋来到大陆创办宏仁集团，投资好又多超市，还继续在上海造芯片。

由于冲电气和IBM相继退出内存生产，南亚科只好转向与英飞凌合作。2003年1月，南亚科与英飞凌合资成立华亚科，双方各占股46％，投资22亿美元建12英寸晶圆厂，产能由双方平分。2006年3月，南亚科再砸800亿台币，开工建设第二座12英寸晶圆厂。

这时候，台湾一度轰轰烈烈的内存产业热潮，还剩下6家厂商。其中3家是自主品牌厂商：南亚科、茂德和力晶。还有3家是专做内存代工的厂商：华邦电子、华亚科和瑞晶。

即使台湾剩 6 家内存厂，数量仍嫌太多。因为内存产品的市场需求量很大，规模效应明显，生产规模越大、产能跑得越满，越能有效摊低成本，竞争力就越强。内存还有以下特点：产品标准化程度高，用户黏性弱，谁家便宜买谁的；重资产，一旦投产没法停，亏本也要硬着头皮生产，否则承担不了巨大的折旧损失；涨价时谁都想疯狂扩产赚热钱，低谷时通过破产兼并实现去产能，行业格局必定要向垄断发展。所以，内存与原油、橡胶相似，也是一种典型的强周期性产品。

内存是电子行业各个产品都需要的一种原材料，被视为半导体产业中的大宗商品，需求极为刚性。而生产内存的工厂需要数年时间建设和数亿甚至数 10 亿美元的投资，不可能想要马上就有。而且，内存制程以指数级的速度在进步，不做长期的高强度研发投入就不可能成为一线厂家。因此，内存产能和需求是永远无法平衡的，其价格走势跟化工产品类似，具强周期性，大起大落。内存一旦迭代，容量小的内存价格就会大跌，所以内存不能长时间囤货，它的操作风险远较普通的强周期性产品要大。

像内存这样高经营风险的强周期性产品，要求资金投入巨大、成本做到最低，对企业实力的要求很高。中国台湾内存厂普遍实力有限，研发能力弱、生产规模小。国际上的内存厂的平均研发费用要占企业营收的 15％～20％，而中国台湾的仅占 6％。由于没有核心技术研发能力，中国台湾企业要花大价钱从日本、美国、德国厂商手里购买技术授权，技术授权费用占销售额 3％以上，每年为此向外国支付的技术授权费用超过 200 亿台币。国际上的半导体设备大厂，都是优先供应本国客户或大客户，生产规模较小的台湾内存厂无法在第一时间拿到先进制程的设备。中国台湾今年花 10 多亿美元进口 90 纳米设备，明年别人已经采用 65 纳米制程了，永远跟不上别人的步伐。中国台湾这种只图快进快出，靠购买技术授权和落后制程设备来快速扩充产能、赚快钱的经营模式，存在很大的隐患。

内存芯片的产品同质化严重，价格压力极大，到最后就变成一场拼资本的游戏。韩国仅剩三星电子和 SK 海力士两个内存厂,后面还有韩国政府的大力支持。6 家台湾内存厂都依靠民间资本积累,如果面临韩国财阀式经济集团的重压,根本不堪一击。中国台湾当局不可能给出像韩国政府那样的支持力度,这也是张忠谋一向不看好台湾内存产业的原因。同样是做芯片代工,台积电和联华电子代工的是定制芯片,产品批次多、差异大、价格竞争压力小,最重要的是没有库存跌价损失的风险,这是一条更适合台湾半导体产业的发展道路。

第九章

晶圆代工群雄逐鹿

台湾晶圆双雄对峙

自曹兴诚将张忠谋驱离联华电子后,台湾"晶圆双雄"的竞争格局就此展开。曹兴诚和张忠谋并称台湾半导体产业的两大泰山北斗,双方的缠斗超过二十年,几乎贯穿了台湾信息产业的整个发展史。

1995 年,晶圆代工全面被业界接受。台积电的订单源源不断,产能却满足不了需求。台积电于是让新客户交订金来预购产能,引发了一些客户的不满。曹兴诚认为,他的机会来了。他一一写信给美国前 10 名的芯片设计公司,积极洽谈合资经营芯片代工的事宜。结果,联华电子和美国、加拿大等地的 11 家知名芯片设计公司合资 30 亿美元,一口气成立了联诚、联瑞、联嘉 3 家只做晶圆代工的集成电路股份有限公司。曹兴诚首创的与客户建立联盟的商业模式取得了巨大的成功,后来被中芯国际等企业效仿。因为受到客户质疑在晶圆代工厂内设立芯片设计部门会有盗用客户设计的可能,联华电子将旗下的芯片设计部门分离出去,成立了联发科技(简称联发科)、联咏科技、联阳半导体、智原科技、联笙电子、联杰国际等芯片设计公司,彻底转型为纯专业晶圆代工厂。

曹兴诚为人相当大气,他一直在联华电子内部宣传:"出去开疆辟土,是我们最高的荣誉。"他鼓励各部门负责人自己建立新公司,担任总经理,与联华电子互成掎角之势,也为联华电子彻底转型代工铺平道路。从联华电子出去的这些部门负责人转身成了企业的老板,组成了蔚然壮大的"联家帮"。"联家帮"中最为出名的当属联发科,联发科如今是全球仅次于高通的第二大独立手机芯片设计公司,其董事长蔡明介也是个风云人物,唯独见到曹兴诚时,必定会毕恭毕敬地叫一声"老板"。在这一点上,张忠谋与曹兴诚就很不相同。张忠谋培养的都是将才,大家共同把台积电推举到全球晶圆代工老大的地位。曹兴诚培养的却都是帅才,个个出去都能独当一面。自立山头的张汝京如果是与联华电子而不是台积电发生纠葛,相信曹兴诚一定不会使出连环追杀的狠招。

1997 年 8 月,联华电子旗下的联瑞开始试产,第二个月产能便冲到了 3 万片。10 月,联华电子管理层公开表示:两年内一定能干掉台积电。不想就在这时候,一场意外的大火烧掉了联瑞的厂房,上百亿台币投资化为乌有,已经收到的 20 亿订单也泡了汤,客户大量流失。

就在外界认为联华电子即将因此一蹶不振时,曹兴诚却展现了他的韧劲与魄力。台积电投入 900 亿台币兴建台湾首家、全球第 3 家 12 英寸晶圆厂,这也是当时全球最大的单一半导体厂。联华电子马上宣布与日立合建 12 英寸晶圆厂,初期投入 580 亿台币。继台积电在美国建厂后,联电也走出中国,前往日本收购了新日铁半导体部分股权,并准备和英飞凌合作在新加坡建厂。1999 年,曹兴诚突然宣布将旗下 4 家半导体代工厂与联华电子"五合一"合并整体经营,此举引发联华电子股价大涨。

为了应对联华电子气势如虹的 5 厂大整合,台积电毫不示弱,掏出 50 亿美元的巨资收购了台湾第 3 大的晶圆代工厂世大积体电路。当时,联华电子也有意将世大予以收购,这对台积电产生了严重的威胁。在台积电对世大的并购过程中,世大当时的总经理张汝京全程参加了讨论。"他(张忠谋)提出了非常不错的价格,问我是否愿意,我说愿意,他就很高兴。"[1]张忠谋给出的价格相当于张汝京接手时的世大股价的 8.5 倍,无人能够拒绝。让张忠谋想不到的是,张汝京不可能蛰伏于台积电翼下。张汝京最大的愿望是去中国大陆建厂,并很快将成为让台积电不得不重视的竞争对手。

受联华电子转型晶圆代工的竞争刺激,台积电几乎以每年建一座新厂的速度连续扩建了 6 座工厂。这是很不容易的,因为随着晶体管越做越小,

---

①　姚心璐,《张汝京:告别中芯国际这 10 年》,全天候科技,https://tech.sina.com.cn/it/2019-07-16/doc-ihytcitm2471640.shtml,2019-07-16。

技术难度越来越高,芯片厂的投资也越来越大。摩尔正是在 1995 年预见到摩尔定律将受到经济因素的制约,当时的英特尔每隔 9 个月就要建一座新厂,其最新最先进的 12 英寸厂的造价达到惊人的 20 亿美元。摩尔在《经济学家》杂志上撰文写道:"令我感到最为担心的是成本的增加,这是另一条指数曲线。"他的这一说法被人称为摩尔第二定律,具体来说,就是建厂成本平均每四年翻一番。

2000 年,正逢全球芯片制造从 8 英寸转进 12 英寸的迭代,建一条普通 12 英寸线的成本高达 15 亿美元,建两条 12 英寸线的钱都够建造一艘航空母舰了。相比之下,建一条 8 英寸线只需 10 亿美元。许多 IDM 大厂都犹豫了,最大的担心就是跑不满产能而可能产生巨额亏损。半导体产业深受经济波动的影响,当时正逢全球互联网泡沫破裂,加上"911"恐怖事件的阴影,全球信息产业出现前所未有的萧条局面,国际半导体市场也陷入深深的低迷状态。世界各大半导体厂家普遍在进行大裁员,更不要说还能投钱建厂了。

但半导体行业建厂一定要在行业低潮期,逆周期投资才能实现赶超。我们知道,三星电子正是抓住了从 6 英寸转进 8 英寸的迭代机会才一举超越日电成为内存芯片行业领导者。这样的机会,张忠谋又怎能错过? 他用力踩油门扩产。当时台积电一年获利最多时也不过 20 亿美元,最少时仅有 4 亿美元,张忠谋竟然坚持连续投了 3 座 12 英寸晶圆厂,将竞争对手远远甩在后面。

关于跑满产能的问题,却也不用台积电担心。1998 年,英伟达(Nvidia)将显卡交给台积电代工。第二年,英伟达提出了图形处理器(GPU)的概念,并跃居全球显卡行业的老大。台积电也因为英伟达的订单而切入了通用处理器的市场。要知道,做电脑 CPU 的英特尔和超威都是 IDM 厂,这也意味着台积电此前一直无缘进入通用处理器这样的高端芯片领域。英伟达也深深受益于台积电的代工,快速成长为能够超越超威乃至英特尔的处理器芯片巨头。英伟达 CEO 黄仁勋说："如果等我自己建厂生产 GPU 芯片,我现在可能就是一个守着(市值)几千万美元的公司的安逸的 CEO。"当被问及是否有代工服务商的替代方案时,黄仁勋说："没有 Plan B,全部压在台积电上。"

超威分拆出格罗方德

1997 年,张忠谋拜访了老朋友桑德斯。这一年,全球已经有了 500 多家芯片设计公司,平均每周增加一家,晶圆代工模式已经风行。桑德斯承认"有晶圆厂的才叫男子汉"这句话错了,不过,他认为微处理器和内存必须得靠 IDM。张忠谋则表示只有内存适合 IDM,微处理器也适合做晶圆代工。"Intel 设计 CPU 很厉害,但是生产 CPU 不厉害,我的成本是他的一半,我的品质比他的好两倍,我可以帮你代工。"十年后,我们将看到超威微处理器转型代工以及从中国的内存代工厂全军覆没;二十年后,我们将看到连英特尔的微处理器也将转型代工,我们不能不佩服张忠谋的深谋远虑。

芯片市场似乎也不看好桑德斯这个"男子汉"。硅谷突然刮起一股风:说超威的老板准备将公司卖给 IBM,自己从此洗手不干,告老还乡。谣言有鼻子有眼,很快传遍世界各地。人们似乎很喜欢这个谣言,一直下滑的超威的股票还因此往上翘了几翘。硅谷以批评见长的杂志《Upside》幸灾乐祸地连发数文,要送走桑德斯,对他长期以来的劣迹做了一番总结,最后还假惺惺地说："杰里,我们会想你的。"

但是,62 岁的桑德斯马上站出来辟谣了。这位超威的创始人已在首席执行官的席位上坐了整整三十年,他并没有养老的打算。如果有人将半导体业称为"淘金业",那么桑德斯一定是最老牌的淘金人了。虽然这么多年来,他一直被英特尔压得喘不过气,淘到的也尽是沙砾。但桑德斯仍不服输,这位从仙童销售部出来的家伙,与号称"仙童帮"的公司——英特尔及国家半导体——展开了三十年的竞争。如今,大恩师诺伊斯早已经过世,老对手摩尔、斯波克、格鲁夫都已退下席位,撤出战场。只剩下头发雪白的桑德斯一个人还老当益壮,有一股"不尝胜果死不休"的气概。

对于失败,桑德斯的内心里有一种深深的恐惧,但是失败总像幽灵似的,与他纠缠不息。不认输的桑德斯不得不一直与失败搏斗,他轻浮的外表和夸张的卖弄,都无法掩饰其内心的脆弱和敏感。三十多年来,超威在桑德斯领导下几经沉浮,桑德斯把超威从一家办公室设在卧室里的小公司发展成为销售额几十亿美元的国际大公司。在所有的高科技公司的故事中,超威的故事是最可怕,也是最英勇的,因为它年复一年地顽强挑战这个星球上最具竞争力的公司之一。

1999 年是英特尔的一个辉煌的顶点,它的市值在这一年达到 5090 亿美元的历史最高峰。在过去持续十年的复杂指令集与精简指令集的战争中,英特尔取得了最终的胜利。当微软发现 IBM 和苹果这样的老冤家居然破天荒地结盟开发精简指令集操作系统时,它清醒了过来,回归 Wintel 联盟。复杂指令集受益于先发优势,建筑在 Wintel 联盟基础上的软件生态已经牢不可破,让精简指令集在个人电脑领域无所作为。英特尔靠市场而非技术打败了精简指令集,这再一次证明了技术先进并不代表一定会被市场接受。

复杂指令集在工作站领域也击败了精简指令集。英特尔的奔腾处理器通过不断地迭代,其性能终于达到了工作站处理器的水平,让英特尔甩掉了只会做低性能处理器的帽子。前文说过,摩尔定律其实是一种自我实现的预言,很大程度上在于英特尔以一己之力按照 18~24 个月将性能翻一倍的节奏推进其微处理器的进步。英特尔源源不断地投入巨大的资源,使得其微处理器以摩尔定律的速度指数级地进步,性能提高速度大大超过所有精简指令集阵营的处理器,实现了工作站处理器性能的赶超,将工作站处理器市场全都抢了过来。包括 IBM、摩托罗拉、惠普在内的精简指令集阵营的 6 大工作站服务器厂商全军覆没,连戴维·帕特森教授也不得不在教科书上添加关于复杂指令集的内容。但精简指令集并没有彻底失败,它还将在移动时代更换赛道,卷土重来。

英特尔收拾完了精简指令集阵营,却被同处复杂指令集阵营的超威杀了个措手不及。1997 年,噤声多年的超威突然推出 K6 处理器,向英特尔的奔腾家族发起了强大的挑战。1999 年,超威率先做出的 1GHz 主频的 K7 处理器,竟然在游戏处理器市场的竞争中取得了优势。一时间,"办公英特尔、游戏按摩店①"成为公众的认知。这有可能是超威第一次在产品性能上领先英特尔,但公司的亏损在进一步扩大。2000 年,超威再次出击,其开发出的 K8 处理器是业界第一款 X86 架构的 64 位微处理器。连续两款运算速度超过英特尔的芯片让超威的股价冲到了 80 美元,而在十年前,超威的股价最低曾经跌到 4 美元。

在微处理器这个市场,超威曾经连续多年亏损,几度接近崩溃,没有人会认为超威能够活下去。20 世纪 80 年代初期,英特尔曾经将 8080 微处理器许可给 15 家公司,如今只剩下超威这个唯一的幸存者。国家半导体、摩托罗拉、德州仪器、莫斯泰克和智陆等许多巨头或新星前赴后继地来挑战英特尔,最后都失败了。而只有桑德斯,就像手持长矛的堂吉诃德,仍然向英特尔这个巨大的风车顽强地发起冲锋。超威的股票走势也成为股市中最跌宕起伏的画面,一会儿令人狂喜,一会儿充满苦楚,一会儿被捧上了天,一会儿又跌到似乎马上要破产的地步。如今,在经历十几年的沉寂之后,超威头一回实实在在地给了投资者一个很好的回报。美国所有财经频道和报纸都把超威的动态作为热点新闻报道。

超威的大起大落和大喜大悲,似乎成了桑德斯个人经历的真实写照。在终于取得了一次辉煌战果后,桑德斯才心满意足地宣布退休。桑德斯退休的 2002 年,是自 1984 年以来超威又一个能够扬眉吐气的年份,可是一比

———————————

① 　指 AMD,即超威。

较还是吓人一跳：同样都是造 CPU，这一年的 3 月底，英特尔市值尽管已经撤去了 60％ 的泡沫，仍然还有 2050 亿美元，超威刚好是它的零头——50 亿美元。后者的市值仅为前者的约 2％。更惊人的是，英特尔就像超级印钞机，每年利润都有几十亿美元，相当于每年都可以买下一个超威。当然，如果没有超威，英特尔实现利润翻倍都有可能。486 和奔腾处理器刚上市时都标出了 1000 美元左右的高价，因为有了超威，英特尔才没能享受太多这样的美好时光。在美国政府的反垄断压力下，英特尔不得不容忍甚至需要超威的存在。足以让桑德斯自豪或者自我安慰的是：他使每一个在数字化中生存的人都免受微处理器的垄断之苦。

与硅谷绝大多数的公司都不同，桑德斯的公司属于搞"个人崇拜"的类型。有人把桑德斯称为半导体业"梦幻般的领袖"，也有人认为他"败坏硅谷形象"而对他不屑一顾。无论从事业还是从财富上讲，桑德斯都没有失败，可也没有真正成功过。他的影响力永远无法与乔布斯、比尔·盖茨、诺伊斯等人相比，但在硅谷这本厚厚的书籍中，桑德斯已经占据了重要的一页。

在桑德斯退休后，超威终究还是将自身的制造部门分拆出来，重新命名为格罗方德半导体股份有限公司（Global Foundries，简称格罗方德或格芯），格罗方德 66％ 的股权被出售给了阿联酋的阿布扎比先进技术投资公司（ATIC）。在阿拉伯土豪的资金支持下，格罗方德发展成为全球晶圆代工业中排名前列的公司。出售制造部门换回来的资金，将超威从破产的边缘挽救了回来。超威自己也摇身一变，成为一家被桑德斯鄙视的无晶圆厂。将芯片设计和晶圆代工业务分离，是日后超威能够缩小与英特尔的差距的重要原因。不知道目睹这一切的正在安享晚年的桑德斯，会有何种感受？

阿斯麦尔解决镜头问题

超威是给阿斯麦尔带来第一桶金的重要客户，阿斯麦尔依靠 PAS2500

赢得超威的订单,才算是真正打入了美国市场。可如果要想挑战尼康和佳能,还得要靠下一代产品 PAS5500。1992 年 5 月,阿斯麦尔已经花光了前一年荷兰政府提供的 1900 万美元技术开发信贷,又到了发不出工资的地步。飞利浦并购部门的专家建议蒂默尽快让阿斯麦尔破产。马里斯不得不去见蒂默,他向蒂默开口要 2100 万美元。蒂默同意了,同时威胁说这是最后一笔的借款,9 个月后如果阿斯麦尔再不赚钱就必须得关门。

尽管阿斯麦尔在 1992 年的亏损额达到空前的 2000 万美元,但随着 PAS5500 受欢迎的程度不断提高,钞票开始哗哗地流进阿斯麦尔。9 个月的承诺到期后,马里斯"笑得像傻瓜一样,在桌子上摆了一张支票",他一次性地将 1900 万美元还给了蒂默。飞利浦的财务部给阿斯麦尔打电话,要求以后不要再开这么大金额的支票,因为会损失几天的利息。

1993 年和 1994 年,阿斯麦尔分别取得 50% 和 60% 的收入增长,以及 1100 万美元和 2000 万美元的可观利润。阿斯麦尔进入了稳步上升的阶段,于是开始正式筹备上市。因为镜头存在质量问题,阿斯麦尔拖欠了蔡司 500 万美元货款未付。阿斯麦尔希望蔡司可以将一半的应收款转成 5% 的阿斯麦尔股份。阿斯麦尔之所以邀请蔡司入股,既是指望通过引入新股东以摆脱飞利浦的 100% 控制,也是希望与它最重要的供应商加深联系——这是半导体产业的一种普遍做法。只要一年时间,蔡司的这笔投资就能获得 10 倍的回报。用不了四年时间,回报将达到惊人的 100 倍。

然而,蔡司却拒绝了,它只要现金不要股份。蔡司不仅拿不出现金投资,相反还再次面临资金短缺的严重危机。一方面,蔡司需要增加投资扩大生产规模,以满足来自阿斯麦尔的快速增长的订货需求;另一方面,蔡司却要进行大规模的裁员以缩减成本。这一相互矛盾的难题被摆在了蔡司新任首席执行官彼得·格拉斯曼的面前。

在被邀请来拯救蔡司的时候,格拉斯曼犹豫不决。蔡司的规模远比他当前掌管的西门子医疗设备部门要小得多,而且等级森严的蔡司不合他的胃口，蔡司的麻烦看起来也极难解决。这时候，一本关于蔡司历史的书改变了他的想法。"我对这家公司开始产生了迷恋。"格拉斯曼在日记中写道。

格拉斯曼的坏脾气很快就在蔡司出了名。当业务经理向他提出他们的战略计划时，他会毫不留情地说："我不想听到任何废话，你被解雇了。"他在一年内裁掉了蔡司 26 个项目中的 10 个。

负责光刻机镜头业务的迪特尔·库尔兹战战兢兢地向格拉斯曼汇报工作的时候，格拉斯曼照例是一顿咆哮。库尔兹终于颤抖地说，为了给阿斯麦尔供应镜头，他需要公司再投入 8500 万美元。格拉斯曼严厉地问道："如果是你自己的公司，你会投资这么多吗？"

库尔兹鼓起所有的勇气回答："会的。"

"那么你能得到这笔钱。"

格拉斯曼的答复让在场的财务人员大吃一惊，后者跳起来叫道："但我们没有那些钱。"

"安静，"格拉斯曼说道，"库尔兹，你会得到它。"

格拉斯曼在西门子工作的时候，就擅长把握投资的机会，他在计算机断层扫描（CT）业务和磁成像技术（MRI）分别投资了 9000 万美元和 2 亿美元，结果这两个项目都发展成了价值数 10 亿美元的业务。他相信阿斯麦尔有良好的发展前景，而且阿斯麦尔离不开蔡司。没有钱不是个问题，因为阿斯麦尔有钱了呀。

早在格拉斯曼还未上岗的时候，他就先去拜访了飞利浦，并顺利地从蒂默那里借来了 1900 万美元。但这笔钱还不够。于是，库尔兹也去了阿斯麦尔，打算再弄个 1000 万美元回来。结果，阿斯麦尔慷慨地给了他 2000 万美元，阿斯麦尔知道蔡司急需资金。

上任 3 个月后，格拉斯曼首次拜访了阿斯麦尔。阿斯麦尔年轻的技术主管不客气地对毫无思想准备的格拉斯曼进行了一轮轰炸："你们绝对是一文不值！你们太差劲了，不能给我们提供高质量的产品。你们破坏了我们的业务!"荷兰人习惯了像街头斗殴一样粗鲁地讨论工作,马里斯安静地坐在一边袖手旁观。

格拉斯曼平静地接受了荷兰人的批评,开完会就直接回了蔡司。第二天,他喊来了光学生产和装配车间的经理们。他对装配经理说:"你有两个选择,如果你能确保我们可以给阿斯麦尔他们需要的东西,你可以走出那扇门。"格拉斯曼一边吼叫一边大步走向窗户,他打开窗户说:"如果你不能保证,那么就可以从这里跳下去了!"[①]

蔡司的半导体光学技术部门拿到了他们急需的新机器。此前,蔡司投入数百人力每年也只能生产100套半导体光学元件,到1996年只需要80人就能生产超过200套技术更复杂的组件。蔡司现在用离子束来打磨镜面,离子束一次轰炸一层原子,速度虽慢但非常精确,可以让镜头表面达到10纳米甚至更高的精度。阿斯麦尔可以得到足够数量的I线镜头了。

1995年,阿斯麦尔的股票在阿姆斯特丹及纽约同步上市,用27%的股份募得6300万美元的资金。上市当天,阿斯麦尔的市值上升到近7亿美元,当年市值最高时涨到了21亿美元。阿斯麦尔终于彻底解决一直饱受困扰的资金问题。1998年,阿斯麦尔的市值突破50亿美元。飞利浦相当开心,它在阿斯麦尔上的投资终于有了丰厚的回报。

三星电子和现代电子在拿到它们的第一台PAS5500后,很快就决定将几乎全部光刻机都改用成阿斯麦尔的。韩国和中国台湾成了阿斯麦尔仅次于美国的第二和第三大市场。1996年,阿斯麦尔推出了深紫外光版本的PAS5500,每台售价高达600万美元。直到现在,二十多年的时间已经过去,PAS5500在阿斯麦尔的官网上仍然有售,足见其性能之优秀。

阿斯麦尔一上市,飞利浦即出让了一半的股份。在1997年亚洲金融风

---

①　瑞尼·雷吉梅克,《光刻巨人:ASML崛起之路》,北京:人民邮电出版社,2020年版,第425页。

暴和 2000 年全球互联网泡沫这两个半导体衰退期,飞利浦又各卖出了约 20％的阿斯麦尔股份,最后剩下的2.8％的股份也在 2004 年清仓。飞利浦决定彻底退出半导体业务,于是卖光了阿斯麦尔的股票。可是,阿斯麦尔却才开始真正腾飞。

2000 年 8 月,阿斯麦尔的首台 TWINSCAN 系统光刻机出货,这是阿斯麦尔的一个重大技术突破,也是光刻机行业的一大进步。此前的光刻机都只有一个工件台,而阿斯麦尔创新为双工件台,在一个工件台进行 12 英寸晶圆曝光的同时,另外一个工件台进行曝光之前的预对准工作,生产效率可惊人地提高大约 35％。双工件台系统虽然仅是加一个工件台,但技术难度不容小觑,对工件台的转移速度和精度有非常高的要求。如果工件台转换速度慢,则影响工作效率;如果工件台转换精度不够,则会影响后续的扫描光刻的正常开展。阿斯麦尔的 TWINSCAN 采用其独家拥有的磁悬浮驱动,使得系统能克服摩擦系数和阻尼系数,其加工速度和精度远超机械式或气浮式工件台。另外,我们也要看到,双工件台其实不是一个建立在新科学理论上的创新,而是工程技术上的创新。对于阿斯麦尔这样起步较晚、专利积累较少的厂家来说,在工程技术上多打磨,相对基础理论创新来说,难度肯定还是要低很多的。年轻的阿斯麦尔选了一个适合自己的创新方向。

而且,阿斯麦尔的 TWINSCAN 正好赶上了一个绝好的时机,全球芯片制造开始进入从 8 英寸厂转进 12 英寸厂的迭代。对于全球的芯片制造商来说,反正要进行机器的更新,那为什么不引入效率更高的阿斯麦尔的 TWINSCAN 呢? 这一年,阿斯麦尔的营业额达到 27 亿欧元,而上一年度还仅有 12 亿欧元。

需要注意的是,双工件台意味着光刻机的晶圆吞吐量大增,这点很受以数量和低价取胜的韩国和中国台湾的芯片厂青睐,这意味着阿斯麦尔与这两个地方的芯片制造产业的进一步深度绑定。而日本芯片厂讲究以质取胜,掩膜数量较多且更换晶圆较慢,相对来说就对阿斯麦尔的双工件台产品没那么感冒。直到 2000 年 12 月,阿斯麦尔才获得首个来自日本市场的订单。使用 TWINSCAN 光刻机的韩国和中国台湾的芯片制造业相对日本进一步加大了成本优势。

阿斯麦尔在光刻机市场上开始有了不小的分量,这还只是一个序幕。新的发展机遇,还是来自它的幸运星——台积电。尽管台积电抓住时机将产能大幅提升,但仅有资本开支,没有技术领先,是不可能超越 IDM 厂并坐到芯片制造这个行当的顶尖位置的。21 世纪初,台积电的几个技术牛人相继发力,竟不仅改变了台积电和阿斯麦尔的命运,甚至改变了全球半导体产业的面貌。

光刻干湿大战

13 岁生日的那一天,侨居越南的林本坚收到了母亲送给他的礼物:一台老式相机。林本坚对这台相机着了迷,"我把父亲的照片放上去,又弄一个玻璃片,画了胡子,两张叠在一起,就合成爸爸长胡子的照片。"从此以后,林本坚就与光有了不解之缘。高三那一年,林本坚独自以侨生的身份到中国台湾新竹中学念书,隔年考上台湾大学电机系。在美国俄亥俄州立大学电机工程学系攻读博士学位时,他的论文研究的都是与光有关的技术。因为对于光与拍照的热爱,林本坚最想进入柯达工作,但投去的简历都没有回音,最后误打误撞去了 IBM,就此进入了半导体领域继续研究光的技术。

林本坚在 IBM 一干就是二十二年。在 IBM 工作期间,林本坚参与了 1 微米、0.75 微米、0.5 微米光刻微影技术的研发。"我们在 IBM 做研究,一定要比世界早几步。IBM 就是有这种'坏习惯'——凡事要领先。我自己也是这种个性,才会在 IBM 待这么久。"

1992 年,林本坚从 IBM 辞职,成立了一家专门发展与光刻相关的软件以及其他技术的公司。八年之后,最大的竞争对手被大公司收购,他无力与之竞争。恰在这时,台积电的研发副总裁蒋尚义打来电话,邀请他加盟。台积电光刻关键制程的微影技术授权自 IBM,所以林本坚是台积电的老熟人。

林本坚回到台湾,负责台积电微影技术的研发。林本坚遇到了一个全行业的难题:准分子激光的波长被卡死在 193 纳米,摩尔定律遇到了大麻烦。

工欲善其事,必先利其器。摩尔定律要求芯片上的晶体管密度呈指数级地增长,就必须将晶圆"雕刻"得越来越精细,"刀尖"也就得越来越锋利。为了满足摩尔定律的要求,光刻技术需要每两年把曝光关键尺寸(critical dimension)降低 30%～50%。根据莱利公式(Rayleigh Criterion):$CD = k1 \times (\lambda / NA)$,我们能做的就是降低曝光光源的波长 λ,提高镜头的数值孔径 NA(numerical aperture)和降低综合因素 k1。在现实的技术工艺中,k1 值和 NA 值的改进空间有限,降低光源波长 λ 成为持续推动光刻技术进步的最有效的方法。

当把光刻机的光源波长缩减到 ArF 准分子激光的 193 纳米的时候,遇到了很大的技术瓶颈。如果按照原有的技术路线再往前推进,也只能再缩减到 F2 准分子激光的 157 纳米,缩减比例很小,达不到摩尔定律的要求。如果将光波再"磨"细的问题解决不了,全球芯片产业都将陷入停滞状态。

在光学光刻技术之外,人们还对电子束光刻和 X 射线光刻寄予厚望。电子束是代表亚微米①光刻的比较成熟的技术,但由于成本高昂,生产效率低,除非那些有特殊要求的硅片加工,一般情况下人们不愿意采用电子束光刻技术。X 射线光刻虽然显示出可以不断提高分辨率及降低成本的潜在趋势,但它距实际应用还有一段距离,在光源、掩膜、抗蚀剂等方面都还有待进一步改善。贝尔实验室、IBM 和日本企业都在做这两门光刻技术的研究,不过,可以预见,在未来很长一段时间内它们都无法替代光学光刻。

---

① 亚微米(sub-micron):半导体行业通常把 0.8 微米～0.35 微米称为亚微米,0.25 微米及其以下称为深亚微米,0.05 微米及其以下称为纳米级。亚微米也作"次微米",深亚微米也作"深次微米"。

尼康和美国硅谷集团主张在前代技术的基础上,采用 157 纳米的激光,走稳健路线。157 纳米的激光会被现有 193 纳米机器用的镜片吸收,光刻胶也要重新研制,改造难度很大,但技术路线清晰,没有什么风险。而林本坚一拍脑袋,提出了一个疯狂的方案:利用水来降低光的波长!

有一点物理常识的人都知道,光线照到水中会发生折射。那么,在光刻机的透镜和晶圆之间加一层薄薄的一毫米厚的水,水对 193 纳米激光的折射率是 1.44,那么不就可以得到波长约为 134(193/1.44)纳米的光线了吗?这不仅用一种低成本的方法直接越过了 157 纳米的天堑,还给微影精度的进一步提高指明了长远的方向。

2002 年,在比利时举行的一场国际光电学会技术研讨会上,林本坚抛出了他的观点。本来,林本坚受邀参会,只是想介绍一下浸没原理。在林本坚演讲完后,"不得了,我找到了 134 纳米波长的光波,大家听到 134,全都睁大眼睛。之后,大家把原本讨论的 157 纳米丢去一边了,全部围绕在 134 浸没式的话题上。"

不过,研讨会后,林本坚的思路却遭到众多半导体大厂的普遍反对,甚至引来敌意。一方面,大家都觉得,这么高、尖、难的一个问题,全球半导体产业精英花了这么多年都没解决,今天你告诉我加点水就能把它解决掉,你是来收"智商税"的吗?在如此精密的机器中加水,且不说性能可否达标,万一出现污染怎么办?水遇热膨胀改变折射率的问题怎么解决?水中的气泡会不会对光波产生影响?这些大厂没说出口的反对理由是:它们普遍都已经在研发 157 纳米光刻机上投入巨资,金额高达 10 亿美元之多,如果技术大转弯,不就等于是宣告这些研发费用都血本无归了吗?可以想象林本坚承受的压力之重。林本坚一边带领团队完成一篇篇论文并发表到国际期刊上,一一解答外界的疑虑,一边拿着这个"浸没式微影"的方案,跑遍美国、德国、日本等半导体产业大国,游说各家半导体巨头。林本坚走到哪里都吃了闭门羹,甚至有尼康高层给蒋尚义捎了句狠话,要蒋尚义管好自己的部下,让林本坚"不要搅局"。

"虽千万人,吾往矣!"林本坚如此形容他那一段改写光刻历史的经历。

张忠谋和蒋尚义给了林本坚的浸没式光刻方案很大的支持。经过林本坚不懈的努力,当时尚是小角色的阿斯麦尔决定赌一把:相比之前在传统干式微影上的投入,押注浸没式技术更有可能以小博大、换道超车。而且,台积电已经成为阿斯麦尔最大的客户之一,阿斯麦尔也必须将自己与台积电进行深度捆绑。于是,阿斯麦尔与林本坚一拍即合,拼尽全力,仅用一年时间,就研发出首台浸没式光刻设备。2004年,阿斯麦尔的浸没式光刻机改进成熟并顺利投入使用。

在阿斯麦尔推出浸没式光刻机差不多的时间,尼康也宣布自己的157纳米干式光刻样机完成。可是,浸没式属于小改进大效果,应用成本更低,缩短光波的效果更佳,所以几乎没有人去订尼康的新品。浸没式光刻技术很快获得国际半导体大厂的普遍认同。浸没式微影解决方案为光刻精度的提高开辟了康庄大道,摩尔定律再次克服障碍,继续前行。阿斯麦尔首席执行官彼得·韦尼克曾说:"iPhone能出现,是因为浸没式微影技术。"

尼康被迫也宣布去做浸没式光刻机,只用了一年时间就完成了对浸没式技术的追赶。然而,芯片行业最宝贵的就是时间,因为芯片只要18个月的时间就会差上一代,阿斯麦尔已经抢先夺下IBM和英特尔等许多大客户的订单。加上阿斯麦尔拥有优秀的工件台对准技术,相比之下尼康已无任何优势可言。曾创下光刻机年销量900台的辉煌纪录的尼康,从此开始走下坡路。

至于佳能,在光刻领域一直都有点不思进取的意思。当年它的数码相机称霸世界,利润很好,对年销量只有百来台的光刻机重视不够。佳能的思路是一款产品要卖很久,他们一看193纳米及以下的光刻机的研发难度太大就直接撤了,集中精力在低端市场上。直到现在,佳能还在卖350纳米和248纳米的光刻机,主要给液晶面板以及模拟器件厂商供货。只是,当数码相机面临拍照功能越来越强大的智能手机带来的竞争压力时,佳能会不会后悔当初没有在光刻机领域多花一点心思?

林本坚带领团队乘胜追击,将光刻精度从 130 纳米做到 90 纳米、65 纳米、40 纳米、28 纳米、20 纳米、16 纳米直到 10 纳米。在林本坚于 2015 年底从台积电退休后,浸没式光刻机通过不断改进,继续往前做到了 7 纳米的制程,苹果 A12 和华为麒麟 980 都还在用这一技术,再往前的 5 纳米制程才由极紫外(EUV)光刻来接班。林本坚让全球半导体产业的技术路径跟着他一个人转向,他的创新不但让全球芯片工艺制程得以往前一口气推进了 9 代,台积电也因此跻身一线大厂,主导业界发展。张忠谋曾称,假如没有林本坚及其团队,"台积电的光刻技术不会有今天这规模"。

美国和韩国的芯片产业也因为用阿斯麦尔光刻机替代日系产品,提高了对日本芯片产业的优势。毫不夸张地说,林本坚和阿斯麦尔的合作改写了全球半导体产业的格局,阿斯麦尔也大大受益于芯片产业的繁荣。2007年,阿斯麦尔成功击败尼康,成为全球光刻机市场的新霸主。到了 2009 年,阿斯麦尔已经占据全球光刻机 70% 的市场份额。

在另一场以铜替代铝的芯片制程技术竞争上,台积电也取得了关键性的重大胜利。

摩尔很喜欢讲一个关于芯片的寓言:我们需要为芯片找寻一种基础材料,因此我们考察了地球的基础材料。它主要是沙粒,所以我们使用了沙粒。我们需要为芯片上的线路和开关找寻一种金属导体。我们考察了地球上的所有金属,发现铝是最丰富的,所以我们使用了铝。

到了 21 世纪初,摩尔的这个寓言讲不下去了。因为铝虽然在价格和重量上比铜有优势,但导电率只有铜的 60%,在导电材料上一般都得用大一个规格的铝线才能替代铜线。到 0.13 微米制程的时候,铝的导电率不够用了,芯片制造业开始研究用铜来替代铝。

在此之前,台积电的芯片制造技术都源自 IBM 的授权。1997 年,IBM

宣布研制成功以铜代铝制作晶体管的新生产工艺，这种工艺可以使电子线路体积更小，从而使微处理器的速度提高 15%。IBM 在实验室研制出 0.13 微米铜互连的工艺，想要卖给台积电。但蒋尚义觉得 IBM 的方法不成熟，婉拒了与 IBM 的合作，决定自己进行研发。而且，新材料制程的上马意味着这是一个行业重新洗牌的机会，台积电有机会开发出拥有自主知识产权的技术，摆脱对美国技术的依赖。蒋尚义集合了一支包括余振华、杨光磊、孙元成、梁孟松、林本坚等人在内的精兵强将，于 2004 年将 0.13 微米铜互连技术研发成功，而 IBM 的铜互连技术此时还没走出实验室。0.13 微米铜制程成为台积电在芯片制造领域占据全球领先地位的转折点，联华电子和特许半导体就是因为继续依赖 IBM 的技术授权而从此与台积电拉开技术差距，后者很快就被格罗方德兼并。黄仁勋就此评论说："0.13 微米改造了台积电。"

到如今，台积电开创的晶圆代工业务模式已经完胜 IDM 模式。曾经的 IDM 大厂仅剩英特尔还在参与芯片最先进制程的竞争，连三星电子和 SK 海力士都成立了单独发展晶圆代工业务的子公司。让英特尔尴尬的是，最先进的芯片制程仅用在手机处理器上，英特尔自己的手机处理器业务却连遭失败。为了给自己的产能找出路，它就不得不去做代工。但 IDM 厂很难拿到外部订单，比如英特尔与高通有很强的竞争关系，两个公司都要争取苹果的订单，高通就不可能把自己手机处理器的代工订单下给英特尔。台积电就是因为一直坚持"不与客户竞争"的铁律，才将竞争对手全都远远抛在了身后。

2006 年，已经领导台积电十九年、年已 75 岁的张忠谋志得意满，决定退休。让他没想到的是，离亚洲金融危机结束不到十年，一场规模更大的、席卷全球的金融危机即将来临。包括中国台湾在内的全球内半导体产业都将面临更加严酷的洗礼，而他本人也将被迫回归台积电，再次为这家公司掌舵。

第十章

全球金融风暴大洗牌

尔必达的苦恼

亚洲金融危机带来新一轮全球半导体产业衰退期，内存价格的大跌给了日本内存产业沉重的打击。生产成本高加上韩币大贬值，日本内存根本无法与韩国竞争，于是日本各大电子巨头纷纷放弃了内存产线。日电和日立这两个严重依赖政府基建投资订单，被称作"与日本 GDP 共进退"的企业受创尤重，1998 年分别巨亏 12 亿美元和 27 亿美元。1999 年 12 月，由日本通产省牵头，日电和日立这一对难兄难弟剥离各自的内存部门，合资成立专门生产内存的公司尔必达。日本媒体乐观地报道："拥有强大生产技术能力的日电"与"拥有强大新技术研发能力的日立"合二为一，由此将诞生世界上最强大的内存制造商。

尔必达成立之初，从日电和日立分别抽调了 400 人，组成 800 名勇士，浩浩荡荡地聚集到了一块。然后，大家开始分工。神奇的现象出现了，基本上所有部门都是双方人马各占一半，所有职位都是正副交错。比如说，如果正课长来自日立，副课长来自日电的话，那么正部长就来自日电，副部长就来自日立，完美地体现了双方的平等关系。傻瓜都能看得出来这样的配置会产生怎么样的灾难结果。果不其然，双方人马互相掣肘，尔必达的指挥系统极其混乱。

雪上加霜的是，一家公司设计出来的内存，在另一家公司的工厂却生产不出来。原来，半导体工厂和普通的工厂不一样，绝不是"机器一响，黄金万两"那么简单。芯片产品实在太过精密，半导体设备和原材料都需要经过磨合才能达到最佳状态。久而久之，即使大家用的是同样的设备，使用的工艺和做出来的产品也会有很大差异。日电和日立发现，它们的合作根本就无法维持下去，压死骆驼的那根稻草居然是刻蚀工序所用的清洗液！

刻蚀是芯片加工过程中的一道很重要的工序，经过光刻后的晶圆，需要用化学药品或等离子体①去除掉不需要的部分。占整体工序用时 30％左右的刻蚀工序对于半导体的良品率有着举足轻重的影响。刻蚀工艺所需要用到的清洗液因半导体公司的不同，甚至同一公司的不同工厂都会有区别。好比酿造秘制酱料一般，各芯片制造厂在数十年的生产过程中，会形成各自独特的清洗液文化。此外，刻蚀设备必须与清洗液匹配，属于特别订购产品。刻蚀设备从订货到交货大概需要半年到一年的时间。

清洗液不兼容的问题使得日电设计出来的产品无法直接在日立的工厂里生产，日电的研发中心制定的内存工艺流程，需要在日立的设备开发中心修改成符合日立规格的工艺流程，然后才能交给日立的工厂生产。如此一来，不仅双方合并的优势荡然无存，流程反而变得更加烦琐和低效。

在尔必达成立之前，日电和日立的内存市场占有率合计为 17％，合资两年后，这个数字跌到了 4％。无奈之下，相对弱势的日立人马基本退出尔必达。这时候，2001 年的互联网泡沫破裂引发的内存大跌价，造成内存行业再度大洗牌，东芝宣布将内存业务卖给美光，三菱的内存部门也整合进了尔必达。自此，日本内存企业仅剩尔必达一家，尔必达成为日本内存产业最后的希望。

日立退出后，尔必达的人手空缺正好由三菱的技术人员补上。神奇的现象再次出现了。三菱原本在日本的内存厂商中处于末流的位置，这区区10 来个技术人员来到尔必达后，居然成了众口交赞的技术骨干！

为什么会这样？原来，三菱在日本的内存行业中属于小厂，小厂无法在技术上与大厂相拼，就只好拼低成本。于是，三菱的员工往往一人多能，从研发到生产什么都懂一些，人少效率高，更清楚如何提高生产效率和降低生产成本。而日电却是另一个极端，将工作分工细化到无以复加的程度，这使

---

① 如果温度不断升高，构成气体分子的原子会分离成独立的原子，原子会分离成原子核和电子，在原子电离的过程中会形成等离子，等离子是区别于固体、液体和气体的第四种物质状态。

得日电的技术人员的数量达到日立的 3～5 倍,与三菱相比就更多了。同样的生产规模,日电的设备数量是三菱的 2 倍以上。即便是检测工序,日电的检测标准也是三菱的 10 倍以上。日电生产的内存性能更好、品质更高,但其冗长复杂的工艺流程不可避免地导致效率低下、成本高昂。三菱的员工很清楚尔必达的问题所在,那就是在成本控制不力,但他们在尔必达没有话语权。

在 20 世纪 80 年代,日电可以凭技术优势无敌于天下。当时的内存多用于大型电脑和电话交换机,这些设备分别要求有 25 年和 23 年的质量保证,所以要求内存也要能用 25 年。IBM 和日本电电要求"制造不会出故障的内存",于是,日本内存厂商以"让我们生产永远不坏的内存"为目标,真的制造出了能够满足 IBM 和日本电电技术标准要求的内存,获得了大多数的市场份额。

日本企业素有"把简单的事情复杂化"的作风。日本退出内存市场之前主打的是 64M 内存,为了生产这一产品,日本企业需要的掩膜数量是韩国、中国台湾企业的 1.5 倍,是美光的 2 倍。每增加一个掩膜,就要多一次光刻,生产成本自然就高。而日电的质量要求即便在其他日本芯片厂商看来也是非常过分的。对于其他内存厂来说,首批加工的芯片往往良品率为零,日电竟然要求 10% 的良品率才可接受。在量产阶段,其他内存厂的芯片良品率能够达到 80% 以上就满足了,而日电竟然要求达到 100%。要知道,半导体行业与传统行业不同,传统行业的良品率是越高越好,而对半导体行业来说,芯片本身不过是硅和铝,原材料成本很低,主要成本在于加工设备。盲目提高芯片良品率,往往意味着要大量增加设备的工作量和工作时间,成本反而增加得更多。在生产设备的吞吐量上,日电仅为三星电子的一半。也就是说,日电加工完一块晶圆所用的时间,三星能加工完两块晶圆。而日电的良品率再高,也不可能是三星电子的两倍。

后来的事情我们就都知道了。个人电脑时代来临,个人电脑一般用上五年就要淘汰,所以能用二十五年的内存就属于性能过剩,完全没有必要。但日电等日本内存厂商一方面不可能放弃自己已经占了绝对优势的服务器内存市场,另一方面又由于企业基因或经营惯性使然,不肯在个人电脑内存市场放弃对高质量的盲目追求,自然就竞争不过韩国内存企业。日电的失败在于陷入了"创新者的窘境"。

继承了日电基因的尔必达,发展前景可想而知。当听说有人预言内存芯片的价格最低将跌破1美元时,日电出身的尔必达的最后一任社长坂本幸雄的反应是:"什么?内存1美元时代?简直是天方夜谭。"到了2007年,内存的供应大大超过了需求,价格真的跌破了1美元。坂本幸雄认为这只是暂时的现象。到2009年,内存芯片价格竟跌到0.5美元。从没打算销售廉价内存的尔必达陷入巨额赤字。

还有一点不容忽视的是,日本"工程师红利"的消失。20世纪70年代中期,日本的人均GDP仅为美国的60%。从20世纪80年代后期开始到2000年,日本的人均GDP长期超越美国,这也意味着日本的人工成本提升到了不低于美国的程度,这还没考虑美国的"移民红利"。前文说过,日电由于分工精细而使得其拥有的技术人员比其他日本半导体企业要多得多。应该说,日电曾经长期居于日本半导体企业之首,这与它享受到更多的工程师红利有关。就像华为之所以强大的重要因素之一是它拥有10多万人的庞大的工程师队伍。可是,在日本人力成本变得日益高昂之后,人海战术已经变得不合时宜,但日电并没有及时改变。比如2000年全球互联网泡沫破灭以后,日本电子巨头普遍大裁员。其中,日立两年裁掉了19%的员工,日电算是裁员偏少的,仅仅裁掉了15万名员工中的1万人。这是日电的衰退速度远高于其他日本电子巨头的重要原因。尔必达继承了日电的基因,也养了比一般半导体企业更多的技术人员,庞大的人力成本开支也决定了尔必达不可能走低价路线,注定了失败的命运。日本的人口老龄化日益严重,人力成本远较韩国和中国台湾要高,而且不像美国那样能依靠源源不断的移民来补充人力，这是日本半导体产业整体衰退的一大背景。

内存大败局

互联网泡沫破裂结束后，虽然日本经济仍然持续低迷，但以中国为代表的亚洲诸国经济持续腾飞。手机、平板电脑、数码家电等电子产品迅猛发展，特别是上网本和智能手机的普及，使得对内存的需求大增，全球各内存厂都过了一段难得的好日子。大家有了利润，又听闻微软即将推出视窗Vista操作系统，就都相继开始新厂的建设。大量的12英寸晶圆厂建成了，新一轮的资本竞赛也随之展开，平静的海面上酝酿着即将到来的狂风骤雨。

按照以往的经验，视窗的每次升级，都会吃掉大量的内存容量，带来新一波换机潮，对内存的需求也会大增。没想到，视窗Vista的销量远远低于预期，这也是微软对互联网时代不是很适应的征兆之一。Vista因为底层完全重构，bug很多又不稳定，引发恶评如潮。消费者用脚投票，仍然坚持用2001年发布的视窗XP。预期的电脑硬件大升级并未如约而至，内存产能一下就大大供过于求。而内存厂因为是重资产投入，根本不能停产，一旦停产就亏得更多，全球各大内存厂商都度日如年。

祸不单行，2007年8月，由美国次贷危机引发的金融风暴席卷全球，全球芯片市场规模在两年内从2500亿美元跌到2200亿美元，内存价格出现雪崩。在中国市场上的表现是，2007年初，1G电脑内存条的售价还在250元左右，到暑期时一路涨到360元。而从8月中旬起，由于内存厂商降价清空库存以应对经济危机，中国海关也趁机放宽内存进口，内存价格一路暴跌。到年底，1G内存条的价格仅为110元，现代电子512M内存条的价格仅有65元。囤货炒内存的商家因此亏到吐血。

到了2008年的年中，内存价格跌破生产成本价。各内存厂商哀鸿遍野之际，三星电子却做出一个令人瞠目结舌的决定：将上一年的公司利润全部用于扩大芯片产能,增加市场的内存供应。其他半导体企业在 2008 年普遍亏损,三星电子却仍然有 50 亿美元的惊人利润。三星电子已成为全球第二大手机厂商,不仅自己的手机对内存的需求量很大,而且还可以拿手机利润来给半导体产业源源不断地供应"弹药"。全球内存价格骇人听闻地跌破了以硅和铝为主的原材料的成本价,全球内存行业两年累计亏损超过 125 亿美元。最惨的 2008 年,台湾五家内存厂共亏损 1592 亿台币,创历史纪录。2009 年初,台湾所有内存厂家放无薪假。

在全球金融危机中最先倒下的竟然是奇梦达。这家曾经世界第二大的内存公司,仅仅存活了三年就轰然倒地而亡。

说到奇梦达的故事,就得先从英飞凌聊起。英飞凌是 1999 年由西门子将半导体部门分拆独立出来的,第一任首席执行官是时年只有 41 岁的乌尔里希·舒马赫。喜欢冒险的舒马赫花 11 亿欧元投资了继英特尔之后的全球第二座 12 英寸晶圆厂,使得英飞凌的内存产能在 2000 年代迅速赶上了美光和海力士。在舒马赫的领导下,英飞凌的四大业务版块汽车电子、工业电子、内存和通信,都处于世界领先地位。

舒马赫也清楚欧洲的生产成本太高,中国才是半导体产业最理想的生产基地。为了降低内存的生产成本,英飞凌大力与中国企业结盟,先后和茂德、南亚科、华亚科、中芯国际、宏力半导体达成合作关系。

舒马赫个性张扬,花起钱来毫不含糊,与阿斯麦尔的斯米特是一种类型,很可能因此而不被老派的董事会喜欢。2004 年,舒马赫突然被逐出英飞凌董事会并免去首席执行官职务,理由是在新总部建设时花了不该花的钱,以及在赛车赞助合同中收取了好处。舒马赫不服。经过七年的漫长诉讼,英飞凌与舒马赫达成和解,支付给他 590 万欧元的补偿和从 2018 年起的每年 56 万欧元的退休金。后来,舒马赫在宏力半导体担任了三年的首席执行官。

舒马赫的离职给英飞凌最终在内存行业的失败埋下了伏笔,英飞凌及其后的奇梦达再没有出现像舒马赫这样行事果敢的领导人,而谨小慎微是注定不可能在弱肉强食的内存界混得下去的。

撵走舒马赫后,2006年5月,英飞凌将内存事业部分拆后在纽交所独立上市,公司名称叫奇梦达,股票代码为QI。官方解释QI有两个意思,一个是中文的"气",说这是个很有魔力的词,是种强大而且难以捉摸的能量;另一个意思是它的发音,念作key,加上"monda"在拉丁文中是"世界"的意思,合起来就是"开启世界的钥匙"。不过这个浮夸的名字并没有给奇梦达带来好运。

奇梦达遇到了一个很大的技术问题,那就是沟槽式(Trench)与堆叠式(Stack)的路线之争。内存的基础单元主要由一个晶体管和一个电容组成,晶体管就是个开关,决定要不要给电容充电表示为1或者0。如果这个电容是在晶体管下面挖个沟来存储电子,就叫作沟槽式;如果这个电容是在晶体管上面叠加,就叫作堆叠式。这个路线之争其实早在1987年要开发4M内存时就开始了。两条路线各有利弊,没有人能判断出哪个技术更好。这个问题也曾经摆到李健熙的面前,他是这样考虑的:"我一直保持着这样的习惯,越是复杂的问题,就越将它简单化处理。这两种技术,简单地说,堆叠式是回路往上堆积,而沟槽式是回路往下走。我觉得,往上堆积比往下走要容易得多,就算是出现问题,也能够轻易解决。"

就这样,三星电子选择了堆叠式。海力士、尔必达和美光也都走的是堆叠式路线。联盟企业多,研发力量强大,技术问题就容易解决,这使得堆叠式的成本越来越低。有意思的是,技术流的企业似乎都偏好沟槽式,比如东芝和IBM。但因为沟槽式路线难以解决生产效率低和成本高的问题,东芝和IBM相继退出沟槽式阵营,始终坚持沟槽式路线的奇梦达竟陷入孤掌难鸣的地步。

技术上出现问题,生产上也有了麻烦。按照舒马赫留下来的布局,奇梦达是有能力把控全球30%的内存产能的,可与三星电子并驾齐驱。可惜茂德首先掉链子,中芯国际也因为台积电的官司而麻烦缠身,使得奇梦达失去了规模和成本优势。

2007 年年中,奇梦达还手握 7 亿欧元现金,比多数竞争对手都多,但因为生产成本比其他厂家都高,在内存价格大跌的时候,奇梦达烧钱的速度比谁都快。2008 年 12 月,濒临破产的奇梦达向德国政府、英飞凌和葡萄牙州立银行申请 3.25 亿欧元的紧急贷款。原本各界都认为奇梦达会在政府的支持下拿到这笔钱,熬过这个寒冬。但在最后一刻,德国政府拒绝出资援助,主要原因是奇梦达狮子大开口,除了 3.25 亿欧元的救命钱之外,还想要 3 亿欧元的营运资金。德国政府认为,如果这次投了 3 亿多欧元下去,不但回收机会渺茫,还会令自身成为奇梦达的提款机,因此拒绝资助奇梦达。拥有奇梦达 7 成股权的英飞凌也拒绝拿钱出来,奇梦达只好宣布破产,成为这轮内存价格大战中全球第一家垮掉的内存厂商。

最悲催的是,沟槽式内存虽然成本高,但它的优点是更省电和单元面积更小,因此更适合用作移动产品的内存。到现在,移动智能产品中有一半用的都是沟槽式技术生产出来的内存。美光通过收购华亚科获得了奇梦达的沟槽式技术,在智能手机时代大得其利。而奇梦达却已经死在移动时代黎明来临之前的那最后一刻黑暗中。

奇梦达倒下,全球内存产能瞬间减少 10%,全球大小内存厂额手相庆。美光以 4 亿美元收购奇梦达在华亚科拥有的 35.6% 股份,其中 2.85 亿美元还是由台塑集团借款支持的,占了大便宜。德州仪器只花了 1.73 亿美元就购得了奇梦达在弗吉尼亚州的 12 英寸晶圆厂的全部生产线。中国服务器厂商浪潮集团花了 3000 万人民币购得了奇梦达西安研发中心,后来转给了紫光集团。至于奇梦达最有价值的专利,被英飞凌以 2.6 亿欧元的价格买了回去。欧洲唯一的内存厂商就这样被分食干净。继飞利浦的 SRAM 项目失败后,欧洲的半导体存储器产业再遭重创,从此彻底退出这一领域的竞争。

全球金融危机越烧越旺时,为挽救债台高筑的各内存厂,中国台湾当局提出成立台湾记忆体公司,计划由实力最雄厚的台塑集团牵头将台湾6家内存厂整合,6合1之后再与尔必达或美光谈判,合作推进自主技术研发。中国台湾6家内存厂占全球市场份额还不到20%,也就是说,6家捆到一起还抵不上三星电子1家的产能。金融危机对美光是特大利好,美元贬值让美光大赚一笔,财大气粗的阿普尔顿几次拜访台湾请求入股台湾记忆体公司。尔必达也在金融风暴中陷入困境,于是表示愿意向台湾企业提供全部核心技术,以换取援助资金。坂本幸雄与台塑集团的高启全商量妥当,台湾最终选择与尔必达结盟,拟用50亿到80亿台币买下尔必达9.5%的股权。对台湾的内存产业来说,这是一次做大做强、千载难逢的好机会。中国台湾6家内存厂如果整合成一家内存企业,再从尔必达那获得技术,那很有可能像美光一样挺过一波又一波残酷的竞争。

　　但是台湾各小内存厂并不愿意被整合,没有谁愿意被台塑吃掉。而且因为技术依赖国外授权的缘故,各家公司背后都有不同的技术合作对象,采用的技术路线不同,整合到一块也难以形成合力。再说了,台湾当局只打算掏出不超过300亿台币,这点钱并不能将各家工厂挽救出财务困境。即便这一点钱,台湾舆论也不愿由台湾当局来为内存产业买单。2009年3月,台湾《自由时报》以《国发基金小心掉进大钱坑》为题,指称台湾记忆体公司是个钱坑,内存产业面临产能过剩、流血竞争等局面。到这一年10月,《DRAM产业再造方案》在"立法院"审议时遭到否决,国发基金未获得投资台湾记忆体公司的许可。与此同时,由于奇梦达破产和Windows 7带来的换电脑热潮,内存市场景气回转,内存价格持续飙升。台湾各家小内存厂的财务状况出现好转,不再对整合感兴趣,尔必达向台湾记忆体公司转让核心技术的事情也不了了之。台湾内存产业整合计划就此彻底失败。

　　市场景气的暂时回暖,并不能改变台湾内存产业小而散、缺乏核心技术的局面,它们注定要面临被淘汰的命运。2010年,三星电子的利润达到惊人的130亿美元,有足够的实力砸下170亿美元巨额资金,倾全力发展内存和

NAND闪存技术,血洗存储器产业。日本和中国台湾的厂商无力回天,迅速败下阵来。三星电子可以依靠运营智能手机等消费电子产品来帮助消化内存产能和提供资金支持,这一优势让日本和中国台湾的内存企业根本无法比拟。

台湾内存企业最大的问题是经营业务单一且缺乏本地下游产业链支持。在这里,我们要注意到智能产品产业链变迁对台湾内存产业的影响。中国台湾原本是全球生产电脑的重要基地,宏基、明基、华硕等都是全球有名的电脑品牌。台湾企业只要拿来X86架构CPU加上些周边配件就能卖,这也是曾经大家都看好台湾内存产业的原因。可是,到了移动智能时代,与放在家里的台式电脑不同,智能手机和平板电脑是到处招摇的时尚产品,对企业的产品设计与营销能力要求很高。台湾企业擅长硬件但缺乏设计和营销能力,再加上生产成本变得没有优势,这些代工出身的台湾电脑品牌全数陨落,台湾本地也不再有消化内存的能力。中国台湾仅仅出过一个手机品牌HTC,一度风头甚健,市值超过诺基亚,可惜在与苹果的侵权诉讼中一败再败,很快就退出市场,不过是昙花一现。顺便说一下,HTC的老板王雪红正是王永庆的女儿,帮南亚科消化了不少的内存,这是南亚科能够坚持得最久的重要原因之一。中国台湾内存厂没有市场纵深,全要仰赖岛外的采购订单。平时日本和韩国厂商能扔些内存订单到中国台湾,遇到经济危机,日韩订单萎缩,中国台湾厂商立时陷入困境。

存储器三分天下

全球金融危机也给海力士带来了很大的麻烦,海力士可不像三星电子那样有手机利润来支撑。由于全球内存产业受金融危机影响变得不景气,海力士2008年的销售额下降至49亿美元,净亏损32亿美元,负债总额高达71亿美元,资产负债率达130%,再次资不抵债。海力士被迫进行裁员,并出售位于美国俄勒冈州的芯片厂。

　　眼看形势不利,海力士的银行债权团又打算开溜,开始积极地寻找愿意收购的大买家,准备出让海力士20％的股权。就海力士而言,也希望有个稳定的大股东,否则只考虑尽快收回债权的银行债权团对海力士投资和发展策略多有掣肘,这在竞争快速、激烈的半导体产业来说是很不利的。

　　2009年,海力士上半年继续亏损,下半年由于全球内存价格大幅上涨而转亏为盈。加上韩币大幅贬值,2010年,海力士形势大好,销售额达到107亿美元,净利润27亿美元。2011年,海力士超越美光成为世界第二大存储器企业。如过山车般的巨额亏损与盈利,足显内存市场之险恶。尽管利润如此之好,海力士的负债仍然高达54亿美元,而且为了维持在存储器领域的竞争力,海力士仍然需要外部股权资金的大量注入。

　　2012年初,韩国最大的电信运营商也是韩国第三大企业SK电讯以30亿美元收购海力士21％的股份,从而入主这家内存大厂,并将之改名为SK海力士。在被资金匮乏折磨了十年后,海力士终于获得了强大的资金靠山,从此与三星电子一起成为韩国称霸全球内存芯片市场的两大豪强。

　　尔必达没有海力士那么幸运,没有天使来拯救尔必达。几乎在SK电信入主海力士的同时,尔必达宣布破产。

　　2012年2月3日,阿普尔顿在博伊西的一个航空展上,测试驾驶一架单引擎螺旋桨飞机。起飞后不久,飞机失去控制,紧急降落失败,当场直栽地面坠毁。阿普尔顿八年前就在一次飞机特技飞行中受过伤,这回没能逃过厄运,享年仅仅51岁。

　　喜欢玩心跳的首席执行官挂了,美光股价倒是没怎么跌,大洋彼岸的坂本幸雄却急得如热锅上的蚂蚁。他担心和阿普尔顿刚刚谈完的一份美光收购尔必达的协议会产生变故。对于尔必达来说,这份协议就是保命书。2011年底,尔必达已经积累了大量的负债和亏损。具有政府背景的日本政策投资银行提出了给予续贷和注资的唯一条件,就是在2012年2月底之前,引入一家大型内存厂商做战略股东，否则只能撒手不管。有这个资格接盘的已经不剩几家，抛开死敌韩国之外，只剩美光。坂本幸雄跟阿普尔顿谈了几个月，关键条款都已经谈成了，结果，天可怜见，在离最后期限仅剩下 20 多天的时候，阿普尔顿遭遇不幸，美光入股的事情无限期推迟，坂本幸雄欲哭无泪。

2 月 27 号，负债约 56 亿美元的尔必达申请破产保护，这也创造了日本制造业的破产规模之最。需要注意的是，日元价值变动也是尔必达成败的关键因素之一。《广场协议》签订后直到 20 世纪 90 年代，日元持续升值，使得日本的内存厂普遍生存不下去，最后整合成了尔必达。21 世纪初，日元贬值了好些年，尔必达也过了一段舒心的日子。到了美国金融危机和欧洲债务危机的时候，日元成为最保值的货币资产，升值到了历史最高点——1 美元兑 75 日元，尔必达遂陷入巨亏。欧元价值变动的轨迹与日元相似，所以奇梦达的兴衰节奏也与尔必达相当接近。

2012 年第一季度，尔必达在内存市场上的占有率与美光相近，都在 12％左右，排全球第三或第四的位置。排名第一的三星电子以长期保持的 40％以上的份额遥遥领先，位居第二的 SK 海力士占 24％（IHS iSuppli 公司数据）。尔必达的归属问题在一定意义上决定着未来内存市场的走向，所以引来了众多厂商的垂涎，除了美光，还有东芝、格罗方德和 SK 海力士等，中国弘毅投资与美国私募股权公司德州太平洋集团也联合参与竞购。

SK 海力士刚刚起死回生，竟也公开表示对收购尔必达有兴趣，不过最终还是放弃。有趣的是，放弃收购尔必达的消息出来后，SK 海力士股价竟大涨 6％。谁都不愿意看到尔必达被 SK 海力士收购，因为那会出现韩系势力一家独大的局面。可能韩国自己也不愿意招惹来反垄断的麻烦。

弘毅投资的背后是联想集团。联想集团很快将成为全球最大的电脑厂商，对内存的需求越来越大，因此出手竞购尔必达，希望实现对产业链上游的整合。但尔必达认为选择美光能够达到协同效果，有助于中长期的稳定成长。尔必达最终决定以 25 亿美元的价格售予美光。

7 月 2 日,在美光并购尔必达的新闻发布会上,坂本幸雄仍然骄傲地宣称"尔必达的技术水平很高",至于为什么技术厉害还会破产,那是因为:前有日本大地震,给日本芯片厂的生产和物流造成很大的麻烦;后有泰国大洪灾,让全球第二大硬盘生产国的泰国的许多硬盘厂都大大减少产量,影响了对内存的需求。总之都是老天爷非要与尔必达作对。

"在技术实力上绝对不会输"的尔必达被专注于销售廉价内存的美光收购。尔必达和美光的市场份额加起来可与 SK 海力士相当。在未合并之前,尔必达和美光恐怕谁都难以与韩系企业抗衡。在合并后,美光将拥有足够的实力打破韩系势力一统江山的局面,对全球内存市场格局有着深远的影响。

内存占了全球半导体总产值的 30% 左右。20 世纪 80 年代中期,日本内存产品的市场份额高达 80% 以上,质量高到让美国企业颤抖,被誉为日本半导体的"产业中枢"。日本拥有日电、东芝、日立、富士通及三菱 5 大内存巨头。然而,不到三十年的时间,日本内存产业就全军覆没,日本竟再无一家生产内存的企业。历史开了一个很大的玩笑,日本内存当年横扫美国市场,如今竟是美国企业收购了最后一家日本内存厂。日本内存产品的失利很大程度上等同于半导体产业的失利,退出内存这一领域也彻底改变了日本半导体产业的发展格局。德国的情况与日本有些相似,日本和德国原本是全球排名第二和第三的半导体经济体,在内存产业失败后,它们的位置分别被韩国和中国台湾取代。

尔必达倒下后,与其合作的茂德和瑞晶也撑不下去了。茂德在英飞凌撤资后,为了救急,先后与英飞凌的对手尔必达和海力士达成合作关系,此后的发展一直非常艰难,仅 2008 年就巨亏 361 亿台币。与尔必达破产同月,茂德申请破产保护,其亏损总额超过 700 亿台币,已经完全资不抵债。茂德将其位于新竹的 12 英寸晶圆厂卖掉了,转型为一家芯片设计公司。

美光在以区区 20 多亿美元的价格买下尔必达后,也获得了尔必达持有的瑞晶 65％的股份。力晶失去尔必达这一技术来源,被迫将其持有的瑞晶 24％的股份以 97 亿台币卖给美光来换取技术授权。美光几乎完全控制了瑞晶。

力晶于 2008 年巨亏 565 亿台币,相当于每天一开门就要赔 1.5 亿台币,是这一年台湾内存厂中亏损最多的企业。黄崇仁居然于 2008 年 3 月打算举债 2500 亿台币,再于新竹园区新建两座 12 英寸晶圆厂,将月产能提高到 25 万片。黄崇仁的小算盘是通过加大投资来降低成本,把竞争对手熬死后再把前期亏的钱赚回来。只要能弄到足够多的资金,黄崇仁就是台湾的李健熙。问题是中国台湾不像韩国那样能够给出几乎无限的银行贷款支持,力晶终究因为资金的问题而停止扩张,再次接受世界先进注资,主要产能转型做晶圆代工。老牌内存大厂华邦电子由于不堪亏损,干脆也转去做晶圆代工。

至于台塑系企业,资本实力最为雄厚,亏损也最多。南亚科从 2007 年起连续亏损了六年,累计亏损 1609 亿台币,其中亏损最多的 2012 年,损失 360 亿台币,最惨的时候每股净值只剩下 0.09 台币。华亚科从 2008 年起连续亏损五年,累计亏损 804 亿台币。这两家由台塑集团投资的内存厂,总投入金额超过 2000 亿台币,亏损也高达 2413 亿台币。如果不是台塑实力雄厚,南亚科与华亚科早就破产倒闭了。

在尔必达、茂德、力晶、华邦电子和中芯国际相继退出后,全球内存去了好大一块产能,剩下的内存企业又有好日子过了。2013 年至 2014 年,全球存储器市场经历了连续两年增长 20％以上的好年景。华亚科这两年获利高达 741 亿台币,盈亏相抵,仅亏损 4 亿台币。2015 年 12 月,美光以 32 亿美元的高价收购南亚科持有的华亚科 67％的股份,台塑终于甩掉了华亚科这个烫手山芋。美光对尔必达的收购其实不太成功,因为尔必达的生产成本高,难以产生协同效应,导致美光的内存市占率从最高时的28％跌到2016年的18％,所以美光需要移师台湾。华亚科成为美光的全资子公司,美光因此成为台湾最大外资企业,台湾成为美光全球最大的内存生产基地。南亚科成为台湾唯一以内存为主业的企业。南亚科的内存市场份额在3％左右,排在全球第4位,而所有台湾企业的市场份额不到5％(DRAMeXchange 2019年下半年数据)。

美光收购华亚科的资金,来源于台湾银行给予的800亿台币借款支持,美光为此需承诺"没有任何在中国大陆制造DRAM的计划或决定"。这是美光无法效仿三星电子和SK海力士在中国大陆建内存厂的最大原因。

纵观台湾内存产业发展三十年,最后不过一地鸡毛。究其根源,在于中国台湾当局按照自由市场经济理论行事。20世纪80年代,中国台湾还能在产业政策和技术上扶持内存产业。到2000年后,中国台湾对内存和液晶面板产业缺乏扶持力度,不具产业主导能力,导致其内存和液晶面板产业在小而散的道路上越走越远,最终被韩国企业全面击溃。做内存和液晶面板,亏钱年份多、赚钱年份少,一边亏损一边还得巨额投入,这就对资金的要求很高。你必须撑过漫长的亏损期,熬到其他厂家都死了才能有好日子过。韩国对财阀的资金扶持力度很大,相当于以国家的力量在支持内存产业的发展,这使得其他讲究自由市场竞争的国家或地区的企业很难与韩国企业竞争。而且,中国台湾的内存厂完全依赖国外IDM大厂的技术授权,一旦失去技术来源就会陷入困境。IDM厂又不可能把最先进制程的内存产品交给代工厂生产,这使得代工厂只能在低端产品的竞争上挣扎。中国台湾在内存产业上从逐步放弃自主研发,到完全依赖外国企业技术授权,再到内存代工模式遭遇金融危机重创,最终落得满盘皆输,这个教训足够深刻。

不过,从长远来看,鼓励自由市场竞争的中国台湾比扶持财阀的韩国更具活力。韩国的财阀拿走了太多的资源,扼杀了中小企业的生存空间,从政治、经济到社会都造成了很多问题。自由市场竞争让中国台湾的资源能够更好地配置,比如力晶转型晶圆代工后风生水起,五年时间获利 500 亿台币,日子过得比内存时代滋润多了。每逢逆境都能全身而退的力晶执行长黄崇仁被媒体称为"九命怪猫"。台湾的半导体产业明显建成了良好的生态,在强大的晶圆代工产能支持下,诞生了许多世界级的芯片设计企业。预计在 2020 年,中国台湾可以超越韩国,成为仅次于美国的全球第二大半导体产业经济体。

2015 年下半年,个人电脑市场需求放缓和内存行业较高的产量让内存价格大降,比如市场主流规格的内存条 DDR4 价格下降 50%。2016 年前三季度,内存价格接着下降 20%,之后便是一段低迷期。到了 2017 年,内存价格竟戏剧性地大涨,全年按每比特计算的内存价格上涨 47%(IC Insights 数据)。由于需求强劲,内存销售增长 74%,市场规模达到 722 亿美元;NAND 闪存销售增长了 46%,市场规模达到 538 亿美元(IHS Markit 数据)。2018 年继续延续涨势。

存储器芯片价格在过去三十年的大多数时间里呈现稳步下降的趋势,这一轮涨价来势之凶与时间之长前所罕见。从技术层面上看,半导体市场面临闪存对内存的替代,以及 2D NAND 闪存向 3D NAND 闪存的迭代。三星电子、SK 海力士和美光都在加大对技术更先进的 3D 闪存进行投资,相应地也会缩减 2D 闪存和内存的产能,这是存储器价格大涨的一个重要因素。当然,更重要的是,继德国、日本和中国台湾的内存产业相继溃败后,再无新的企业胆敢进入这一领域。全球内存产业只剩三家大厂,垄断格局已成。在谁也吃不掉谁的前提下,控制产能、价格上涨是三大厂都乐于见到的。自 2016 年以后,三星电子、SK 海力士和美光在内存上的合计市场份额一直稳稳保持在 95% 以上(DRAMeXchange 数据)。

中国厂商深受其害。中国是世界最大的电子产品制造国,也是全球最大的内存进口国。2016 年,中国生产了 3.3 亿台电脑、1.8 亿台平板电脑、15

亿部智能手机和 6 亿部功能手机。中国所需要的内存 90% 依赖进口,中国大陆所供应的部分也主要由三星电子和 SK 海力士的在华工厂生产。内存价格的上扬导致下游的华为、联想、小米等消费电子品牌商的成本上升,推高了智能手机的售价。

存储器产业在过去几十多年的发展中经过了激烈的竞争和残酷的淘汰,已经形成了韩美寡头垄断的局面。曾经喧嚣一时的日本和中国台湾的内存产业黯然退场。中国台湾依靠发达的晶圆代工、芯片设计和芯片封测产业还能在国际半导体市场上拥有强大的影响力,而日本除了一些半导体设备和原料外,在半导体产业的表现已经乏善可陈。曾经让美国胆战心惊的日本芯片为何走向黄昏?

第十一章

日本芯片的黄昏

东芝出售闪存

闪存刚诞生的时候,最大的劣势是成本高,优势则是体积小、耗电低,闪存芯片的耗电量不到相同容量的硬盘的 5%,这在移动产品上有巨大的优势,所以被应用在心脏监护装置之类的移动电子市场上。1991 年,柯达试制成功世界第一台数码相机。闪存在新生的数码相机领域得到了第一个大市场,下一个大市场则是笔记本电脑。全球第一款真正意义上的笔记本电脑正是东芝于 1985 年发明的。NOR 闪存的市场开始以前所未有的速度迅速扩张,从 1991 年的 1.7 亿美元增长到 1999 年的 40 亿美元。

闪存前景看好,但在韩国半导体企业的强势进攻下,东芝主营的内存销量急转直下,企业资金周转困难,于是将闪存这样在短期内还难见效益的新项目进行调整,其中仅 1993 年就裁减了 200 个长期研发人员。

三星电子则借着日本企业在经济泡沫破灭后大量裁员减薪的契机,大肆引进日本技术人员,其中仅东芝就被三星电子挖走了 70 多人。日本技术人员"将日本企业积累的技术传授给韩国技术人员,报酬是在日本拿到的 3 倍左右。"达到顾问级别的,"工资以外的福利也相当优厚,……一套 4 室 1 厅的公寓,还配备了秘书、高级轿车和司机,甚至还有人照料饮食。"

舛冈升职为技术总监,这只是个闲职,没有自己的办公室和团队,没有研发预算,根本无法开展研发活动。舛冈不得不从东芝辞职,到东北大学任教授。白田理一郎则去了台湾清华大学当教授。大学也许更适合这些天才(或怪人)容身。连已经升任东芝副社长的川西刚也去为三星电子工作。后来,川西刚被提名为台湾世大的董事长。再后来,他去了中芯国际担任独立董事。川西刚的职业生涯,基本上就是半导体产业在亚洲的迁移路线图。

被三星电子雇佣的日本顾问,代表三星电子向老东家提出联合开发闪存产品的要求。"对于当时的东芝来说,闪存无法带来利益,遂接受了提案。

他们愿意提供经营资金,对我们帮助极大,大概是这种感觉。"①东芝饮鸩止渴,将最重要的技术授权给三星电子以换取公司经营急需的资金。东芝还期待与三星电子的合作能够帮助闪存降低生产成本和扩大销售市场。

2001年6月,东芝开发出了只有1.8英寸见方、拥有5G容量的NAND闪存,不知道能拿来作什么用途。正好乔布斯在进行iPod的设计,传统硬盘的体积太大,iPod原本计划用内存来做存储器,虽然体积小、成本低,但断电后所有数据都会消失。听说了东芝的这项技术后,乔布斯马上签发了一张1000万美元的支票买下这款闪存的专用权,于是才有了iPod"把1000首歌装进口袋"这句广告语。NAND闪存的市场开始爆发,东芝也取代日电成为日本最大的半导体企业。2002年7月以后,东芝停止生产和销售内存,将资源集中到闪存上去。2004年,同等密度的NAND闪存的价格首次降至内存之下,闪存开始大规模进入智能产品的领域。

2005年底,苹果给海力士、英特尔、美光、三星电子和东芝这5家公司每家2.5亿美元,以确保iPod和即将上市的iPhone得到NAND闪存的长期稳定供应。这是一个历史性的时刻,这几家公司将成为全球闪存乃至存储器行业的领导者,未成为苹果闪存供应商的存储器企业基本上都将被淘汰出局。要知道,海力士直到2004年2月才成功开发出NAND闪存,美光甚至在与苹果签约后才通过与英特尔的合作开始做闪存,没有苹果的订单就没有它们今天在闪存市场上的地位。另外,苹果对5家闪存供应商普降甘露的政策也避免了闪存市场像内存一样出现三巨头垄断的局面。苹果重塑了全球存储器产业的格局。第一款iPhone上市的2007年,全球闪存市场规模突破200亿美元,其中145亿美元属于NAND闪存。

直到2009年,东芝还是仅次于英特尔和三星电子的全球排名第三的半导体企业(iSuppli数据)。即便半导体业务如此强大而且盈利不错,它却从

---

① 日本NHK电视台纪录片《重登顶峰,技术人员20年的战争》。

来都不是东芝最重要的业务版块。东芝的主业是电力设备。

电器属于轻工业,电力设备属于重工业,如果在其他国家,一家电器企业同时也做电力设备是很少见的事情,在日本却再正常不过。日本的电力设备三巨头,东芝、日立和三菱,全是我们所熟知的电器品牌。这三大电力设备巨头与领导它们的通产省和电力公司,组成了日本著名的"电力家族"。

与通信行业的电电家族类似,电力家族也是政府与企业合作组成的垄断合营体系,日本的几大电力设备公司从电力公司那里获得稳定的订单,其他电力设备企业很难参与进来。20 世纪 80 年代初,日本国内对电力基础设施的建设投入占到了工业总投入的 40%,电力家族的规模与势力由此可见一斑。支撑如此巨额投资的资金来源,则是老百姓交纳的高额电费。电费税比通信税还难逃得掉,你可以不用手机,但总不能不用电吧?

电费税由通产省审批后,通过 10 家电力公司征收,再从其中拿出部分以设备投资的形式投入东芝、日立和三菱等电力设备公司,电力设备公司按照电力公司的要求进行发电设备的研发和生产。在这些交易中,价格从来不是需要认真考量的因素,因为这里并不存在市场竞争。10 家电力公司在电力设备上的投资最高时达到 5 万亿日元,其中从海外引入的设备仅占总投资的 2.5%。也就是说,这是一个完全封闭的市场。

在美国的强烈要求下,日本政府被迫对电力市场实施自由化政策,新的发电企业加入竞争,原来的 10 家电力公司在电力设备上的年投资额急减至 2 万亿日元。加上西门子等国际电力设备巨头也开始进入日本市场,东芝的日子就不好过了。而这时候,它的核电业务又遇到了大麻烦。美国在艾森豪威尔主政时期提出"和平利用原子能"的政策,向日本等国输出核电技术,东芝因此涉入核电站的建造业务,成为日本最大的核电站建造商。受美国三里岛核电站事故和美国停建核电站的影响,美国西屋电气公司业绩大幅下滑,不得不将核电业务于 1999 年以 12 亿美元的低价售予英国核燃料有限公司。经营六年后,英国核燃料有限公司打算将西屋[①]以 18 亿美元的价格转手。东芝斥资 41.6 亿美元,以天价收购了西屋 77% 的股份,一跃成为全球核电制造的老大。为了顺利达成交易,东芝聘请美国原驻日大使担任顾问,才成功说服美国政府放行。美国政府开出的条件是,基于技术不能外泄的原因,东芝不能干预西屋的具体运作。因此,面对西屋亏损严重的情况,东芝却不能解决。"西屋电气像是一个半独立的土国,东芝根本没办法介入。"[②]

在核电业务上的扩张和亏损严重影响了东芝对半导体的投资,这对需要不断加大投资才能跟上摩尔定律的存储器业务是很致命的。经过激烈的争论,2010 年 10 月,东芝终于决定在闪存项目已有的 2000 亿日元投资计划的基础上,再追加 600 亿日元。与东芝该年利润 1600 亿日元相比,这笔投资不是个小数目。即便如此,其投资规模也仅相当于三星电子同期在闪存项目上投资金额的一半。三星电子计划在未来七年内新增 9 条半导体生产线,将闪存销售额提高到当时的 4 倍。

2011 年,日本东北大地震引发海啸,造成严重的福岛核电站事故,东芝在事故的补救与赔偿中损失惨重。福岛核事故打破了日本电力家族的安全神话,迫使日本中止了所有核电站的建设项目,其他国家也都重新评估核电建设计划。核电业务成为东芝亏损的一个大窟窿,东芝在 2016 财年的亏损高达 88 亿美元,创下日本制造企业史上最大年度亏损。至此,东芝已经连续三年亏损,面临从东京证券交易所退市的危险。

2016 年,东芝将医疗业务以 59 亿美元卖给佳能,将白色家电业务以 4.7 亿美元卖给美的。这些资产转让收入勉强缓解了东芝的债务问题,但不能解决西屋的亏损问题。2017 年 3 月,西屋宣布破产。已有一百四十多年历

---

① 此处及下文的西屋为经营核电的 Westinghouse Electric Company,剥离核电业务的西屋电气是 Westinghouse Electric Corporation,两个西屋是不同的公司。

② 陶凤、张泽炎,《东芝寻求"脱核"解决摘牌危机》,北京商报,2017-11-20。

史,顶峰时期拥有 19 万名员工,创造了 700 多亿美元销售额的东芝到了最危险的时刻。为了保帅,东芝不得不分拆了半导体存储器业务,成立东芝存储(Toshiba Memory)公司,以方便股权转让。

通过不断增持,东芝总共耗资 59 亿美元[①],已实现对西屋 100％的控股。2018 年 1 月,加拿大资产管理上市公司布鲁克菲尔德同意以 46 亿美元收购全部西屋股份。东芝终于从巨大的核电陷阱中脱身。

2018 年 6 月,东芝转让闪存业务部分股权的交易完成,由贝恩资本领衔的财团以 180 亿美元的价格获得东芝存储 49.9％股权,成为东芝存储的最大股东。戴尔、SK 海力士和苹果都为贝恩资本的财团提供了资金。东芝存储后来更名为"铠侠株式会社"(Kioxia)。

有人认为,日本最后一块存储器产品的阵地就此失守。但事情没有那么简单。因为东芝仍然拥有东芝存储 40.2％的股权,加上生产半导体材料的日本豪雅(Hoya)公司拥有的 9.9％的股权,超过了总股权的半数,所以东芝存储仍然控制在日本企业手中。而且,东芝出售东芝存储的时机非常好,当时正是闪存缺货涨价的阶段,所以卖出了个好价格。东芝笑纳 180 亿美元后,闪存价格连跌 6 个季度,跌得贝恩资本的脸都青了。再说东芝已经将西屋顺利出手,成功甩掉了这个大包袱,其实没有出售东芝存储的必要了。只能说,东芝真的是大大的狡猾,从这桩生意中赚了好大的便宜。

东芝剥离存储器业务,被视为日本半导体产业衰败的又一个标志性事件。

经过不断迭代,价格便宜已经成为闪存的优势。此外,闪存体积小、耗

---

① 2006 年以 41.6 亿美元从英国核燃料有限公司购入西屋 77％的股份,2007 年以 5.27 亿美元卖给哈萨克斯坦原子能公司 10％的西屋股份,2012 年以 16 亿美元从美国绍尔集团购入西屋 20％的股份,2017 年以 1.57 亿美元从日本基础建设公司收购西屋 3％的股份和以 5.22 亿美元从哈萨克斯坦原子能公司回购西屋 10％的股份。主要受日元升值影响,东芝以美元计算的收购金额比 2005 年的 54 亿美元有所上升。

电量低,即便是切断电源,里面储存的数据也不会丢失。U 盘、USB 移动硬盘、智能手机、平板电脑……闪存的用途越来越广泛。随着云计算和物联网的发展,闪存的需求量还将持续快速增长。内存市场的增长速度相对变缓,而且内存在某些领域还有被闪存替代的趋势。所以,我们看到,能够活下来的内存厂同时都有闪存业务,如三星电子、SK 海力士和美光,它们能够用闪存市场上的收益弥补内存市场上的价格竞争亏损。比如美光从 2006 年开始做闪存,到 2010 年内存业务已下降到不足一半,这是它能顺利挺过全球金融危机,还能大肆收购的重要原因之一。倒掉的内存厂,如奇梦达、尔必达和台湾的各家小内存厂,都是不做闪存的。与其说它们败在内存业务上,不如说它们败在了对新市场的忽视和没有及时更换到新赛道上去。

闪存是一个跨世纪的伟大发明,它的发明人舛冈却没有得到应该与之匹配的荣誉和财富。日本并不存在像硅谷那样鼓励个人创业的氛围和条件,也不时兴给重要的工程师股权或期权。从舛冈的个人际遇以及闪存的曲折发展上,我们也可以看到日本半导体产业被美国击败的深层次原因。

工业时代技术发展缓慢,讲究以质量取胜,与之相适应的是员工职业生涯非常稳定。20 世纪七八十年代,除了日本,美国和欧洲的许多大公司都给员工很好的福利及长期雇用条件。工业时代,在庞大的企业面前,个人是很渺小的。

到了信息时代,信息技术在以摩尔定律的速度指数级地进步,企业的成败往往由少数特别优秀的人才决定,初创企业打败行业巨头的现象屡见不鲜。为了竞争的需要,企业必须打破按年资晋升的惯例,大胆提拔年轻有为的工程师,用股权和期权激励优秀人才,技术更新速度取代产品质量成为体现企业竞争能力的重要指标。新创 IT 企业没有固定资产,拿不到银行贷款,还需要风险投资的支持。这些属于信息时代的企业竞争要素,我们在日本都没有看到。终身雇佣制让日本企业在工业时代取得巨大的成功,却成为信息时代日本企业发展的桎梏。一方面,论资排辈、思想僵化的老员工长期占据领导岗位,导致企业变革不易、转型缓慢;另一方面有才华的年轻人不容易出人头地,人才容易被埋没。不仅仅是芯片,我们还将看到,日本在软件、互联网、手机和移动互联网等信息产业的各个领域都受到了一连串的挫败。日本企业僵化和封闭的管理体制已不适应信息社会发展的需要。

舛冈曾经悲情地说,他很欣慰东芝靠他的发明成为日本半导体存储器硕果仅存的企业,但是如果日本企业还是如此不重视工程师,日本的企业将没有未来。舛冈后来通过诉讼从东芝获得了 8700 万日元的发明补偿。

欧洲与日本很相似,日本存在的这些问题在欧洲也或多或少存在,所以欧洲的半导体产业也在衰退。欧洲和日本一样既失去内存产业,也与智能手机基本无缘,仅剩下汽车芯片和工业芯片还有竞争力。如果在电动汽车和自动驾驶的竞争上失利,欧洲和日本在半导体产业上恐怕真的只剩一些边角料的设备和材料的市场可以腾挪了。

日本智能手机和液晶面板的失败

日本电子工业的两大家族中,电力家族以东芝为代表,电电家族则以日电为代表。日电曾经是日本最大的个人电脑和功能手机厂商,到了智能手机时代却惨遭市场淘汰。日电的命运并非特例,日本企业普遍在智能手机市场无所作为,这直接关系到日本电电家族的衰败。

在美国迫使日本开放国内通信市场之前,日本通信市场由日本电电一家垄断,话费标准由邮政省(现总务省)制定。当时日本国内长途电话的价格是美国的 10 倍。京瓷的创办人稻盛和夫去美国出差,看到美国子公司的职员跟客户长时间煲电话粥而大为震怒,听到员工解释才了解到美日之间电话费的巨大差距。回日本后,他着手组建第二电电(KDDI),致力于降低日本国内的通话费用。为了打破日本电电对电信业的垄断,京瓷发明了无线市话技术。这一技术来到中国后被称为"小灵通",华为、中兴和 UT 斯达康的小灵通技术都来自京瓷的授权。

为了应对美国开放通信市场的要求,日本电电想了个歪招,在 2G 时代弄了个与欧洲 GSM 和美国 CDMA 都不一样的 TDMA,3G 时代也采用的是在国际三大移动通信标准之外的 FOMA。自搞一套的标准让外国通信设备和手机厂商进不了日本移动通信市场,但日本电电家族企业也很难走得出去。20 世纪 90 年代,日本电电每年投入 4 万亿日元到通信基础设施的建设上。由于外国企业很难进入日本通信市场,这些项目都落到了日电、东芝、富士通和日立等电电家族企业的口袋中,日本手机市场也见不到外国手机品牌的影子。

在日本,手机只能通过电信运营商的渠道出售,手机厂家不需要考虑销售的问题。对于日电、松下和富士通等电电家族的手机品牌来说,与其投入资源去研究消费者需求,不如多想想如何能够更好地满足日本电电的要求。长此以往,日本的手机厂商都变得不思进取,没有竞争力了。日本有一亿多人口,国家也很富裕,贫富差距极小,消费者购买力很强。日本本土市场说小不小、说大不大,早早就成熟并且没什么增长,比如日本在 2000 年就生产了 5000 多万部手机,到 2007 年还是 5000 多万部。日本市场既足以养活一些较大规模的企业,又没有大到能够培育出世界级企业的程度,所以日本有很多加拉帕戈斯①化的企业和产品,日本手机就是一个典型。

2006 年,一个互联网的"野蛮人"闯入了日本电信业。软银通过收购英国沃达丰的日本业务,快速切入日本电信业,成为继日本电电和第二电电之后的日本第三大电信运营商。软银移动通信的社长孙正义把 iPhone 引进了日本,第二电电也跟着卖起了 iPhone。iPhone 一夜之间风靡日本,市场占有率超过一半,日本手机品牌输得一败涂地。由于三星等其他国家的手机品

---

① 加拉帕戈斯群岛由于远离南美大陆,气候独特,岛上的生物在封闭环境下进化,形成了一些不同寻常的物种。后来引申为指代这样的一种经济现象:某种产业或者产品只在某国国内占有较大市场份额,并尽量将其他国家的同类产品排斥掉,形成孤立的市场。

牌亦难越过日本电信运营商的门槛,日本竟成为全世界唯一苹果手机销量超过安卓系手机销量的市场。当日本电电不得不抛弃电电家族的手机品牌的时候,日电、松下竟都无可奈何,只能挥泪退出智能手机市场。还能在日本市场上存活的日本手机企业,如索尼、京瓷和夏普,都不是电电家族的成员,这就很能说明问题。到了2015年,日本花了17455亿日元进口手机,出口仅有24亿日元(日本信息通信网络产业协会数据)。

日本芯片以内部消化为主,多数电子巨头都有自己的半导体部门,将自己生产的芯片用于自己的电器产品。在日本电器风靡全球的年代,日本芯片也跟着兴盛一时。日本芯片过于依赖日本电器的市场需求,一旦日本电器衰落,日本智能手机和平板电脑又做起不来,日本芯片也就跟着不行了。

智能手机CPU的应用芯片和基带芯片是当前人类社会最复杂的芯片,能够设计手机CPU代表着拥有芯片设计的最高水平。中国之所以能够在全球芯片设计产业中占据仅次于美国的重要地位,与海思、联发科、紫光展锐等手机芯片设计企业的兴起有着很重要的关系。日本在芯片产业上失声,很重要一个原因就是痛失了智能手机芯片的市场。智能手机和平板电脑的兴起将全球芯片市场规模从2200亿美元推高到4000亿美元,日本竟没有从中分得多少蛋糕,这势必会对日本经济产生不利的影响。

在日本,索尼和夏普这些创新型企业被称作"勤奋的豚鼠",意思是索尼和夏普不断开发出收音机、随身听、CD机、计算器等划时代的新品,那些电电家族或电力家族的大公司只要采用跟风策略,看"豚鼠"做出什么好产品了,大家跟着上就行了。通产省的好事从来没有索尼、夏普的份,盛田昭夫愤愤不平地认为,"通产省从来就不是日本电器工业的推动者。"像东芝、日电这样的恐龙类日本企业败给三星电子还好理解,为什么像索尼、夏普之类的豚鼠类日本企业也败给了三星电子呢?

与未能适应数字时代发展的索尼不同,夏普曾经跟上了数字技术前进的脚步。

夏普也是一个非常著名的日本电器品牌,夏普公司自 1912 年创立以来,推出了晶体管计算器、太阳能电池、液晶电视等多个"日本首次"或"世界首次"的产品。夏普曾经是液晶显示器的领导企业。1998 年还是显像管电视的鼎盛时期,初生的液晶显示技术还不成熟,像素很低,画面也有延迟。夏普社长町田胜彦竟大胆预言:"液晶电视将在 2005 年之前全面占领日本电视机市场。"町田胜彦的预言震惊了业界,显像管电视的领导者索尼却不在乎地说:"液晶电视与显像管电视抗衡还为时尚早。"很少企业能够跳出"创新者的窘境",勇于甩开历史包袱,抓住新市场的机会,索尼也不例外。

2001 年,夏普首次推出 20 英寸以上尺寸的液晶电视,受到市场的热烈追捧,销售业绩火爆。次年,夏普投资 1000 亿日元开始建设龟山工厂。这是全球首家从元件到液晶电视成品全套流水线生产的垂直型复合工厂。"当时,在对面的山上,一群穿着西装的男人一直监视着工地的一举一动。为了不泄露生产设备的型号,我们用蓝色塑料布把运输设备的卡车停靠的地方围得严严实实。"据说这些穿西装的男人们是来自韩国的竞争对手公司的员工。

然而,在龟山工厂开建的那一刻,三星电子就断言:"如果是这样的话,我们应该可以战胜夏普了。"当时三星电子最担心的就是夏普在中国建厂,如果夏普将自己领先的液晶技术与中国的低成本生产方式结合,三星电子"就输定了"。

三星电子最忌惮的事情一直没有发生。为了不被韩国、中国的竞争对手追上,夏普此后七年在液晶显示器业务上持续投入 8800 亿日元的资金不断迭代,生产基地一直局限在日本本土。夏普的液晶显示技术是业界公认最好的,但是夏普在降低液晶显示器成本的方面没法和韩国、中国相比。最后,技术先进的夏普被以控制成本著称的中国台湾代工之王富士康收购。

所以,夏普败于三星电子,很大程度在于日本企业普遍倾向于把半导体工厂建设在本土,终究因为生产成本太高而失去竞争力。后发国家要想追上先进国家,有个屡试不爽的法宝,那就是人海战术。后发国家的人工成本一定是大大低于先进国家的,只要后发国家将"工程师红利"利用好,就能靠低人力成本优势来打败先进国家的高资金投入优势。韩国的人均GDP从来就没有高过日本,这意味着韩国企业的人力成本开支肯定低于日本。

在研发和生产的组织上,三星电子也比日本企业更有效率。三星电子将研发与生产一体化运作,每个项目小组都得对从研发到生产全程负责,这样在研发阶段就得具备成本意识,考虑从研发到生产的整体优化。三星电子的这种组织方式还将生产的地位提得比研发还高,因为如果不能在生产阶段为公司创造利润,研发人员也享受不到胜利果实。这与日本企业的技术人员喜欢处在悠闲的研发岗位且无须为生产操心的状况形成鲜明的对比。

在生产上,韩国比日本要更多地通过在海外建厂来降低生产成本。在存储器和液晶面板上,都是低成本比高质量更重要。因为产品在快速迭代,消费者更青睐更大容量的存储器和更大面积的液晶屏,没人喜欢小容量存储或小面积显示,质量再高也没有意义。重视质量的日本因此打不过重视成本的韩国。由于生产成本高过韩国,一旦在芯片制造技术上被韩国领跑,根据摩尔定律,日本就很难再有赶上韩国的机会。

日本电子工业的衰败

日本有两大支柱产业:汽车和电子。日本的汽车产业发展得很稳定,电子产业却明显在走下坡路。所谓的日本经济失去三十年,很大程度上就是因为电子产业的衰败,而电子产业的衰败又可以归结为芯片竞争上的失利。

所谓的美日贸易战、韩国企业的崛起等外部因素,都不是日本芯片失利的最重要原因。日本芯片,是败在自己的半导体产业的竞争力上。

日本政府和韩国政府都扶持自己本国的半导体企业,但方法的不同决定了结果的重大差异。简单地说,韩国政府是借钱给企业发展半导体产业,但借的钱终究是要还的,所以韩国企业要拼命努力,才有可能从芯片上赚到钱来还。而日本的电子巨头们普遍都是电力家族或电电家族的成员,可以舒舒服服地依赖政府通过基础设施建设订单给予的利益输送。日本政府给到电子巨头的都是利润,利润是自己的钱,为什么还要冒大风险在半导体产业上做投资呢?对比日本和韩国的政策差异,我们可以更好地理解中国为什么在 20 世纪 80 年代对国营企业实施"拨改贷"的政策。

日本电子巨头的经营业绩主要依靠政府订单。以东芝为例,与电力和通信相关的基础设施业务占了其销售额的一半以上,而且营收和利润都很稳定,是东芝经营的基本盘。半导体业务占了将近 3 成,剩下的电脑、手机之类的消费者业务,在东芝是被归入"其他"类的,可见这些产品在东芝内部不受重视的程度。对于日本的电子巨头们来说,还有政府订单不容忽视,即每年数千亿到几万亿日元的军事设备采购。关本忠弘在担任日电社长和会长的时候曾说过:"每年年初,第一个需要拜访的工作伙伴就是防卫省。"

有政府在背后做靠山,利润来得容易,又都以银行作为大股东,这些日本电子巨头们的经营跨度普遍很大,政府业务、企业业务和消费者业务无所不做,结果就是大家发现各自所做的业务都差不多,重复建设相当严重。后来日本企业自己也认为在这些半导体产品上赚不到钱的原因是做的企业太多,这也是日本半导体业务后来不断整合和兼并的缘由。

业务太多,就没有重点。继关本忠弘之后担任日电社长的西垣浩司在解释为什么将半导体业务全部拆分出去的时候,居然是这么说的:"因为我对于经营业绩不稳定的半导体业务不了解,所以才做出这样的决策。"西垣浩司的做法不奇怪,事实上,日本电子巨头普遍都将半导体业务拆分出去。半导体业务投入资金大、盈利困难,何不尽快把这个包袱卸去,把精力多花在那些旱涝保收的政府业务上?

再说了,即使把半导体业务拆分出去,也是政府兜底。日本政府设立的持有 2 万亿日元的产业革新机构，表面上看其宗旨是对创业和技术革新提供支持，实际上却被称为"经济产业省隐藏的钱袋子"，专门干给日本电子巨头的半导体业务擦屁股的事情。产业革新机构先后出面成立了尔必达、日本显示公司和瑞萨电子，分别承接了各电子巨头不想干的内存、显示器和汽车芯片业务。

企业规模太大又没什么经营风险，日本的电子巨头们普遍观念保守、管理僵化、转型迟缓。它们基本上家家都在卖电视、手机、内存、液晶显示器，其实这些都属于差异很小的电子产品或半导体产品，包括美国、欧洲和日本在内的发达国家都不适合生产，因为在成本上肯定竞争不过除日本外的亚洲国家。2001 年，飞利浦新的首席执行官杰拉德·柯慈雷上任，在中国台湾工作过三年的经历让他认识到："与亚洲企业在无差异的电子产品上打价格战是无法取胜的。"于是他引领飞利浦走上脱电子化的进程，转型为以医疗、照明和优质生活等业务为主。当时日本的电子巨头们称飞利浦为"电子行业竞争的落伍者"，互相告诫"千万不能成为第二个飞利浦"，结果到头来日本电子巨头还不是全都进行了脱电子化？而且因为转型太慢而付出了比飞利浦沉重得多的代价。

日本还错过了由 IDM 厂向"芯片设计＋晶圆代工"转型的浪潮。日本的半导体企业一直在坚持 IDM 模式，以至于今天的日本竟无一家本土的晶圆代工厂。自 2009 年以来，全球已关闭或改建的芯片厂有 100 座，其中日本关闭了 36 座（IC insights 数据），这比其他任何国家都多。在发现市场新机会上，小公司往往更有活力和潜力，但风险投资不发达，日本也缺乏自己的芯片设计巨头。这些都是日本半导体产业整体衰退的重要原因。

日本的电子巨头们还有一个大问题就是盈利能力普遍很差。日电的净利率基本上不超过 2％。而东芝从 20 世纪 90 年代中期至今，基本上都在亏损线上挣扎。更有意思的是，"在日本，高收益被认为是一种低级的经营方式"。"即使是容易带来赤字的生产部门，只要还能出货，多多少少都有助于增加销售额,同时也能增加就业。而如果将工厂转让出去,反而会减少银行融资的担保"。再说了,"高收益就意味着要缴纳高额的税金"①。日本的这些电子巨头其实和国营企业一样,都属于国家队。全世界国营企业的通病——人浮于事、不重视成本控制、产品无竞争力等等——在日本这些电子巨头身上都能看到。盈利能力差的企业,当然抗风险能力也很弱。而半导体又是一个周期性很强的产业,跌宕起伏得非常厉害,这是缺乏利润积累的日本电子巨头无法承受的。

一旦作为金主的电力公司或电信公司遇到麻烦,这些电力家族或电电家族的企业自然会受到牵连。例如东京电力公司受困于福岛核事故的善后处理,日本电电受到市场化的第二电电和软银的冲击,金主自顾不暇,电力家族或电电家族的企业当然也跟着日子难过。

所以,这么看下来,日本这些电子巨头不衰败才怪。电电家族和电力家族中对通信和电力依赖越深就越是积重难返,如日电、东芝、日立和三菱重工等,依赖程度相对较低的三菱电机就好过很多。而现在还能在全球半导体各材料和设备的细分市场上保持强大竞争力的,都是些不曾被列入电电家族和电力家族的中小企业。

在一定程度上,这些电力家族或电电家族的企业也绑架了日本。日本长期在基础设施建设上投入巨资,基础设施建设占到了日本 GDP 总量的20%。对这些与日本 GNP 共进退的企业来说,游说国家把钱投到基础设施而不是半导体产业上,会给予它们更好的回报。日本不是输在没钱搞半导体,而是输在政府与企业之间未能形成市场化的合作关系。

我们知道,日本的 VLSI 计划对其半导体产业的起步发挥了相当重要的作用。然而,我们或许还应该再问一个问题,为什么日本后来想复制 VLSI

———

① 西村吉雄,《日本电子产业兴衰录》,北京:中国工信出版集团、人民邮电出版社,2016 年版,第 130 页。

计划的经验,实施过多个与 VLSI 计划相类似的国家级半导体技术攻关计划,投入资金巨大,竟然无一例外全部以失败告终,反而是美国和韩国推出的一些类似计划都取得了巨大的成功?其中的一个重要原因就是日本太过自信,说是自主创新,其实就是闭门造车,几家日本自己的研究机构和公司凑到一块大眼瞪小眼,不仅没弄出什么新东西,反而浪费了大量的资源。与之相反,美国的国家计划往往都是国际性的,会吸引海外优秀研究机构和公司的参与,韩国的国家计划往往重在从海外引进先进技术,所以都容易取得成功。摩尔定律决定了半导体技术的研发难度呈指数级的增长,20 世纪 70 年代下半期的半导体技术与后来相比是非常简单的,日本凭自己的力量可以整明白,但绝对不等于未来还能够再复制一遍。半导体产业早已成为人类社会最尖端、最复杂的产业之一,再没有任何一个国家能够凭借一己之力把整个半导体产业链给打通。日本半导体产业失败的教训值得深思。

尔必达破产的 2012 年,对日本制造来说,是个倒霉的年份。这一年,日本的电子产业全线崩溃。半导体领域除了尔必达破产之外,另外一家巨头瑞萨电子也陷入危机,必须接受日本产业革新机构的救助。松下、索尼、夏普三大巨头的亏损总额达到了创纪录的 1.6 万亿日元。日本整体电子产业的产值,只有 12 万亿日元左右,还不到 2000 年时 26 万亿日元产值的一半[①]。

同是 2012 年,三星电子销售额为 1786 亿美元,比上一年增长 20%,超过了整个日本电子工业的总产值。三星电子的营业利润为 206 亿美元,同比增长 71%,也超过了整个日本电子工业的总利润。这家在 1997 年亚洲金融危机中几近破产的韩国企业,在短短十余年间破茧成蝶,一跃成为国际巨星。

---

① 西村吉雄,《日本电子产业兴衰录》,北京:中国工信出版集团、人民邮电出版社,2016 年版,第 6 页。

日本在半导体产业上并非全盘皆输，它至今仍在半导体原料和设备领域有很强的优势。凡是标准化、平台化及模块化水平高的半导体设备，如光刻机、刻蚀机、晶圆检测设备、成膜设备等，欧美企业更有优势。在那些非标准化的设备或原料，如清洗干燥设备、匀胶显影机、抛光设备等普遍都需要用到化学液体的设备及光刻胶等原料方面，日本企业就显示出优势来了。比如光刻胶，全球光刻胶五强日本住友、信越化学、日本 JSR、日本东京应化和美国陶氏化学占据全球近 90％的市场份额，其中前四强都是日本企业。日本企业适合做那些非标准化的产品，这样能充分发挥出日本人的"工匠精神"。日本在半导体产业上输了物理，赢在化学。

倚仗自己在半导体材料上的强势地位，在对美国说"不"将近三十年后，日本又开始说"不"了。不过不是对美国，而是对韩国。2019 年 7 月 1 日，日本宣布，电视手机显示屏使用的氟聚酰亚胺、半导体制造过程中使用的光刻胶和高纯度氟化氢，这 3 种材料将限制向韩国出口。让日本人难受的是，韩国人没有恐慌几天，很快就在中国等地找到了这 3 种半导体原材料的替代品。在韩国巨大订单的诱惑下，这些替代品的质量迅速提升到可与日本产品媲美的程度。日本发现这种封锁不仅没什么作用，还极可能永久性地失去韩国这样的一个大市场。制裁之后仅仅一个多月，日本就"打了自己的脸"，宣布取消对韩国的半导体材料禁售。

自晶体管诞生以来到 20 世纪末，是美国、日本、韩国、中国台湾和欧洲在半导体产业上展开波澜壮阔的大竞争的年代，这段时期的中国大陆基本上处于袖手旁观的境地。一方面，中国大陆经济整体实力薄弱，电子工业也很落后，还没有能力参与全球半导体产业的大角逐；另一方面，不管从政治还是经济的角度来说，西方世界都不乐见中国大陆在半导体产业上占据一席之地。绝大多数中国人也没有意识到半导体产业的重要性。1991 年的海湾战争是最初的一记警钟，1999 年的南斯拉夫大使馆被炸事件真正刺痛了中国,2018 年特朗普政府执意发动的对中国的贸易战真正让中国举国上下都对芯片产生了真正的重视。中国大陆在芯片产业上的大追赶,是半导体这部仍在撰写中的现代科技史诗中最曲折、最恢弘也是最精彩的篇章。

下部　中国芯势力

第十二章

"909 工程"始末

谈定合作伙伴日电

从上海交通大学电机工程系毕业并担任过电子工业部部长的经历,让江泽民十分清楚芯片的重要性。贝尔实验室的总裁梅毅强来华访问时,江泽民曾经亲自接见。他在首次对美国进行国事访问时特意参观了贝尔实验室,后来还致信贝尔实验室询问集成电路线宽技术发展的极限及所需投资的问题。应该说,中国在世纪之交之所以能够有那样一波半导体热潮,与江泽民这样一个有电子专家背景的国家领导人的亲自推动有很大的关系。

1995 年,在参观三星电子的芯片生产线后,江泽民说了四个字:"触目惊心。"在世界 10 大半导体企业的排名中,1990 年还没有韩国企业的影子,到江泽民访韩的这一年已经有了两家:排第 6 位的三星电子和排第 10 位的现代电子(IC Insights 数据)。韩国在半导体产业上的起步远远晚于中国,如今竟然有这样的成绩,不能不让江泽民感到震惊。回国后,他在中央经济工作会议上明确指出:必须加快发展中国集成电路产业,就是"砸锅卖铁"也要把半导体产业搞上去! 会议正式决定,要投资 100 亿元实施"909 工程",建设一条 8 英寸晶圆、0.5 微米制程工艺的集成电路生产线。该项目由中央和上海市财政按 6∶4 的比例出资,共拨款 40 亿元,此外国务院决定由中央财政再增加拨款 1 亿美元。项目不足的资金从银行等其他渠道来解决。

电子工业部吸取了"908 工程"已实施五年还仍处在论证阶段的教训,强烈要求特事特办、缩短审批周期。为了保证项目的快速推进,曾经担任过中共中央政治局常委和中央书记处书记、时任电子工业部部长的胡启立被李鹏总理亲自任命为承担这一项目的华虹集团的董事长。这样高规格的配置在今天是难以想象的,足见国家对这一项目的重视程度。

当时,"909 工程"是中国电子工业投资规模空前、技术最先进的建设项目。对"909 工程"一个项目的投入,即超过了新中国成立以来国家所有对集成电路项目投资的总和。"909 工程"是关系国家命脉、体现国家意志的重点工程,也是中国对芯片产业发起的新一次冲击。如果"909 工程"再翻车,可以肯定若干年内国家很难再向半导体产业进行投资。胡启立在没有任何思想准备的情况下,被推到了芯片产业的风口浪尖上,直接指挥"909 工程"的具体实施。虽然他很清楚自己肩负着为中国半导体产业闯出一条生路的历史使命,但他对自己即将遇到的艰难险阻还是远远地估计不足。

"909 工程"立项以后,迟迟找不到合作伙伴。很重要的一个原因,是西方国家的技术限制。

随着华沙条约组织解散和苏联解体,世界政治和经济格局发生重大变化,巴统的贸易限制措施已不适应世界经济科技领域的激烈竞争形势,带有强烈冷战色彩和意识形态目的的巴统被普遍认为"已经失去继续存在的理由"。1994 年 4 月 1 日,巴统正式宣告解散。然而,仅仅过了两年,就在中国实施"909 工程"的过程中,美国于 1996 年 7 月在奥地利维也纳组织 33 个国家共同签订了《瓦森纳协定》。

《瓦森纳协定》要求,对于敏感的产品或技术,成员国之间的交易无须通报,但如果成员国要将这些产品或技术卖给非成员国,就要视情况向其他成员国通报。这个协定主要用来约束成员国的常规武器和军民两用物品及技术的出口。限制出口的清单包括:特殊材料及相关设备、材料加工处理、电子、计算机、电信、信息安全、激光、导航及航空电子设备、海洋相关、航空航天及推进技术。由于该协定的成员国大部分都是亲美派,唯美国是瞻,所以说《瓦森纳协定》其实是美国用于掌控这些成员国的武器与高科技出口的工具。到了今天,签署《瓦森纳协定》的已经有 42 个国家。比较一下,冷战时期的巴统才仅有 17 个成员国。

应该说,《瓦森纳协定》的技术限制措施相对巴统要有所缓和,毕竟两者的时代背景分别是"和平"与"冷战"。巴统是禁止所有先进技术出口,《瓦森纳协定》则一般允许落后两代的技术出口。这样的要求对其他产业影响不大,但对半导体产业来说是很致命的。《瓦森纳协定》实际上是替代巴统继续扼制中国半导体产业的发展。从日本、韩国到中国台湾,都是依靠从境外引进先进技术来将半导体产业发展起来的。而巴统和《瓦森纳协定》的制约,让中国大陆在引进半导体先进技术上走得无比艰难。"909 工程"之所以采用 0.5 微米制程,主要就是考虑到它已经不属于先进技术,通过努力应该可以买得到关键设备。

"909 工程"立项之后,正逢国际半导体市场进入低谷,芯片价格大跌,世界各大芯片制造厂都将现有工厂进行限产、新厂建设放缓甚至停工,这给"909 工程"的前景蒙上了一层阴影。为了显示决心,在尚未确立合作伙伴的情况下,"909 工程"的基建工程就已经开始破土动工。胡启立为此焦灼不安:"一边是箭在弦上,不得不发;一边是迟迟找不到满意的合作伙伴,高层决策很有可能无法落实。想到面临的种种风险,我常常夜不能寐。'909'到了决定命运的危险关头。"[①]

在当时,中国从国外引进技术有三种方式:一是向国外购买技术并聘请外国专家负责运营;二是外国公司只负责建线,建成后中国自己运营;三是中方与外方成立合资公司,双方共同运营。考虑到第三种方式可以在技术、市场和知识产权保护等方面得到更切实的保证,"909 工程"决定采用第三种方式。

对于外国公司来说,其与中国合资建芯片厂,既有顶风作案突破刚签署的《瓦森纳协定》技术禁运的嫌疑,又逢国际半导体市场低潮的投资风险,还有可能用技术扶持一个竞争对手,所以普遍对"909 工程"反应冷淡或者漫天要价。而且,当时中国主要以整机形式进口芯片,单纯的芯片市场很小,无法像家电和汽车那样以市场来换取技术。中国主要通过在通信市场上的让

[①]　胡启立,《"芯"路历程——"909"超大规模集成电路工程纪实》,北京:电子工业出版社,2006年版。

步来吸引外国企业在芯片制造上的合作,如之前的上海贝岭和之后的摩托罗拉天津厂,合作范围很窄且谈判条件复杂。1996 年 10 月,美国商务部对中国在微电子技术方面的进步可能给美国造成的潜在挑战和威胁表示不安,这直接影响了美国公司对"909 工程"项目合作的态度。美国公司提出不少技术保密的歧视性条款,如限制中方技术人员进入车间、必须在外地安排合作培训等,给谈判增加了难度。

《远东经济评论》发表了一篇题为《错位——高科技巨头不敢染指中国芯片项目》的文章,文章冷嘲热讽地说:"资金准备好了,地皮准备好了,中国总理李鹏在亲自督阵,推动该项目。但这一在上海建设半导体工厂的计划还缺少一个重要的因素:那就是技术。跨国公司目前围着'909'打转转。"种种迹象表明,"909 工程"在寻找合作伙伴的问题上遇到了极大的困难,其合作谈判工作很可能旷日持久。

为了提高外国公司的合作兴趣,中国将政府垄断的社保和公交 IC 卡市场作为谈判的筹码,外国公司的态度才由冷转热。即使如此,谈判进行得仍然很艰难。直到 1997 年初,华虹才与 IBM 和东芝达成了初步的合作意向。

就在这时候,合作谈判突然峰回路转,日电也表示了想参与"909 工程"的意向。

1986 年到 1991 年,日电是世界上最大的半导体企业。1992 年到 1999 年,它也仍然是仅次于英特尔的全球第二大半导体企业。所以,日电的实力是没得说的。

从一开始,电子工业部就向日电发出参与"909 工程"的邀请。日电此前已经在北京与首钢合资建成了中国的第一个 6 英寸晶圆厂。"531 工程"中,电子工业部决定在北京和上海建设两个微电子基地。在北京承担建设芯片制造基地任务的就是首钢。1991 年 12 月,首钢喊出了"首钢未来不姓钢"的口号,跨界芯片,与日电合资成立首钢 NEC,"对着日本图纸生产",从 4MB 内存起步,后来升级到 16MB。尽管技术不算先进,但恰逢行业景气,1995

年的销售额就达到了 9 个多亿。面对中国新立项的"909 工程",日电觉得缺少技术力量同时在中国支持两个半导体项目,于是就婉拒了电子工业部的邀请。中方一直没有放弃努力,通过多方关系不断地与日电沟通。到 1997 年 3 月,日电开始对"909 工程"感兴趣了。

在这里,不能不提一个关键性的人物:日电时任会长关本忠弘。关本忠弘是个极具政治头脑和战略眼光的企业家,他认为 21 世纪的中国将是全球最大的电子产品生产基地和销售市场,如果当下在"909"这样的国家工程上助中国一臂之力,将来就能在中国这个大市场上占据有利的地位。从现实的角度考虑,日电的半导体业务正在走下坡路,以不算先进的半导体技术来换取一个大市场,不失为一桩好生意。

顺便说一下,关本忠弘是一个围棋迷。在他的推动下,日电赞助了 NEC 杯中日围棋擂台赛。该赛事对中国围棋甚至世界围棋发展产生了很大影响,聂卫平、马晓春和常昊等著名中国棋手都是从这个赛事脱颖而出的。关本忠弘是中国人民真正的老朋友。

和日电的谈判异常顺利,日电同意拿出 2 亿美元现金入股,股份不超过30%,转让 8 英寸晶圆、0.35 微米制程的技术,帮助中方培养人才,还承诺五年提完折旧并实现盈利。短短一个多月后,中日双方就在人民大会堂签订了合资协议。

日电给出了远比其他外国公司要好得多的合作条款,在日本甚至有媒体发表文章攻击日电与华虹的合作是"同中国人签订了一个不平等条约"。在中国也不是没有遭到反对意见,因为日电仅占 30% 的股份却在董事会里拥有否决权并掌握总经理职位,而且"909 工程"是在行业低谷时建厂,有人说这是"中国人买个炮仗让日本人放"。日本和中国都有舆论反对这个项目。

有意思的是,美国的舆论这时也产生了变化,《新闻周刊》上出现了一篇题为《放掉大鱼的美国企业》的文章,遗憾地表示虽然美国拥有领先的技术,却由于政府对中国的遏制政策,导致了这一大型商务会谈的失败。后来,美国捷智半导体公司(Jazz)还是加盟了华虹 NEC,持有约 10％的股份,并帮助华虹 NEC 拓展通信领域的业务。

华虹 NEC 的建厂与技术引进

1997 年 7 月,华虹集团与日电合资组建的上海华虹 NEC 电子有限公司成立(简称华虹 NEC),总投资为 12 亿美元,负责承担"909 工程"的项目建设。

从华虹 NEC 工厂的建设,我们可以一窥芯片制造对厂房建设标准要求之高到了什么样的程度。为了避免周围环境的震动对生产厂房的影响,华虹 NEC 厂房的地基内打入了 3000 多根桩子,在桩基上整体浇铸了 1 米多厚的核心承台,厂房周围还挖了隔离带。为了测试周围环境震动对厂房的影响,建设者们开来十几台满载的大卡车绕着工地来回转。同时,对 1 万多平方米的无尘车间的地面要用激光进行照准,以确保高低误差不超过一枚 5 分硬币的厚度,这样才能让生产设备顺利高速运转。如果要防止尘埃对芯片的生产质量产生不利影响,尘埃微粒的直径不能超过芯片线宽的三分之一。也就是说,如果线宽要做到 0.25 微米,无尘车间就必须对 0.09 微米以上的尘埃进行控制。而肉眼可见的最小尘埃直径大约为 50 微米,足见生产芯片的无尘车间要干净到怎样的程度。为了防止外界空气污染,无尘车间必须与外界保持一定的室压差。这就是为什么人们常说无尘车间造价很高,而维持保养的费用更高的缘故。

半导体设备的运输也有特殊要求。比如重要的光刻机,必须在防震的环境中进行长途运输。每一台光刻机的内部都有一个类似飞机黑匣子一样的装置,专门用来记录运输途中周围环境的温度、湿度、压力和震动等数据。如果这些数据超过了供应商允许的范围,很有可能会破坏设备的精密度,对由此带来的损失供应商不负责赔偿。由于国内还没有具备相应能力的运输商，为此还必须从日本找来专门从事精密设备运输的公司。半导体工厂还要求电压能够保持高度稳定。按照传统观念，电压降到零才进行电路切换，而半导体工厂在电压波动超过20%的时候就必须及时进行电路切换。传统的切换一般需要700毫秒的时间，对人眼而言只是电灯泡忽闪一下的工夫。但对半导体工厂而言，20毫秒的切换就可能导致一些精密生产设备停止运转，所以要求电路切换要在极短时间内完成。半导体工厂要用到很多易燃易爆的化学试剂（所以有人认为对半导体工厂来说，化学知识比物理知识更重要），非常容易失火。一旦着火，常规的灭火器自然无效，而且不能使用水淋喷头，只能依靠设备本身附带的专用灭火器进行灭火，这些消防特殊要求与中国当时的消防管理规定产生了冲突。"909工程"的建设，为国内相应的配套运输、供电和消防管理等方面提供了相关的经验，为以后的半导体工厂落户上海创造了便利的条件。

在世界半导体产业处于低迷状态的背景下，华虹NEC是唯一一家加快建设的芯片厂。由于吸取之前几轮中国建芯片厂的教训，特别是华晶七年建厂的悲剧，华虹NEC仅用了十八个月就建成，比原计划提前了七个月。因为是在行业低谷时建厂，华虹NEC在设备采购上还节约了大量的资金。1999年2月，华虹NEC试投片成功，7月正式开始生产。9月24日，时隔中国驻南联盟使馆被炸事件四个多月，江泽民亲自视察了华虹NEC。他高兴地说："我们当年要做64KB的存储器，你们现在做的是64MB的，大了1000倍。三代部长想做的事情现在做成了，你们圆了几代人的梦！"

此时亚洲金融危机已经结束，全球半导体行业进入一个新的繁荣期，华虹NEC"抓住了半导体高潮的尾巴"，依靠日电给的内存订单，一投产即实现了盈利。2000年，华虹NEC销售30亿元，取得了5亿元的利润。

与同时建厂的摩托罗拉天津厂相比，我们就能知道华虹NEC的及时投产是多么的幸运。摩托罗拉天津厂的规模、产品和技术档次和"909工程"类似,其厂房几乎和"909 工程"同时建成。鉴于国际半导体市场形势急转直下,世界各地在建的半导体工厂纷纷停工,摩托罗拉也不例外。直到 2000年,国际半导体市场重进高潮,摩托罗拉才开始购买设备,重启天津厂建设。摩托罗拉同期有多个芯片厂都在开建,半导体生产设备供不应求,工期又不得不延后,到 2001 年 7 月天津厂才生产出第一块芯片,足足比"909 工程"晚了两年。这两年的耽搁对摩托罗拉天津厂是致命的。其投产之日,正赶上了半导体市场因互联网泡沫破灭而出现前所未有的低谷,工厂运行两年一直负债累累。2003 年 10 月,摩托罗拉新上任的首席执行官埃德·詹德决定以 2.9 亿美元的低价将天津厂出售给中芯国际,这个价格还不到其投资额10 亿美元的三分之一。同时,詹德还决定将整个半导体版块分拆出去,于是便有了飞思卡尔,这被认为是摩托罗拉由盛转衰的重要一步。真是棋错一步,满盘皆输。

如果当初"909 工程"没有加快建设,很可能就是另一个摩托罗拉天津厂,而中国尚处在幼稚期的半导体产业也一定会受到重创。

日电给华虹提供的 0.35 微米制程技术,比华虹原计划引进的 0.5 微米提升了一步,不过与世界先进水平相比仍然落后。为了引进更先进的芯片制程技术,华虹从欧洲打开了缺口。

比利时校际微电子研发中心(IMEC)于 1984 年创建于比利时的鲁汶大学,它秉承"研究开发超前产业需求三到十年的微电子和信息通信技术"的使命,在半导体工艺领域创造了无数个世界第一,是世界领先的国际化微电子研究机构,与美国的英特尔和 IBM 并称为全球半导体领域的"3I"。与其他两"I"不同的是,IMEC 是一个非营利的、开放性的研究机构,它的合作对象既有英特尔这样的行业巨头,也有阿斯麦尔这样的创新型小企业。IMEC以项目的形式对外合作,与合作研究对象共担费用和风险,共享研究成果和知识产权。IMEC 主要在学术界和产业界之间起到桥梁的作用,将学术界的想法落地开发,待技术成熟后再给产业界量产。IMEC 拥有自己的 12 英寸和 8 英寸中试线。在芯片技术开发过程中,学术界、IMEC 和芯片厂分别起到小试、中试和大试的作用。IMEC 一直在芯片先进制程工艺领域为全球半导体产业的技术开发、成果转化和人才培养做出重要贡献。

2000 年 4 月,华虹集团与 IMEC 达成协议,仅投入 1200 万美元就换取了双方共同开发 0.18 微米和 0.13 微米制程工艺的合作。一年半后,双方又进一步合作开发 90 纳米制程工艺。正是因为有了欧洲对华虹的技术开放,才使得美国捷智半导体公司能够对华虹 NEC 进行 0.18 微米制程技术的转让。而美国捷智半导体公司签字的第二天,日本通产省即同意了日电向华虹 NEC 进一步输出 0.24 微米制程技术和设备的申请。多亏 IMEC 开了口子,华虹 NEC 才得以一步一步地缩小与国际先进水平的差距。

在芯片产业中,一家新建的芯片厂往往都是从内存开始做起,因为这种产品品种单一、数量巨大、工艺复杂,对设备的依赖较强,有利于新生产线迅速完成各环节的磨合。等内存做到一定程度以后,生产线打通了,设备运转正常了,就可以从内存这样的记忆芯片转产为设计复杂、品种多样的逻辑芯片。如果没有这个转折,芯片生产线就始终不能成熟。所以,华虹 NEC 也是从内存做起,初期主要产品为 64MB 和 128MB 内存,比最早开发出这些产品的三星足足晚了七年。

2001 年,国际半导体市场风云突变,内存价格大跌,128MB 内存单价由前一年 9 月的 18 美元跌至当年 11 月的 0.99 美元。内存芯片业前所未有地惨淡。在美、韩、日三国的内存大混战中,日本的内存企业被打得溃不成军。日电在日本各电子巨头中最倚重日本本土市场,海外市场占比最多时也不超过 30%,国际化程度不算高,风险抵御能力最弱,该年出现了高达 25 亿美元的巨额亏损。加上关本忠弘已退休,继任会长对半导体业务并不重视,遂将内存业务剥离到尔必达去,日电的其他半导体业务也重组成了独立运营的 NEC 电子,后来归入了瑞萨电子。日电把其曾经占据日本市场半壁江山的个人电脑业务卖给了联想,在智能手机业务上竞争不过苹果和三星,只好退出,剩下来的主业通信设备又因华为、爱立信和诺基亚的猛烈进攻而逐渐萎缩。挨到 2008 年全球金融风暴之际,日电再巨亏 30 亿美元,几年后退出财富世界 500 强榜单。作为日本曾经最大的 IT 巨头,日电解体和衰退的速度也最快。

关本忠弘自 1980 年就任日电社长职务以来,极力推动日电在半导体、个人电脑和液晶显示屏等领域的扩张,将日电打造成全球数一数二的信息产业巨头。日电的个人电脑和功能手机都曾经是日本市场的销量第一。日电还是日本电电最大的通信设备供应商,被称为日本电电的制造部门、电电家族的长兄。1998 年,关本忠弘退休,这预示着一个时代的终结。日电在生产成本居高不下、忽视产品市场需求、利润率一向极低等各种问题上积重难返,在各条战线上全面走下坡路。眼看自己一手打造的 IT 商业帝国在短短几年内分崩离析,关本忠弘气愤难平,于 2007 年患脑梗死而离世。

日电自身演变为一家与半导体没有什么关系的公司,自然也就从首钢 NEC 和华虹 NEC 撤离。2003 年 8 月,日电不再负责华虹 NEC 的经营,其所拥有的华虹 NEC 股份也缩减到了 17%。日电自顾不暇,当然不可能再为华虹 NEC 的销售和盈利负责。华虹 NEC 在 2001 年销售 8 亿元,巨亏近 14 亿元,亏损主要是高额折旧所致。这时候,批评又纷至沓来,无数媒体指责"光靠砸钱做不起芯片"。

无奈之下,华虹 NEC 退出内存领域,开始做晶圆代工。芯片可以分成两大类:一类是以微处理器和存储器为代表的技术先导型产品,市场主要靠技术拉动,技术又得跟随摩尔定律迭代,需要源源不断地进行投资以更新生产设备,由于产品的通用性强,市场容易形成高度垄断;另一类是以单片系统(SoC)和专用集成电路(ASIC)为代表的需求牵引型产品,市场主要靠需求拉动,产品的专用性强、品种多、批量小、市场比较细分,对技术的要求相对不那么高。华虹 NEC 在资金和技术上都无优势,向代工专用芯片的方向转型在所难免。

华虹集团还兼并了上海贝岭。上海贝岭的小日子原本过得还是很舒服的,其生产的程控交换机电路曾经占国内市场 30％的份额,并因此成为国内芯片行业的第一家上市公司。2000 年,上海贝岭的年营收就达到了近 8 个亿,净利润 1.7 个亿。2002 年,上海贝岭筹建新的逻辑芯片生产线,从比利时学成归来的华虹技术人员正好有了用武之地。利用和 IMEC 合作开发获得的技术,华虹 NEC 相继拥有了 0.25 微米和 0.18 微米制程工艺的自主知识产权并实现了量产。此外,华虹利用硅谷萧条的机会,从美国吸纳了一批海归,充实了晶圆代工的管理队伍。到 2003 年底,晶圆代工在华虹 NEC 的业务占比上升到了 90％。

华虹在从内存向晶圆代工的转型中还有一项意外的收获。由于日本人逐步淡出了对工厂的管理,中国人擅长的低成本生产方式开始取代日本人擅长的高质量生产方式,华虹 NEC 砍掉了不少生产工序,提高了设备的利用率,大大降低了生产成本。中方独立运营后,华虹 NEC 的生产和营运效率显著提高,产能扩大了一倍,从月投 2 万片晶圆提升到了 4 万片,以至于日电都感到惊讶。日电竟还派出其九州和山行两个工厂的一些管理人员来华虹 NEC 学习了两周。这也从一个侧面反映了日电在内存产品上无法与韩国进行价格竞争的原因。

华虹的芯片设计与风险投资

华虹集团的使命,不是仅仅建设一座芯片厂那么简单,它还要为中国建设起一个半导体产业的系统工程。胡启立认为:"引进某高科技项目,往往首先导向为填补国内该领域的空白,容易导致从技术出发,忽视市场导向。""如果与市场不合拍,即使技术水平更高,也得不到市场的回报,就会被淘汰出局。"因此,华虹 NEC 从一开始就将市场化作为首要考虑的问题:找外资合作伙伴要求负责产品包销,并要求在 2 万片的晶圆产能中预留 20％的比例为国内芯片设计公司服务;在产线还没施工前就做芯片设计,承接政务系统所需 IC 卡(如社保卡、公交卡等)、中国移动 SIM[①] 卡等国内研发任务;帮助日电寻找半导体元器件的销路,为在中国的日本电子企业提供本地化服务等。华虹 NEC 需要提前为自己的产线寻找日电之外的加工需求,以保证工厂产能得到充分的利用。

因此,华虹集团在与日电合资建设芯片厂的同时,还成立了包括芯片设计、芯片销售、工艺研发等业务的多家子公司以及国际分公司,为华虹 NEC 构建了一个颇为完善的芯片生态系统。这个生态系统很好地分散了过度依赖单一外商所带来的经营风险,培育起中国本土的芯片设计企业,并为它们提供晶圆代工服务。

特别值得一提的是华虹集团在芯片设计上的探索。华虹集团在上海和北京分别设立了被称作"南华虹"和"北华虹"的两家芯片设计公司。考虑到芯片设计的巨大难度和国内芯片设计人才的匮乏,南华虹选择了国内市场急需、设计难度较小且能体现国家意志的芯片作为切入点,以 IC 卡芯片、通信芯片等作为产品开发方向。

中国自实施金卡工程以来,IC 卡的生产和应用发展迅猛,但市场管理混乱、缺乏统一规划、行业分工不清,而且大部分市场都被国外 IC 卡占据。IC 卡关系到国家安全和经济命脉,为此电子工业部对 IC 卡市场进行整顿,制定相关标准,实行生产定点和许可证制度。1997 年 3 月,国务院会议决定全国组织机构代码和社会保障号码一律使用 IC 卡,并指定将由华虹集团来生产。

上海市将公共交通卡和社保卡的芯片设计交给南华虹来完成,南华虹在不到一年的时间里就设计出中国第一枚具有完全自主知识产权的非接触式 IC 卡芯片。2001 年 1 月,华虹 NEC 试制 IC 卡成功,这标志着我国智能

---

① SIM:subscriber identify module,客户识别模块。SIM 卡又称智能卡或用户身份识别卡,主要用于数字蜂窝移动电话的用户识别。手机只有在插入 SIM 卡后,才能入网使用。

IC 卡应用结束了完全依赖国外进口的历史，从此走上独立自主的道路。

在华虹实施公交一卡通项目之前，上海市的地铁一号线已经安装了美国某公司的系统，有关部门已经采购了近 2000 万美元的使用外国芯片的 IC 卡及设备。为了推广具有自主知识产权的芯片，在上海市的支持下，南华虹对上海地铁一号线的售检票系统进行改造。美国供应商不愿配合，上海市政府便决定将在地铁一号线检票口另开几个专用南华虹设计的交通卡的通道，迫使美国供应商回到谈判桌，最终同意提供相应的技术接口资料，并改造其机具以兼容南华虹设计的公交卡。

南华虹还为上海市社会保障卡工程的实施设计了芯片，这也是国内最早的具有自主知识产权的社保卡芯片。上海公交一卡通和社保卡项目成功之后，南华虹走出上海，为无锡等市设计公交卡，为广州设计 IC 卡暂住证。南华虹还承接了公安部第二代居民身份证芯片的设计任务。2001 年，南华虹营收过亿元。2004 年，南华虹又攻下了金融和电子政务系统的一个重要应用产品——USB 接口的加密锁，正式入围中国工商银行和中国建设银行的芯片供应商。

北华虹于 2002 年底入围中国移动和中国联通的供应商后，次年即销售 SIM 卡 320 万张，实现 2500 万元的销售收入。2004 年，北华虹销售额过亿元，还实现了向全球最大的 IC 卡公司法国金普斯(GEMPLUS)的供货。

华虹集团将中国芯片供应受制于人的局面打开了一个缺口。此前，我们的手机里用的那张小小的 SIM 卡，中国自己还生产不了，全部必须进口，平均价格为 82 元。在华虹 NEC 打破进口依赖后，国内 SIM 卡平均价格跌到了 8.1 元。8KB 容量的 IC 卡芯片原本价格高达四五美元，在华虹 NEC 能生产后，32KB 容量的 IC 卡芯片的价格也才不到 1 美元。中国在智能 IC 卡领域已经建立了从芯片设计、生产、模块与 IC 卡片制造、读写机具研制到应用系统软件开发的一个完整的产业链，华虹集团占据了国内 IC 卡市场 80％以上的份额。华虹 NEC 为中国的 IC 卡事业做出了卓越的贡献。

当日电不再能够为华虹NEC解决销路问题的时候,胡启立"两条腿走路"的先见之明发挥了作用。2004年,华虹NEC摆脱了持续四年的亏损,实现了8000多万元的盈利。同一年,不重视市场拓展的首钢NEC退出芯片圈。2005年,华虹NEC开始为中国第二代居民身份证供应芯片,而这是一个规模达200亿元的大市场。仅在2010年,就有6家研发起步于华虹NEC并一直委托华虹NEC代工的芯片设计公司成功在国内外上市。

虽然华虹NEC的产线与国外相比还很落后,但华虹集团在芯片产业生态构建、国产化替代、市场化运作等方面的探索取得了相当的成功。此外,华虹集团还为中国培养了众多的芯片业人才。作为一家国有企业,华虹在国家战略与市场化之间做了较好的平衡。

我们知道,美国信息产业之所以能够在全球保持领先地位,与其完善的风险投资机制有着很大的关系。风险投资是伴随着高新技术产业而出现的一种新型的投资方式。高新技术企业的成本主要是人工开支,往往没有什么固定资产,也就很难从银行借到钱。所以,风险投资与以往的投资机制不同,它主要投资于拥有很强的技术团队、具有高成长性但缺乏资金来源的中小企业,在企业达到一定规模、能够上市后则会退出,主要赚取股权增值收益。从英特尔、苹果、微软到思科,许多著名的IT企业都是依托风险投资成长起来的。

中国信息产业的崛起也离不开本土风险投资机构的扶持。很少有人知道,作为国有企业的华虹集团,竟然也是中国最早做风险投资的企业之一。

一开始,由于中国芯片设计不发达,华虹集团就想在硅谷设立一家芯片设计公司,为自己的芯片厂拿晶圆代工订单,为此在硅谷成立了一家名叫华虹国际的公司。后来发现,如果想在美国开一家芯片设计公司,从人员到运营,投入300万美元仅够用两年,还不一定能够出成果。于是,胡启立想到:"既然自己投资设立设计公司风险太大,是不是可以通过投资已经成立的设计公司的方式,来实现我们的目的呢?"

这时候,正好有几个打算归国做通信专用芯片设计的海外华人找上门来,希望得到华虹集团的支持。胡启立拍板决定投入 150 万美元,华虹集团成为这家名为上海新涛科技公司的芯片设计公司的发起人之一及第二大股东。由于没有适当的法规可循,华虹集团的资金不得不由华虹国际投资设在美国的新涛总部,再由新涛总部将资金转入上海新涛。1999 年 4 月,新涛向松下出售了第一批芯片,开创了中国芯片出口发达国家的先河。2001 年 4 月,新涛被美国艾迪悌科技有限公司(IDT)以 8500 万美元的价格收购,华虹的投资在不到三年的时间里收获了 8 倍的回报。

这一事件,实现了国内半导体设计产业的投资体制创新。它在国内首创了国有企业进行国际风险投资,利用留美华人的智力和经验及其在国内创业的机会,取得投资成功的范例,增强了国外风险投资公司来中国投资和留美华人学者归国创业的信心。加上国务院及时出台了鼓励软件产业和集成电路产业发展的 18 号文件,一时间,外资、合资、国资的芯片设计企业如雨后春笋般地涌现。

1999,华虹向美国豪威科技(Omnivision)投资了 150 万美元。豪威科技的主要创始人多半出身于摩托罗拉,擅长做手机摄像头芯片。豪威科技在纳斯达克成功上市后,华虹逐步退出,综合回报率在 3 倍以上。在当时的中国国有企业的海外投资中,华虹的投资行为被认为是最成功的一个,不仅没有亏本,还赚了很多钱,这是很难得的。

IC 卡芯片、SIM 卡芯片和身份证芯片的设计难度都不大,芯片设计中难度最高的是处理器。个人电脑的处理器芯片被英特尔和超威长期高度垄断。手机处理器芯片的设计难度比电脑处理器芯片更高。智能手机的 CPU 由应用芯片和基带芯片组成,前者负责执行操作系统和应用程序,相当于电脑的处理器,但比电脑处理器增加了低能耗、小体积的要求;后者也就是手机的调制解调器,负责处理各种通信协议,让手机能够与移动通信网络联接。无论是功能手机还是智能手机,基带芯片都是一部手机中设计难度最大、专利门槛最高的芯片。

北华虹也是中国最早尝试做手机基带芯片设计的企业之一。1998 年 12 月,信息产业部[①]和原国家计委联合发出了《关于加快移动通信产业发展的若干意见》,提出要大力扶持具有自主知识产权的移动通信产品的发展。1999 年,在信息产业部电子发展基金专项 2.5G 手机核心技术项目的招标中,北华虹成为唯一一家中标的集成电路设计企业。随后,北华虹和德州仪器合作开发 2.5G 手机基带芯片,后来发现设计难度太大,至少需要两年时间才能做出产品,做出来后还不一定有价格竞争力或获得市场应用。于是,北华虹才转向设计比较低端的通信智能卡芯片。当时,中国正准备推自己的 3G 移动通信标准,因此必须要有相应的手机基带芯片配套。有国家支持背景的北华虹尚且知难而退,中国还能有自己的手机基带芯片设计企业吗?

---

① 1998 年,电子工业部和邮电部合并,组建信息产业部。2008 年,中央将国家发改委的工业管理有关职责、国防科工委除核电管理以外的职责,以及信息产业部和国务院信息化工作办公室的职责加以整合,并且划入工业和信息化部。

第十三章

设计中国芯

自主CPU攻关

1999年5月8日,开赴科索沃战场的美国B2轰炸机发射三枚精确制导炸弹,击中了中国驻南斯拉夫联盟大使馆。三名中国记者当场牺牲,数十人受伤,大使馆建筑严重损毁。中美两国关系一时间跌入冰点。这个事件大大震惊了中国。

以美国为首的北约国家几乎瘫痪了南斯拉夫的通信系统,而南斯拉夫计算机运行的操作系统等软件全部由微软和其他外国公司提供。中国信息产业部、科技部在随后几天多次召集专家讨论此事,结论是中国要建立自己的信息安全体系。虽然没有证据说明美国的计算机软件公司和通信设备公司在这场信息战中向美国军方提供了某些后门或计算机病毒,但如果有自己独立的计算机操作系统及相应的软件,在信息战中将比较不容易受到攻击。一个月后,在倪光南院士等专家的极力主张下,时任科技部部长徐冠华主持召开了"发展我国自主操作系统座谈会"。徐冠华在会上一针见血地指出,中国信息产业面临"缺芯少魂"的问题,"芯"是CPU,"魂"是操作系统。

这次座谈会吹响了中国向自主CPU和操作系统冲锋的号角,北京大学义无反顾地冲在了最前面。

当年年底,北京大学宣布做出中国第一个完全自主研发的指令集及架构UniCore,并研制成功基于UniCore的16位CPU芯片。1999年12月31日,《人民日报》刊文称北京大学的这一成果是"献给新千年的礼物"。

2001年,北京大学微处理器研究开发中心成立。中心主任程旭在1995年从哈工大博士毕业后就被杨芙清院士点名招入北大,北大也就是从这一年开始投入自主CPU和配套基础软件的研究。程旭在33岁就成为北大最年轻的正教授,北大众志成立后,他还同时负责该公司业务。在学生的心中,"程老师是一个强人",学术、管理、社交、运动、演讲……各方面都不落人后。他精力惊人,睡眠极少,是出名的工作狂。许多学子都是为程旭的激情所感染而加入他的团队。他们评价,程老师身上有一种类似乔布斯的"现实扭曲力场"。

2002 年末,首颗国产 32 位 CPU 系统芯片成功流片,被命名为"众志-863"。随后,基于开源的 Linux 开发出与之适配的操作系统,并进一步推出了使用该 CPU 的网络计算机。那几年,研发中心招纳了北大计算机和微电子系最优秀的学霸,高峰时云集了 100 多人,占据了北大理科一号楼 8 层的一半。

从一开始,程旭就认识到了软件适配的重要性。他将研发中心一半的人力都分配去做配套软件。但在市场面前,众志的 CPU 还是碰了壁。独立架构的 UniCore 用的是自己开发的操作系统,跑不了 Windows,也用不了 Office。下游软件产业链中,愿意合作的厂家也很少。

网络计算机是多台电脑连接到同一个服务器,需要联网才能使用。众志的网络计算机主打办公和教学市场,定价在 3000 元左右,与当时均价在 8000 元左右的个人电脑相比有很大的价格优势。可是,价格低廉敌不过良好的使用体验,而且个人电脑降价速度很快,网络计算机不久就没有多大的价格优势。众志的网络计算机仅卖出几万台,订单多来自政府项目。

网络计算机是美国甲骨文公司提出来的概念,甲骨文公司希望绕过视窗来和微软竞争,但因为网络上能够应用的软件太少,软件生态不成熟而失败。那时还没有 Wi-Fi,上网不方便且费用较高也是重要原因。中国的方舟和众志都想走甲骨文公司的路子,想用网络计算机绕开微软,结果也一样,都失败了。

在上网本兴起后,众志力推仅售千元的上网本,主打学生和办公市场的用户。然而,消费者问:"这个电脑能装 QQ 吗?"

"真的没法回答,尴尬。"①

众志的上网本最终卖出不到 1 万台,离目标销量 100 万台相差甚远。

其实,早在 2005 年,超威就将 X86 架构芯片技术免费授权给北大。众志本可基于 X86 开发兼容视窗的产品,这也许能帮助众志在 2009 年的短暂窗口期打开千元上网本的市场。但众志成立的初衷就是担负国家 863 计划的重大任务,攻克自主 CPU,X86 的授权于是放了五年没动。

2014 年,云计算兴起后,众志曾拓展"桌面云"业务,并拿到了国家电网的一张大单。当时国家电网认为用个人电脑办公不安全,下令不再采购电脑,改用桌面云,由服务器端统一管理。由于众志的桌面云对娱乐软件和部分外设硬件支持不好,基层办公人员不愿意用。上有政策,下有对策,不让买新电脑了,有的就去租电脑。这次合作最后也不了了之。

自汉芯事件发生之后,北大微电子研发中心从国家拿到的经费明显变少,学生也越来越不好招。互联网方兴未艾,其行业薪资待遇水涨船高,芯片行业的薪资水平明显逊色。在美国,半导体行业同样竞争不过互联网行业,半导体企业纷纷迁出硅谷。美国是在发达的半导体产业基础上发展互联网产业,中国却是在互联网产业发达后再回头来补半导体产业的课。

多年来,从年轻得志到产业化受阻,程旭从未对外直接表现出彷徨和无力感。只有在每年众志的年会上,程旭例行会"热泪盈眶",为团队的辛苦和付出而感动。在众志待了多年的老人们,要离开时,常会感到很难对程老师开口,"编一条离职短信,酝酿好几个月。"

方舟 CPU 则源自倪光南的推动。倪光南原本是联想集团的总工程师,在联想做芯片未果,离开联想后,正好碰上李德磊在为他的芯片设计团队找新业务。倪光南"眼睛一亮",觉得他的梦想或许能够在这个曾经为摩托罗拉和日立做芯片设计外包的团队身上实现。倪光南认为,中国立刻研发高

---

① 火柴 Q、一苇、希安,《北大理科一号楼的芯片往事》,甲子光年,2018-04-30。

性能的 CPU 芯片技术难度大,市场推广难度更大,如果转做嵌入式芯片加上 Linux 操作系统,则难度低了很多。经过考察,倪光南认为李德磊的这支队伍基本具备自主研发嵌入式 CPU 的技术能力,于是协助拉来了 2000 万元的风险投资。随后,中国第一款自主设计研发的 32 位 CPU"方舟 1 号"于 2001 年 4 月问世。

方舟 1 号基于 Linux 开发并建立在 RISC 指令集上,绕开了 X86 的垄断,被媒体誉为"改写了中国'无芯'的历史"。可是,采用方舟 1 号 CPU 的网络计算机由于无法使用微软的操作系统和办公软件,用户体验很差,即使有政府和学校订单也难以为继。更错误的是,倪光南所托非人,李德磊在赚到钱后就草草收场,停止开发 CPU,转身投入 3000 万元开发方舟大厦,去做"在中国真正赚钱"的房地产。

试图开发中国自主 CPU 的还有中科院微电子所。2001 年,中科院拿出一间五六十平方米的实验室,请回一位 66 岁的已经退休的研究员来做指导,建立了一个 10 来人的团队,投入 100 万元的经费,成立了龙芯课题组。龙芯从国家 863 计划、核高基专项中累计获得项目经费 5 亿人民币。2008 年,龙芯中科公司成立后,还获得北京市政府 2 亿人民币的股权投资。龙芯主要在军工领域获得订单,比如为北斗导航卫星系统供应芯片,而在大众消费市场的表现近乎空白,连同样源自中科院的联想集团都不愿采用龙芯作为电脑 CPU。龙芯在消费市场失败的原因与众志、方舟一样,即无法撼动强大的 Wintel 联盟。

众志、方舟和龙芯主要脱胎于国家课题和学术机构,主要目的是要完成国家交给的重点任务——在当时中美不睦的大环境下,攻克自主可控的 CPU,摆脱对美国的依赖。这就不难理解,它们都选择从最上游的指令集开始,一层层往下游做,挑战自主 CPU、做操作系统、开发办公软件,甚至自己生产电脑,试图捅破 Wintel 联盟,不做底层技术有求于人的"买办芯片公司"。基本上,它们走的都是过去 IBM 的全能自主路线。但是,连 IBM 都已经被 Wintel 联盟打败,中国的这些自主 CPU 又怎么能够成功呢？它们虽然都成功做出了自己的 CPU 芯片,却都补不齐生态短板。二十年弹指一挥间,暂且不论人才培养、军工市场等特殊领域的进展,仅看产业化,结果都乏善可陈。

正如倪光南的助手梁宁在《一段关于国产芯片和操作系统的往事》中所写的,对话永远是这样。

> 我:"我们有自主知识产权的 CPU,我们还有 SoC 的能力,这样,我们可以极大地把你要的功能集成,贵公司可以更灵活地定义你产品的性能和体积。"
>
> 对方:"哎呀,对不起。我们没有能力基于一块 CPU 开发产品原型。都是 Intel 或者他的 Design house 做好公板,我们选一个,然后基于他们的公板我们再开发。"

事实上,放眼全世界,曾经有无数企业都想要在个人电脑上挑战 X86 架构,但没有一个取得成功。甚至连英特尔自己想换一个架构都失败了。可以这么说,从路径选择开始,它们就注定了要失败。

在方舟科技主管研发的副总裁刘强,在离开方舟后成立了君正公司,走上了市场化的道路。君正于 2010 年 IPO 上市,生产的芯片在 360 摄像机、小米手表等多款产品上被应用。君正的成功,证明了中国的芯片设计还有广阔天地可以大有作为。

中国芯片设计大体可以分成两个路线。一个路线是学院派,如众志、方舟和龙芯,学院派多是一套人马、两块牌子、双重目标,既要以实验室的身份完成国家交给的任务,又要成立公司在市场上生存。另一个路线是市场派,如海思、展锐和兆易创新,这些芯片设计公司以市场需求为导向,从容易的做起,先生存、后发展,在激烈的市场竞争中摸爬滚打,不断发展壮大到拥有了国际一流的竞争能力。应该说,中国的芯片在这些年有了很大的进步,中国的信息安全状况因此也有了很大的改善。海思甚至被美国宣称威胁到了它的国家安全,这或许是众志、方舟和龙芯这些学院派万万想象不到的。

哪里冒出来的展讯?

华虹曾经投资过的豪威科技在纳斯达克上市后,其创始人之一的陈大同打算回国发展。在市场调研做什么项目的过程中,他同时任信息产业部副部长的曲维之吃了顿饭。席间,曲维之详细讲述了中国手机芯片的尴尬现状:拥有全球最多手机用户的中国,所有手机核心芯片都要从美欧进口。为了打破垄断,信息产业部于 1997 年组织国内各相关公司集中攻关,几年下来,花了好几个亿,除了一堆项目验收报告,在产业化上没有任何进展。她说:2G 已经没办法了,如果 3G 还是如此,实在无法向国家交代!

对于 3G,陈大同是一窍不通,只是记得听美通无线公司和凌讯公司联合创始人乔彭提起过。于是,陈大同一个电话打到硅谷,第二天,乔彭就风风火火地赶到了北京。就这样,产品方向定了下来:3G 手机处理器芯片。这是一个大市场,在移动通信的大潮中,其市场规模将会是电脑 CPU 的数倍。

方向确定后,下一步就是找人。第一个找的是也从清华大学无线电系毕业的武平,他正担任硅谷 MobileLink 公司的研发总监,负责开发 2G 手机核心芯片。意外的是,武平不但也想创业,而且有个初步的团队,双方一拍即合。

然后就是找钱。没想到,正好撞上全球互联网泡沫破灭,硅谷一片萧条、寒风凛冽,新项目的融资陷入了困境。到 2001 年 3 月中旬,大家约定,如果一个月之内再没有突破,就放弃这个项目,另谋出路。

就在这时候,峰回路转,武平从台湾带回了好消息:联发科董事长蔡明介愿意投资。就这样,展讯通信(上海)有限公司于 2001 年 7 月正式成立,公司创始人包括武平、陈大同等5人。有意思的是,几年后,展讯成为联发科在中国低端手机处理器芯片市场上最大的竞争对手。所谓不熟不投,投资出一个竞争对手的概率还是很高的,比如诺伊斯就投资过超威。

国际大公司开发新一代的手机处理器芯片,通常需要上千名硬件、软件工程师相互配合,研发至少五年,花费至少5亿美元,产品才能成熟上市。而展讯第一期融资只有600万美元,可想而知其所面临的挑战有多么的巨大。

那时候,中国有芯片设计经验的人很少,高端人才更是几乎没有。展讯从美国引回30多人,在国内招聘60多人,组成近百人的初始团队。硅谷归来的芯片设计专家通过手把手传、帮、带,把国内的工程师队伍培养起来。就这样,展讯创造了业界的一个奇迹:第6个月完成2.5G手机芯片设计;第10个月完成芯片验证;第12个月初步完成软件集成,能够打通电话;又经过一年的测试及通过各种认证,前后一共仅用24个月,展讯就开发出了世界首颗"全球通"(GSM)2.5G基带芯片,并实现了量产!这也是中国大陆第一款具有自主知识产权的手机基带芯片。

展讯有了手机处理器芯片,不可能卖给诺基亚、爱立信、摩托罗拉等国际大品牌,只能卖到深圳华强北。展讯做出集成手机全部功能的系统芯片,给出整体解决方案,客户只需配上外壳、屏幕、电池和摄像头等零部件,就能做出一款手机。于是,深圳华强北催生了无数贴牌手机生产商,展讯和联发科共同捧出了一个庞大的山寨手机市场。

在山寨手机鼎盛时期,每年都有数亿部手机出货。山寨手机的兴旺反过来也壮大了展讯和联发科,展讯凭借2.5G手机芯片在中国独特的山寨手机市场上如鱼得水。从2003年到2007年,展讯的年销售额每年增长两三倍,最终达到近10亿元。展讯与联发科大战数年,回头一看,德州仪器、亚德诺(ADI)、恩智浦等厂商的手机基带芯片都不见了。这些不拥有自己手机品牌的手机基带芯片供应商都被挤出了中国市场。

虽然销售情况良好,展讯却直到2006年才实现盈利,2007年才在纳斯达克上市。说起来,展讯也是被 3G 给挖了个大坑。2000 年前后,全球有十几家初创公司开发 3G 手机芯片。当初业内预测 3G 市场应该在 2003 年左右起飞,但实际上直到乔布斯推出 iPhone 后,3G 才开始流行,绝大多数公司没能熬到那一天,只有展讯存活下来。

2G 时代,欧洲的 GSM 一统天下,美国的 CDMA 只有挨打的份。2000 年,欧洲志得意满地率先向国际电信联盟提交了 3G 的 WCDMA 标准,中国也赶在截止期限之前提交了自己的标准。那时候,美国为了保证其标准能够顺利通过,就和中国商量:咱哥俩互相支持一把,你挺我的 CDMA2000,我挺你的 TD-SCDMA,如何?中国当然愿意。结果 3G 冒出了三个国际标准,让欧洲很是意外。

可是随后,诡异的事情发生了:数年间,没有一个欧美大公司开发 TD 手机处理器芯片!至此,中国才恍然大悟:美国纯粹是让中国陪太子读书,欧洲则是给中国政府一个面子,毕竟在中国市场已赚得钵满盆满。没有手机处理器芯片,TD-SCDMA 标准也就是废纸一张!

"危急关头,终于有人看不过眼了,挺枪跃马,大喝一声:俺来了!诸位大佬们心一惊,抬眼望去,不禁失笑,一个无名小卒单枪匹马杀将过来:展讯通信公司要单挑欧美大佬们!"[①]

2003 年,展讯只有 100 多人,2.5G 芯片开发接近完成,还没量产,公司也正处在最困难的阶段。展讯仍然咬牙做出了困难的决定,停掉做了一半的 WCDMA 项目,全力以赴开始做 TD 手机芯片。更大胆的是,展讯还给出了时间表:半年完成芯片设计,一年内打通电话!

这下就像捅了马蜂窝,业界议论纷纷,无人相信。因为 3G 手机芯片的设计难度太高了。首先是对基带芯片提高了要求,设计难度大增,既要求纵

① 陈大同,《TD-SCDMA:中国百年第一标准的艰难成长之路》,http://www.tsinghua.org.cn/upload/file/1467955789020.pdf。

向兼容,2G 和 3G 都要能够通话;又要求横向兼容,一卡多网。其次是手机的处理器芯片变成了两个:除了基带芯片,还增加了应用芯片。应用芯片相当于电脑的 CPU,不仅体积要小,还要求超低功耗以满足长时间的待机。手机处理器成了复杂程度最高、开发难度最大的芯片。

连飞利浦和诺基亚这样的大公司都说要三年才能完成设计,凭什么展讯这样一个初出茅庐的小公司只要半年? 大家都说:又出现了一个海归骗子公司。展讯憋了一口气,埋头苦干,2004 年 2 月完成设计开始流片,4 月样片回来,5 月底打通了第一个 TD 手机通话。这时,业界才开始相信展讯是个能够创造奇迹的公司。

TD 手机芯片研发成功,却不能马上带来收益。当时海外已经有多个国家发放了 WCDMA 牌照,但没有一个国家发放 TD-SCDMA 牌照。TD-SCDMA 成了中国独推的标准,而且迟迟没有上线。在五年多的时间里,展讯不仅在 TD 项目上颗粒无收,还得持续投入巨额研发费用,与大唐、华为和中兴等中国通信设备厂商合作,让 TD-SCDMA 标准一步步走过了室内测试、室外测试、小规模组网、大规模测试。其间 TD-SCDMA 标准无数次被人质疑是否有推广的必要,种种艰难险阻,真可谓步步惊心。因为资金匮乏,展讯于 2007 年在纳斯达克上市的时候,初始团队的股权已经被摊得很薄,比如武平就仅剩 5% 的股权,这对展讯的长远发展是很不利的。

最困难的时候,是 2008 年金融危机。全球芯片行业风雨飘摇,展讯的营收和股价也快速下滑。2009 年 2 月,加盟展讯不到 9 个月的李力游接替武平出任首席执行官,他曾担任博通的高级商务拓展总监并负责基带业务,来展讯之前在手机研发公司 Magicomm 担任首席执行官。在昔日的初创团队中,陈大同、武平等人相继辞职,没能熬过黎明前的黑暗。

2009 年,展讯量产了 2G 芯片 6600L,该芯片被业内认为性能优于联发科的主打产品 6225,且成本比后者还低。依赖这个产品,展讯的双卡双待方案获得了三星手机的订单。此后,展讯还成功研发了多模手机芯片,推出了三卡三待、四卡四待手机芯片方案,产品销往全球数十个国家和地区,大幅提高了市场占有率。

2009年初,中国同时下发了三个移动通信国际标准的牌照。TD-SCDMA牌照给了中国移动,开始了商业化的进程。从芯片、手机到基站,整个TD产业链都被中国企业主导,极大地带动了中国通信产业的升级。TD-SCDMA产业化的成功,还大大增加了中国在4G移动通信标准制定中的话语权。中国力推的TD-LTE,成为两个4G国际标准之一。

中国在TD-SCDMA上拥有自主的知识产权,对打破外国公司在移动通信技术上的专利垄断有着重要意义,对中国本土基带芯片设计企业来说也是一个很好的发展机遇。在每年数千万部TD手机需求的市场支持下,2011年,展讯员工达到1400人,销售额突破40亿元,成为当时国内第一大的独立芯片设计公司[1]。展讯在技术、产品及市场上全面突破,股价从低谷时的0.67美元上涨了20多倍,实现了凤凰涅槃。

展讯是海归创办芯片设计企业的代表,这是与以往国家造芯片所不同的一股中国芯片的新势力。

中国的半导体产业从20世纪五六十年代蹒跚起步,到“文革”时期与国际半导体产业界基本隔离,再到八九十年代艰辛地试图缩小差距,终于在21世纪初期有了飞跃式的发展。互联网泡沫破灭让全球半导体产业也进入了低迷时期。西方不少半导体公司大量裁员,许多华裔半导体人才回国创业,中国半导体产业明显升温,进入了海归创业和民企崛起的时代。2000年开始,中国出现了一轮芯片业投资热潮,短短四年投入资金高达100亿美元,超过了过去五十年投资总和的3倍。在华虹NEC建成投产中国的第一条8英寸晶圆线之后,中国在几年内就又有5条8英寸晶圆线建成,此外还有3条

---

① 陈大同,《陈大同忆往昔:海归创业及中国3G之路》,https://www.sohu.com/a/280863247_100082825,2018-12-10。

在建。8英寸晶圆线成为中国芯片制造业的主流产线,中国"芯"的产业化进程明显加快。

面对中国芯片令人兴奋的成绩,作为中国芯片产业的开拓者之一的王阳元院士却忧心忡忡:"中国集成电路能取得这样的成绩固然令人兴奋,但是我们也面临着前所未有的挑战。自主知识产权缺少、科技成果产业化率低、研究人员缺乏等都是我们亟须解决的问题。"

王阳元于1958年毕业于北京大学物理系,是新中国第一批被重点培养的半导体专业人才之一。1975年,王阳元所在的北京大学物理系就设计出我国第一批1K内存,仅比英特尔的1103晚五年,比韩国、中国台湾要早四五年。那时韩国、中国台湾根本就没有电子工业科研基础。王阳元拥有逾四十年半导体产业相关经验,是北京大学微电子研究院首席科学家,亦是中芯国际创始人之一。

鉴于半导体的研发不能单靠企业来完成,王阳元提出了在微电子领域建立"产前研发联盟"的设想。产前研发联盟实行"官、产、学、研、用"相结合的原则,以政府为主导,背靠高校与科研机构的基础研究,提高自主创新的核心竞争力,为企业提供下一代集成电路发展所需要的核心技术并培养相应的人才。

王阳元认为,科技创新的背后是体制创新。要想做好产前研发联盟,首先要在体制上下功夫。产前研发联盟应采取不以盈利为主要目的的公司运作机制,实行企业、大学、研究所等主要应用部门共同组建的股份制独立法人单位。产前研发联盟采用开放模式,不仅向国内企业、研究单位开放,而且向国际开放,以促进国际合作。只有这样,它才能够在较短的时间内实现关键技术突破,降低对国外技术的依赖程度,加速科技成果向现实生产力的转化。

王阳元所设想的产前研发联盟,其实就类似于日本的VLSI计划、美国的半导体制造技术战略联盟、韩国的科学技术研究院和中国台湾的工研院。

如果没有政府、大学和企业的三方联手,仅凭企业自身的力量,是很难取得核心技术的突破的。王阳元也意识到,与日本、韩国和中国台湾等相比,中国大陆最大的问题,很可能是在体制上。

很不幸,问题被王阳元真的说中了。而这一回,连他自己都掉到了坑里。就在上海大张旗鼓地向芯片产业进军的时候,一个名叫陈进的美籍华人,准备来闯上海滩了。

汉芯骗局

斯斯文文、戴着方框眼镜、西装笔挺的陈进,1968 年出生,在同济大学获得学士学位后,到美国得克萨斯大学奥斯汀分校计算机工程硕博连读,研究课题为电路模拟和测试方法。1997 年毕业后,陈进在奥斯汀摩托罗拉下属的无线通信分部工作,负责芯片测试。2001 年,摩托罗拉将陈进派遣至中国苏州新区分部工作,负责模拟电路设计。为此,陈进在回国前突击学习了一个月的模拟电路设计。因为没有专业基础,模拟电路设计不可能在一个月内学好,陈进在苏州组织的模拟电路组没能拿到项目。

职场有点混不下去,陈进决定转向学术圈。其实,他在给上海的两所大学投的简历还是很实诚地写明其工作经验主要在芯片测试领域。收到陈进的简历后,上海某大学如获至宝。正逢国家大力扶持芯片,各地纷纷上马芯片项目,芯片概念热钱滚滚。该大学急需陈进这样"喝了洋墨水"的博士帮助申请研究经费。于是,在一位计算机系主任的引荐下,陈进顺利地进入了校园。经过重新包装,陈进简历上的职称从"高级电子工程师"变成了"高级主任工程师",还有了个"芯片设计经理"的头衔,增加了"主要从事高速无线通信芯片和 DSP 核心电路的开发"和"担任多项重大 SoC 系统芯片的设计开发和项目负责人"的工作经验。要知道,测试工序属于芯片制造的最后一道工序,而且是技术含量较低的领域。要想得到国家的重视,就必须将陈进引向含金量最高的芯片设计。于是,镀了金的陈进火速评上了教授职称,组建起芯片与系统研究中心,轻松拿到了国家 863 计划"汉芯 DSP 芯片"的研发任务。

DSP 即"数字信号处理"(Digital Signal Process),复杂的模拟信号转换成数字信号流后需要用 DSP 芯片才能处理。DSP 是与 CPU 并重的芯片工业两大核心技术之一,在蓝牙、无线通信和图形处理等方面有着广泛的应用。只有少数发达国家拥有 DSP 技术,中国在该领域尚属空白。

陈进的"工作效率"让人惊讶。作为一款高端的 16 位 DSP 芯片,"汉芯 1号"从 2001 年 9 月开始设计源代码,4 个多月就完成设计,再用一年时间即流片成功。英特尔的一位工程师对此评价:"芯片的研发设计时间是很难界定的,但是作为一个尚在组建过程中的设计团队,在这么短的时间,完成了一款高端 DSP 芯片从源代码设定到流片的全过程。这个速度太惊人了。"

事实上,"让一个测试工程师去研发一款高端 DSP 芯片,这根本是不可能的。所以陈进从美国和中国各请了一名高手来助阵。从美国来的人是他的同学,负责 IC 设计,另一个是他在摩托罗拉苏州半导体设计中心工作时的同事,负责系统。整个汉芯的研发真正起作用的就是这两个人,而这两个人是在 2002 年下半年才到的,仅凭两个人的能力,在如此短暂的时间里,怎么可能完成 DSP 芯片的研发?"(引自《汉芯黑幕》)

如此科研大跃进,是如何催生出来的?

陈进自有高招。2002 年,利用一次去美国的机会,陈进托他曾在摩托罗拉共事的朋友从摩托罗拉的工作站下载了一款 DSP 芯片的源代码。然后,陈进利用这些源代码做出了汉芯 1 号。

可是,仅仅下载了一些源代码是不够的。由于没有获得芯片调试接口的知识产权模块,即便有了源代码,设计出来的芯片就像没有键盘和鼠标的计算机,无法加装任何的系统应用,不能单独实现指纹识别和 MP3 播放等复杂演示功能。摩托罗拉的这款芯片的研发是在以色列完成的,参与研发的工程师有百余人,共花费了三年的时间,陈进不可能轻易获得摩托罗拉的授权。

为了在新闻发布会上能够达到所需的宣传效果,2002 年 8 月,陈进让他的弟弟从美国购置了 10 颗芯片。10 月份,收到芯片后,发现上面有摩托罗拉的 LOGO。于是,陈进撸起袖子,亲自上阵,用砂纸把 LOGO 磨掉。磨完后发现上面有明显的磨痕—显然对于打磨陈进并不专业,于是他就找到了当初给他的研究中心和公司装修的承包商——上海瀚基建筑装饰工程有限公司,让他们找几个民工打磨,然后再打上自己的 LOGO。

相当搞笑的是,这家公司很是为自己能为中国的芯片产业出一份力而自豪,堂而皇之地在官网上宣称:由 2003 年上海新长征突击手、留美博士陈进先生为核心的研发团队组成的上海某大学芯片与系统研究中心(该中心办公室由瀚基设计承建)开发出的"汉芯 1 号"DSP 芯片在上海诞生……瀚基凭借自身设计经验和实力,承揽了 DSP 芯片在产业化应用上的"产品定义和造型设计"任务,年内市场上就会推出由瀚基公司设计的各类高科技产品。而后来,这家公司也证实这个造型设计其实就是指给芯片打磨,而打磨芯片的民工也被网民誉为"21 世纪最具创新精神的民工"。

就这样,2003 年 2 月 26 日,汉芯 1 号的新闻发布会盛大召开。信息产业部和上海市的许多领导到场。汉芯 1 号的性能指标是相当惊艳的,它采用了 0.18 微米先进工艺,集成了 250 万个晶体管,具有 32 位运算处理内核,每秒钟运算能力高达 2 亿次。在发布会上,由王阳元和"863 计划"集成电路专项小组负责人组成的鉴定专家组做出了一致评定:上海汉芯 1 号及其相关设计和应用开发平台达到了国际先进水平,"完全拥有自主知识产权的高端集成电路",是"我国芯片技术研究获得的重大突破"。

其实,汉芯 1 号的参数中针脚数是 208 脚,而陈进在新闻发布会上展示的购自摩托罗拉的芯片是 144 脚,两者的尺寸差异明显。为什么这么多位参与鉴定的专家,竟无一人发现这一异常呢?

颇为讽刺的是,现场演示时,用假汉芯驱动的 MP3 只能反反复复地放三首歌:《沧海一声笑》《挪威的森林》《天冷就回家》。

被视为汉芯 1 号发明人的陈进自然也是荣誉加身。上海市科委授予其上海市科技创业领军人物称号,上海某大学聘其为长江学者。同时,陈进本人还身兼数职:上海某大微电子学院院长、上海硅知识产权交易中心首席执行官、上海某大汉芯科技有限公司总裁、上海某大创奇微系统科技有限公司总经理。借助汉芯 1 号,陈进又申请了数十个科研项目,骗取了高达上亿元的科研基金。于是就有了陈进造假系列的汉芯 2 号、汉芯 3 号和汉芯 4 号相继问世。

让人们有些疑惑的是,汉芯在新闻发布会上已经宣称进入国际市场并获得了百万订单,却始终没有实现产业化。这个百万订单是怎么来的呢?竟是陈进将盗自摩托罗拉的源代码又以 50 万美元的价格成功地卖了出去。收取这 50 万美元货款的,是陈进自己在美国注册的 Ensoc technologies 公司。这家公司此前还为汉芯 1 号提供了流片服务,为此收取了 35080 美元的服务费,并由大学为这笔费用买单。要知道,号称完全"中国造"的汉芯 1 号,其实是在中芯国际流的片。这笔 35080 美元的流片费,很可能是以完全虚假的名义从大学套取经费。

被视为"民族英雄"的陈进名利双收、春风得意。甚至有人预测,用不了几年,他就能成为中国工程院院士。

陈进的好日子在 2006 年 1 月 17 日戛然而止。这一天,有人在清华大学水木清华 BBS 上发了一篇题为《汉芯黑幕》的帖子,公开指责汉芯 1 号造假。此前,举报人曾经寄出过举报信,但没有收到回应,只好诉诸网络。

一些嗅觉敏锐的媒体很快介入,进行了艰难的追索和求证。在举报人和媒体的共同努力下,一个个事实渐次浮出水面。1 月 28 日,科技部、教育部和上海市政府成立专家调查组。不到一个月,调查组即得出结论:汉芯 1 号造假基本属实。

举报人承认自己是汉芯 1 号研制小组的四人之一。耐人寻味的是举报人的这么几句话："我最初愿意加入陈进的团队,就是因为他是个务实的人,但是,汉芯 1 号的发布,申报项目一个接着一个,陈进感受到了务虚给他带来的好处和便利,他为什么还要那么务实地投入,到时候还不一定能有务虚得来得多。"①

2006 年 5 月 12 日,也就是调查组得出造假结论三个多月后,陈进所属的大学向有关媒体通报表示,陈进被撤销各项职务和学术头衔,国家有关部委与其解除科研合同,并追缴各项费用。

如此大的一个芯片造假丑闻被曝光后,一时间,"芯片"成了个敏感词,人人避之唯恐不及。国家组织的三大国产微处理器"众志、方舟、龙芯"在商业化上又都基本上以失败告终,整个舆论对半导体行业开展了无差别的口诛笔伐,负面评价铺天盖地,龙芯等默默耕耘的企业都多少在舆论上受到了质疑。国家对于与芯片有关的项目开始持谨慎态度并减少了扶持力度,芯片制造受创尤巨。

做芯片设计,不管是学院派还是市场派,都是轻资产。芯片设计的门槛比较低,只要有个 10 来个人、几百万美元资金就可以启动。而芯片制造是重资产,其投资是要以 10 亿美元为计算单位的。中国大陆在芯片制造的道路上走得远比芯片设计要艰难得多。

①　王琦玲,《"汉芯造假"谜团调查》,《IT 时代周刊》,2006-03-05。

第十四章

张江的中芯国际

江上舟是一面旗帜

芯片制造所需要的投资大得惊人。"909 工程"是中国大陆电子产业前所未有的大手笔,前后六年时间的项目总投入接近 100 亿人民币,相当于 10 多亿美元。这个投资金额与国际大厂相比还是小巫见大巫,英特尔和台积电于 2000 年在半导体产业上的资本投资分别高达 60 亿美元和 32 亿美元。

"909 工程"仅仅一条 8 英寸晶圆线,就已经让中国财政捉襟见肘。项目启动之前,朱镕基特意交代胡启立:"这是国务院动用财政赤字给你办企业,你可要还给我呀!"

可是,"909 工程"才刚建成的 1999 年,却有人声称,要以超过 10 个"909 工程"的规模在上海搞集成电路产业基地,投资规模高达 1000 亿,怎么能不让信息产业部吃惊?

这个被许多人认为"脑子坏了""吃错药了"的人,名叫江上舟。

1965 年,江上舟考入清华大学无线电系,仅在校学习了九个月,便因"文革"开始而离校务工学农。"文革"结束后,江上舟前往瑞士留学,1987 年获得移动通信博士学位后回国。当时中国的移动通信非常落后,江上舟学无可用,只好转入仕途,到原国家经济贸易委员会的外资企业管理局任职。

海南建省后,江上舟因缘际会,成为第一批闯海人。在三亚市副市长任上,江上舟力主将三亚定位为国际旅游城市,并在三亚建立起中国第一个土地交易中心,破天荒地首开土地拍卖,来为城市建设筹措资金。主管洋浦开发区时,他以小政府的理念主导了一系列超前的、充满争议的政治体制改革。

1997 年,江上舟被调往上海,先后担任经济委员会副主任和市工业党委副书记等职,主导上海的工业规划。作为当时中国官员中少有的既懂经济、又懂科学的战略管理型人才,江上舟在上海这个比较开明且拥有强大工业基础的城市可谓是如鱼得水,科学专长得到了极大的发挥。他自己也说:"我在上海做的那些事情,如果没有上海市的大力支持是难以办成的。和当时的海南一对比,就再清楚不过了。"

有一回,江上舟前往太原卫星发射中心参观。其他领导都是"外行看热闹",江上舟却询问了许多非常深入的问题。这一问不要紧,江上舟感慨良多:"卫星导航接收机,相当于 CPU 在计算机产业链中的地位,中国一直靠进口,还不具备研发生产卫星导航系统芯片的能力,这种尖端中的尖端技术我们没有掌握,我们国家的安全怎么会有彻底的保障呢?"

江上舟还发现,所有的高科技产业都必须以芯片为基础。"第四代移动通信最难做的是芯片,电动汽车的电控部分是芯片,智能网的核心也是芯片,数控也是芯片,没有芯片就没有太阳能。"芯片如此重要,它的生产难度也很高,厂房昂贵、制造精密、产品廉价、生产规模大、技术进步快。江上舟下定决心,要"靠我们自己去努力建立具有自主知识产权的芯片产业链"!

在对半导体产业做了一番深入调研后,江上舟将"电子信息产品"列入上海工业 26 项重点产品发展规划之首,力主:"必须把微电子产业尽早地引进上海,乃至中国!"他向上海时任市委书记黄菊献计:在浦东规划面积 3 倍于新竹工业园的张江微电子开发区,吸引百亿美元外资建设 10 条 8～12 英寸集成电路生产线,把集成电路作为上海 21 世纪的重点发展项目。

据传黄菊听罢拍案叫绝,然后问了一句:天上怎么会掉下这么大一块馅饼?

1999 年,国家信息产业部研讨"十五"(2001—2005 年)战略规划,国家拟投资 200 亿人民币,建 2 条 8 英寸线。江上舟嫌方案保守,说:寻找海外合作伙伴,至少能建设 10 条 8 英寸线。在座的专家、院士都感到震撼。尽管有不少人反对,但江上舟的意见还是意想不到地引起了更多人的共鸣。特别是一些满头华发的老专家,讲到自己期盼了几十年,至今仍未能把芯片搞出来,眼看就要退出历史舞台,不能再为这一事业献身时,不由痛哭流涕,众人都深深地感动了。由于江上舟对发展半导体产业的经验教训总结得较深较透，他的意见对"十五"规划中相关内容的制定起到了很大的作用。

中国的半导体产业，不能再仅靠骑着破旧自行车的老教授，而更要靠从海外引进顶级的半导体产业人才。

江上舟曾三次带团前往美国硅谷考察和招商。晚上在飞机上睡觉，白天下飞机做事。所到之处，都激起了强烈的反响。在硅谷给留学生开新闻发布会时，在酒店预订的可容纳100多人的会议厅一下子挤进了300多人。江上舟激情澎湃地描绘上海集成电路产业发展的远景，鼓舞了很多关注国内半导体产业发展的硅谷华人，推动了后来海归潮的兴起，有些人当场就定下来要回沪看看。

江上舟打破体制禁锢，不惜高薪引进海外一流团队，引进著名的有真才实学的专家学者、海外学子。他实实在在地给他们解决大大小小的问题，包括税收减免、待遇住房、子女教育甚至社保医疗等。许多人就是冲着"江上舟"这三个字才来到上海的。被称为创投之神的台湾人陈五福，只和江上舟谈了一次，便表示愿意来沪。他说："最大的原因是，政府官员光有热情不够，我从来没有见过像江上舟这么懂得高技术产业、规律和需求的人，这样的官员是承上启下的中流砥柱。"江上舟被海外华人视为中国发展半导体产业的一面旗帜。

被认为是"中国IC产业五位策划者（包括江上舟）"之一的马启元，就是被江上舟引进上海的一位重要人才。马启元在1957年生于上海，1984年赴美留学，获微电子专业博士学位，后在哥伦比亚大学电机系任副教授。他强烈主张中国要建立自己的高科技产业园区，即中国的"硅谷"。他还是中国旅美协会的会长，利用自己的海外资源全力帮助中国发展芯片产业。

1998年7月，马启元和几位海外微电子资深专家访问上海，了解上海地区芯片工业基础，为上海芯片发展献计献策。专家们入住宾馆，其他人都加了10港币换到可以观黄浦江景的房间，只有一个叫张汝京的人没有换。从此大家都知道了张汝京省钱的本事。

江上舟安排专家们参观了漕河泾的几家微电子公司，一位海归老板抱怨没有好的税收政策："加在一起共有 33% 的税。如果缴这么多的税，在国际上是没有竞争力的。"这番话给江上舟留下了深刻的印象。他意识到，只要国家给出一个好的政策环境，中国的半导体产业自然会在市场化的道路上茁壮成长。

江上舟要建设 10 条 8 英寸线的想法已震惊四座，事实上，江上舟的野心远不止于此。他的真正战略目标是"吸引世界华人资本家，团结全球华人资本家，滚动投入 1000 亿美元，在上海浦东和全国建设 40 个水平超越华虹"909 工程"集成电路项目，将中国集成电路工业技术升级 6 代，直至 22 纳米制程、可以集成 5 亿～50 亿个晶体管的芯片"。江上舟的目光远远投射到了二十年后！他的雄心壮志是要"将上海建设成为世界最大规模集成电路生产基地"。对于 1000 亿美元的投入，江上舟从没想过要让国家来出这个钱。不仅国家掏不出这么多钱，而且国家也没必要掏出这些钱。国家只需要给出相应的政策支持，给半导体产业创造一个良好的投资环境，半导体产业自己就能够发展壮大。

在上海的考察和研讨结束后，江上舟建议海外专家给中央领导写信，以加速发展中国的半导体产业。1998 年 11 月 21 日，马启元主笔撰写了《关于微电子产业发展建议》（以下简称《建议》）呈交江泽民主席、朱镕基总理及相关部委领导。《建议》包括建设半导体产业群、"以我为主"开发 0.25 微米及 0.18 微米技术，引进"高级华裔管理人才做产业主管"等。这份《建议》得到了中央高层领导的重视，相关国家部委都开始进行调研。

1999 年 5 月，信息产业部召集国家发改委、经委、财政部等有关部门的官员和国内外专家在北京召开微电子产业政策研讨会。这个后来被称为"中国半导体产业的里程碑"的会议初步达成共识：国家应该对芯片产业进行特殊的政策支持并出台相关的扶植措施。其中大部分政策建议来自海外专家和江上舟,张汝京也受邀参加了这次会议。

原定会议第二天上午10点,国务院领导要接见代表们。然而,就在当天清晨,中国驻南联盟大使馆被炸了。

张汝京北上

在北京开完信息产业部组织的研讨会后,江上舟就在等着相关文件的正式出台。没想到过了一两个月还没有动静,原来,这份文件需要20多个政府部门和某些相关单位的审批。江上舟急了,就借一次吃饭的机会,在饭桌上拿了一张旧纸,写了个条子递给主管工业的时任副总理吴邦国。条子上写了三点与半导体产业相关的内容:第一,国家没有产业基金;第二,没有贷款贴息;第三,没有半导体装备。吴邦国认真地读完并批给了相关政府部门,这才加快了文件的审批速度。

2000年1月,信息产业部邀请包括张汝京在内的专家小组成员访问北京、上海,并与原国家计委等部门领导再次探讨集成电路扶植政策,包括增值税减免(至3%~6%)、进出口关税减免、政府引导投资、吸引海外人才等,这些政策构成了2000年国务院出台的18号文件《鼓励软件产业和集成电路产业发展的若干政策》的基础。这份文件明确了中国集成电路产业的发展战略,而且出台了从投融资、税收、产业技术、进出口、软件企业认定到知识产权保护等一系列优惠措施,促使了中国集成电路产业的蓬勃发展。用马启元的话说是"揭开了我国集成电路发展的新篇章"。这份文件对中芯国际和宏力半导体的影响尤其巨大。张汝京高兴地说:"18号文件规定了投资80亿元以上和对0.25微米以下技术的免税政策,这就使以前的困难大大减少了。"

1948年,张汝京出生于时局动荡的南京。抗战期间,他的父亲张锡纶炼钢,母亲刘佩金钻研火药,两人都在重庆的兵工厂工作,为前方源源不断地输送弹药。解放战争的淮海战役结束,张锡纶携家人去了台湾。张汝京从台湾大学毕业后,前往美国,于南方卫理公会大学获得电子工程博士学位,1977 年加入德州仪器,跟着基尔比做了四年。德州仪器给张汝京留下了很深的烙印,比如,"常常有人早上带一张帆布床上班,准备晚上睡办公室""在公司里,'失败'从不被接受;'挫折'可了(理)解,甚至同情。但受挫折者必须振奋重来,如再有挫折,就再重来,直到成功为止"。再比如,"人人职务不同,工作也两样,但在许多地方一概平等。董事长都没有车位,如果他上班来迟了一点,就要将车停在较远的位置"。^① 这些德州仪器的企业文化我们在张汝京管理的公司都可以看到。张汝京感叹:"德州仪器的工作环境很好,很多人愿意教我,实在是受益匪浅。基尔比不仅会做事,脾气也实在是好。"好脾气的基尔比一直在德州仪器从事技术工作,虽然曾经担任集成电路部门的副总经理,但这不是他所长,也不是他所好,他就喜欢一件接一件地发明东西。后来,基尔比成为独立的发明家,最后去得克萨斯农工大学电机工程系做教授。而坏脾气的张忠谋则官运亨通,做到德州仪器的资深副总裁,张汝京只能在走廊上偶尔碰到他。很显然,张汝京从基尔比身上学会了认真做事,从张忠谋身上学会了铁腕管理。

德州仪器在发明芯片后开挂,开始了一段辉煌的岁月。1967 年发明了手持式电子计算器;1978 年推出了第一款单芯片语音合成器,应用于一系列手持式教育玩具;1982 年发布全球首个单芯片数字信号处理器,市场上的基带芯片一度有一半的比例要用到德州仪器的数字信号处理器。德州仪器还进入消费电子领域,在 20 世纪七八十年代出生的美国人心目中,提起德州仪器,第一时间一定会想到学生时代的图形计算器。德州仪器的内存打败过英特尔,并挺过了日本内存的进攻。英特尔原本是德州仪器的内存供应商,

---

① 张忠谋,《张忠谋自传:1931—1964》,北京:生活・读书・新知三联书店,2001 年版,第 118 页。

后来反倒需要向德州仪器采购内存。德州仪器的电脑 CPU 虽败于 Wintel 联盟,在手机处理器上却取得了英特尔远远不及的成功。2G 时代最大的手机品牌诺基亚就一直采用德州仪器的手机处理器芯片。

在德州仪器做了八年的研发后,张汝京转入运营,参与或主持了德州仪器在美国、日本、新加坡、意大利和中国台湾地区 10 座半导体工厂的建设。张汝京成为全球半导体业界有名的"建厂高手"。

干了一辈子产业报国的张锡纶,不时就问儿子一个问题:你什么时候能到大陆建厂? 这个问题竟成了张汝京终其一生不可推卸的使命。张汝京深知,半导体工厂是一种知识密集型的工厂。没有足够多的技术人员,有再多的钱也办不了半导体工厂。他开始默默地为此做准备。德州仪器在中国台湾建德碁工厂时,张汝京便打算招聘中国大陆的工程师来台培训,以便解决未来建厂时的人才难题,受台湾当局阻止而作罢。到新加坡建厂,张汝京终于得到新加坡当局的允许,在中国大陆招聘了约 300 人,其中就有数十人后来跟随张汝京前往上海创业。

电子工业部曾于 1996 年拜访德州仪器,德州仪器负责接待的人就是张汝京。中国上马"909 工程"的时候,电子工业部就曾给张汝京打电话,力邀他担任总经理。当时张汝京正在为德州仪器建设泰国工厂,无法脱身。张汝京表示,不久的将来一定会到国内发展。

在亚洲金融危机冲击下,德州仪器决定退出内存产业,将内存业务全部卖给美光。做出这个决定是艰难的,因为内存一直都是德州仪器最大的业务版块。在德州仪器工作了二十年的张汝京借机提前退休,回到台湾加入了世大积体电路股份有限公司(简称世大)。世大是台湾在台积电和联华电子之后的第三家晶圆代工厂,此前由来自华邦电子的团队管理。张汝京主掌世大后,以铁腕进行整顿,让一些不合格的员工离职,开除在采购上贪污的管理人员,留下优秀员工组成工厂的骨干。世大面貌焕然一新,士气大大提高。

深谙建芯片厂之道的张汝京,不会放过亚洲金融危机带来的行业低谷的机会,果断扩大产能。世大比台积电晚了十年成立,但仅用了三年就做到了台积电三分之一的产能,而且开始盈利。张汝京已经做好了在中国建设芯片厂的详细计划:世大第一厂和第二厂建在台湾,第三厂到第十厂全部放在大陆。

创办茂矽和茂德的陈正宇打算来大陆发展,于是就接手了连年巨亏的华晶。1998 年 2 月,陈正宇和张汝京注册的香港上华半导体公司拿下华晶的委托管理合同,张汝京兼任世大和华晶两家公司的总经理。由于身份限制,不到三个月张汝京就被台湾当局硬拉回去。尽管如此,华晶仅用了半年时间就完成了改造,成为中国大陆第一家晶圆代工厂。陈正宇还为华晶引进了美国和中国台湾地区的管理团队,改造后的华晶于 1999 年 5 月达到盈亏平衡,"908 工程"项目才得以验收。华晶后来被华润集团收购,隶属于华润微电子。

1999 年,张汝京原本打算去香港建芯片厂,可能是考虑在香港会比较容易获得华盛顿的半导体设备出口许可。张汝京为此拜会了香港特区政府官员,探讨在香港建设以"硅港"为名的大型芯片项目的可能性。中芯国际公司在香港大学策划成立,并正式注册集资。江上舟知道后,立刻邀请他改到上海来建厂。其实,张汝京曾在中国考察了许多地方,由于他自己没有多少钱,有些地方的人就怀疑他是骗子。只有江上舟慧眼识英雄,称赞张汝京是"知本家",能够以"知本"吸引资本。张汝京也说,他之所以来上海发展,最大的理由就是上海有江上舟,难得有政府官员对他推动的产业有非常深的认识,"如果没有江上舟,我早跑了。"

2000 年 1 月,在北京讨论完芯片产业所需的扶持政策后,张汝京来到上海考察。上海四套班子全部出动,决策速度非常快,支持力度也很大。张汝京决定将中芯国际从香港移往上海,并在时任市长徐匡迪亲自陪同下考察浦东,将工厂最终选址于张江。上海正在实施"聚焦张江"的战略,集成电路成为张江重点聚焦的产业之一。许多人说:张江、张江,不就是张汝京和江上舟吗?

随后,世大被台积电并购,世大前往大陆建厂的计划也被取消。张汝京放弃了在台积电拥有的股票,不仅自己离台北上,还把妻儿全都迁往上海定居,甚至从美国接来了 90 多岁的老母。中芯国际初创时,台湾当局以张汝京在大陆的投资未经台湾当局审核为由,开了张 500 万台币的罚单作为警告,要求他在 6 个月内撤资。张汝京则以宣布放弃台湾户籍作为回应,颇有点破釜沉舟的意思。台湾当局害怕张汝京的举动影响其他在大陆投资的台商,对他放弃台湾户籍的申请竟然不予受理。随着中芯国际陆续在北京和天津建厂,台湾当局一再对张汝京进行罚款,累计三次共 1500 万台币。

面对台湾当局的打压,张汝京毫不在意。在他的身边,也有一大批台湾朋友在支持他。他们希望张汝京事业成功,为台商在大陆闯出一条新路。张汝京也说:"我不是一个人在与台湾当局抗争,我的身后有一批爱国台商,是我坚实的后盾。"[1]

建厂高手的杰作

2000 年 4 月,张汝京在上海创办中芯国际集成电路制造有限公司(简称中芯国际)。在中芯国际的经营上,张汝京把他在芯片业十多年来积累的人脉与经验都发挥到了极致。

首先是团队。张汝京是一个很有使命感和理想主义的人。他将公司取名"中芯",即"中国技术第一芯"的意思。在他的感召之下,竟有 300 多位来自世大、台积电等台湾公司的工程师跟随他北上,此外还有 100 多位来自欧美日韩新等地的专家以及许多中国大陆海归博士加盟,大家共同组成了一支强大的团队。许多人回忆起早年在中芯国际工作的短短数年时,仍然会

---

① 钱纲,《芯片改变世界》,北京:机械工业出版社,2020 年版,第 296 页。

提到,那是一个少见的理想时代,"很苦,但大家憋着一股劲儿,要把事情做好"。

男人可以苦自己,但不能苦家人。为了节约成本,新厂往往都会建在比较偏僻的地方。两地分居怎么办?子女教育怎么办?为了稳住人心、专心创业,张汝京多年来已经习惯在建厂的同时,在工厂周边建设员工宿舍、员工子女学校等配套设施,打造功能完善的社区。"公司会分房子、股票给员工,当年在上海分了1500套房,北京和武汉也分了一些,后来房产升值了,大家都有获益。在这里工作,不一定会暴富,但也绝不会被亏待。"张汝京非常鼓励夫妻同来中芯国际工作。很多人卖掉了在美国、新加坡的房子,回来了就打算扎根,而不是说干两年就走。

张汝京的细心是出了名的。几乎每个与张汝京共事过的人都会提起这一点,"每次在电梯里遇到,他都能叫出我的名字,公司里成百上千的人,他可以记住几乎每个人,正是这样的细心,拉住了人的心"。不管张汝京走到哪里创业,都会有大量的旧部跟随着他而去,在不同时间反复加入他的新公司,即使薪水可能大不如从前。

"Richard(张汝京)建厂有自己的方法,如同师傅带徒弟,张汝京会手把手带新员工,他很强调实际操作。"

张汝京也会特别向管理层强调,不仅招来的新员工要满足公司需求,公司也要对员工的职业发展负责,提供足够的资源。"大部分公司会强调获利,但他(张汝京)是把人放在最前面。"对于自己的员工,张汝京更看重的是个人做事踏实的品质,而他自己也从来没有领导架子。与张汝京一同工作时的气氛总是"像一个大家庭",这也成为不少老部下愿意一直跟随他的原因。

"当年的行业中,能够突破原本工作程序、勇于创新的老板很少,张博(张汝京)很不一样,能让人看到工作的希望。"严大生认识张汝京的时候,供职于台湾的封测厂力成科技。力成为世大提供封测服务,按行业惯例,原本会使用全球领先的半导体测试设备供应商日本爱德万（Advantest）的封测方案。但张汝京与力成共同调试改进，最终用自研方案节省了大量成本。这件事情一直被严大生记在心里，也成为他此后始终愿意跟张汝京一同工作的重要原因。

来到大陆建厂，张汝京把扶持合作伙伴的做法也带到了中芯国际。在行业中，一家新生的国产半导体设备厂商想要进入市场，需要有芯片厂使用其设备、帮助其认证。但多数公司都会选择成熟的国际品牌，不会选择国产的新品牌。只有极少数人给予了这些国产设备商机会，"爱用国货"的张汝京就是其中一个。

为了确保质量，在收到新厂商送来的样机时，张汝京都会同时准备一台同类型的达到国际水平的设备用作对比。若样机不达标，则会帮助其测试升级后再返回给供应商，供应商按照升级后的标准重新生产，再卖给张汝京。"这样既使用了国产设备，又确保质量。在很多设备和材料采购上，他都会先问问，有没有合格的国产品能够替代。"利用这种方式，张汝京充分发挥了中芯国际在中国半导体产业中的龙头作用，带动了国产半导体设备行业的发展，也为中芯国际打造了一个日益完善的国产设备供应链。

有了人才和合作伙伴，建厂还需要钱。中芯国际的原始股权结构设计是花了不少心思的。首先，外资股东占了多数，包括大名鼎鼎的高盛、华登国际（一家成立于美国的芯片投资基金，创始人为 EDA 三巨头之一铿腾电子的首席执行官陈立武）、祥峰投资（新加坡主权财富基金淡马锡的全资子公司）等，这有利于避开《瓦森纳协定》对中国的先进技术禁售。其次，每个股东都仅占从百分之几到百分之十几的股权，确保没有谁能影响创始人张汝京的话语权。最后，最大的股东上海实业是由上海市国资委全资控股的国企，这又确保了上海政府拥有一定的影响力，有利于公司在上海拿到优惠政策。

中芯国际初创时，张汝京跑遍中外，拿到了 10 多家公司的投资，也才拼凑了 10 亿美元,其中包括王阳元夫人杨芙清的北大青鸟的 1 亿美元。此外就只有 4.8 亿美元的银行贷款和 2003 年再募集的 6.3 亿美元。而仅仅建一条 8 英寸线就需要 10 亿美元,12 英寸线更是高达 15 亿美元。"建厂高手"张汝京将有限的资金利用到了极致,适逢行业发展的低谷期,中芯国际以相对较低的价格购入二手设备,以及用 11.42% 的股权换来了摩托罗拉位于天津的 8 英寸晶圆厂。"假设新设备要 100 块钱,别人维修好的二手设备买回来只要大概六七十块钱,我们买没维修过的二手设备只要 20 块钱,算上零件和人工费,一共约 30 块钱。不仅价格便宜,而且老师傅带徒弟维修,又增强了员工对设备的熟悉程度。"

张汝京的"小气"让人印象深刻。中芯国际一厂主厂房上梁时,张汝京仅花了 20 元人民币放了 1000 响鞭炮庆祝。在他的新工厂,用来装运二手设备的木箱经过师傅们巧手"改造"后,就成了临时工厂中的工作台、鞋架、置物台和前台等。"有人盖工厂,规模不到我们的一半,花费是我们的八成,效果还没我们的好。"张汝京举例说,有些工厂喜欢"新潮的设备",例如选择可旋转的摄像头,价格是普通摄像头的四倍,但在旋转时仍有死角,"我们装两个不可旋转的,挨在一起,价格只要一半,还没有死角。"

2000 年 8 月 1 日,中芯国际打下了第一根桩。这时候中芯国际的项目还没有拿到国家的批复,是江上舟争取来的上海市政府的临时开工许可,才使得项目开工时间大大提前。到 9 月 1 日,信息产业部才原则上批准中芯国际项目。可是,国家发改委却迟迟没有批下来。江上舟急了,发改委的工作人员却说:"你们才两个月! 比这大的项目半年才批的。"等到 10 月 25 日,在国务院办公会议上,朱镕基总理说了一句:"我听说他们的桩都打好了,还批什么? 过了!"就这样,中央批示得到了解决。

建厂期间,张汝京事事亲力亲为,初期每天在厂里巡视数次,每次要花两个小时。隔年 9 月 25 日,中芯国际的 8 英寸产线、拥有国内最先进的0.25 微米制程工艺的新工厂即正式建成,前后仅用了 13 个月,创造了当时全球最快的建造芯片厂的速度。开工第一天,张汝京带领公司高层主管到无尘车间,亲自用布沾上酒精,蹲在地上擦地板。为避免因灰尘而影响芯片的良品率,无尘车间地板需达到每平方米不超过 10 粒灰尘的洁净标准。

张汝京是个工作狂,每周上班 6 天,每天在工厂待 12 个小时。他对物质毫无追求,"出差坐经济舱,酒店干净就行,午饭常常是一碗青菜一碗饭"。曾经有台湾的朋友来上海拜访张汝京,回去跟台湾媒体评价道:"Richard 连西装都没有穿,就是一件工作衫,披上件发旧的灰色毛衣,像个传教士,办公桌是三夹板拼凑起来的便宜货。他说他有一个中国半导体的宏伟梦想,为这个梦想要彻底献身,好像甚至牺牲性命都可以。这个人不是为了赚钱才做这件事,这才是最可怕的。"

张汝京又是个急脾气。他不急不行啊,如果不能在最短时间内将芯片厂建成,如何能够跟得上摩尔定律每 18 个月就更新一代的速度?中芯国际在当时张江建厂的土地成本仅仅 169 元/米²,几乎是白送。加上大量二手设备与厂房,以及大陆的工程师红利,中芯国际新厂房的固定成本和变动成本分别做到了比台积电低 38% 和 16%——从这里也能看出为什么全球半导体产业链要向中国大陆转移。此外,通过股权换订单的灵活经营方式,中芯国际又先后将德国英飞凌、新加坡特许半导体(Chartered)、日本东芝和富士通等芯片巨头从客户变成了利益绑定的股东。一路结盟,中芯国际的股东数量也从 2000 年刚成立时的 16 个,一路膨胀到四年后上市时的 75 个。

中芯国际以内存产品起步,最初的技术来源是日本富士通。中芯国际从富士通先后引入了 0.21 微米、0.16 微米和 0.13 微米制程的存储器工艺。后来,中芯国际又从新加坡特许半导体和欧洲 IMEC 分别引入 0.18 微米和 0.13 微米的逻辑芯片工艺。

中芯国际做晶圆代工的主要竞争力,除了不断引入更先进的工艺制程,就是 12 英寸线的上马。因为其他大厂的多数 8 英寸线都提完折旧了,中芯国际这样的新厂在其 4 条 8 英寸线上并无多少成本优势。大家在刚问世的

12 英寸线上则处于同一起跑线。

在英飞凌的技术支持下,2004 年,中芯国际在北京建成了中国第一条 12 英寸晶圆的芯片生产线,这仅仅比全球第一条 12 英寸线的建成晚三年。当时全球只有美国、欧洲、日本、韩国和中国台湾地区的少数厂商有能力投资建设 12 英寸晶圆厂,中芯国际的这条生产线的建成被认为是中国半导体行业的一个重要突破。要知道,由于海外技术封锁,华虹 NEC 建成中国第一条 8 英寸线的时间可比国际上晚了整整九年。

美国总审计局 2002 年发表了对中国进行芯片技术出口管制的报告。其中写道,美国的策略就是要让中国芯片产业水平与美国代表的全球先进水平相比始终落后两代。美国对向中国出口芯片制造设备、材料和技术必须实行严格的管制。美国不仅对本国厂商进行种种限制,甚至连其他国家的公司与中国的正常合作也要横加干涉。据说张汝京为了突破设备禁运,找到了美国 5 家教会组织为他做担保,保证中芯国际的芯片技术不会用于军事用途,最后才拿到了出口许可。作为国有企业的华虹 NEC 直到 2010 年才终于开始在张江建设 12 英寸线,比中芯国际晚了六年。

中芯国际在发展过程中,不断受到美国政府的阻挠。2001 年中芯国际向美国应用材料公司购买双电子束系统,被布什政府冻结出口许可,只得从瑞典购买。2005 年向美国国家出口银行申请低息贷款以购买美国应用材料公司的设备,又被美光以"美国政府不能用纳税人的钱帮助对手"阻止,只能转向荷兰获得贷款并通过以色列公司的协助才顺利买到设备。中芯国际在申请 65 纳米制程工艺的出口许可时,因为美国政府的拖延,比美国公司晚了两年才申请到。当 IBM 同意在 45 纳米领域与中芯国际合作时,张汝京当天就让人把一人多高的资料送来,就怕 IBM 反悔。中芯国际因此在 2007 年 12 月就拿到了 45 纳米制程的生产设备,仅比西方发达国家晚了一年左右的时间。2009 年 1 月,中芯国际又争取来了 32 纳米制程生产设备的出口许可。

中芯国际于 2002 年正式投产,当年销售收入 4 亿元,次年的销售金额即增长到 30 亿元,出口创汇 3 亿美元。2003 年底,中芯国际三个工厂的总产能跃升到每月 6 万块晶圆,拿下了全球第四大晶圆代工厂的座次,仅次于台积电、联华电子和特许半导体(Gartner 数据)。中芯国际的崛起速度在全球半导体产业绝无仅有,震惊业界。中芯国际被世界知名的《半导体国际》杂志评为全球"2003 年度最佳半导体厂"之一。2004 年,中芯国际销售额再增长 1.66 倍至 50 亿元,芯片交付量增长 98% 至 94 万块晶圆,并首次有了年度盈利。该年 3 月,中芯国际成功地在纽约和香港挂牌上市,集资 18 亿美元,中芯国际的股东也获得了 3 倍多、近 8 亿美元的回报。到年底,中芯国际的工厂增加到 7 座,月产能提升到 11 万块晶圆。

2003 年,中国芯片总产量首次突破百亿大关,达到了创纪录的 134 亿块。中国芯片总产值达到 351 亿元,如果与"909 工程"启动之前的 1994 年相比,十年正好增长到了 10 倍,发展速度之快全球罕见(中国半导体行业协会数据)。以上海为龙头,中国的芯片产业形成了一个燕形的布局。其中,长江三角洲是燕子头,京津环渤海湾地区和珠江三角洲是燕子的双翅,中西部的武汉和成都则是燕身和燕尾。上海、北京、深圳成为三个较大规模的芯片产业集群(其中深圳仅有芯片设计,直到 2014 年底才拥有了华南第一条 8 英寸线),其他已建或正在洽谈建造芯片生产线的城市和地区超过了 10 个。在全国居于领跑地位的上海浦东,已汇集 10 余条 8 英寸晶圆生产线,形成张江、松江和漕河泾"两江一河"产业带。上海还积极地从芯片制造往上下游延伸,引进构建了从设计、制造、封测到设备的完整产业链。

即使这样,中国的半导体产值与全球高达 2000 多亿美元的半导体产值相比仍然仅占很小的一部分。中国国产芯片仅能满足国内市场需求的 17%,多数芯片依然依靠进口。同时,国内的芯片生产线大部分都是 8 英寸和 6 英寸晶圆生产线,国际上正在成为主流的 12 英寸生产线还很少,生产的芯片绝大部分也用于中低端产品——玩具、遥控器等简单消费品,用于电脑、手机等的高端处理器芯片几乎没有。中国芯片设计企业与国际水平的差距更大，多数都是低水平的重复设计。从整体上看，与美国、日本、韩国和中国台湾地区的芯片巨头相比，中国大陆的芯片企业无论在资金上还是在技术上仍处于劣势。正如一位著名专家所言，"在全球芯片业的池塘中，中国大陆仍是一条小鱼"。

中国大陆的半导体产业一片欣欣向荣。谁也预料不到，一阵阵寒流即将袭来，中国大陆还处在萌芽状态的芯片产业很快就迎来了萧瑟的寒冬。

第十五章

中国芯片的至暗时刻

江上舟对中国芯片的四大贡献

中芯国际的顺利发展,离不开江上舟的鼎力支持。江上舟并不满足于仅仅引入一个中芯国际,他还盯上了台积电、联华电子等台湾半导体行业的领军企业。2001年7月,江上舟亲自率领上海市工业经济联合会代表团赴台考察和招商。

台湾半导体厂来大陆投资是大势所趋,毕竟大陆是全球最大的芯片市场,而且利用大陆低廉的人力和土地成本可以大大提升企业的竞争力。富士康等台湾企业在大陆大展宏图让人眼馋。可以这么说,台湾企业不来大陆投资就很难做成世界级的大企业。

然而,台湾对半导体企业来大陆投资的限制很严,台湾三大半导体领军企业对江上舟带队的上海代表团的态度也有很大的差异。台积电态度是"不便接待"。张忠谋在被记者询问会不会往大陆发展时,很圆滑地回答了一个词"eventually"。记者认为是"终将"的意思,张忠谋不承认,他自己解释是"视不同事件(event)而定"的意思。台积电后来一直等到台湾放开政策了,才于2004年在上海松江建了它在大陆的第一座8英寸晶圆厂。

全球封测行业的老大,台湾日月光半导体公司原本没有安排与上海代表团接触。公司老总得知后,很是生气,要求其公关部长一定要联系见面。日月光一度试图以被外资私募基金收购的方式来绕过台湾当局的政策限制,终于如愿以偿在上海建立了大陆技术最先进、规模最大的封装测试厂,使大陆的封测技术直接提升三代以上。如今,中国大陆封测企业的技术实力和营收规模已进入世界第一梯队。

联华电子的曹兴诚则在深夜22点秘密接待了江上舟,承诺要来大陆投资。曹兴诚在台湾有枭雄之称,很讲义气、敢说敢做、说来就来。由于苏州给出了更优惠的政策,曹兴诚后来就改去了苏州建厂。2003年,曹兴诚以

"援助"的方式间接创立的苏州和舰科技投产,总投资 12 亿美元,月产量可达 8 万片晶圆。这也是联华电子在全球最大的 8 英寸晶圆厂。据称,曹兴诚非常崇拜郑和七下西洋的壮举,和舰科技的名称由此而来,在工厂设计上,曹兴诚还专门提出要求,将厂区的建筑打造成了一艘即将要启航的战船。这艘以和平为目的的战船,给曹兴诚带来了大麻烦。曹兴诚在台湾当局政策未开放的情况下强行"登陆",由此遭到严厉的打击。新竹地检署开展大搜查,就连联华电子高层管理人员的私人住宅都遭到多次突击检查。

有的企业家碰到司法问题,通常先躲起来,然后找个底下人来顶罪,看看能不能过得去。曹兴诚却"在第一时间立刻跳出来说,这个事情,帮助苏州和舰,是我的决策,我一个人负全部责任。同时我把它用白纸黑字登在报纸广告上面。然后说,这个检调要找,找我一个人麻烦就好了,我的企业你不要碰,员工也不要碰。所以说,后来他们也没有办法,只好以我为侦办对象。后来它一起诉,我就把联电董事长的位置辞掉了,我就是用一个老百姓的身份去跟他做一个司法的对抗。"①他还半讥讽地说:"如果早上搭飞机去上海,傍晚再坐飞机回台湾,这样就不算出走大陆了吧。"

强硬的态度最终给他带来了台湾当局对其的起诉以及绵延不绝的"政治"麻烦。因为诉讼频频,曹兴诚于 2005 年 6 月辞去"国策顾问"的职位。经过两年多的审理,2007 年 10 月,台湾新竹地方法院裁定曹兴诚在和舰案中无罪。曹兴诚于 2008 年退休,时年不过 61 岁。在 2011 年,伤心失意的曹兴诚宣布放弃台湾户籍,入籍新加坡。

芯片制造厂和封测厂仅是江上舟所期望的半导体产业链中的两个环节,他还力推中国半导体设备业的发展,试图建设完整的半导体产业链。半导体设备的开发要超前芯片制造三到五年,中国芯片制造厂的落后很大程

---

① 网易财经频道,《联华电子创始人曹兴诚:不担心世界经济二次探底》,《中国日报》,2010-10-25。

度上是因为半导体设备产业的极端落后,所以不得不受制于人。半导体设备技术难度高、研发周期长、投资金额高、依赖高级技术人员和高水平的研发手段,具备非常高的技术门槛。全球半导体设备市场被美国、日本和荷兰主导,其中仅美国就占了近40％的份额。江上舟每每痛心疾首:"国外企业关键设备是不给你的,他们把一些闲置的、报废了的设备和没用的技术高价卖给你,结果你亏死了。等你该升到那一级了,人家早报废完了淘汰掉了……我们这样惨痛的教训还少吗?"他野心勃勃地期望:"在微电子产业方面,不是搞一两个(企业),而是搞整个产业链。"他估计,未来十五年内,中国将在芯片生产线上投资1000亿美元,其中半导体专用设备和工艺技术的引进费用约700亿美元。这么大的一个需求,怎么能完全依赖国外进口?只有自主发展中国自己的半导体设备制造业,才能打破国际技术封锁与价格垄断,否则,中国"就会永远无法赚取超额利润发展自己,也永远无法进口非垄断价格的国际主流技术集成电路生产线"。2001年6月,他率先提出要打破国际技术封锁,填补半导体专用设备制造空白,增强微电子产业的发展后劲。

　　江上舟特别关注的是有"半导体产业皇冠上的明珠"之美誉的光刻机。中国光刻机设备的研制起步并不晚,从20世纪70年代开始就先后有清华大学精密仪器系、中科院光电技术研究所、中国电子科技集团公司45所投入研制。1977年,中国第一台光刻机诞生,加工的晶圆直径为3英寸。1985年,45所研制出了分步投影式光刻机样机,通过电子工业部技术鉴定,认为其达到美国DSW4800的水平。但国产的光刻机基本上都停留在实验室里,产业化做得很差。江上舟主张将光刻机项目列入"十五"国家重大专项,他说:"中国要从芯片的消费大国转变为芯片的制造大国,必须攻克这个堡垒,掌握这一核心技术。"在当时,反对光刻机设备业筹建的呼声很高,很多人认为中国不具备这个条件,不要搞,但江上舟认为一定要上,中国必须发展高科技。2002年,光刻机被列入国家高科技研究发展计划(863计划)。江上舟牵头,由科技部和上海市共同推动成立了上海微电子装备有限公司来承担主要技术攻关任务。上海微电子让中国光刻机技术取得重大的进步,还实现了出口。在将近二十年后的今天,我们面对极紫外线光刻机无法进口的尴尬,不能不感慨当年的江上舟是何等的具有真知灼见,也遗憾在江上舟之后再无人像他一样重视和推动光刻机的自主研发。

刻蚀机是重要性仅次于光刻机的半导体设备,专业做刻蚀机的中微半导体设备(上海)有限公司,也从江上舟的帮助中受益良多。"江上舟听到好的团队时,眼睛会放光的。"中微半导体的创始人尹志尧就是这样一位能让江上舟双眼放光的顶尖人才。

尹志尧是"文革"后国内最早一批从北京大学到加州大学洛杉矶分校去的留学生,后进入英特尔研发中心技术开发部工作。1980 年,美籍华人林杰屏在硅谷创立了泛林科技,主要生产刻蚀设备。泛林科技邀请在英特尔负责设备评测的尹志尧加盟。经过苦心钻研,尹志尧先后发布了 Rainbow 4500 介质刻蚀机和等离子体刻蚀机,产品性能和操作便捷性都大大优于美国应用材料公司的刻蚀设备。泛林科技在全球刻蚀设备市场的占有率在 20 世纪 90 年代超过美国应用材料公司,到现在还保持着占有全球刻蚀设备一半的市场份额。美国应用材料公司将尹志尧挖去做副总裁,大大提升了它的刻蚀设备的技术水平。尹志尧是美国高科技大公司里早期中国留学生中任职最高的一位,是国际半导体设备行业的领军人物。

在江上舟的感召下,2004 年,年已 60 岁的尹志尧从美国应用材料公司退休并回国创业。江上舟推动上海市将尹志尧的刻蚀设备项目列入"科教兴市"重点项目,说服上海市通过上海创投公司给尹志尧提供了 5000 万元的启动资金,还帮助其取得国务院高科技发展重大项目的资助。江上舟邀请国家开发银行董事长陈元来沪访问视察,给中微半导体争取了 5000 万美元的贷款。这也是国开行有史以来第二次给民营企业这么大的支持。

尹志尧带领 30 多人的团队从零开始,仅用三年时间就在业界首次开发了双反应台介质刻蚀除胶一体机,效率比同类产品高出 30％以上。这也是中国第一次能够生产出这样高端的半导体设备。之后十年,中微半导体自主研发了应用于 65 纳米、45 纳米等越来越先进工艺制程的一系列等离子体刻蚀设备,成功得到多家国际领先的芯片制造企业的订单,实现中国大陆高端半导体设备出口的零突破。恼羞成怒的美国应用材料公司和泛林科技两大半导体设备巨头分别在美国和中国台湾状告中微半导体窃密和侵权。在创业之初,尹志尧就预料到做高端半导体设备必遭竞争对手打压,提前做好各项准备。刚回国时,尹志尧要求人人签字画押,承诺不从美国带走任何资料。产品开发过程中,中微半导体的研发团队深入分析刻蚀机已有的 3000多个国际专利,小心避开,做自己的原创设计。由于准备充分,中微半导体和美国应用材料公司取得了积极的和解,在和泛林科技的官司中取得胜诉,为其获得国际订单扫除了知识产权障碍。

中微半导体成为中国少有的半导体设备全球一线供应商。没有江上舟的引进,就不会有今天的中微半导体。尹志尧盛赞江上舟是"我们的引路人",是"我们见到过的最有原则的共产党员"。

曾经有业内专家总结了江上舟对中国芯片产业的四大贡献:一是在国内芯片产业低潮时超前提出芯片发展战略,"如提出 10 条线,那时谁也不敢说";二是成功引进外资投入芯片;三是营造了芯片产业发展的良好政策环境;四是提出建立一个全国集成电路研发中心。

芯片的工艺研发,特别是规模化的大生产技术,是一项投资巨大、风险巨大、过程复杂的艰难事业,单独靠一家企业或一家科研单位是很难实现的。2001 年 6 月,江上舟正式提出要建"国家微电子工业技术研发中心",他相信以研发中心为基础,"必将在十年左右的时间内实现我国成为微电子工业强国的目标"!国家也发文明确提出,"国家支持组建一至两家产学研相结合的集成电路研发中心。"在国家"十一五"规划纲要中对这一主张再次加以肯定:"建设集成电路研发中心,实现 90 纳米以下集成电路工艺技术产业化。"

正好华虹 NEC 从 IMEC 引进的技术也需要一个研发基地进行消化和吸收,以形成自主的知识产权。于是,2002 年 12 月,由华虹集团、复旦大学、上海交通大学、华东师范大学、上海贝岭等单位共同出资组建的上海集成电路研发中心正式成立,注册资本为 1.5 亿元。研发中心开建了一条具有国际先进水平的独立中试线,美国应用材料公司同意向研发中心提供价值 8 亿美元的设备,首期无偿提供价值 5400 万美元的 0.13 微米铜制程工艺设备,这也是当时国内最先进的芯片制造设备。

研发中心成立后,实实在在地做了许多事情,比如为国内的半导体生产线提供技术支持和升级服务,为改变国内芯片制造工艺引进一代落后一代的被动局面做出重要贡献。研发中心还可做风力、压力承受等检测,使得那些使用进口设备的厂家节省了大笔原本要向国外交纳的检测费。2007 年 5 月,国家发改委核准将上海集成电路研发中心升级为国家级的集成电路研发中心,实现了江上舟最初的建议。

江上舟操心最多的还是中芯国际。2004 年,我国集成电路产业继续保持快速增长,芯片产量突破 200 亿块,销售收入超过 500 亿元。中国集成电路产业总产值同比增长 45%,为全球同期最高。其中,中芯国际一家企业就占了中国集成电路产业总产值的 10%、制造产值的 30%(中国半导体行业协会数据)。

中芯国际声名鹊起,时任中芯国际非执行董事的王阳元却对它有着自己的评价:"中芯国际既是中国芯片制造业的又一个里程碑,也不全是中国集成电路芯片制造业的里程碑。"他解释说:"说它是里程碑是因为它把中国集成电路技术水平与全球先进水平的差距由原来的四五个技术节点缩小到一两个,实现了中国芯片制造业的历史性突破;说它不是里程碑,则是因为中芯国际还没有真正掌握一大批具有世界前沿水平的自主知识产权。但是,我们希望将来的中芯国际能够掌握国际前端技术,能在某些领域引领世界潮流,成为又一个真正的里程碑。"

王阳元认为,自主知识产权是形成集成电路产业核心竞争力的关键。集成电路产业是资金高投入、技术高密集、高度国际化的产业,但真正阻碍后发国家进入国际集成电路产业领域的是技术。不能在产品设计和制造工艺技术上拥有一批自主知识产权,就永远难以在国际市场中生存与发展。

中芯国际存在着的自主知识产权不足的隐患,不幸被王阳元言中。中芯国际的急速发展,让一直对中芯国际保持警惕的台积电坐不住了。在张忠谋看来:你刚把工厂卖给我,就从厂里挖走不少人去建一座业务相近的工厂,这也太不地道了吧? 教父很生气,后果很严重。

中芯国际输了官司

2000 年底,在收到中芯国际的加盟邀请后,台积电的质量和可靠性项目经理刘芸茜准备离职奔赴大陆。在办理离职手续期间,她收到一封来自中芯国际首席运营官马尔科·莫拉的邮件,邮件中要求她提供一款产品的详细工艺流程。意大利人莫拉曾经是张汝京在德州仪器时的同事。此事被台积电知晓后,马上报告台湾警方。台湾警方反应迅速,立马搜查了刘芸茜在新竹的家,扣押了她的电脑,发现了莫拉与刘芸茜的往来邮件,邮件中包含了台积电的一些内部资料。

2003 年 8 月,在中芯国际上市前夕的敏感时期,台积电在美国加州起诉中芯国际不当取得其商业机密并侵犯其专利,要求中芯国际赔偿 10 亿美元。而这一年中芯国际的收入还不到 6 亿美元,并且尚未盈利。其实中芯国际已与台积电达成了专利交叉授权,不存在专利侵权问题。当时两岸关系的紧张,让通过各种关系进行私下斡旋成了幻想。

2005 年 1 月,中芯国际与台积电达成和解协议,赔偿 1.75 亿美元,分六年完成支付。中芯国际当年销售收入进一步增长到 11.7 亿美元,超越特许半导体,在全球晶圆代工行业排名第三(Gartner 数据)。看来,中芯国际有能力支付给台积电的赔偿金。

不过,和解协议要求中芯国际"所有技术都需供台积电自由检查"。建厂之初,张汝京曾经雇用了 180 位前台积电员工。到了中芯国际之后,这些工程师难免把一些在台积电中使用的技术顺手照搬过来。这就埋下了隐患,导致中芯国际在应对台积电的检查时十分被动。

和解协议签订才一年多时间,2006 年 8 月,台积电再次于美国加州起诉中芯国际,指责其违反了两家公司在前一年达成的和解协议,在最新的 0.13 微米工艺上侵犯了台积电的技术专利。中芯国际被迫再次应诉。

付给台积电的赔款和全球金融风暴带来的经营亏损,让中芯国际的资金出现了紧张。黑石等 5 家国际知名私募基金找到张汝京,愿意以优厚的价格收购中芯国际,收购股权比例最高可达 100%。张汝京认为,私募基金喜欢干将企业拆卖、迅速套现的事情,这样会对中国芯片业的发展很不利,故拒绝了它们的并购。不约而同的是,张忠谋也拒绝了私募基金从飞利浦手中接盘台积电股份的请求。

中国政府部门也给中芯国际推荐了华润、大唐电信等央企。考虑到大唐电信要推 3G 的 TD-SCDMA 标准,有大量的 TD 芯片制造需求,中芯国际希望能获得这个订单,最终大唐电信入围。由于国企的审批流程复杂,前后耗时 10 个多月,在此期间,中芯国际的股价从 1.4 美元跌至 0.36 美元。结果,中芯国际用 16.6% 的股份才从大唐电信那里得到 1.76 亿美元的资金,转让价格太低,而且不能完全解决中芯国际的资金短缺问题。同期摩根大通提出要以每股 4.8 美元的价格收购中芯国际 51% 以上的股份,又被张汝京拒绝,这导致了外资股东的强烈不满。

为了应对台积电的诉讼,张汝京犯了个大错误,没舍得花大价钱在美国当地请律师,而是听从国内律师的建议,在北京高院反诉台积电,指控其进行不正当竞争和商业诋毁。律师的想法是,北京法院的审理时间早于加州法院,如果台积电选择积极应诉,那么就必须晒出自己掌握的证据,这样就给了中芯国际在加州法院那头应对和反驳这些证据的时间。万一北京法院与加州法院的意见相左,那中芯国际回旋的余地就比较大了。然而,2009 年6 月,北京高院驳回了中芯国际的全部诉讼请求,官司根本没有进入审理环节。

　　台积电的副董事长曾繁城被张忠谋指定来负责与中芯国际商谈和解事宜,结束这场持续了很久的诉讼。9 月份,他与张汝京谈成了一个相当温和的和解条件,赔偿金额据说仅需 3500 万美元。"但是,当张汝京回到上海,却没有得到董事会及律师的支持。"曾繁城事后认为,"中芯国际内部自己出现问题,一直没有按照当时说的及时达成和解协议,一定坚持要打到最后。"①

　　11 月 4 日,律师传来消息,台积电在美国加州法院再次胜诉。加州法院判决中芯国际应赔付台积电 10 亿美元,分四年 4 期支付。而在 2009 年这一年,受全球半导体产业衰退和内存价格大跌的影响,中芯国际最大的代工客户奇梦达破产,中芯国际收入大幅下滑 21％至 10.7 亿美元,并且产生前所未有的 9.6 亿美元巨额亏损,根本拿不出这么多钱赔付台积电。

　　客观地说,中芯国际的确侵犯了台积电的知识产权,张汝京事后自己也承认:"我们做错了。"话又说回来,半导体技术太过复杂,半导体企业之间有点专利纠纷其实很正常。对这样重的判决结果,张汝京完全没有思想准备。在接到律师电话通知的那一刻,张汝京放声痛哭。已是中芯国际董事长的江上舟也急得不行。通过各种关系游说,台积电才勉强同意派出曾繁城面谈。

　　4 天后,江上舟、张汝京和律师一块飞往香港与台积电谈判。不管好话如何说尽,台积电都不同意,连律师都要放弃的时候,只见江上舟横眉冷对、一字一字地向对方说道:"你们如果坚持把这官司继续打下去,你们就要做

---

① 《台积电首度回应入股中芯国际:不是想吃掉对方》,《21 世纪经济报道》,2009-12-03。

好承担这样做所带来的任何不良后果的准备！"

对方惊呆了。"不良后果"是什么，他们当然清楚。台积电要求："我们回去商量商量。"

江上舟斩钉截铁地回答："不行，必须今天决定！"①

台积电最终同意和解。11月9日，台积电和中芯国际达成了和解协议。和解协议包括终止中芯国际根据前份和解协议要求支付的剩余约4000万美元付款责任，中芯国际无偿转让约7％的股份给台积电，分期四年支付台积电2亿美元，并授予台积电在未来三年内以每股1.3港币价格认购中芯国际约3％股份的认股权证。

虽然台湾媒体得意地宣称："我们从此控制了大陆芯片业的半壁江山。"但台积电并没有如此打算。台积电并没要求中芯国际的股份，是中芯国际自己提出说没那么多现金，要用股份来偿付赔款。由于中芯国际的股权非常分散，已经是第二大股东的台积电原本完全有能力通过在资本市场上的股份增持来实现对中芯国际的控股，但台积电根本就没有这样做，反而是逐步将持有的中芯国际的股份全都卖掉了。台积电甚至从来没有要求过在中芯国际拥有董事席位。在商言商，台积电只是为了维护自己的权益。再说了，台积电也需要大陆市场，不可能对中芯国际逼之过甚。事实上，台积电与中芯国际的专利纠纷，也确实导致了中国芯片产业界对它的不良印象，对它在大陆的发展产生了一定的负面影响。

台积电与中芯国际的最终和解协议一签订，张汝京便引咎辞职，离开了其奋斗了九年的中芯国际。曾繁城否认是台积电要求张汝京离开中芯国际的②，他的说法很可能是真的。很可能，中芯国际董事会不仅否定了张汝京谈成的赔偿3500万美元的和解协议，在酿成大错后还要求张汝京用辞职来

---

① 高陶，《中国芯：战略型科学家江上舟博士传》，北京：中国青年出版社，2012年版，第245页。
② 《台积电曾繁城详解中芯城下之盟》，《第一财经日报》，2009-12-03。

承担责任。当时中芯国际内部的各种势力已相当复杂,新老股东矛盾重重,不少股东都对张汝京不满,正好借此败诉的机会驱逐张汝京。被迫离开自己一手创办的公司已经够让人伤心了,张汝京一腔热血来大陆办芯片厂,中芯国际却要他签署三年内不得再从事芯片制造的竞业协议,这不能不让他感到悲愤。

江上舟临危受命

中芯国际在输了与台积电的官司后元气大伤,江上舟临危受命。

中芯国际遭遇台积电的第二次专利侵权起诉的时候,正值陈进的汉芯造假丑闻曝光。当时的人们理所当然地会怀疑:中芯国际到底有没有自己的核心技术?同样是美籍华人的张汝京是不是第二个陈进?

可想而知,一直力挺张汝京和中芯国际的江上舟承受了多大的压力。江上舟因病淡出仕途后,2006年担任中芯国际的独立非执行董事,同时他还接替邓朴方担任了两年多时间的中国残疾人福利基金会理事长。北京高院驳回了中芯国际诉台积电不正当竞争的请求之际,江上舟挺身而出,接替王阳元出任中芯国际董事长。他担任中芯国际董事长不过4个月,美国加州法院再次判决中芯国际败诉。

当时的中芯国际绝对是屋漏又逢连夜雨:对外"割地赔款",客户的疑虑很大,并且在全球金融危机背景下中国芯片制造业连遭重创和中芯国际的连年亏损,使得芯片和中芯国际已经成为很多人眼中的"鸡肋";对内则是管理层面临重建,员工人心惶惶。在这乌云压城城欲摧之际,癌症尚未完全康复的江上舟"辛苦遭逢起一'芯'",毅然接过了支撑中芯国际这场危局的重担。

危急关头,江上舟力挽狂澜,相继邀请王宁国接替张汝京担任首席执行官、杨世宁接替深陷侵权漩涡的莫拉担任首席运营官,组成新的核心管理团队,稳住人心。王宁国曾担任美国应用材料公司全球副总裁,是美国半导体大公司里职务最高的华人之一。他在美国应用材料公司主导了多项技术开发，为半导体制程设备技术带来许多成功的突破，拥有百余项专利，被誉为"应用材料专利之王"。2005年12月，王宁国出任华虹集团总裁，因华虹12英寸线暂停而于一年半后从华虹辞职。

中芯国际原来的主要业务是做内存代工，在英飞凌及其后的奇梦达的技术支持下，量产了90纳米制程工艺的内存，2008年获得了大陆内存市场30%的份额。由于奇梦达破产，失去技术来源的中芯国际只能放弃内存业务。江上舟带领中芯国际向晶圆代工转型，扭转了中芯国际成立以来连续十年整体亏损的局势，于2010年扭亏为盈，尽管利润仅有2000万美元。

中芯国际最大的问题还是缺乏资金。在输了与台积电的官司的情况下，已经没有任何一个投资人愿意出钱。江上舟只得向国家求助，最后终于以11.6%的股份换来大型央企中国投资有限责任公司的2.5亿美元注资。这对中芯国际来说是非常重要的一笔救命钱。

在中芯国际危难之际，江上舟起到了定海神针的作用，稳住了局面。然而，江上舟壮志未酬，因肺癌复发而于2011年6月27日辞世，时年仅64岁。在生命的最后7天，极度虚弱、处于半睡眠状态的他，还参加了一个多小时的中芯国际董事会电话会议。在他刚开始力推中国芯片产业的1998年，中国芯片产值仅有60亿元；到他去世的2011年，中国芯片产值达到1572.2亿元[①]，十二年增长至原来的26倍。上海的半导体产业在中国半导体产业中占据了一半的产值，拥有从设计、制造、封装、测试、设备到材料的中国最为齐全的半导体产业链，并且几乎在半导体产业的每个环节都处于中国领先的地位。江上舟对此功不可没。

江上舟不仅是上海乃至中国半导体产业的奠基人，还是国家大飞机项

---

① 中国半导体行业协会数据，1572.2亿元包括设计473.7亿元、制造486.9亿元和封测611.6亿元。

目的启动者之一。在 2001 年的上海工业博览会上，已经退休的"运-10"项目参与者张家顺以民营企业代表身份向江上舟提起大飞机的事情。江上舟听罢大惊："上海还有这么一件事？"全世界能够生产民用大飞机的只有美国的波音和欧盟的空客，如果中国能够生产大飞机，将有力推动中国的高科技和尖端工业的发展，并节约大量用于进口大飞机的外汇。江上舟亲自帮助张家顺修改报告，寻找上海市领导和航空界专家的支持，极力推动已停滞二十多年的中国大飞机制造项目重启。

2003 年 9 月，江上舟以局级干部的身份被科技部调入部级干部云集的国家中长期科学和技术发展规划办，做了两年最重要的重大专项组的组长。这次中长期规划的重要性仅次于为研制两弹一星的 1956 年的那次。江上舟亲自参加大飞机项目的论证和调研，并以科技部的名义主持召开了航空界一流专家参加的国家 15 年重大科技专题项目研讨会。江上舟深知，由于部门利益作祟，中国航天工业部长期存在着"要上军用运输机、不能上民用客机"的论调。在此次研讨会上，他定下了三条规矩：20 多位与会者都是作为独立专家身份请来的，不能站在部门或单位的立场说话；每个人的发言都受到保护，不允许泄露；所有发言均通过录音和打印签字确认，以对历史负责。这三条规矩保证了研讨会的顺利进行，所有专家全部签字建议国家立即上大型民用客机项目。大型飞机制造事业因此在《国家中长期科学和技术发展规划纲要(2006—2020 年)》和"十一五"规划纲要中都被列为中国科技发展的重大专项，这才有了后来 C919 大飞机的上天。大飞机是当时中国 16 个重大专项中最重要也最难啃的硬骨头，没有江上舟的努力，很难说大飞机项目还要延误多久。

除了大飞机外，江上舟还将微电子产业、集成电路软件、微电子装备、微电子技术研发中心、第三代移动通信、燃料电池汽车、煤制油等项目选定为国家"十一五"大型科技重大专题项目。

早在 1994 年，世界主要汽车生产企业即研制出了首台燃料电池汽车，只是由于在传统矿物石油能源技术领域积累的存量资产达到近万亿美元,担忧转产氢能源燃料电池汽车造成存量资产报废,才暂且搁置这一技术。江上舟认为,上海应该借此机会抢得燃料电池技术先机,自主研发氢能源燃料电池汽车,实现对西方汽车工业的赶超,解决中国严重依赖海外石油供应的瓶颈问题。在江上舟的推动下,在小汽车刚刚进入中国普通家庭的年代,上海市即组织实施燃料电池"中国平台计划",集中力量开发适合于中国国情的燃料电池轿车平台。后来,中国的燃料电池和电动汽车走在了世界前列,让很多国家都感到惊讶。

受益于江上舟的推动的新兴高科技产业,还有太阳能发电、液晶面板、LED照明……江上舟自身有留洋通信专业博士的功底,再加上给自己安排的大量的学习任务,才能得出对各高科技产业走向的科学判断。比如在大飞机项目的论证过程中,江上舟阅读了不少全英文书籍,得以掌握航空技术发展的新动向。作为当时中国官员中极罕见的海归博士,江上舟能够把科学家的意见转化成决策者能够迅速理解的语言,成为科学界与政府决策领导之间的重要桥梁。

在住院治疗癌症的期间,江上舟多次逃出医院去参加各种会议,以至于医院不得不没收了他的鞋子。就在化疗手术的前一天,他还飞往北京推动大飞机项目。他总是乐观地说:"我不能保证肺癌不复发、转移,但我每次都能争取打败它。"但繁重的工作和凶恶的癌症最终还是拖垮了他的身体。在他生命的最后时刻,江上舟还对没有看到大飞机上天而表示遗憾。江上舟的逝世,不仅是中芯国际的损失,更是中国高科技产业的损失。

在弥留之际,江上舟将中芯国际托孤给其在清华大学电子系的老同学张文义。张文义曾任电子工业部副部长,后接替胡启立担任上海华虹集团董事长。然而,张文义并不拥有张汝京和江上舟那样的威望与魅力,更何况中芯国际最大股东大唐电信对张文义并不认可。张文义和王宁国都来自华虹,大唐电信显然担心会被华虹系架空。

随着江上舟的过世,中芯国际内部的两大派势力的矛盾开始了大爆发。

中芯国际创立之初,由于资金紧缺,广泛吸纳了来自国企、外企、上游客户等各方面的资本。相应地,中芯国际内部也就分割出了两大势力:

一是大陆派,作为大股东的政府与国企派力量,想要借着中芯国际来扶持本土产业链发展壮大;

二是台湾派,作为企业实际控制人的台湾高管,以盈利为主要目的,想让企业向国际化格局发展。

简而言之,在经营策略上,大陆派想"做大做强",台湾派想"做强做大"。先"做大"还是先"做强"的矛盾,在当时中国半导体产业积贫积弱的前提下,根本无解。想当初,就是为了将企业做大,张汝京一手主导了中芯国际的菱形布局。除了上海本部,中芯国际还在北京、天津、成都、武汉各地建设新的产线,一方面贴近下游客户,另一方面利用各地产业优势与政府扶持快速崛起。但是其代价就是中芯国际自成立以来十年都未盈利,这是海外资本无法容忍的,也是来自台湾的职业经理人不认可的。放弃成都与保住武汉,其实就是两派势力冲突和妥协的结果。从长远来看,台湾派的意见是对的。企业要生存,就一定要有盈利,至于额外的负担,必须控制在企业能承受的范围内。事实上,当时的中芯国际也没有能力实现对武汉新芯进行注资和将它变成子公司的承诺。武汉新芯要想扭亏为盈,至少还需要几亿美元的注资。而中芯国际要扩大北京芯片厂的产能,也需要 10 多亿美元。中芯国际不可能在短期内筹到如此巨大数额的资金,武汉新芯最终还是撇中芯国际而去。

台湾派和大陆派的矛盾很快就公开化,两派内斗的结果是两败俱伤。在很短的时间内,作为台湾派和大陆派代表人物的王宁国和杨世宁相继辞职,大批技术骨干跟着流失,对中芯国际造成了不小的伤害。中芯国际 2011 年的亏损高达 2.45 亿美元。

大唐和中投的入局也意味着中芯国际开始了去外资的进程,其国资背景在逐步增强。包括上海实业在内,中芯国际的前三大股东都属于国有资本,此后,中芯国际的国资比例基本上都不低于40％。国资进驻有利也有弊。半导体行业特别是芯片制造业作为"吞金巨兽",需要巨额资金投入。中芯国际此前因为其外资身份,连国家专项资金补贴都无法享受。截至2011年,中芯国际累计亏损已逾10亿美元,仅靠市场资金是难以为继的,没有国家资金的支持,一定难逃被国际私募基金收购的命运。但国资控股,就很难再从西方国家引进先进设备。此后中芯国际技术发展停滞,与国资增持有莫大的关系。

2011年8月,邱慈云接替王宁国担任中芯国际首席执行官。邱慈云曾任台积电工厂高级总监,后追随张汝京建立中芯国际,担任高级运营副总裁,一度被视为张汝京身旁最重要的副手。不过,由于在公司运营管理等问题上与张汝京有不同意见,2005年,邱慈云离开中芯国际,在时任华虹NEC总裁王宁国的邀请下,加盟华虹NEC担任营运副总。由于华虹NEC的12英寸线建设资金迟迟不能到位,王宁国和邱慈云都离开了华虹NEC。邱慈云转战马来西亚矽佳半导体有限公司(Silterra)担任首席运营官。2009年2月,华虹NEC与宏力半导体合并一事提上日程,华虹NEC的12英寸线计划被重提,邱慈云在时任华虹集团董事长张文义的邀请下,又回到华虹NEC任职首席执行官。

对于邱慈云的职位任命,有业内人士用"不幸中的万幸"来形容。因为邱慈云是中芯国际早期参与创业的高管,又是一手推进华虹NEC的12英寸线项目的执行人,能够获得大陆方的认可。另外他本身是台湾人,这又稳住了企业内部一批台湾派的人心。

技术出身的邱慈云是个务实派,他注重成熟工艺的应用,不急着追求最先进的制程;放弃盲目扩张战略,转而保持高良品率前提下的高产能。2012年,中芯国际与IBM就28纳米制程开展合作,并实现40纳米制程的量产。此前,中芯国际亏损的主要原因是:本土芯片设计产业尚未起来,主要依赖海外订单,很难将产能跑满。而到了这时候,以海思、展迅、兆易创新等为代表的本土芯片设计产业终于开始崛起。邱慈云于是将重点放在国内市场,依托国内市场发展。在他的带领下,中芯国际从 2012 年第 3 季度起创下连续 13 个季度都盈利的佳绩,彻底改变了中芯国际"老亏损户"的形象。

邱慈云上任时,中芯国际市值仅 118 亿港币。2015 年 7 月,他被美国《机构投资者》杂志评为亚洲区最佳首席执行官(科技/半导体类)第三名。此时中芯国际市值达到 317 亿港币,成长了将近 2 倍。

中芯国际在后张汝京时代顺利转危为安,而离开中芯国际的张汝京也没有闲着。

第十六章

十年坎坷芯路

从新昇到芯恩

张汝京在离开中芯国际的时候,签署了一份竞业协议:三年之内,他将不得从事芯片相关的工作。已经 61 岁的张汝京并未选择退休。他先在竞业范围之外进入 LED 领域,短短不到三年的时间,已经在国内投资了 4 家 LED 企业,涵盖 LED 上游衬底材料、芯片和下游照明应用,投资金额超过 35 亿元。2014 年 6 月,竞业限制期一过,他就把这些 LED 厂以合理获利的价格转让给了合伙人,自己创立了制造大硅片的上海新昇半导体科技有限公司。之所以选择做大硅片,一来是因为中芯国际和台积电都没有这块业务,不会有产生冲突之虞;二来这又是中国半导体产业的一个重大薄弱环节。

半导体原材料的高端市场主要被日本和欧洲的少数国际大公司垄断,中国半导体原材料在国际分工中多处于中低端领域,自给率极低。按照业内的说法,中国在半导体原材料上除了空气(芯片加工过程中需要的特种气体)和水(高纯度水),其他都需要从国外进口。硅片是市场规模最大也是最重要的半导体原材料,在芯片制造的总材料成本中占了 30%~35% 的比例。尽管硅的原料就是沙子,资源丰富且廉价,但要加工出满足芯片制造需求的硅片却不是件易事。首先,制造芯片用的硅片对纯度的要求非常高,必须达到 10 亿个硅原子中最多仅有 1 个杂质原子的程度;其次是硅片的平整度要求也非常高,12 英寸硅片的平整度要控制在 1 纳米以内,相当于从上海到北京拉一条直线,最大的起伏不能超过 3 毫米。

中国大陆对 12 英寸硅片的需求量在 2018 年超过 600 万片,2019 年增至 1800 万片。随着大量芯片制造厂的投产,预计中国大陆在 2021 年对大硅片的需求将超过 3500 万片。

而在张汝京入行之际,中国大陆大硅片的自给率是多少?

几乎是零,惨得不能再惨。

全球前 5 大硅片制造商日本信越化学、日本三菱住友、德国世创电子、韩国硅德荣和中国台湾的环球晶圆控制了硅片市场的 94％，其中对 12 英寸大硅片的控制程度更是高达 98％。这些供应商没有一家在中国大陆设厂，对大硅片技术外流的防范之严远甚于芯片制造业。特别是对硅片制造最核心的晶体生长环节，全球硅片大厂均牢牢掌控并实行严格的保密制度。顶尖硅片企业的长晶炉均是指定设备厂商定制供应，公开市场上可以直接买到的长晶炉均不是顶尖硅片企业真正使用的设备。

2017 年全球硅片短缺，日本三菱住友控股的台湾胜高（Sumco）拒绝向武汉新芯供货，优先供货给英特尔、台积电、美光等企业。这已暴露了中国大陆在硅片供应上存在极大的隐患。

中国硅片的研发起步并不晚，早在 1959 年，从美国归来的科学家林兰英就拉出了中国的第一根单晶硅棒。1997 年，在全球芯片业升级 12 英寸产线前夕，中国大陆也成功地拉出了 12 英寸的单晶硅棒。但由于纯度和平整度达不到芯片制造的要求，中国大陆自产的硅片只能用于光伏发电等低端用途。

张汝京实现了中国大陆在芯片制造级别大硅片生产上的零的突破。仅用了一年多时间，新昇就完成了厂房建设和设备安装。2016 年，新昇拉出了中国第一根高质量的 12 英寸单晶硅棒，2018 年开始大规模生产。到 2019 年，新昇已经量产出 10 万片 12 英寸大硅片。伴随着中国大陆建芯片厂的热潮，截至 2019 年底，中国大陆包括新昇在内已有 10 多家企业规划了 12 英寸大硅片项目，规划月产能超过 400 万片。中国实现大硅片的自给自足指日可待。

2017 年 5 月 30 日三年聘期一满，张汝京就离开了新昇。据说张汝京的"老毛病"又犯了，他一直有心培养中国大陆本土设备企业，使用本土供应的大硅片生产设备，例如南京晶能的长晶炉。硅片生产及加工环节包括长晶、切磨抛、清洗和检测等工艺，对应设备有长晶炉、切片机、研磨设备、抛光机、清洗机和检测设备等。这些设备的供应商主要集中在日本、韩国、德国和美国,且每一类设备都被几家供应商垄断。中国大陆仅在长晶炉、切片机和研磨设备上有所突破,抛光机和检测设备都还接近于零。半导体设备需要在实际使用的过程中不断磨砺,通过持续迭代升级才能进化。中国大陆本土设备生产出的硅片良品率不够,可能需要几个月甚至一年来不断改进,这就导致新昇量产时间推后。而如果用进口设备,可以立刻实现量产,马上给企业带来效益。这就引发了资方的严重不满,导致张汝京不得不出局。新昇后来被上海硅产业集团 100% 收购。

2018 年 5 月 3 日,张汝京与青岛大学电子信息学院合办了微纳技术学院。学院当年招收本科生 120 名,并将逐年增加本科生与研究生的招收人数。张汝京出任学院的终生名誉院长,他本人及其团队多人兼任学院的教授。

微纳技术学院成立同月,在他古稀之年,张汝京竟再次创业。他创立了青岛芯恩集成电路有限公司,以实现他一直想做德州仪器式的 IDM 厂的执念。

芯片工艺有两个发展方向:一是追求先进制程的工艺,按照摩尔定律的要求快速迭代;二是在成熟工艺的基础上做特色,满足多样化的定制要求。芯恩一期和二期总投资 200 亿元左右,实力有限,无法在先进制程上比拼,只能走特色工艺路线。特色工艺包括模拟、射频、功率、微机电系统等细分市场,电路结构设计相对简单,但对加工工艺有特殊要求,批量较小、单价较高、可靠性要求高,需要长期的技术沉淀、用户验证和口碑积累。国际上特色工艺芯片做得好的都是 IDM 厂,比如做模拟芯片的德州仪器,做汽车芯片的恩智浦、瑞萨电子和英飞凌等。中国在特色工艺方面也比较落后,主要原因就是缺乏 IDM 厂。中国前 10 大半导体企业中,华润微电子是唯一的 IDM 厂。

虽然芯片设计与晶圆代工的分离蔚然成风,但半导体产业的主流其实仍然是 IDM。并不是所有的半导体 IDM 工厂都适合转型做晶圆代工,除了特色工艺芯片,还有内存也被证明不适合走晶圆代工路线,三大内存巨头三星、SK 海力士和美光都是 IDM 厂。如今,全球半导体产业晶圆代工、芯片设计和 IDM 厂三大类型公司的产值的比例大致是 1∶2∶3。

IDM 厂的资本支出巨大,而且还要求芯片设计能力要强,这样才能把产能跑满。为了解决产能问题,芯恩采用的是张汝京自创的 CIDM 模式。CIDM 即 Commune IDM,共享式 IDM,通过吸引大量海内外芯片设计企业入股的方式来解决 IDM 厂不易拿到代工订单的问题。CIDM 模式包括设计、制造、封装、测试、模组等全产业链,整体利润水平高于晶圆代工模式。CIDM 对企业创始人的个人声望要求很高,否则芯片设计企业怎么会放心入股? 而张汝京最不缺乏的就是感召力。又有一批老部下"归队"芯恩,追随张汝京创业。这支经验丰富的资深半导体团队具有二手设备翻新改造的能力,还能自行设计其所需要的一些半导体设备,可以大幅度降低生产成本。这也是张汝京一贯的作风。

生命不息,折腾不止。正如张汝京在离开中芯国际时所说的:"不要被打趴下,人生总是要不断地努力。"

成都成芯和武汉新芯艰难求生

2005 年 9 月成立的成都成芯半导体制造有限公司(简称成芯)开创了中国晶圆代工厂的"政府出资、企业代管"模式,一度备受业界瞩目。成芯拥有一条 8 英寸线,成都市政府下属的成都工业投资经营有限责任公司和成都高新区投资有限公司是其主要投资方,中芯国际则负责日常的运营和管理。根据中芯国际与成都市政府的合作协议,中芯国际除了向该工厂输送技术、人才、设备,还承诺在工厂建成后的若干年内优先回购公司股权。2006 年 4月注册成立的武汉新芯集成电路制造有限公司(简称武汉新芯)也沿用了这一模式。

一方面,地方政府欲通过发展高科技产业来创造 GDP、增加就业;另一方面,中芯国际欲通过"菱形布局"挺进大陆但苦于缺乏资金。所以双方各有所求,一拍即合。张汝京曾沾沾自喜地认为自己在中国创造了一个发展半导体的新模式,不需要花钱投资就能获得规模效应。

"代管模式"看似无须资金投入,但最大的问题也是在资金投入上。半导体产业短期内亏多赚少,经营的波动性也很大,需要长期资金投入而且投资回报周期很长。而政府领导经常换届,新领导不一定会认同上任领导的做法,更何况是一个亏损的项目,所以往往在前期投入一笔资金,在后期就没有持续性的投入了。再加上许多新兴产业涌现,如多晶硅、光伏及 LED 等,这些产业投资相对较少,看起来更容易获利,芯片制造在地方政府眼里就越发成为包袱。芯片制造的回报之慢和风险之大完全是官员政绩上的大坑。后来,SK 海力士的无锡厂和三星电子的西安厂其实就是"代管模式"的改进版,政府只做基础设施投入和通过贷款解决部分资金需求,将后续资金投入及经营管理的责任完全移交给外资一方负责,这样就不再出现中芯国际"代管模式"的类似问题。

2007 年,成芯刚投产,就因内存芯片的价格崩盘陷入亏损。当决定改产逻辑芯片时,成芯又没有得到美国政府的技术出口许可。接下来又遭遇汶川大地震,成芯的生产彻底乱了套。于是成芯将定位改为替德州仪器代工模拟芯片,这一业务与中芯国际的天津厂存在竞争关系。成都方面认为中芯国际为了确保其天津厂的产能,没有全力运营成芯,导致成芯自成立以来一直亏损。再加上中芯国际有意接手武汉 12 英寸晶圆厂,放弃成芯 8 英寸晶圆厂,更让成都方面愤怒。双方关系中的裂痕越来越大。成都方面没有人员拥有半导体产业运营的经验,玩不转成芯这只"吞金兽",于是决定将其出售。

2010 年 7 月,注册资本为 22.5 亿元的成芯,将其所有资产以 11.88 亿元的价格公开挂牌寻求转让。10 月,德州仪器宣布在成都投资 2.75 亿美元设立其在中国的第一家芯片制造厂,这家 8 英寸晶圆厂的厂房和设备正是通过收购成芯的资产而获得的。

德州仪器在电脑 CPU 败于英特尔、内存业务卖给美光后,顺应了移动互联网的兴起,转战手机应用处理器。德州仪器的手机应用芯片原本相当强劲,诺基亚、摩托罗拉这些早期的智能手机大牌用的都是德州仪器的应用芯片,迟至 2011 年华为推出第一款品牌旗舰手机 P1,号称所有零部件用的都是业内顶级配置,其应用芯片也是德州仪器家的。然而,在 3G 移动通信技术上拥有垄断优势的高通将它的应用芯片与基带芯片捆绑销售,不是做通信业务出身、缺乏无线通信专利积累的德州仪器无法与高通竞争。德州仪器最终还是退出了手机处理器芯片业务,再次转型,专注模拟芯片和嵌入式芯片领域。

2008 年美国金融危机爆发,全球半导体产业又进入衰退期,德州仪器却逆势扩张——张汝京"不景气时盖厂最好"的理论正是在德州仪器学的。2010 年 4 月份,德州仪器宣布在菲律宾新建一座占地 80 万平方英尺的封测厂。8 月份,德州仪器又斥资 1.725 亿美元收购奇梦达旗下申请破产的美国子公司。2010 年上半年,德州仪器收购飞索半导体(Spansion)在日本的两座晶圆厂。对成芯资产的收购只是德州仪器一连串扩张行动中的一环。2011 年 4 月,德州仪器以 65 亿美元并购美国国家半导体,这在当时是半导体行业有史以来的第三大并购案,仅次于黑石集团 2006 年以 176 亿美元收购飞思卡尔和 2000 年德州仪器以 76 亿美元并购伯尔-布朗公司(Burr-Brown)。收购美国国家半导体后,德州仪器在通用模拟器件的市场份额迅速提升,从此稳居全球模拟芯片供应商的头把交椅。这一收购还让德州仪器该年的营收超越东芝,跃居半导体行业第 3 名。如今,德州仪器一家企业就占了全球模拟芯片市场 18％的份额,近几年的毛利率在 65％以上,小日子过得可比其他芯片厂舒服多了。德州仪器从 20 世纪 70 年代直到 80 年代初一直都是全球最大的半导体企业。直到今天,德州仪器仍然是芯片问世半个世纪以来唯一一家从来没有离开过全球半导体企业营收榜单前 10 的企业。

武汉新芯也遇到了与成芯类似的经营困难。武汉新芯由湖北省、武汉市、东湖高新技术开发区三级政府出资,其中仅一期项目投资额就高达 100 亿元。这亦是作为内地省份的湖北有史以来单体投资额最大的工业项目。

武汉新芯项目可谓命运多舛。公司成立之初,受困于台积电的法律诉讼,无法使用美国设备生产逻辑芯片,就准备改成生产内存。孰料遭遇全球内存市场的价格崩盘,利润一再下滑,被迫将产品线再转向闪存。2008 年 9 月,武汉新芯拿到飞索的闪存技术授权,开始为飞索代工 65 纳米闪存。

飞索由超威和富士通的闪存业务于 1993 年合并而成,当时是全球排名前 3、仅次于英特尔和东芝的闪存厂。飞索擅长闪存的底层基础技术研发,一直走在全世界闪存技术的最前沿。但到了 2009 年 3 月,因未获苹果公司订单、市场需求下滑和债务高企,飞索申请破产保护。金融危机结束后,闪存市场转好,飞索连续 4 个季度盈利,成功脱困,最终以 40 亿美元的价格被赛普拉斯并购。

飞索自身难保的时候,武汉新芯也没有好日子过。在相当长一段时间内,武汉新芯一直处于订单不足的困境,每月所耗晶圆只有 3000 到 9000 片,未能达到 2 万片/月的盈亏平衡点,企业持续亏损。随着芯片市场需求回暖,武汉新芯需要扩充产能,又开始遭遇资金瓶颈。而同样持续亏损的中芯国际显然无法实现它在合作之初所承诺的对武汉新芯的注资。

2010 年初,台积电第一个表达了收购武汉新芯的意愿。台积电作为全球晶圆代工龙头,不缺资本、技术和订单,武汉新芯很感兴趣。但是,与台积电的合作会遇上政策风险。台湾地区一直严控半导体产业北上大陆,至今未开放 12 英寸项目。此外,由于台积电与中芯国际之间的纠纷,致使其给大陆半导体产业界造成霸道的印象,业内有多名权威人士反对这一交易。最终,台积电的并购申请没能通过国家发改委审核。

在台积电与武汉新芯谈判时,美光也开始活动。受益于金融危机带来的美元贬值,美光很快就恢复盈利,并延续其以小博大的一贯作风,一直在寻找外部资源合作拓展亚洲市场。当时美光还没有拿下日本尔必达、台湾瑞晶和华亚科,到中国大陆投资似乎是个不错的机会。美光给武汉新芯提出了优厚条件,答应由双方成立一家合资公司,以重金与技术入股,期望能控股运营。双方一度接近签约阶段,关键时刻,主管部门意识到外资入主后可能危及产业自主,最终终止了与美光的谈判。

这是因为武汉新芯的地位远比成芯重要。成芯只是 8 英寸晶圆厂,并且不是国内唯一的模拟芯片厂,而武汉新芯则是全新的 12 英寸晶圆厂,又是中国当时硕果仅存的存储芯片代工厂。但是,打算收购武汉新芯的美光并不做代工。如果武汉新芯被收购改编成为一家外资企业的 IDM 厂而非对外开放的晶圆代工厂,对国内刚刚起步的存储产业来说将是一个很大的打击。那几年,本土半导体企业似乎有陷入被外资疯狂抄底的危险,这已经引起国内半导体产业人士的警惕。不少人喊出了"武汉保卫战"的口号并为此不停奔走,江上舟也给出要向武汉新芯注资 10 亿美元的新承诺。

在江上舟去世及迟迟不见中芯国际行动的背景下,武汉新芯开始与新的投资方豪威科技洽谈。代表豪威科技一方与武汉新芯谈判的是杨世宁,他在离开中芯国际后到豪威科技做了顾问。结果,豪威科技和武汉新芯的合作没谈成,他自己加盟武汉新芯的事儿倒是谈成了。

杨士宁从上海科学技术大学(现上海大学)获得学士学位,然后在美国伦斯勒理工学院获物理学专业硕士和材料工程学专业博士。他曾在英特尔从事研发工作十四年,是英特尔第一技术研发中心的领军人物,曾因为解决了奔腾芯片的关键技术问题而获得英特尔最高成就奖。他在中芯国际刚成立时就担任首席技术官,是中芯国际初创团队中职位最高的"海归"。2005年,杨士宁加盟全球第 4 大芯片代工厂之一的特许半导体时,原本全球排名第 3 的特许半导体刚被中芯国际超越。杨士宁将特许半导体的先进制程技术代工的市场占有率从不足 1% 提升至超过 10%,个人职务也从首席技术官提升到了首席执行官。

　　杨士宁去新加坡的时机并不好,新加坡原本是亚洲半导体重镇,但新加坡毕竟人少地少、缺水缺电,最终选择放弃半导体产业,将手中包括特许半导体在内的两家世界级半导体企业都卖掉了。阿布扎比先进技术投资公司此前已经收购了格罗方德,后收购的特许半导体自然就处于被格罗方德整合的地位。格罗方德后来还收购了世界最大最先进也是最老牌的芯片厂之一的 IBM。格罗方德集合了超威、特许半导体和 IBM 三家公司的芯片制造业务,但似乎融合得不太顺利。加上格罗方德错失了最重要的手机处理器业务(超威和 IBM 都没有手机基因),自成立以来持续亏损,让阿拉伯"土豪"叫苦不迭:半导体产业玩不得,有钱也不能太任性。2018 年 8 月,格罗方德对外宣布无限期暂停先进制程的研发,主动退出 7 纳米工艺竞赛,同时它还决定裁员 5％,将定制芯片的设计部门独立出去。阿拉伯"土豪"有心把格罗方德卖给中国大陆,苦于美国的技术限制政策而无法出手,只好将格罗方德拆零出售,并成功地将新加坡的 8 英寸厂以 2.36 亿美元甩卖给隶属台积电的世界先进,将美国纽约州东菲什基尔的 12 英寸厂以 4.3 亿美元售予安森美(ON Semiconductor)。格罗方德现任首席执行官正是以将摩托罗拉手机拆卖给谷歌而一战成名的桑杰·贾。

　　特许半导体刚完成被阿布扎比收购,杨士宁即回归中芯国际,于 2010 年 2 月出任中芯国际首席运营官一职。可是他这回在中芯国际待的时间更短,仅仅一年多的时间便因为和王宁国产生冲突而被迫离开。进入武汉新芯后,他制定了国际化的企业管理体系,组建了具有开阔国际视野和拥有丰富实践经验的管理团队,使企业实现了从依附中芯国际到独立发展的平稳过渡。到 2013 年 1 月,杨士宁升任首席执行官时,武汉新芯的经营状况已好转,芯片产量达到每月 12000 片晶圆,开始有了正向的现金流。武汉新芯的主要产品还是闪存,它得到了一个新的大客户——北京兆易创新科技有限公司(简称兆易创新)。

朱一明从清华大学毕业后留学美国,获纽约州立大学电子工程系硕士学位,到芯源系统技术公司(MPS)做项目主管。当他辞职创办兆易创新的前身 GigaDevice 半导体公司时,年仅 32 岁。朱一明花了几个月时间开发出一款每个存储单元只要两个晶体管的 SRAM 芯片,相比市面上每个存储单元需要六个晶体管的 SRAM,成本可压缩三分之二、性能和效率能提高 3 倍。

带着这款产品的专利,朱一明回到北京,在清华校友和孵化机构的支持下,凑了 92 万美元,创办了兆易创新,主要做知识产权授权和数据库交付业务。SRAM 不需要像内存一样在电容的充电放电上耗费时间,所以读写速度快、性能强,但功耗大、价格极昂贵、应用场景不广,兆易创新的业务一直没有大的发展。

2006 年,兆易创新调整方向,转入 NOR 闪存研发。NOR 闪存是一种容量很小的闪存,主要用在手机、电脑、DVD、路由器、USB 卡、机顶盒等对存储空间要求不高的设备上。NOR 闪存技术难度较低,市场有限,美光、赛普拉斯、三星电子等巨头已经做得很成熟了。

2008 年,兆易创新研发出大陆第一块 8M 的 NOR 闪存芯片。刚刚取得技术突破,没想到全球金融危机来袭,兆易创新出现产品大量积压和资金周转困难的问题。美国半导体厂商矽成(ISSI)有意收购兆易创新,被朱一明拒绝。金融危机刚过,智能手机时代来临,原本大量应用在功能手机里的 NOR 闪存风光不再,迅速被容量更大的 NAND 闪存取代。三星电子、SK 海力士和美光等巨头都退出了这个市场。

就在 NOR 闪存市场日渐式微之际,兆易创新不仅没有放弃,反而以几乎每季度一次的高速进行迭代,不断追求更大容量、更小成本和更高性价比的领先技术制程产品,快速抢占巨头撤出后留下的市场真空地带。例如,在飞索申请破产保护后,兆易创新就接收了它的一些大客户。到了与武汉新芯合作的这一年,兆易创新的 NOR 闪存出货量达到 10 亿个,为武汉新芯贡献了超过 10 万片晶圆的芯片出货量。兆易创新成为中国大陆排名前列的芯片设计公司,这也预示着中国大陆本土芯片设计新势力的崛起,中国大陆晶圆代工厂迎来了春天。

被赛普拉斯收购后的飞索继续保持着与武汉新芯的合作,2014 年帮助武汉新芯成功地将 NAND 闪存的制程工艺由 55 纳米推进到 32 纳米。这一年底,武汉新芯与飞索共同组建研发团队,得到飞索的专利交叉授权,开始 3D 闪存的研发。

3D 闪存的研发和生产都需要大量的资金。这时候,国家再次对芯片重视了起来。2013 年,中国芯片进口额高达 2313 亿美元,取代石油成为第一大进口商品。10 多位院士联合上书,要求国家重新捡起对半导体的支持。这项提议得到了最高领导的积极回复。到了 2014 年 9 月份,国家集成电路产业投资基金(简称国家大基金)挂牌成立,由财政部和国家开发银行等单位出资。一期募资 1387 亿元,二期募资超过 2000 亿元。为了避免出现像之前“909 工程”等项目出现的种种问题,国家大基金采取了跟往常不同的投资方式:一是寻找行业内的好公司进行重点扶持,尤其是前 3 名的龙头;二是在股权投资的方式上,一般不干预生产经营,保证企业的独立发展。

2016 年 12 月,由国家大基金、武汉市政府牵头,紫光集团、国家大基金、湖北国芯产业投资基金合伙企业和湖北省科投集团在武汉新芯的基础上发起成立了长江存储科技有限责任公司(简称长江存储)。其中,紫光集团出资 197 亿元,占 51％的股权。长江存储全资控股武汉新芯,杨士宁出任长江存储的首席执行官。同时,长江存储位于武汉的 3D 闪存厂房动工,项目总投资金额约 240 亿美元。武汉新芯的十载坚守,为武汉赢得了国家存储器战略基地的地位。

紫光整合展锐

长江存储的背后,是赵伟国的紫光集团。

1985 年,来自新疆塔城沙湾县的少年赵伟国考入清华电子系,轰动了整个小县城。本科毕业工作几年后,赵伟国回到清华攻读通信硕士学位,业余时间在刚由清华大学科技开发总公司改组而来的紫光集团兼职担任工程师。1996 年硕士毕业后,赵伟国加入紫光集团担任自动化工程事业部的副总经理。1997 年至 2004 年在清华大学的另一家公司同方股份工作。

2004 年 12 月,赵伟国创办北京健坤投资集团有限公司,后于 2009 年入股紫光集团。当时的紫光集团仅有一家做"古汉养生精"的上市公司紫光古汉和 20 多家经营不善的子公司,收入只有 3 亿元,资产规模约 13 亿元,账面净资产只有 2 亿元。说到紫光的产品,大家印象最多的可能就是紫光拼音输入法。即便落魄如此,紫光集团仍然笼罩着清华大学的光环。它缺乏的只是一个能够好好利用清华大学这个平台来运作资本的人,而赵伟国无疑就是最合适的人选。

经过一系列的增资扩股和股权收购,2013 年 5 月,健坤集团在紫光集团的持股比例达 49%,另 51% 股权由清华控股有限公司持有。这样的股权比例安排,可以让紫光集团保持国企的身份不变,又让赵伟国有足够大的话语权。紫光集团的注册资本由原来的 2.2 亿元增加到 6.7 亿元。健坤集团三次注资的总金额为 3.613 亿元,并没有网传的 45 亿元那么夸张。

有了紫光集团这个平台,赵伟国开始通过并购的手段快速切入半导体市场,他看中了在中国手机芯片设计企业里排名前列的展讯和锐迪科。在紫光集团对展讯和锐迪科进行收购及私有化的 2013 年,展讯的营收达到 10.7 亿美元。我们在前文已经聊过了展讯的历史,这里再谈一谈锐迪科。

2004 年,戴保家、魏述然等人在上海创立了锐迪科。两年以后,锐迪科推出自主知识产权的"小灵通"射频芯片组,打破了日系公司和美系公司的长期垄断。2010 年,锐迪科在美国纳斯达克上市。

2013 年 11 月 11 日,锐迪科发布公告称,已与紫光集团达成初步协议,后者将以 18.5 美元每股的报价收购锐迪科,收购总价约 9.1 亿美元。在公告发布的 6 天前,上海浦东科技投资有限公司(简称浦东科投)已拿到了国家发改委发出的《境外收购或竞标项目信息报告确认函》,其对锐迪科的收购要约价为 15.5 美元 /股。

12 月 13 日,国务院发布《政府核准的投资项目目录(2013 年本)》,目录规定:中方投资 10 亿美元及以上项目,涉及敏感国家和地区、敏感行业的项目,由国务院投资主管部门核准。这意味着今后无论国企还是民企,只要不涉及敏感领域和地区,10 亿美元以下的境外投资将不再需要送发改委各级部门核准,只需要备案即可。因此,紫光集团对锐迪科的并购无需再通过国家发改委的审批。

12 月 17 日,锐迪科宣布一系列人事任免,其公司创始人、董事长兼首席执行官戴保家被解职,魏述然成为新任首席执行官。这一人事任免被认为是为紫光集团收购锐迪科扫除了障碍。因为戴保家更愿意接受浦东科投的收购方案,那样的话,锐迪科可以继续独立发展,而接受紫光集团收购,锐迪科将被竞争对手展讯合并。展讯已被紫光集团以 17.8 亿美元的价格并购,并购资金由中国进出口银行和国家开发银行提供贷款支持。交易完成后,展讯成为紫光集团旗下全资子公司并从纳斯达克退市。

2014 年 7 月,紫光集团完成对锐迪科的私有化。展讯在合并锐迪科后更名为紫光展锐(上海)科技有限公司(简称展锐)。展讯和锐迪科在国内手机芯片设计领域仅次于海思,分别排名第二、第三,展讯擅长做手机核心的处理器芯片,锐迪科则在射频等手机周边芯片有优势,两者优势互补,整合成为拥有全产品线的手机芯片设计企业。展锐为三星的入门级手机提供芯片组,国产品牌 vivo、联想、中兴、TCL 和印度品牌 LAVA、Micromax 等也都是其客户。将展讯和锐迪科合并后,紫光集团在国内芯片设计领域拥有了领先地位。

2014 年,英特尔斥资 15 亿美元收购了展锐 20% 的股份,这是英特尔向智能手机领域进军的战略的一部分。

　　2017 年,展锐手机处理器的出货量在全球的占比为 11％,其竞争对手高通和联发科的份额则分别为 36％和 24％(Gartner 数据)。除基带及射频芯片外,展锐还向无线连接芯片进军,为北斗导航定位系统开发芯片。展锐的 GPS 和北斗芯片年出货量超过 2 亿块,为中国的北斗导航定位系统的大规模商用奠定了坚实的产业化基础。

　　尽管销售业绩不错,展锐还是在 2016 年和 2017 年分别亏损了 3 亿美元和 5 亿美元,这主要是移动芯片市场激烈的价格竞争加上高昂的研发费用所致。2017 年 11 月,来自中兴通讯的曾学忠出任展锐首席执行官,李力游随后离开了紫光集团。在九年任职期间,李力游帮助展讯(及展锐)将营业收入从 1 亿美元增长到 20 亿美元,将其市值从 3500 万美元提升到 75 亿美元。

　　基带芯片设计的门槛越来越高。因为无线通信技术十年左右就更新一代,新一代的技术一般要经过三年的前期开发、三年的标准化及三年的行业监管测试才能投入应用,这就意味着企业在开始应用新一代技术的同时就得开始进行下一代技术的研发。企业如果没有长期跟踪,根本不可能跟得上无线通信技术演进的步伐,也逾越不了越来越高的专利门槛。苹果手机以 A 系列应用处理器名闻天下,却也不敢进入基带芯片的领域。英特尔通过收购英飞凌的基带芯片业务半路出家,竟也没有成功。由于研发难度太大,全球基带芯片的玩家越来越少。到如今,全球能将基带芯片成功商业化的企业仅剩 5 家,除了美国的高通和韩国的三星,其余 3 家竟然都属于中国:海思、联发科和展锐。

　　紫光集团靠并购起家,2016 年 5 月耗资 25 亿美元从惠普手里收购了新华三 51％的股权。并购是企业做大做强的捷径,竞争激烈的半导体行业并购数量之多与金额之大更是让人眼花缭乱。2015 年和 2016 年是全球半导体行业并购最集中的年份,全球 7 宗 100 亿美元以上已完成的并购案中有 6 宗发生在这两年。以金额大小排序是:安高华以 370 亿美元收购博通并更名为博通;软银以 320 亿美元收购安谋,这也是唯一一宗与美国无关的大并购;

西部数据以 190 亿美元并购闪迪，跻身全球 6 大闪存厂之列；英特尔以 167 亿美元并购 FPGA[①] 生产商 Altera 以加强其在数据中心业务上的优势；模拟芯片界排名第 4 的亚德诺以 148 亿美元收购排名第 8 的凌力尔特（Linear Technology）后跃居第二，仅次于德州仪器；恩智浦以 118 亿美元并购飞思卡尔。只有大企业才能在研发和生产上有资本进行大投入，贝尔实验室在美国电话电报公司被拆分和朗讯被收购后只剩一块牌子，这个教训不能说不深刻。可以说，没有大规模并购，就没有美国半导体巨头们在当今全球半导体产业界的优势地位。

与此同时，美国对其他国家的企业想要并购美国半导体企业的意图非常警惕，特别是对中国。除个别金额很小而且不拥有敏感技术的并购案外，中国对美国半导体企业的并购鲜有成功。比如 2016 年，由华创投资领衔的中资财团成功并购豪威科技，那是因为豪威科技在失去苹果公司的手机摄像头订单后在走下坡路。但同一年，仙童拒绝了由华创投资和华润微电子牵头的中国财团提出的收购要约，即使中国财团的出价高过美国安森美。美国半导体业界始祖级的企业仙童终究没有落到亚洲企业的手中。

紫光集团在海外的收购连连碰壁。2015 年 7 月，紫光集团拟以 230 亿美元收购美光，号称是中国企业海外并购空前的大手笔，交易毫无悬念地被美国政府否决。紫光集团还欲以 53 亿美元购买 SK 海力士 20% 的股份并与其在中国合作建厂，被 SK 海力士婉拒。同年 9 月，紫光集团与全球第二大硬盘生产商美国西部数据达成协议，打算由旗下香港全资子公司以 38 亿美元买入西部数据 15% 的股权，成为其第一大股东。该计划最终在美国政府干预下流产。一年后，紫光集团和西部数据出资 1.58 亿美元在南京成立合资公司——紫光西部数据有限公司。合资公司成立仅仅一年半时间，就成

---

① FPGA：Field Programmable Gate Array，现场可编程逻辑门阵列，是在 PAL、GAL 等可编程器件的基础上进一步发展的产物。它是作为专用集成电路领域中的一种半定制电路而出现的，既解决了定制电路的不足，又克服了原有可编程器件门电路数有限的缺点。

为了中国对象存储市场的第二大厂商（IDC 数据）。

紫光集团对台湾半导体企业的收购同样不顺利。2015 年底，紫光集团打算收购台湾三家封装测试厂商力成、矽品、南茂各 25％的股权，交易总额达到 174 亿元。按营收测算，上述 3 家封测厂商于 2014 年分别排名全球第三、第五、第七。但在 2016 年初，由于台湾投审会不放行，收购搁浅。

最后，紫光集团还是在欧洲企业和大陆台资企业上取得了一点突破。2018 年 6 月，紫光集团以 22 亿欧元收购了法国智能芯片组件制造商 Linxens。8 月，全球最大的半导体封测企业台湾日月光将其旗下苏州日月新半导体 30％的股权出售给紫光集团，交易金额约 6.5 亿元人民币。这一收购有助于日月光获取紫光集团的半导体封装测试业务，同时也让紫光集团涉足了芯片封测领域。

赵伟国表示，愿意促成展讯和联发科的合并，同时还表达了入股台积电的意愿。富士康的郭台铭跳起脚来叫道："赵伟国不过是一个炒股的投资者，怎么能去问台积电董事长张忠谋，一个世界半导体教父，公司要多少钱卖？""不是你今天用钱就可以买的。"

既然买不到，那就自己建。

第十七章

中国大陆存储器突破

长江存储崛起

存储器作为信息存储的载体,不像处理器那样受人瞩目,但是它的地位不容小觑。存储器在各种智能终端产品中有着广泛的应用,是半导体产业中数量最大的一类产品,在所有芯片中占的比重超过三分之一。存储器由内存和 NAND 闪存占据绝对多数的比重。内存主要用于服务器、台式电脑和笔记本电脑,NAND 闪存主要用于智能手机和平板电脑。

中国是全球最大的服务器、个人电脑和智能手机市场,对存储芯片的需求极大。近年来,中国采购了全球一半以上的存储芯片。关于内存和 NAND 闪存,中国大陆靠自主技术生产的数量到 2017 年竟还是零。2017年,中国进口存储芯片 889 亿美元,同比增长 40%(中国海关数据)。2017 财年,三星电子、SK 海力士、美光 3 家公司的半导体业务在中国营收分别为254 亿美元、89 亿美元和 104 亿美元,总计 447 亿美元,同比上一财年增长39%,营收增长的主要原因是存储器价格的上涨。中国市场分别占这三巨头半导体产品销售额的 40%、33% 和 51%。拜内存价格大涨所赐,三星电子半导体业务的销售额轻松超过英特尔,成为全球半导体产业最大的公司,英特尔保持了二十五年(1992—2016)的纪录就此被打破。三星电子的利润接近翻倍,达到空前的 366 亿美元。

美国哈根斯伯曼律师事务所一向致力于通过集体诉讼手段保护消费者权益。2018 年 4 月 27 日,该律师事务所在加州北区联邦地方法院对美光、三星电子、SK 海力士涉嫌操纵内存条价格发起反垄断集体诉讼。2002 年,也是这家律师事务所对 5 家内存企业提起反垄断诉讼,当时比 2018 年要多了英飞凌和尔必达两家。5 月 31 日,中国反垄断机构也启动了对于三星电子、SK 海力士、美光三家存储芯片巨头的反垄断调查。《中华人民共和国反垄断法》的罚款是按照销售额的 1%～10% 计算的,如果裁定三大巨头存在价格垄断行为,并以 2016—2017 年度销售额进行处罚,那么罚金将在 8 亿～80 亿美元之间。

2018 年,全球存储器市场规模约为 1700 亿美元,内存和 NAND 闪存分别为 1000 亿美元和 600 亿美元(IC Insights 数据)。存储器的市场最大,竞争最激烈,技术壁垒也相当高,是个只有全球最重量级的巨头才能参与的游戏。中国大陆厂家做好准备了吗?

2015 年 10 月 5 日,南亚科总经理高启全退休,将转战紫光集团。"这完全符合他的作风,不会意外。"一位高启全的老部属表示。大概是为了顺利推进美光对华亚科的收购,高启全仍保留了华亚科董事长的职位。

高启全从台湾大学化学系毕业后赴美留学,也曾在仙童工作过,回台湾前的最后一份工作是在英特尔。他在 1987 年加入初创的台积电,担任过台积电一厂的厂长。1989 年与吴敏求集资 8 亿台币共同创立旺宏电子,旺宏电子后来成为全球最大的只读存储器生产商。个性直率的高启全在旺宏电子担任执行副总时,便勇于向创业伙伴兼顶头上司的总经理吴敏求"据理力争",最后两人不欢而散。正好台塑集团筹建南亚科,高启全被延揽担任执行副总经理。

投入内存产业三十多年的高启全,虽被台湾媒体封为"DRAM 教父",但在台湾内存业最风光的时候,他始终为人副手。当上华亚科、南亚科总经理,有了独当一面的机会时,内存却冠上"惨业"恶名。他的最大功绩,是协助台塑集团一次又一次在鬼门关之前救回南亚科、华亚科。

从一个小故事中,也许可以揣测高启全不屈不挠的缘由。高启全的大儿子娶了韩籍太太,2010 年随太太从美国到韩国三星任职。他得知后大为紧张,生怕儿子与媳妇未告知三星他的身份。为避免可能的麻烦,他主动跟一位三星副总经理言明此事。结果,对方竟说:"我们没有把你们视为竞争对手。"

深感耻辱的高启全一直想把场子找回来。经过前两年的行业利好,

2015 年,高启全力推南亚科增资 150 亿～200 亿台币,以便转进 20 纳米制程,拉近与竞争对手三星电子、SK 海力士的距离。但到了 7 月,南亚科股价大跌,增资案暂缓。高启全相当失望,觉得南亚科的内存制程技术演进将出现停顿。正逢紫光集团意图并购美光,美光又要收购华亚科,高启全因此与赵伟国有了接触,双方关于中国大陆应大力发展存储器产业的想法一拍即合。高启全认为,韩国控制全球内存市占率高达 80％、NAND 闪存市占率达60％,为防止韩国掌握全球存储器芯片的供应,解决方法就是让中国大陆成为平衡韩国的另一股势力,"这样的局面对大家都有利"。高启全也赞成并一直推动紫光与美光的合作,无奈台湾当局在美光收购华亚科时特别要求美光承诺"未向紫光或任何大陆公司承诺制造 DRAM 及技术转移"。于是,高启全决定选择新的职业生涯,希望通过加入紫光集团来把中国大陆的存储产业做起来。高启全就任紫光集团全球执行副总裁、长江存储执行董事及代行董事长、武汉新芯首席执行官等职。

新成立的长江存储需要考虑的第一个问题是:存储芯片有内存和闪存两大类,先做哪一类呢?

我们知道,芯片市场的后来者想要追赶领先者相当之困难,但技术的变革会给市场的新进入者带来机遇,而闪存正面临着一场新的技术革命。

2D 闪存达到一定密度后,电荷存储能力会大大下降,相邻存储单元的干扰也会非常严重。2013 年 7 月,美光试产 16 纳米工艺的 NAND 闪存,这是2D 闪存发展的一个里程碑式的产品,再往下走已经很困难了。2D 好比是建平房,3D 就是建高楼。与 2D 闪存相比,3D 闪存不论是在物理特性还是架构上都具备很大优势,3D 闪存将是 NAND 闪存市场的主要发展方向。2D闪存走到尽头,3D 闪存的时代来临。

2013 年 8 月,三星电子宣布业界第一款 3D NAND 闪存量产。三星电子称之为垂直闪存(V-NAND)。该产品基于 MLC① 技术,实现了 24 层的堆叠,与 20 纳米平面 NAND 闪存相比,容量超过 2 倍。而且 3D 闪存只需要一个阶段的编程,相对需要分三个阶段编程的 2D NAND 闪存来说,所需设计的时间和复杂度大大减少,可靠性可以达到 2 至 10 倍,写入速度也可以翻倍。2014 年 5 月,三星发布了基于 TLC 的第二代 3D 闪存,堆叠 32 层,单颗容量 128Gb,所占面积仅 69 平方毫米,存储密度是其第一代 3D 闪存的 2 倍。

高启全认为,闪存从传统的 2D 转进新兴的 3D 后,半导体机台设备几乎都要换新,每一家存储器公司都站在同一个出发点,所以这时候长江存储进入闪存市场是对的。而内存技术每转进新一代制程仅增加 20% 的半导体机台设备,既存的半导体大厂的多数机台设备都已经折旧光了,新加入者要去买新设备来生产,没有竞争力可言。因此,长江存储应优先将资源放在 3D 闪存而非内存上。

另外,在半导体产业,专利是一个不可避免的问题,先发厂家会利用专利作为武器狙击后发厂家。从专利积累上来讲,相对于内存,国内在 NAND 闪存上的技术积累也相对更为乐观。中科院微电子所拥有 1000 多个闪存相关专利,给了长江存储很多技术支持。从市场竞争的角度来说,做 NAND 闪存也比做内存容易。内存已经发展了半个世纪,市场成熟且增长缓慢,全球内存市场被三星电子、SK 海力士和美光三巨头霸占。NAND 闪存发展时间较短,市场规模只有内存的一半且增长快速,全球还有六个主要玩家——在内存三巨头的基础上多了东芝、西部数据和英特尔,市场垄断程度要低

---

　　① NAND 闪存根据电子单元密度的差异,又可以分为 SLC(单层次存储单元)、MLC(双层存储单元)、TLC(三层存储单元)和 QLC(四层存储单元)。SLC 速度快、价格贵、寿命长,为企业级服务器使用。MLC 速度、价格和寿命都一般,逐渐退出市场。TLC 原本速度慢、价格低、寿命短,凭借 3D 堆叠技术的成熟和应用,各项性能有着相当的提升,进一步凸显出低成本的优势,成为普通用户的主流使用。QLC 成本更低、容量更大,但寿命更短,技术尚未成熟。

很多。

长江存储投入超过 10 亿美元的研发资金,集合 1800 位工程师,用两年时间打造出 32 层的 3D 闪存。2015 年 5 月 11 日,武汉新芯宣布 3D NAND 闪存的研发取得突破性进展,第一个存储测试芯片通过记忆体功能的电学验证。长江存储由此成为全球第 5 家能生产 3D 闪存芯片的厂家。当长江存储刚搞定 32 层闪存的时候,三星电子、海力士和美光的 64 层芯片已经成为主流,并正朝着 96 层迈进。由于差距很大,长江存储只对 32 层闪存进行试产。

在长江存储大举进军 3D 闪存的同时,竞争对手们也没有闲着。同是 2015 年,三星电子投资 136 亿美元在韩国京畿道平泽市建设专门生产存储器的 12 英寸厂,总产能达到每月 45 万片晶圆,其中一半以上产能都将用于 3D 闪存的生产。2017 年 7 月,该厂首批第四代 64 层堆叠 3D 闪存产品投产。美光也于 2015 年在新加坡投资 40 亿美元扩建 3D 闪存的晶圆厂,2017 年将月产能提升到 14 万片晶圆。

2018 年 8 月 7 日,在美国加州圣克拉拉召开的闪存峰会上,长江存储发布了基于飞索授权的全新 NAND 闪存芯片架构——Xtacking 架构。Xtacking 是在两片晶圆上分别独立加工外围电路和存储单元,两片晶圆各自完工后,只需一个处理步骤就可通过数十亿根金属垂直互联通道将二者接通电路,这样只需增加有限的成本就能够实现更高的存储密度。Xtacking 技术属于长江存储拥有专利的自主知识产权,这一技术突破使得长江存储成为全球第 3 家拥有独立 NAND 闪存芯片架构的公司。

2019 年 9 月 2 日,长江存储宣布基于 Xtacking 架构的 64 层 256Gb TLC 3D NAND 闪存芯片正式量产,可满足固态硬盘、嵌入式存储等主流市场的应用需求。在 64 层闪存芯片上,长江存储拥有完全的自主知识产权,从此摆脱了对外国企业的技术依赖。

三星电子、SK 海力士等主流大厂在 2018 年都已经实现了 96 层闪存的量产。由于产能增加和市场需求低迷,2018 年全球 NAND 闪存价格持续下降,到年底竟比年初下跌了大约 70%。2019 年闪存价格继续下跌,市场上主流的 64 层和 72 层闪存库存高企,使得所有大厂都放缓了 96 层闪存的扩产速度,这就给了长江存储一个追赶的机会。

2020 年,整个闪存行业都在全面转向 100 层以上的堆叠,其中东芝、西部数据是 112 层,美光、SK 海力士是 128 层,三星电子是 136 层,英特尔则做到了 144 层。4 月,长江存储攻克 128 层堆叠 3D QLC 闪存技术,单颗闪存容量做到 1.33Tb,创造了单位面积存储密度、I/O 传输速度、单颗芯片容量上的三个世界第一,首次跻身全球一线阵营。为了实现对领先企业的追赶,长江存储的第三代产品跳过 96 层,从 64 层直接登上 128 层,这才实现了中国存储器产业的历史性的突破。

高启全在 2018 年底接受记者采访时曾经表示,长江存储的目标是到 2023 年占有全球 NAND 闪存市占率的 20%,同时良品率也要赶上世界水准,这样不管是亏损还是盈利大家都是一样,要亏一起亏,要赚一起赚,就可以避免被市场扫地出门。如今,长江存储朝着这一目标大大迈进了一步。如果高启全的小目标能够实现,那么中国企业和消费者过去被韩系厂家收割百亿美元级别净利润的时代将成为历史。尽管长江存储离实现盈利还早,但是已经开始体现出了它的存在的重要价值。

中国大陆在 3D 闪存上的突破显然让国际闪存巨头们不安,它们纷纷开始提速。三星电子随即宣布正在研发 160 层及以上更高层数的 3D 闪存,SK 海力士也加速推进 128 层 3D 闪存在 2020 年第二季度投入大规模量产。11 月,美光推出全球首款 176 层 3D 闪存。英特尔直接被吓跑,将闪存业务卖给美光和 SK 海力士,退出竞争。长江存储就像一条鲶鱼,打破了全球闪存市场的宁静。

在闪存业务上有了一定基础后,紫光集团开始把战略重点移向内存业务。2019 年 6 月,紫光集团在重庆两江新区组建 DRAM 事业群总部、

DRAM 研发中心和内存厂,委任高启全为首席执行官。这是紫光集团正式进军内存业务的标志。紫光集团做内存的时间较晚,也是因为需要更多的时间进行技术积累。高启全强调,技术必须要靠自主开发或合法方式获得,不能窃取;宁可放慢生产推进的进度,也要确保技术合规合法。

紫光集团内存技术的基础来自奇梦达。奇梦达破产后,其位于西安的全球第二大研发中心被浪潮收购,后更名为西安华芯半导体有限公司(简称西安华芯),保住了一个从事内存设计十年以上的工程师团队。西安华芯拥有世界先进水平的高端集成电路制造能力,初步建立起包括设计、制造和应用在内的完整的存储器芯片产业链。紫光集团收购西安华芯 76% 的股权,然后在奇梦达技术的基础上进行进一步的内存技术研发。

除了武汉、重庆和西安,紫光集团在其他城市还有不少半导体产业的大手笔投资。2016 年,紫光集团与成都市政府达成协议,双方合作成立产业投资基金,共同在集成电路设计和制造等领域进行 2000 亿元的投资,其中包括 300 亿元的成都 IC 国际城项目。2017 年 2 月,总投资 2000 亿元的紫光南京半导体产业基地正式动工,主要将生产 3D 闪存和内存。2018 年 10 月,紫光成都 12 英寸 3D 闪存制造基地项目开工,项目总投资 1600 亿元,预计在 2022 年实现一期每月 10 万片的达产目标。据说为了全力建设成都工厂,南京工厂的建设都被紫光集团延后。紫光集团的投资几乎遍及神州大地,在厦门、昆明、天津、东莞都有产业或园区建设的合作。

紫光集团的基本投资逻辑还是以半导体存储为主线,从底层 NAND 闪存颗粒(长江存储)、移动处理器(紫光展锐)、存储产品(紫光西部数据)到企业级网络服务器(新华三)的整个链条,形成了紫光集团在半导体时代的闭环生态布局。

紫光集团的胃口之大,还是有些让人担心。全球半导体企业,除了三星电子,其他没有谁能拥有如此长的产业链。上一个号称要搞"闭环生态"的企业是乐视,乐视玩的还基本上是传统产业,"烧钱"速度比不上半导体。紫光集团能消化得了这么多方向的半导体业务吗？①

从财报数据来看，紫光集团的压力还是比较大的。2019年，紫光集团实现主营业务收入766亿元，主营业务亏损145亿元，已经连续四年主营业务亏损。紫光集团的现金流压力也很大，现金余额571亿元，但一年期有息负债为851亿元。截至2019年12月31日，紫光集团总资产接近3000亿元，是十年前赵伟国入主时的200多倍，可是有息负债也达到1700亿元，这一年为此支付了92亿元的财务费用。

2020年9月，与紫光集团的五年合约期满后，高启全离开紫光集团，打算"做自己的事"，与台湾辛耘合作在湖北黄石建晶圆再生厂，初期投资1亿元。接替他的职位的是尔必达的末代社长坂本幸雄。坂本幸雄在尔必达破产后做了两件事情，一是写了一本书，叫作《非情愿的战败》，对日本内存产业的覆没心有不甘；二是来到了中国，试图利用中国的资金东山再起。坂本幸雄成立了一家叫Sino King Technology的内存设计开发公司，公司名字起得很有意思：Sino的意思是"中国"，King的意思是"王"。坂本幸雄在中国找的第一个合作方是合肥长鑫。受高启全的邀请，坂本幸雄加入了紫光集团。紫光集团计划用三年时间实现内存的量产，这将是坂本幸雄的任务。

坂本幸雄表示，他将协助紫光集团在内存事业上"清白地"自主研发，绝对不会出现类似于福建晋华因专利问题停摆的情况。

那么，福建晋华身上发生了什么严重事件而导致企业停摆？

福建晋华停摆

长江存储的闪存技术来自飞索的授权、内存技术源自奇梦达，福建晋华却因为没有可靠的技术来源而陷入了大麻烦。

---

① 2021年7月9日，紫光集团被债权人申请破产重整。2022年7月11日，北京智广芯控股有限公司承接紫光集团的100%股权。

2016 年 2 月，福建省晋江产业发展投资集团等公司创建了福建省晋华集成电路有限公司，拟投资 50 多亿美元建内存厂，首期月产能 6 万片晶圆，由联华电子负责提供技术支持。福建晋华总经理陈正坤曾任力晶存储器产品事业群总经理及瑞晶的总经理，在瑞晶被美光收购后担任台湾美光的总经理，后加入联华电子任资深副总经理。当被问及为什么要加入联华电子和中国大陆的内存技术合作研发时，陈正坤激动地说，当年瑞晶被美光兼并的事对他的冲击非常大，自主开发内存技术一直是他心中的梦想，希望这个梦想能够在福建晋华播种开花。

联华电子从铜制程竞赛失利及曹兴诚离去时就开始落后于台积电，并且差距越来越大。联华电子原本与台积电并称"晶圆双雄"，到 2015 年市值仅为台积电的八分之一。联华电子把追赶台积电的希望寄托在与中国大陆的合作上。2015 年，台湾工业总会白皮书指出台湾存在"五缺六失"的问题，五缺指缺水、电、土地、劳工、人才，六失指社会失序、经济失调等。台湾半导体企业来大陆建厂已经不是来不来的问题，而是谁快谁慢的问题。这一年，联华电子在厦门展开合作，以总投资 62 亿美元成立 12 英寸晶圆厂，设计月产能 5 万片晶圆。联华电子还希望通过福建晋华这样的大项目在内存市场上另辟战线，提高企业的竞争力。

可是联华电子因为追赶台积电的心情过于迫切，被业界认为其屡屡游走在惹来技术诉讼的边缘，而且联华电子本身是做晶圆代工的，没有内存技术储备。在联华电子与福建晋华签署了协助开发内存 32 纳米制程技术的协定后，台湾美光的 3 名高阶主管跳槽联华电子并带走了一些技术资料，这就被美光认为侵犯了它的知识产权。内存产业在全球发展了几十年，制程技术持续进步，从架构、制程、设计、接口、测试到系统都存在很多专利，且绝大部分控制在三星电子、SK 海力士和美光手中，不拥有合规技术来源的市场新进入者根本不可能绕得过去。

2017 年 12 月，美光在美国加州联邦法庭起诉联华电子与福建晋华，称联华电子通过前美光台湾员工窃取存储芯片关键技术知识产权并交予福建晋华。按照美光的诉讼文件,单是一名工程师就窃取了美光超过900多份技术文件。美光对福建晋华的民事诉讼被加州法院驳回,理由是"晋华的产品并没有在美国销售",即使福建晋华确实存在侵权问题,该法院也没有管辖权。此时福建晋华与联华电子合作项目正处于量产前的关键期,美光的诉讼有可能会影响到供应商对福建晋华的生产设备供应,对福建晋华产生了很大的威胁。

2018年1月,福建晋华和联华电子向福州市中级人民法院递状,控告美光在内存、闪存及固态硬盘等存储产品涉嫌侵犯福建晋华和联华电子的专利,要求美光方面立即销毁侵权产品及相关设备,并索赔人民币2亿元。7月,福州市中级人民法院裁定美光半导体销售(上海)有限公司立即停止销售、进口10余款固态硬盘、内存条及相关芯片,并删除其网站中关于上述产品的宣传广告、购买链接等信息,同时裁定美光半导体(西安)有限责任公司立即停止制造、销售、进口数款内存条产品。美光一共有26种芯片产品在中国遭到临时禁售。美光2017年在中国有将近104亿美元的销售额,中国市场能占到美光超过一半的营收。对比一下,美国本土市场仅占美光营收的10多个百分点。受此消息影响,美光当天股价大跌6%。

美光随后表示会提起上诉,认为诉讼所涉每项专利都已经获得授权,福建晋华和联华电子提出的诉讼完全不实。"中国政府一再强调,外国企业在中国的权利将受到公平、同等的保护。美光认为,福建省福州市中级人民法院此次作出的裁决与中国政府所主张的政策不相符。"美光还表示,福州中院作出的"禁售"裁定所涉及的产品价值在2亿美元左右,只影响约1%的年收入,不会损害其盈利。

原本是企业间的商业纠纷,被美国政府视作天赐良机。中国大陆大举进军内存产业,引发了美国政府的警惕。美国政府正在寻找机会要打击中国新生的内存产业,没有得到内存专利技术授权的福建晋华被美国政府盯上了。

2018年10月29日，美国商务部突然发难，以所谓"可能使用了来自美国的技术，威胁到了美国的军事系统基本供应商的长期生存能力"为由，宣布将福建晋华列入出口管制"实体清单"，禁止其从美国供应商购买重要的设备和材料。

11月1日，美国司法部以经济间谍罪起诉福建晋华和联华电子以及曾在美光任职的3名员工共谋窃取美光公司商业机密，认定美光被盗取的商业机密估计价值达87.5亿美元。一旦相关罪名成立，被起诉人将面临经济间谍罪最高十五年有期徒刑及500万美元罚款。需要注意的是，联华电子和福建晋华一旦在美国被控罪名成立，预计将面临最重超过200亿美元的天价罚款。作为打击中国涉嫌对美国公司进行间谍活动的广泛行动的一部分，这是美国司法部自2017年9月以来提起的第4起诉讼。

美国的制裁让许多欧美设备商撤离，福建晋华正在建设中的厂房被迫停工，联华电子也宣布暂停与福建晋华合作，福建晋华进入休克状态。从福建晋华的官网可以看到，自2019年7月以后，公司未再更新过新闻，公司大事记在2018年10月开始试产投片之后再无新的信息。① 晋华事件再次暴露了中国大陆半导体产业链在半导体设备供应上的重大短板。由于中国大陆无法在半导体设备的供应上自给自足，福建晋华面对美国制裁时竟毫无反抗的能力。原本长江存储、合肥长鑫和福建晋华3大内存基地构成三足鼎立的局面，如今尚未出师已先失一足。

2020年6月12日，台湾法院判定联华电子因窃取美光商业机密应支付1亿元台币罚款，联华电子的协理戎乐天及主管何建廷与王永铭等3名员工被重判入狱，刑期4.5年至6.5年不等，并罚款400万元至600万元台币。

---

① 2021年1月7日，福建省工信厅官网转发了题为《福建：高技术制造业引领规上工业"逆袭"》的文章，提到"泉州晋华成功研制具备自主知识产权的25nm内存芯片并小批量试产"。

陈正坤还在另案调查中。

6月24日，美国旧金山法院发出通缉令，将牵扯美光内存技术商业机密案的3人列入通缉名单中，正式裁定要逮捕陈正坤、何建廷和王永铭。这3人都曾经是瑞晶的工程师，在瑞晶被美光并购后跳槽去了联华电子。

10月22日，联华电子向美国商务部提出建议量刑书状，希望与美光以6000万美元进行和解。这个金额大约与福建晋华当时委托联华电子技术开发所需支付的款项相当，而福建晋华在诉讼发生后并没有生产该项产品，也就没有带来更多损害金额。这个和解数字符合过往类似案件的判例，应该是双方已经谈妥的和解条件。受此消息影响，联华电子台股高开，涨幅接近2.5％。

福建晋华事件给中国的芯片产业敲响了警钟。

合肥长鑫破局

中国大陆于2016年一年之内同时成立了3大存储器公司，除了长江存储和福建晋华外，就是合肥长鑫集成电路有限责任公司（简称合肥长鑫）。合肥长鑫和福建晋华一样白手起家做内存，也需要解决技术来源的问题。

合肥长鑫由合肥市政府设立的合肥市产业投资控股集团以近100％的比例控股，由地方政府完全主导。合肥长鑫背靠的合肥市政府是一个被称为"风投"式的地方政府。合肥市经历了家电、面板、芯片三波高科技制造业的锻造后，形成了"地方经济→产业集群→二级市场"的"合肥模式"。合肥市政府自身也历练出了一批兼具经济和技术知识背景的官员，在高新产业的招商上非常高效与专业，其营商环境并不输于长三角和珠三角。而且，合肥市的发展遵循了由产业下游往上游跃迁的规律，每走一步都花了十年时间作为一个周期以求稳固。无论是京东方的屏幕产能、晶合的面板驱动芯片还是长鑫的存储芯片，都依赖于下游市场自发形成的海量需求。

合肥长鑫斥资 72 亿美元分 3 期工程做内存。2018 年 1 月,合肥长鑫一厂厂房建设完成,开始设备安装。7 月投片试产,工艺制程为 19 纳米。合肥长鑫成为全球第 4 家采用 20 纳米以下工艺制程生产内存的厂商,兆易创新的创始人兼董事长朱一明亦在此时来到合肥长鑫,接替王宁国担任首席执行官。朱一明承诺在合肥长鑫盈利之前不领一分钱工资、一分钱奖金。

全球 NOR 闪存市场规模到 2017 年时已从最高峰的 50 亿美元缩水超过一半,仅剩 24 亿美元。市场小到连市占率曾经高达 25% 的赛普拉斯和 18% 的美光都觉得没有意思了,相继退出。NOR 闪存市场只剩台湾的华邦电子、旺宏电子等中小厂商在这个小池塘里挣扎。没想到,2018 年以来,物联网的蓬勃发展让工业控制、5G 基站、汽车智能化、真无线(TWS)蓝牙耳机等穿戴式电子设备、AMOLED 面板对 NOR 闪存的需求骤然上升,加上巨头退出后的缺口,助推兆易创新订单爆满,年出货量蹿升至过百亿颗,成为全球第 3 大 NOR 闪存供应商。兆易创新还开发了有"物联网核心"之称的"微控制单元"(MCU)产品,成为该领域的国内龙头企业。为了完善物联网布局,兆易创新出资 17 亿元,以 16 倍的溢价收购主营传感器芯片的上海思立微电子。朱一明认为:"通过收购思立微,可以获得公司缺乏的传感器技术,从而形成存储芯片、MCU、传感器三者的协同,在物联网 IoT 市场将大有作为。"

朱一明的野心不止于此,他还盯上了存储器中占最大块的内存。为了达到这一目的,他快速进行了一连串的资本运作。

2017 年 8 月,兆易创新接受国家大基金 14.5 亿元人民币战略入股,大基金成为兆易创新的第 2 大股东。

10 月,兆易创新与合肥产投签订五年协定,以合肥长鑫、长鑫存储、睿力集成为运营主体,合作开展 12 英寸晶圆、19 纳米工艺制程的存储器研发项目。

11 月,兆易创新以 5.3 亿港币认购中芯国际 0.5 亿股,双方升级为战略合作关系。

　　兆易创新还打算通过收购北京矽成的方式获得美国矽成。是的,就是那家曾经打算收购兆易创新的美国矽成,它于 2015 年就被北京矽成以 7.8 亿美元的价格收购。可惜兆易创新的这个收购计划未能成功。

　　所以,兆易创新作为中国首个在全自主开发技术下能完整提供内存和闪存的全存储器供货商,和合肥长鑫有着非常密切的合作关系。这使得朱一明掌控合肥长鑫一事并不令人意外。

　　合肥长鑫原计划在 2018 年底实现 8Gb DDR4 内存的量产,因福建晋华事件的发生,为规避侵权风险而被迫推迟。2019 年,合肥长鑫从加拿大的专利技术授权商 WiLAN 的子公司北极星创新有限公司(Polaris Innovations)获得了奇梦达留下的 1000 万份关于内存的技术文件,这些专利来自北极星创新花了 3000 万美元从英飞凌购得的专利组合。合肥长鑫利用这些技术在国内申请了 600 多项专利,另外还有上千件专利正在审核中。合肥长鑫还花费 25 亿美元的研发费用重新设计芯片架构,迅速将奇梦达遗留的 46 纳米技术提升到 10 余纳米技术的水平。2020 年 4 月,合肥长鑫还与美国半导体公司蓝铂世(Rambus)签署专利许可协议,获得后者大量的内存技术专利的使用许可。蓝铂世曾经是英特尔的内存供应商,后来与英特尔翻脸,打官司向英特尔索赔 39.5 亿美元,理由是英特尔与美光、SK 海力士合谋将它的内存芯片赶出市场,这或许让蓝铂世乐见合肥长鑫为它向美光和 SK 海力士报一箭之仇吧。由于拥有安全可靠的内存技术并建立了严谨合规的研发体系,合肥长鑫得以将内存的研发和生产顺利推进。

　　需要说明的是,奇梦达的内存技术虽然原本走的是沟槽式的路线,但也开发出了堆叠式技术并成功应用该技术做出了 46 纳米制程的内存。只不过这一产品还没来得及量产,奇梦达就破产了。这一技术也辗转落入合肥长鑫的手中。

　　2019 年 9 月,合肥长鑫自主研发的 8Gb DDR4 内存芯片正式量产。尽管在制程技术上,合肥长鑫与国际内存三巨头相比还有两三年的差距,但这已经是历史性的一刻。中国大陆半导体产业继华虹 NEC、中芯国际放弃生产内存之后,终于又有一家企业站出来对内存市场发起了冲击,而且做的是自主产品而非代工。2019 年,中国存储器芯片净进口金额高达 423 亿美元,占到了芯片净进口总额的 21%(中国海关数据),这一局面有望很快改善。继欧洲、日本和中国台湾相继放弃内存产业后,又有一股新生力量对韩国和美国在内存上的霸权地位发起了挑战。

2020 年 5 月 14 日,京东商城上架第一个纯国产 DDR4 内存条——光威弈系列 Pro,用的是合肥长鑫的消费级内存芯片,零售价 218 元。已经长达 700 多天没有降过价的金士顿内存,在光威弈系列 Pro 上架后就开始降价促销,而且价格定的是很有针对性的 215 元。

按照合肥长鑫内存项目的规划,2021 年将完成 17 纳米技术研发并在第一季度实现一期项目的满产,月产能达到 12 万片晶圆。届时合肥长鑫可以超越台湾南亚科成为全球第 4 大内存厂——南亚科内存月产能仅有 7 万片晶圆。

2019 年,全球内存市场的整体规模下跌至 622 亿美元,其中三星电子、SK 海力士和美光的份额分别为 44.5%、29% 和 21.5%,合计占比为 95%(DRAMeXchange 数据)。全球闪存市场的整体规模为 460 亿美元,同比减少 30%,其中三星电子、铠侠和美光的份额分别为 34%、19% 和 13%(中国闪存市场 ChinaFlashMarket 数据)。

中国大陆的 NAND 闪存和内存在 2019 年底相继量产,暂时赶上了市场主流产品的尾巴。而且,借着美国对中国大陆实施技术封锁的机会,中国大陆的国产存储器可以利用"支持国货"的有利环境快速成长起来。当然,中国在存储器市场上的份额还很小,短期内很难改变全球存储器市场格局。它的意义主要在于可以避免下游企业,包括华为、中兴、联想、浪潮、小米、OPPO 和 vivo 等公司,再次出现被其他国家的存储器公司大肆收割终端产品利润的情况发生。

中国大陆 3 大存储器厂商仅在武汉、南京、合肥和晋江 4 个城市的预计总投资就达到 660 亿美元,超过台湾在内存产业上累计三十年才达到的 500 亿美元总投资。中国大陆厂家要大举进入内存产业,也引起了国际 3 大内存巨头的紧张。谁都知道,依托中国政府的强大意愿和有力支持,以及中国巨大市场的支撑,在内存这种同质化程度较高的芯片产品上,中国大陆诞生世界级的内存巨头只是时间问题。

最紧张的莫过于三巨头中实力最弱的美光。如果来自中国大陆的内存席卷全球,多少会对排名第一的三星电子造成一定打击,但影响不会很大。SK 海力士的背后有大型财团支撑,应该也有惊无险。而没有大腿可抱、市场份额最小的美光,毫无疑问会面临较大的风险。

而且,在 SK 海力士完成对英特尔闪存业务的并购后,其市场份额以 2019 年度数据计算为 20%,将跃居全球闪存市场的第 2 位。韩国在全球存储器市场上的地位进一步增强,美光和市场前几名的差距被拉大。

与三星电子和 SK 海力士相比,美光还有一个明显的劣势,就是它没有在中国大陆建芯片制造厂,尽管它的中国市场营收占比高过三星电子和 SK 海力士。由于无锡厂的效益很好,海力士后来陆续投资了 105 亿美元,二厂又新增投资 86 亿美元,于 2019 年 5 月量产。[1] 无锡厂成为海力士全球单体投资规模最大、产能最大、技术最先进的内存厂。SK 海力士还收购了英特尔投资的投资额高达 80 亿美元的大连闪存厂[2]。2012 年,三星电子在西安首期投资 100 亿美元,建设 12 英寸晶圆、20 纳米以下制程工艺生产线,主要产品为闪存。这既是三星电子海外投资的最大工厂,也是中国大陆目前工艺最先进的半导体生产线,西安政府为这个项目提供了巨额财政补贴。据

---

[1]　孙权,《SK 海力士增加在华投资,无锡二工厂竣工》,中新网,2019-04-22。

[2]　《英特尔在华最大投资花落大连》,《经济参考报》,2015-10-22。

说三星电子西安厂为了防止技术泄露,不招聘中国大陆的工程师。2018 年 3 月,三星电子再投资 150 亿美元,在西安开建存储芯片二期工程。① SK 海力士和三星电子在中国大陆都是两三百亿美元级别的投资,美光却仅仅投资了 5.5 亿美元在西安建封测基地。

怎么办? 大家应该都听说过那个"熊口逃生"的故事,说的是两个人碰到熊,一个人拔腿就跑,另一个人说,你跑不过熊的。跑的人说,我跑得过你就行了。美光大概也是这么想的,它决定要让自己跑过 SK 海力士。

自 2011 年以来,全球内存的季度出货数量基本都保持在 40 亿个。内存三巨头深知"内存一旦供给过剩,就会价格暴跌"的道理,因此在关注其他厂家产量的同时调整自身的生产,很有默契地维持市场总供应量保持稳定。市场的平静在 2019 年第 3 季度被打破,美光率先扩大生产。美光的增产带来连锁反应,三星电子和 SK 海力士也都开始扩产,该季度全球内存供应量暴增至 48 亿个(WSTS 数据),此后一直居高不下。到 2020 年第 3 季度,美光内存市场份额与 SK 海力士的差距缩小到仅 3 个百分点(TrendForce 数据)。

产量一增加,价格自然就下来了。三大巨头通过增产来打压内存价格,意图让中国大陆厂家入市即亏损,消磨中国大陆厂家的竞争意志。

这也是半导体行业残酷性的表现。领跑厂家往往采用激进的折旧政策,在较短的折旧期内高价销售,获取超额利润和充沛的现金流来支持高额资本开支,设备折旧完了就打价格战,狙击追赶者,以维持领先优势。所以,正如赵伟国所说的:"在集成电路这个领域,只有前 3 才能生存。它并不像其他产业,你吃不到肉,可以吃点青菜。这个行业,或者吃肉,或者挨饿,没有青菜!"

一直以来,美光都是和三星电子一样,以"两年一代"的节奏进行先进制

---

① 　车阳阳,《三星电子闪存芯片项目二期 80 亿美元投资落地》,《西安日报》,2019-12-11。

程内存的量产。2019 年以后,美光将新品研发的进度改为了"一年一代",明显提速。美光不仅要在销量上超过 SK 海力士,在技术上也想要领跑。对于美光来说,已经进入"生死时速"的状态。

对于中国大陆的内存厂家来说,在内存工艺制程的竞争上既有坏消息也有好消息。坏消息是,内存的工艺制程即将突破 10 纳米,到 5 纳米就必须用极紫外线光刻机才能够生产。内存市场的竞争没有手机处理器市场的竞争激烈,工艺制程的发展也相对要慢一些。业界将内存在 20 纳米以后的制程按照 1X、1Y、1Z、1α、1β、1γ 的方式命名,1X 在 16 纳米~19 纳米、1Y 在 14 纳米~16 纳米、1Z 在 12 纳米~14 纳米……2019 年,各内存厂的技术进入 1Z 纳米阶段,预计 2021 年将推出 1α 纳米制程的内存。再过几年越过 1γ 后就得用到极紫外线光刻机,而中国大陆的内存厂届时能否拿到极紫外线光刻机还是未知数。

好消息是,内存 10 纳米以下工艺制程技术的发展困难重重,最终能走到哪里还不能确定。三星电子和 SK 海力士已提前导入极紫外线光刻机进行试产,但美光至今都尚未导入极紫外线光刻机。美光的策略是优先考虑将成本做到全球最低,它一方面用现有的成熟的多重图形曝光技术将内存的工艺制程继续推进到 1γ 纳米阶段,另一方面也很可能在观望摩尔定律能否继续有效。如果摩尔定律真的失效,那对技术相对落后、一路辛苦追赶的中国大陆内存厂无疑是件好事。

第十八章

越过 28 纳米节点

3D 晶体管的发明

2003 年,从英特尔传出了一个让人不安的消息:芯片制造商在缩小晶体管的技术上将遇到重大瓶颈,如果晶体管不能做得更小,摩尔定律就得走向尽头。尽管不时就有研究人员嚷嚷说摩尔定律就要不行了,但英特尔是摩尔定律最坚定的守护者,因此,由它来提出这样的宣告是相当罕见的。

芯片是由无数微小的电子元器件构成的,其中最主要的是晶体管。一个晶体管其实就是一个控制开关。它要能够发生作用,要处理的最基本问题可以总结为"差别"与"控制"。"差别"指 0 和 1,"控制"指如何实现 0 和 1。目前,晶体管中应用最主流的是场效应晶体管。场效应晶体管是用电场效应控制电流大小的单极型半导体器件,具有输入阻抗高、噪声低、热稳定性好、制造工艺简单等特点。在肖克利发明的双极型晶体管统治半导体产业三十年后,以 CMOS 工艺制成的场效应晶体管成为市场的主流。场效应晶体管适用于大多数的逻辑芯片,在模拟芯片上的应用也很广泛。场效应晶体管有 4 个组成部分:源极(source)——电子的源头;漏极(drains)——电子的去处;源极和漏极之间的传导电子的沟道;栅极(gate)——专门用来控制沟道内的电流。当电流从源极流向漏极时,晶体管就将它读为"1";当电流不流动时,就读作"0"。数以百万计的电流活动就形成了计算或存储的功能。因此,若要让这些活动产生可靠的结果,一定要能严格掌控好栅极与沟道,确保电子不会乱跑。

栅极与沟道并不直接连通,中间隔了一层薄薄的绝缘体。最早的绝缘层就是将硅氧化后形成的二氧化硅,天然就具有这么一个性能超级好的绝缘层,对于半导体工业来说是一件幸事。有人曾经感慨,说上帝都在帮助人类发明芯片,首先给了那么多的沙子,然后又给了一个完美的自然绝缘层。所以,直到今天,硅之所以仍然是很难被取代的半导体原料,一个重要原因就是硅的综合性能太完美了。但在芯片发展到 45 纳米节点以下时,栅极与沟道之间的绝缘层变得太薄,仅有一点几纳米,做不到完全绝缘,会有轻微的漏电,也就是量子力学上所说的"隧道效应"。解决办法是使用高介电常数金属栅极(High-K Metal Gate,简写 HKMG)。HK 就是用性能更好的材料换掉原来的氧化物绝缘层,减少漏电。

当到达 28 纳米节点以下时,新的问题又出现了。对于晶体管来说,沟道长度是重要性仅次于功耗的重要参数。沟道长度越短,电子从源极跑到漏极所需的时间就越少,而且晶体管的体积也可以随之减小,整个电路的集成度就越高,电子器件的工作速度或频率就得以提高。但沟道长度减少又会引发一个新问题:栅极控制沟道通电的能力下降了。所以,沟道长度的物理极限,又受到源极与漏极之间距离的制约。

栅极在关闭状态时,其实是做不到将电子 100% 阻隔的。在晶体管尺寸较大的时候,这些漏电是可以容忍的。可是,当线宽小于 28 纳米的时候,由于源极与漏极变得非常接近,"隧道效应"又会发生,电子将会不受控制地自行穿越沟道,出现严重的漏电现象,晶体管将不能够正常地发挥作用。不管栅极用什么材质,都不能避免这样的现象发生。英特尔的技术战略部总监保罗·加吉尼以在小路碰上瀑布来比喻这个现象。如果不知道瀑布有多深,大家就会绕道而行;如果水幕只是薄薄一层,大家就会直接穿越它。

大多数芯片都离不开场效应晶体管,而大多数场效应晶体管又必须使用 CMOS 技术制造。可以说,有了 CMOS 技术的问世,芯片才能够按照摩尔定律不断向前进步。当应用该技术制作的场效应晶体管的尺寸到了物理极限的时候,摩尔定律也就失效了。整个半导体行业都处于悲观的状态。有意思的是,当年是一个名叫萨支唐的华人领导了 CMOS 技术的发明,如今,另一个华人很自信地认为,他已经找到了解决这个难题的方法。

1947 年 7 月,胡正明出生于北京豆芽菜胡同。1968 年,他从台湾大学电机系毕业。在毕业的那一年,一位来自美国的客座教授弗兰克·方到台大讲了一堂课,"他告诉我们半导体将成为未来电视机的材料,电视机可以像照片一样挂在墙上。"

在那个真空管电视机还很笨重的年代,弗兰克·方的这句话引起了胡正明的兴趣。他决定将半导体作为自己未来的研究领域,并申请攻读美国加州大学伯克利分校电机系的研究生学位。1969 年,他来到伯克利并在那里加入了一个研究晶体管的小组。1973 年,他获得了博士学位,此后一直从事半导体器件的开发及微型化研究。

到了 20 世纪 90 年代中期,人们已经开始担忧晶体管尺寸无法进一步缩小的问题。随着晶体管做得越来越小,它处于关闭状态的漏电却越来越成为大问题。这种漏电会非常严重,增加甚至主导了芯片功耗。当时的人们预计,到 2010 年,芯片"每平方厘米的功耗甚至高过了火箭喷管,业内认定那场战役注定失败"。连美国政府都对此感到不安。1995 年,美国国防部高级研究计划局启动了一个名为"25 纳米开关"(25-nm Switch)的计划,资助有望突破这一障碍的研究,以达到提升芯片容纳晶体管数目上限的目的。

胡正明偶然听说了这个计划,"我喜欢 25 纳米的想法,它远远超出了业界的想象。"当时的人们还只是担心晶体管仅能做到 100 纳米制程,高级研究计划局就已经很有前瞻性并相当精准地把目标定在了 25 纳米。随后一两天,在前往日本出差的途中,胡正明画出了解决方案的草图。在下榻日本酒店后,他将技术草图连同说明一起传真到了伯克利。他的研究小组向高级研究计划局提交了这份方案,高级研究计划局随后给他们进行了长达四年的研究经费支持。

2000 年,在为期四年的资助结束时,胡正明及其团队提出了两种解决途径,立即引起了业界广泛的关注。一种是立体结构的鳍式场效应晶体管(FinFET),另外一种是平面结构的超薄绝缘层上硅技术(UTB-SOI),后来发展成全耗尽型绝缘层上硅(FD-SOI)。SOI 技术相对简单,就是在顶层硅和衬底之间增加一层氧化绝缘体,减少向底层的漏电。但受限于衬底制备技术的不成熟,成本较高,这限制了它的发展。

在传统晶体管的结构中,栅极属于平面的架构,只能在一个方向上控制电路的接通与断开。在 FinFET 架构中,栅极呈类似鱼鳍般的叉状 3D 架构,可于栅极的两侧控制电路的接通与断开。这种设计可以大幅改善电路控制并减少漏电,也可以大幅缩短晶体管的栅极长度。FinFET 通过对垂直空间的利用解决了晶体管做薄后的漏电问题,使得晶体管尺寸可以进一步缩小,开启了 3D 晶体管时代。"过去我们一直用平面结构来思考晶体管的发展,因此尺寸的缩小就有了极限,最后在发现晶体管不必是平面之后,既有的定律就会被打破。"利用 FinFET 的技术,胡正明领导的研究小组开发出当时世界上体积最小,通过电流却最大的半导体晶体管。这种新型的晶体管为芯片容量的提高开辟了广阔的道路。

当然,FinFET 技术要从实验室走向商业化,还有很漫长的道路要走。其实,在胡正明之前,就已经有 IBM 的研究人员提出过类似 FinFET 的概念,因为制作难度太大而没有继续下去。这个制作难度主要在于那个"鳍"的厚度要小于 10 纳米,远远超出光刻机所能达到的精度。这也是英特尔迟至 2003 年还表示很悲观的原因。

为了解决 FinFET 商业化的问题,实现 28 纳米之后制程的技术突破,2001 年,胡正明应张忠谋的邀请,来到台积电担任技术长。正值全球互联网泡沫破裂,半导体行业受到严重影响,无数公司关门大吉。台积电营收在这一年首次出现了下滑,张忠谋却仍然在新技术研发上不计成本地投入。胡正明在台积电工作的三年多时间里,台积电加速消化 FinFET 这一新技术,并不断尝试实现量产。

一直到 2011 年 5 月 4 日,还是英特尔首先宣布开发出可以投入大规模生产的 FinFET 晶体管,这也是第一个商业化的 3D 结构晶体管。当天,英特尔还对外展示了代号为"常春藤桥"的 22 纳米微处理器。从此以后,FinFET 开始向 20 纳米及以下节点继续推进,摩尔定律才得以继续向前演进。

极紫外线光刻机尚未投入商用,英特尔又是怎么造出"鳍"来的? 英特尔用了个很巧妙的方法。它先用光刻机刻出一个比较厚的核,在这个核的两侧涂上超薄的硅壳,然后把中间的厚核刻蚀掉,剩下的两个竖着的硅壳就成了两个厚度小于 10 纳米的"鳍"。

FinFET 的发明让胡正明成为全球顶级的半导体专家。因为其贡献卓著,他先后被评选为美国国家工程院院士和中国科学院外籍院士。2016 年,胡正明获得美国总统奥巴马颁发的美国国家科学奖章。因为胡正明"使摩尔定律又延续了几十年",国际电气与电子工程师学会(IEEE)授予他 2020 年度的荣誉勋章。这一荣誉勋章一年只颁发给一个人,上一个获得荣誉勋章的华人是张忠谋(2011 年)。

当有人尊称他为"一个了不起的科学家"时,胡正明断然否认:"我不觉得我是科学家,我是一名工程师,科学家是发现自然界已经有的规律,而工程师是要发明自然界不存在的一些东西,这些东西可以为人类解决很多问题,给人类带来便利。我很骄傲,我是一名工程师,我是发明东西的人。"半导体是一门应用性很强的学科,其理论基础其实在二战前就在欧洲建好了,却直到二战后才由美国完成产业化。其中一个重要因素,就是美国人对动手能力的强调和对工程师的尊崇。可以说,是工程师文化成就了美国硅谷的繁荣,而胡正明则是硅谷最伟大的工程师之一。

台积电和三星电子争霸战

2009 年,胡正明教授准备过生日,胡正明的太太因此发电邮给他的学生。大家意外地发现,群组中的梁孟松的邮址竟是"msliang@samsung.com"。梁孟松怎么成为三星的人了?

要把这事情说清,还得回到三年前。2005 年,台积电发生了一场人事地震。张忠谋委任蔡力行任执行长,自己担任董事长。蔡力行比张忠谋年轻21 岁,已跟随张忠谋十六年,在台积电素有"小张忠谋"之称。退居二线的张忠谋仍然把蔡力行管得很紧,蔡力行一接他的电话就紧张,还经常在晚上被张忠谋喊到家里去汇报工作——张忠谋声称很少干预蔡力行的工作,证据之一就是他很少到公司去。

　　蔡力行上任第二年,60 岁的蒋尚义即申请退休,理由是要照顾年迈的父亲。蒋尚义在台积电被称为"蒋爸",由此可见其德高望重之程度。蒋尚义生于 1946 年,从台湾大学电子工程毕业后去美国普林斯顿大学电子工程读硕士,1974 年获斯坦福电子工程博士,之后进入德州仪器、惠普工作。1997年,51 岁的蒋尚义回到台湾,成为张忠谋的左右手。他将台积电的研发队伍从 400 人扩编到 7600 人的规模,培养出一支世界级的研发团队,研发经费也从数十亿扩大到上百亿台币。张忠谋盛赞蒋尚义是将台积电的技术水准从二流提升到一流的重要推手。

　　大概是为了分散研发副总裁的权力,蔡力行设置了双技术长的岗位。原以为会顺利成为双技术长之一的梁孟松意外地被同僚孙元成取代,反而成为另一位来自英特尔的技术长罗唯仁的下属。罗唯仁是蔡力行在台湾大学物理系时的学长,五年后因"做出重要技术决策"而获张忠谋亲自颁发内部最高荣誉"TSMC Medal of Honor",独得 800 万元台币大奖,可见也是一个技术牛人。

　　梁孟松是加州大学伯克利分校电机博士,曾在超威工作,在美国参与申请的半导体专利技术就多达 181 件。1992 年,40 岁的他回台湾加入台积电,他在芯片领域的专利后来增加到 500 多个。在台积电,他的工作是领导模块开发团队,这是先进工艺的核心。他在台积电的多次工艺升级中有着不可磨灭的贡献。特别是 2003 年台积电与 IBM 的 130 纳米铜制程之战,梁孟松发挥了至关重要的作用,帮助台积电抢先一年研发出这一技术,成功确立起台积电在晶圆代工界的老大地位。已在台积电奋斗十四年,却失去难得的晋升机会,职位仅是研发处处长的梁孟松愤愤不平。

到了2008年,擅长研发的梁孟松竟被降职调去其他部门。人事命令发布前他完全不知情,出国回来后才发现自己的办公室被改装成4个工程师合用。几乎人人怕看到他,都怕与他扯在一起。人事命令上,还不留情面地点出梁孟松在公司有与人不和的问题。深受其辱的梁孟松,遂萌生去意。

全球金融风暴袭击下,2009年第一季度,台积电险些出现自1990年以来的首次季度亏损。6月11日,张忠谋重回台积电任执行长。他亲手撤换了蔡力行,蔡力行一夜间从管理2万多名员工的台积电执行长,变成管理不到10位员工的新事业部门总经理。蔡力行被撤的导火线,是从2008年底到2009年3月间,台积电辞退了近千名的员工。梁孟松也是在这个时间段内离职的。张忠谋请回已离开三年的蒋尚义重出江湖以稳住人心,蒋尚义取代罗唯仁再任研发副总裁之职。张忠谋还声称要请回所有被辞退的员工,并极力挽留他一向看重的梁孟松。无奈梁孟松去意已决。

张忠谋回归台积电,全球半导体产业界都受到了震撼。

张忠谋重任执行长的第一件重大决策,就是大笔一挥,将2010年的资本支出上调一倍多,增加到59亿美元。

在金融海啸让大家余悸犹存的当下,有两位独立董事提出反对。其中一位,是前德州仪器董事长托马斯·恩吉布斯。张忠谋无法说服他们,只能摊牌:"要考虑我是公司负责人,你要跟随我。"逢行业低谷做逆周期投资,张忠谋亦深谙此道。

另一位提出反对的独立董事,在几年后告诉张忠谋,他很高兴那时的反对没有成功。

事实证明,张忠谋力排众议建成的庞大产能,到头来根本还不够用。

在张忠谋拍板要大增台积电产能的同时,中国大陆有一个叫雷军的人正在琢磨着造智能手机的事情,还给他的手机起了个"小米"这样的奇怪的名字。到2014年,这个才创立不过三年多的新品牌,竟销售出了6000多万部智能手机,超越三星,拿到了中国市场年度销量第一名。OPPO、vivo 和华为等品牌也跟着热销,加上 4G 换机潮适时来到,智能手机市场风起云涌、热火朝天。多数手机知名品牌的处理器芯片都由台积电代工。到了 2016 年第二季度,台积电中科厂依靠 10 万片 12 英寸晶圆的规划月产能,硬是做出 15 万片的产量,结果竟然还是供不应求。台积电 28 纳米制程的市场占有率高达 70% 以上,成为台积电最成功的一代制程工艺。

台积电率先推出的 28 纳米制程技术迎合了智能手机时代的来临,不仅销量大,定价也高。台积电代工 12 英寸晶圆产品的平均销售单价,正是在 2011 年以后因为 28 纳米制程才有了明显的提高。以至于全球第二大芯片设计公司博通担心台积电把对手甩得太远,结果在 28 纳米制程上,"很可能我们只有一个(代工)选择。"

台积电乘胜追击,早早就开始下一代 16 纳米制程的研究。2013 年,台积电率先将 16 纳米 FinFET 工艺投入试产。当时预计,台积电比三星电子领先了差不多两年的时间。

2014 年 12 月,市场上传来了让人惊愕的消息:三星电子宣布从 28 纳米制程直接跨代至 14 纳米制程(相当于台积电的 16 纳米),并开始量产,比台积电的 16 纳米提前了半年的时间。

三星电子的半导体业务从存储器起步,内存和闪存相继于 1992 年和 2003 年做到了全球第一。但存储器市场的波动很大,2005 年第二季度,NAND 闪存价格大跌,三星电子净利减半。为改善半导体部门的获利表现,三星电子决定切入晶圆代工领域。可能是因为独立芯片设计公司视三星电子为竞争对手,几年时间过去,三星电子的晶圆代工业务没有多大的起色,到 2009 年营收还仅有 3 亿多美元,只有中芯国际的三分之一,更不要说和台积电比了,甚至被张忠谋讥为"雷达上一个小点"。

2009 年 2 月,梁孟松已从台积电离职。8 月,梁孟松被一架专机悄悄接到了韩国首尔,进入三星集团下属的成均馆大学担任教职。韩国通过"智慧韩国 21 世纪工程"的实施对大学和研究所的芯片研发进行扶持,鼓励企业与大学密切合作,三星电子在此背景下投资了成均馆大学,与其合作创办了半导体工学系,使之成为韩国企业培养半导体专业人才的基地。

2011 年 2 月,台积电对他的竞业限制期一满,梁孟松即向台积电领取了遵守此规定可获得的 4600 万台币的股利,并于 7 月入职为三星电子晶圆代工部门的首席技术官。

得知梁孟松曲线跳槽到了三星电子,台积电暴跳如雷。今非昔比,随着智能手机时代的来临,三星电子不仅有大量的三星手机系统芯片要做,还接下苹果手机处理器的代工大单,在全球晶圆代工业中的排名不断上升。而且,在芯片制程从 90 纳米向 65 纳米乃至更高工艺节点挺进的过程中,工厂投资越来越大,不断有 IDM 厂和晶圆代工厂退出新制程的竞争,比如英飞凌就表示不会兴建 90 纳米以下的产能。三星电子在晶圆代工业的地位势必会越来越重要,台积电不能不对它提高警惕。2011 年 10 月,台积电对梁孟松提起诉讼。在诉状中,台积电称梁孟松"负责或参与台积电每一世代制程的最先进技术""深入参与台积电公司 FinFET 的制程研发,并为相关专利发明人"。FinFET 技术的发明人胡正明是梁孟松的老师,那封胡正明生日时所发的电子邮件被台积电作为呈堂证供来证明:梁孟松在竞业禁止期结束之前便为三星工作。

台积电对梁孟松这么紧张是有道理的。在 28 纳米的工艺节点上,全球形成分别由英特尔和 IBM 主导的 FinFET 和 FD SOI 两条技术路线。三星电子原本属于 FD SOI 阵营,但 FD SOI 技术发展较慢,当时还搞不定 14 纳米工艺制程。有明显迹象表明,梁孟松帮助三星电子提前掌握 FinFET 技术,追上了台积电的进度。当梁孟松意识到三星电子的 20 纳米制程处于落后地位时,力排众议,决定放弃 20 纳米技术,直接进入 14 纳米。这在很多人看来是一个非常冒进的举动,因为当时连台积电都还在研发 16 纳米技术。结果,三星电子凭借 FinFET 技术成功地从 28 纳米制程直接跨代至 14 纳米制程。

在半导体产业,路线错误的代价是非常昂贵的。FD SOI 阵营大伤元气,IBM 倒贴 15 亿美元将芯片生产线转给格罗方德,一向依赖 IBM 供应技术的格罗方德与联华电子都因为站错队而影响了之后的发展,属于英特尔技术派系、走对 FinFET 路线的台积电和三星电子则一路凯歌。

关于梁孟松在提升三星电子技术水平上发挥的作用,台积电的法务长方淑华曾在法庭上这样表述:"他(梁孟松)去三星,就算不主动泄漏台积电机密,只要三星选择技术方向时,他提醒一下,这个方向你们不用走了,他们就可以少花很多物力、时间。"

要知道,在半导体行业,很多技术细节你自己摸索一年,可能还不如别人说一句话。对于三星电子这种业内大厂来说,14 纳米的技术就是个窗户纸。只要有人能指清方向,技术开发这些都不是什么大问题。

由于三星电子是全球第一个实现 14 纳米制程的厂家,因此成功地从台积电手里夺下苹果 A9 处理器的大单,一度引发台积电股价大跌。自从苹果于 iPhone 4 启用自己设计的应用处理器,就一直由三星电子负责代工,直到 A8 处理器才被台积电抢走生意,这也导致三星电子的晶圆代工业务多年来第一次出现亏损。当时苹果在同三星电子大打专利侵权官司,三星电子以停供液晶面板和电池来威胁苹果,苹果当然也要大力推行去三星化。而台积电于 2013 年在 20 纳米制程上实现突破,良品率也大幅提升,取得了比三星电子领先的优势,自然大受苹果青睐。原本台积电还能够在 14 纳米制程上保持对三星电子的优势,因为当时三星电子缺乏对 14 纳米制程至关重要的 FinFET 工艺。可是,梁孟松加盟三星电子,直接化解了台积电的技术优势,帮助三星电子重新夺回苹果手机处理器的代工订单。

为了重新超越三星电子,张忠谋亲自在公司内部启动了"夜莺计划",以攻克 10 纳米的技术难关。这项计划募集近 400 位研发人员,以底薪加 30％、分红加 50％ 的条件让这些工程师按照 24 小时三班倒的形式进行制程研发工作,最终解决了所有技术挑战。台积电已经夺回了苹果 A10 处理器的订单,"夜莺计划"则巩固了它的优势地位。iPhone 8 上搭载了用台积电 10 纳米制程生产的 A11 Bionic 处理器,其性能跑分成绩大幅领先高通和三星的顶级系统芯片。此后的苹果 A 系列芯片均由台积电独享。

台积电成功抢下苹果全数 A10 处理器订单后,产能即将唱空城计的三星电子,转而祭出优惠价格,希望以低价引起高通的兴趣。高通曾是台积电的最大客户,2014 年其订单占到台积电营收的 21%。但高通也不希望看到只有一个代工商的局面,借此机会悍然要求台积电也给出一个大折扣。几番艰苦的谈判之后,对利润比较看重的张忠谋最终没有同意。结果,高通应用 14 纳米制程的骁龙 820 处理器及接下来的 10 纳米制程产品,全数移到三星电子生产。

三星电子的 14 纳米制程获得了苹果和高通的不少订单,梁孟松为之做出了不可或缺的贡献。梁孟松在台积电的年薪在 900 万元人民币左右,据说三星电子给他开出了 3~5 倍于台积电的薪酬。

三星电子在存储芯片、液晶面板等产业上几次血洗台湾,整个台湾信息产业界都视三星电子为最大的敌人,而台湾也只有台积电拥有与三星电子竞争的实力。台积电和三星电子在晶圆代工领域缠斗已久,梁孟松成为改变三星电子和台积电实力对比的关键人物,自然引来了老东家的极大不满。台积电为了告梁孟松,委托第三方专业机构针对台积电、三星电子、IBM 近 4 个世代的制程技术做比对。原本三星电子的技术源自 IBM 血统,不应该和台积电是同一个路数,但比对结果发现,从 45 纳米以后,三星电子的制程工艺开始与台积电越来越雷同。报告认定,台积电几项"如指纹般独特且难以模仿的技术特征"皆遭三星电子模仿。

台湾法院采信了台积电提供的《台积电、三星、IBM 产品关键制程结构分析比对报告》,认为梁孟松任教的其实是三星内部的企业培训大学——三星半导体理工学院,该校址就设在三星电子厂区。而且,法院调看了梁孟松从 2009 年 8 月到 2011 年 4 月间的出入境资料,发现在这 630 天内,梁孟松在韩国逗留 340 天,但梁孟松按合同每周只需在韩国授课 3 小时,也让人怀疑他到韩国就是为三星电子提供服务。

因此,2015 年 8 月,台湾法院判决台积电胜诉,以侵犯台积电的技术专利及窃取商业机密为名,禁止梁孟松替三星服务至 2015 年 12 月 31 日前;禁止其泄漏台积电机密及台积电人事资料,以防三星电子恶意挖角。这起长达近四年的知识产权诉讼案终于告终。梁孟松案在台湾地区司法和科技界都创下首例,首次判定企业高阶主管在竞业禁止期结束后仍不能到竞争对手公司工作。

梁孟松不仅影响了台积电和三星电子之间的实力对比,还间接对格罗方德产生了影响。格罗方德自己搞不定 14 纳米工艺,干脆直接购买了三星电子的 14 纳米 FinFET 工艺授权,借助后者丰富的经验和成熟的工艺突围。到 2015 年中,格罗方德就已经开始使用 14 纳米 FinFET 工艺为它的客户量产芯片。格罗方德该年收入大涨 15%,拉开了和联华电子之间的差距。

一人的去留,竟能左右几家晶圆代工巨头的实力消长,梁孟松因此被视为半导体行业的一个传奇人物。

摩尔定律走向终点

虽然有了 FinFET 技术,摩尔定律得以继续往前走,但英飞凌首席执行官莱茵哈德·普罗斯仍然认为:"从 28 纳米向 20 纳米过渡的时候,我们第一次遇到了晶体管成本上升的情况。摩尔定律正在走向终点。"

为什么普罗斯这么认为呢?因为 FinFET 技术在维持高参数良品率以及低缺陷密度上的难度加大,解决不了性价比的问题。随着研发难度和生产工序的增加,从 20 纳米、16 纳米到 14 纳米,各制程的成本一直都高于 28 纳米。这是摩尔定律运行六十多年来首次遇到制程缩小但成本不降反升的现象。由于性价比提升一直以来都被视为摩尔定律的核心意义,所以 28 纳米以下制程的成本上升问题一度被认为是摩尔定律开始失效的标志,而 28 纳米也作为最具性价比的制程工艺长期活跃于市场。

在设计成本不断上升的情况下,只有少数客户能负担得起转向高阶节点的费用。28 纳米芯片的平均设计成本约为 3000 万美元,16 纳米、14 纳米的则升到 8000 万美元,设计 7 纳米芯片则需要 2.71 亿美元(Gartner 数据)。对于多数客户而言,转向高阶节点制程的芯片设计费用实在太昂贵了。虽然高端市场会被 7 纳米、10 纳米、14 纳米、16 纳米制程占据,但 28 纳米制程不会退出。

28 纳米节点后的晶体管成本上升是摩尔定律失效的第一个重要标志,第二个重要标志则是"功率墙"(Power Wall)。被誉为"DRAM 之父"的登纳德提出了"登纳德缩放比例定律",意思是每一代芯片的工作频率(也被称为时钟速度)会比上一代产品提高 40%。当微处理器的频率提高了 1000 多倍以后就遇到了功率墙。因为晶体管再小,功率密度也是保持不变的,它终究会遇到频率无法再提升的临界点。自 2005 年起,微处理器的频率就被限制在了 4GHz 左右。

摩尔定律失效的第三个重要标志则是,晶体管不再按照原来的速度减小尺寸。

在 28 纳米节点之前,半导体产业界基本是按照摩尔定律所要求的节奏来走的。性能提高一倍,就意味着晶体管的面积要缩小一半,这样才能保证在同样面积的芯片中装入两倍数量的晶体管。晶体管近似于一个正方形,它的面积等于长度的平方。面积缩小一半,就意味着长度要缩小 70%。所以,新一代晶体管的长度都是在前一代的 70% 左右。从 130 纳米、90 纳米、65 纳米、45 纳米到 32 纳米,都是这么走的。由于晶体管的长度与沟道的长度差不多,所以也可以近似地认为这些节点的纳米长度指的是沟道长度。

按照原来的路径,从 32 纳米再往下走,就应该是 32 纳米的 70%,即约

22 纳米。前文说过,在这时遇到了技术瓶颈,只做出了 28 纳米。再往下走,由于使用了 FinFET 技术,沟道不再是一条直线,沟道的长度开始大于晶体管的长度,所以沟道长度不再与晶体管的工艺节点相关了。英特尔还是老老实实地把晶体管的长度作为工艺节点的标识,从 22 纳米到 20 纳米,一步步往前走。这时候,三星电子动了歪心思,仍然按照原有的"乘以 70%"的模式对工艺节点进行命名,20 纳米的 70% 即 14 纳米。从营销的角度来说,数字越小就显得性能越强大。台积电、格罗方德等厂家被迫跟进,否则就会丢掉市场。从此以后,就有了 14 纳米的 70%,即约 10 纳米、7 纳米、5 纳米、3 纳米、2 纳米……实际上,业内认为:英特尔的 20 纳米相当于台积电的 16 纳米或三星电子的 14 纳米,以此类推,此后台积电和三星电子的节点数字相对英特尔来说都是有水分的。

台积电的工艺节点数字有水分,实力却是明摆在那儿的。2000 年左右,台积电全球营收约 53 亿美元,这个规模大概在全球第 10 多位的位置上徘徊(排名第 10 的飞利浦是 63 亿美元),约莫是一家中型半导体企业。当时的龙头巨擘英特尔的年营收约为 300 亿美元。到了 2019 年,台积电的营收增长到 346 亿美元,虽然销售规模还只有英特尔的一半,但其市值于当年 10 月 9 日达到 2524 亿美元,首次超过英特尔成为全球市值最大的半导体企业。到了 2020 年 9 月 8 日,台积电市值竟高达 4035 亿美元,几乎是英特尔同期市值的两倍。这绝对不是当年给了台积电第一桶金的英特尔预料得到的。三星电子的市值也超过了 3000 亿美元,把英特尔远远抛在后面。

在目前全球最先进的 5 纳米制程上,台积电的产能已经满产,主要给苹果 iPhone 12 供应 A14 处理器芯片和给华为 Mate 40 供应麒麟 9000 芯片。三星电子的 5 纳米制程也进入了量产。在 16 纳米及以下的先进制程中,台积电提供的选项最多。截至 2020 年 7 月,共有 10 种制程供客户选择,从 16 纳米、12 纳米、10 纳米、7 纳米到 5 纳米都有。反观三星电子,只有 6 种制程选项,而英特尔只有 4 种。目前晶圆顶尖制程的竞争就只剩下台积电(量产

5 纳米)、三星电子(量产 5 纳米)、英特尔(量产 10 纳米,相当于前两者的 7 纳米)和中芯国际(冲击 7 纳米)4 家,格罗方德和联华电子在 7 纳米制程上就已宣布退出竞争,不再砸钱研发和投产更先进的制程。

IDM 厂就更不用说了。除了英特尔,其他 IDM 厂在芯片先进制程上的竞争一向落后于晶圆代工厂。由于纳米级别的先进制程技术的研发和资本开支实在太高,绝大多数 IDM 厂实在无法承担,包括德州仪器、意法半导体、英飞凌、恩智浦、飞思卡尔在内的众多大厂都停止了对先进制程晶圆厂的投入,富士通、松下、瑞萨电子、东芝和索尼等也都转型为轻晶圆厂(Fab-Lite)①。在 130 纳米工艺节点上全球有近 30 个玩家,到 28 纳米工艺节点时减少到 10 个,愿意参与 7 纳米竞争的就仅剩 4 个。

5 纳米制程在现阶段仅用于手机处理器芯片的生产。消费者愿意付出高价格来使用拥有最先进制程处理器的智能手机产品,手机厂商也就愿意为使用最新制程工艺生产出来的手机处理器支付更高的价格。手机处理器是对芯片先进制程最敏感的领域,苹果、高通、三星电子、海思、联发科等系统芯片大厂之间在手机处理器性能上的竞争非常激烈,一旦落后一代就会产生 20%～40% 的综合性能差距,这在更迭迅速的消费电子市场是不可接受的。因此,手机处理器厂商都是顶尖制程的忠实客户,不惜花费重金争夺最先进制程芯片的产能。

当芯片制造的工艺节点从 3 纳米再往下发展时,FinFET 技术又不够用了,环绕式栅极晶体管(GAAFET, Gate-All-Around FET)隆重登场。FinFET 是将晶体管从平面改为立体,沟道被栅极三面包裹;GAAFET 则更进一步,其沟道被栅极四面包围,能进一步改善栅极对电流的控制。三星电子、台积电、英特尔都在对 GAAFET 技术进行研究。在权衡技术成熟度、性

---

① 轻晶圆厂(Fab-Lite),指自身仅拥有生产成熟产品的 8 英寸产线,而把需要 12 英寸产线生产的先进制程产品生产外包的半导体厂家。

能和成本等因素后,台积电的 3 纳米制程首发还将沿用 FinFET 方案。三星电子则比较激进,已经先一步将 GAAFET 技术用于 3 纳米芯片的制作。由于在 7 纳米和 5 纳米的节点上,三星电子的工艺进度都落后于台积电,三星电子期望于 2021 年抢在台积电之前完成 3 纳米工艺的研发。

GAAFET 技术还有许多难题需要攻克,三星电子能否换道超车打出一场漂亮的翻身仗,还是会因技术迟迟无法突破而痛失 3 纳米芯片市场的竞争？得知三星电子的最新动态之后,台积电也提前启动了 3 纳米 GAAFET 技术的研发计划。台积电能否再次成功狙击三星电子？ 这场激动人心的芯片制程技术之战还在紧张地进行中。

即使台积电和三星电子造出了 3 纳米乃至 2 纳米制程的芯片,这场延续了六十年的硅晶体管竞争也终将走向终结。

为了协调半导体产业的发展,从 20 世纪 90 年代起,国际半导体产业界开始筹划研究路线图,美欧日韩及中国台湾等半导体产业发达的国家和地区都参与其中。从 1998 年开始,国际半导体技术路线图(ITRS)每两年发布一次。然而,2016 年发布的新路线图首次不再强调摩尔定律,而是超越摩尔的战略(More than Moore strategy):以前是应用跟着芯片走,今后则是芯片为应用服务。这对中国企业是个好消息,中国企业不久以后将不再需要在追赶摩尔定律的道路上疲于奔命,而应用方面则是中国企业的强项。这是 BAT(百度、阿里和腾讯)相继进入应用定制芯片开发的背景,中国芯片要靠 BAT,绝不是个笑话。

摩尔定律走向终结,还有一个重要原因是光刻机的研发到极紫外技术时已到极限,光学光刻机至此已到终点。

第十九章

极紫外线光刻难题

EUV LLC 攻克世纪难题

2017 年 4 月,尼康向阿斯麦尔和蔡司发起法律诉讼,指责它们未经允许就将尼康的微影技术用在阿斯麦尔的光刻机当中,要求赔偿损失并停止出售应用该技术的光刻机。英特尔为避免麻烦,取消了阿斯麦尔 1 亿美元的订单。该案子在两年后取得和解,阿斯麦尔和蔡司一共支付给了尼康 1.5 亿欧元赔偿。此外,从最终协议签署当天起的未来十年,尼康与阿斯麦尔需支付各自浸没式光刻机销售收入的 0.8% 作为专利授权费用给对方。这一条款当然对营收要低很多的尼康更有利。这一事件表明,阿斯麦尔虽然已取得高端光刻机的多数市场份额,但并未取得绝对的优势。阿斯麦尔要想彻底称霸光刻机市场,还得拿下极紫外线光刻方案才行。

使用浸没式光刻方案,193 纳米波长的浸没式光刻机能做到的极限分辨率是 10 纳米(相当于台积电的 7 纳米制程)。再往前,就只能用极紫外线光刻。极紫外线的波长是多少呢?

仅仅 13.5 纳米!

极紫外线光刻机的开发难度有多大?

极紫外线算是软 X 光,几乎能被任何介质吸收,所以不能穿过水——浸没式光刻方案用不上了;不能穿过空气,光刻机内部得做成真空的;也不能穿过透镜,传统光刻机用到的透镜技术全部得推倒重来。

光刻机需要用反射镜来传导光线。极紫外线的反射效率很低,每反射一次就要损失 30% 的能量,极紫外线需要经过十几次反射后才能到达晶圆,能量仅剩不足 2%。这就需要非常强大的光源,而且对光的集中度要求极高,相当于拿个手电照到月球上所产生的光斑都不得超过一枚硬币大小。反射镜的工艺精度要求极高,直径 30 厘米的反射镜要求起伏不到 0.3 纳米,这相当于是做一条从北京到上海的铁轨,要求起伏不超过 1 毫米。或者用韦尼克的话来说："如果反射镜面积有整个德国大,最高的突起处不能高于1厘米。"这些镜片需要利用高纯度透光材料和高质量的抛光工艺才能加工而成,这需要数十年乃至上百年的时间的技术沉淀,才能成就皮米尺度的精加工。

此外,过短波长的绕射现象会造成掩膜、晶圆边缘过度曝光,极紫外光对配套的抗蚀剂和防护膜的要求很高,这些问题都会导致芯片产品合格率不佳和光刻机的频繁检测,需要想办法克服。

这些技术难题造成极紫外线光刻机的研发速度大大不及预期,极紫外线光刻机几乎逼近物理学、材料学以及精密制造的极限。

如果把摩尔定律视为一种信仰,那英特尔就是它的祭司。大概因为摩尔创建了英特尔,英特尔将延续摩尔定律视为它的使命,自格鲁夫之后的每任英特尔首席执行官在离任时都会欣慰地表示:至少摩尔定律没在自己手上搞砸了。所以,英特尔绝对是极紫外线光刻最坚定的支持者。早在1997年,为了尝试突破193纳米,英特尔就提出了激进的极紫外线光刻方案,并说服了对高科技十分开明的克林顿政府组建了一个叫EUV LLC[①]的联盟。联盟中的名字个个如雷贯耳:除了英特尔和牵头的美国能源部以外,还有摩托罗拉、超威、IBM、美光和英飞凌,以及能源部下属三大国家实验室——劳伦斯利弗莫尔国家实验室、桑迪亚国家实验室和劳伦斯伯克利实验室。这些实验室是美国科技发展的幕后英雄,它们的研究覆盖各种前沿高科技,从核武器、超级计算机到国家点火装置(俗称人造太阳)等。

可以看出,美国政府对这个项目是非常重视的。很自然,美国的实验室和公司构成了联盟的主体。而英特尔一向保持着最开放的心态,它看中阿斯麦尔和尼康在光刻机领域的经验,想拉它们入伙。但白宫将极紫外线光

---

① EUV LLC 的全称为"The Extreme Ultra-Violet Limited Liability Company",极紫外线有限责任公司。

刻视为推动本国半导体产业发展的核心技术,认为如此重要的先进技术研发不该邀外国公司入局。可是,联盟中的美国光刻机企业硅谷集团和优特早在 20 世纪 80 年代就被尼康打得七零八落,根本烂泥扶不上墙。极紫外线光刻机的研发不能没有第一流的光刻机厂的参与。

那么,尼康和阿斯麦尔,一个是如日中天的行业老大,另一个才刚刚崭露头角,该选哪一家呢?

答案本来没有悬念,当然应该是技术力量雄厚的尼康。但问题在于,美国才与日本打完半导体战争,美国自然不会情愿把关键技术授权给日本,再给日本扼住美国半导体产业咽喉的机会。因此,美国一直对尼康持警惕态度。1989 年,尼康试图收购曾经的全球光刻机领头羊珀金埃尔默公司的光刻业务,在美国一片强烈反对的声音下,珀金埃尔默公司最后把光刻业务卖给了硅谷集团。1998 年,一份提交给美国国会的关于美国能源部与英特尔的合作研发协议(DOE-Intel CRADA)的报告中,有专家提出这样的担忧:"尼康可能会将技术转移回日本,从而彻底消灭美国光刻机产业。"

关键时刻,阿斯麦尔大表忠诚,表态在美国建立一所工厂和一个研发中心,以此满足美国本土芯片厂所有的采购需求,还保证 55% 的零部件要从美国供应商处采购,并接受美国政府的定期审查。最终,美国能源部将尼康拒之门外,选择阿斯麦尔加入 EUV LLC,共同参与开发,共享研究成果。

为了巩固自己在联盟中的地位,而且考虑到硅谷集团拥有最成熟的 157 纳米光学技术——万一浸没式光刻方案失败了还有个备胎,阿斯麦尔于 2001 年 5 月报出 16 亿美元的高价收购市值仅剩 10 亿美元的硅谷集团。曾经辉煌一时的硅谷集团在光刻机的市场份额仅剩不到 8%,年营业额不过 2.7 亿美元,其 193 纳米光刻机的水平还远远不如阿斯麦尔。所以华尔街认为阿斯麦尔买贵了。而且,由于互联网泡沫破裂,阿斯麦尔销售额锐减 40% 并大幅度裁员,看起来并不是个乱花钱的时候。阿斯麦尔股价当天暴跌 7.5%。

硅谷集团的被收购意味着美国本土企业从此彻底退出光刻机领域的竞争，这也是美国政府很不情愿阿斯麦尔收购硅谷集团的原因。美国外国投资委员会要求硅谷集团的技术和人才都必须留在美国，以防止技术外流，其实阿斯麦尔对此求之不得，它既要享受美国强劲的基础科学带来的巨大好处，又要通过硅谷集团原有的资源在 EUV LLC 联盟中获得更大的话语权，根本不会想把硅谷集团打包带走。另外，美国外国投资委员会不允许阿斯麦尔收购硅谷集团负责打磨镜片的子公司汀斯利(Tinsley)，汀斯利为美国军方和航天公司供应卫星、导弹以及空中照相技术所需要的镜片，是先进半导体制造光学设备的主要供应商。阿斯麦尔对此也不太在乎，毕竟镜头技术不是老美的强项。

从 1997 年到 2003 年，EUV LLC 的科学家们用了六年时间来回答一个问题：极紫外线光刻有可能实现吗？他们发表了数百篇论文，攻克了在光源、抗蚀剂和防护膜上的 3 大难题，最终验证了极紫外线光刻机是可行的。

其实，日本、欧洲和韩国也曾探索过极紫外线光刻技术。日本电电早在 20 世纪 80 年代就开始研究极紫外线光刻，尼康在 1991 年也与日立合作研发这一技术。1999 年，国际半导体技术路线图将极紫外线光刻确定为下一代光刻技术的首选。这就意味着，谁如果不参与到极紫外线光刻技术研发，谁就将在下一代芯片竞赛中自动弃权。极紫外线光刻一时大热，欧洲有 35 个国家的大约 110 家研究单位参与到极紫外线光刻技术的研究中；日本也成立了极紫外线光刻技术系统研究协会；韩国的各研究院及大学也在贸易、工业和能源部的支持下开展极紫外线光刻技术研究。但它们的实力始终无法与汇集了美国顶级科研机构的 EUV LLC 相比。国际光电工程学会(SPIE)官网如此评价 EUV LLC：“如果不是 EUV LLC 对技术的追求，极紫外线光刻技术就不会成为集成电路制造领域的未来竞争者。”

EUV LLC 在完成它的使命以后就解散了。可是，从理论到实际，还有很长的路要走。后面该由谁来牵头？

极紫外线光刻机问世

极紫外线光刻技术巨额的研发资金和难以跨越的技术瓶颈让人望而生畏。这时候,只有阿斯麦尔站了出来,决定牵头进行欧洲的极紫外线光刻研发项目。如果说在 EUV LLC 中,阿斯麦尔只是个陪跑的小弟,这一次,阿斯麦尔则是要自己做领头雁。

阿斯麦尔集合了 3 所大学、10 个研究所、15 家公司联合开展了个名为"延续摩尔定律"(More Moore)的项目,着力攻坚。可能阿斯麦尔自己也没有预料到,从 2005 年开始,最终要到 2016 年才实现极紫外线光刻机的量产,前后竟然整整花了十一年的时间。

2006 年,阿斯麦尔推出极紫外线光刻机的原型机。

2007 年,阿斯麦尔建造了 1 万平方米的超级无尘室,准备用来迎接极紫外线光刻机的到来。

2010 年,阿斯麦尔在 IMEC 的洁净厂房内造出了第一台概念性的极紫外样机 NXE3100,并交付给台积电继续进行研发。

这时候,每年 10 亿欧元的研发费用投入让阿斯麦尔觉得吃不消了。阿斯麦尔从"欧盟第六框架研发计划"中拉来 2325 万欧元经费,然而这点钱只是杯水车薪。更糟糕的是,极紫外线光刻机的市场很小,即使造出来也很可能收不回研发成本。为了获得充足的研发费用和稳定的客户市场,阿斯麦尔推出了"利益捆绑"的合作模式。英特尔、台积电和三星电子如果想拿到最先进的极紫外线光刻机,每家都必须购买阿斯麦尔 5% 的股份。说好听点叫风险投资,说难听点就是勒索。

英特尔、台积电和三星电子对迟迟不见问世的极紫外线光刻机其实都有点心里打鼓。再说了,深紫外线光刻看样子还够用好些年,对极紫外线光刻的需求也并非那么急迫。只是因为不敢得罪阿斯麦尔,多少还是要表示一下。英特尔首先拍胸脯说我拿 41 亿美元买 15％的股份。台积电老老实实交了 8.38 亿欧元换取了阿斯麦尔 5％的股权。三星就比较鸡贼，讨价还价后最终只愿意拿出 5.03 亿欧元购买阿斯麦尔 3％的股权。

英特尔买的股份，其实三分之二是押在对 18 英寸晶圆光刻机的投资上，只有三分之一是对极紫外线光刻机的投资。英特尔觉得，从 6 英寸到 8 英寸、8 英寸到 12 英寸，两次迭代都是用了十年。12 英寸晶圆光刻机从 2001 年问世至今已有十一年，18 英寸的也该到问世的时候了。18 英寸晶圆的面积是 12 英寸的 2 倍多，预计可使芯片成本降低百分之三四十，这可比极紫外线光刻机靠谱多了。前两次迭代的机会分别被三星电子和台积电把握住，这一次的机会绝对不容错过。英特尔不会预料得到，直到极紫外线光刻机问世，18 英寸光刻机还连个影也没有。根据国际半导体产业协会的预测，18 英寸晶圆厂的投资高达 100 亿美元，但单位面积的芯片成本只下降 8％。面对这样的高门槛和低产出，除了英特尔这样的技术狂，业界没有其他企业会感兴趣。而且 18 英寸晶圆产线的研发涉及整个产业链上下游的巨大变化，总投入是千亿美元量级的，半导体业界再也没有一家企业牛到能够独家制定生产标准和承担研发风险。[①]

于是，2012 年，英特尔、三星电子和台积电除了向阿斯麦尔共同投资，持有阿斯麦尔 23％的股份，还将在未来五年内给出 14 亿欧元支持阿斯麦尔的研发。总共算下来，阿斯麦尔从三大巨头成功筹得 53 亿欧元资金。要知道，2012 年全年，阿斯麦尔的销售额也才 47 亿欧元。

正是因为对极紫外线光刻机没有信心，等两年半的锁定期一到，大家都急急忙忙地把所持有的阿斯麦尔的股份差不多都卖掉了。三大巨头共同注资的时候，阿斯麦尔的市值还不到 300 亿美元。如果它们不减持的话，到今

---

① 金捷幡，《是什么阻止了在 18 寸（450mm）晶圆上生产芯片？》，https://zhuanlan.zhihu.com/p/87071532，2019-10-17。

天会有 7 倍左右的投资收益——阿斯麦尔目前的市值在 2151 亿美元(2021年 1 月 13 日数据,下同)。

哭晕的还有飞利浦。如果飞利浦将阿斯麦尔的股票持有至今,可以升值几百倍。飞利浦自己目前的市值仅有 491 亿美元,还不到阿斯麦尔的三分之一。此外,飞利浦分拆出去的恩智浦,如今市值也有 496 亿美元。不要忘了,飞利浦还曾经是目前市值高达 6183 亿美元的台积电的最大股东,但其拥有的台积电股份到 2008 年也已全部清空。如果飞利浦未把这些半导体业务拆卖掉,现在的总市值足以让英特尔或三星电子望尘莫及。

半导体业务的拆还是不拆,是个很值得探讨的问题。

如果是不相关或关联性很小的业务,拆分掉是对的。比如三星集团将造车、造船的业务拆分掉,不断增加在半导体上的投入,才有今天的三星电子。半导体是电子业务的核心,消费电子和芯片是相辅相成的关系。比如华为的手机给了早期海思磨炼芯片的机会,海思芯片成熟后又给了华为手机有力的支撑,华为手机和海思芯片又依靠华为的通信业务输血来度过前期的亏损期。华为的规模是它的优势,有规模才有足够多的研发资源和抗风险的能力。而且,虽然华为现在的规模很大,但正如任正非所说的,华为一直坚持在通信计算的主航道上经营。

飞利浦当年拆卖半导体业务,其实是件很时髦的事情。从美国、日本到欧洲,大家都在拆得不亦乐乎:摩托罗拉拆分出安森美和飞思卡尔;西门子拆分出英飞凌,英飞凌再拆分出奇梦达;法国汤姆逊分拆出的半导体部门与意大利半导体公司合并成意法半导体;日本各电子巨头共同拆分,整合出了尔必达、日本显示公司和瑞萨电子。为什么全球各电子巨头都纷纷剥离自己的半导体业务?因为随着芯片的设计和制作越来越复杂,半导体业务投资越来越大、风险越来越高,经营业绩经常有很大的波动。上市公司都不喜欢自己的财报一会儿亏一会儿赚的,因为连续几年业绩太差就会危及管理层的饭碗,没等到业绩回升自己就要被炒鱿鱼,索性分拆了让母公司业绩稳定,管理层就能每年都拿奖金。但这些企业一旦拆分,就注定了在整体实力上萎缩成二流企业的命运,不再具备与华为、三星电子这样的一流企业竞争的实力。

一家企业绝对不是业务范围越窄才越能专注,大企业也不一定必然和官僚主义画等号。要让各业务版块都有很强的竞争力,只要提升企业内部管理能力就能做到。再以 IBM 为例,当年郭士纳坚决反对拆分 IBM,而是着力于企业内部的组织与流程改造,这才有了"大象也能跳舞"的美谈,改造后的 IBM 从销售额到利润都有了很大的提高。后郭士纳时代的 IBM 难抵拆分诱惑,陆续将所有硬件制造业务全部拆卖掉,包括把个人电脑业务卖给联想、把服务器全部交给富士康代工、把晶圆厂卖给了格罗方德。短期来看是能提振一下股价,但长期来看,对 IBM 的发展是不利的。比如 IBM 退出半导体业务就是一件很可惜的事情。IBM 作为一家半导体技术领先的公司,开发了许多专利技术,大多非自用,而是作为技术输出。它与特许半导体、三星电子、超威和联华电子等都有很长的技术合作历程,对全球半导体产业做出巨大的贡献。半导体制造业务占 IBM 整体营收不到 2%,但该部门连续亏损不见起色,年度亏损最多曾达到 15 亿美元,于是 IBM 于 2015 年倒贴 15 亿美元将芯片制造版块转让给了格罗方德,彻底退出了芯片制造领域,但又没有像超威一样在芯片设计的方向上发力。如今,IBM 转型成为一家以软件技术为主、提供信息技术解决方案的服务商,市值仅有 1000 多亿美元,大约是英特尔的一半、微软的十分之一。

飞利浦如果没有卖掉恩智浦和阿斯麦尔,而是让这两个业务版块在飞利浦集团的大框架内自主经营,那么今天的飞利浦也很可能成为一个全球领先的半导体巨头。

不仅仅飞利浦没眼光,三星电子、英特尔、台积电也都不想要阿斯麦尔的股份。华尔街却持续不断地增持阿斯麦尔的股份,阿斯麦尔已经转变成了一家美资主导的企业。阿斯麦尔最大的两个股东都是美国公司,资本国际集团旗下的资本研究与管理公司(Capital Research & Management Company)和贝莱德集团(BlackRock)分别持有阿斯麦尔15.2％和6.5％的股份(阿斯麦尔2019年财报披露)。这也是美国能够容忍阿斯麦尔坐大的重要原因。

就是因为阿斯麦尔已经转变成一家美资主导的企业,才能够于2013年以25亿美元的价格并购西盟,掌控非常重要的极紫外光源技术。西盟于1995年推出波长仅有248纳米的准分子激光光源,每套售价45万美元仍炙手可热,其营业额仅用一年时间就从1800万美元迅速成长至6500万美元。1996年9月,西盟的股票以每股9.5美元公开上市,到了12月底,股价已上涨至42美元。2009年,西盟研发出极紫外线光刻所需的大功率光源,成为全球极少数能提供极紫外线光刻机所需光源的供应商。

阿斯麦尔还于2016年用10亿欧元现金购买了蔡司负责半导体光学业务的子公司卡尔蔡司SMT公司24.5％的股份,并承诺在未来六年内向蔡司投入8.4亿美元的巨额研发资金,双方联手研发数值孔径高于0.5NA的镜头。

极紫外线光刻机最关键的技术在于光源和镜头,阿斯麦尔借助美国和德国的技术在这两个领域都完成了布局。所以,表面上看,阿斯麦尔只是一家荷兰企业,但在它崛起的背后,是欧美高科技产业与资本的大联手。

尼康成为极紫外线光刻技术的最大失意者。因为技术难度太大、投资金额太高,尼康已放弃开发极紫外线光刻机。阿斯麦尔成为人类冲刺5纳米及以下先进制程、继续保持摩尔定律的唯一希望。

"如果我们交不出极紫外线光刻机,摩尔定律就会从此停止。"阿斯麦尔如是说。

2014年,阿斯麦尔推出第三代极紫外线光刻机NXE3350B,该机型主要用于7纳米制程。这款机型不被三大芯片制造巨头看重,毕竟深紫外线光刻也能搞得定7纳米,技术还更加成熟。

终于,2016 年,第四代极紫外线光刻机,也是第一批能搞定 5 纳米及以下制程的 NXE3400B 正式开始发售,并于 2017 年第一季度开始交付。NXE3400B 的光学和机电系统在技术上均有突破,极紫外光源的波长缩短至 13 纳米,每小时可处理晶圆 125 片,连续 4 周的平均生产良品率可达80％,兼具高精度和高生产率。虽然售价高达 1.2 亿美元一台,但还是收到大量的订单,芯片厂排队等交货都要等好几年。一台极紫外线光刻机重达180 吨,超过 10 万个零件,需要 40 个集装箱运输,安装调试的时间都要超过一年,一年产量不超过 30 台。

2016 年,阿斯麦尔的创始人普拉多以 85 岁的高龄逝世。能看到极紫外线光刻机的问世,相信他可以死而无憾(除了没从阿斯麦尔赚到钱)。除了阿斯麦尔,普拉多创办的另外两家阿斯麦系的企业在业内也很有名。一家是前文提到的阿斯麦尔的母公司阿斯麦,目前是全球市占率最高的薄膜沉积(ALD)设备供应商,也是全球前 10 大半导体设备供应商之一。另一家是阿斯麦太平洋科技(ASMPT),是全球最大的半导体元件集成和封装设备供应商。这两家企业分别主攻芯片前道和后道的设备供应。由于阿斯麦太平洋科技公司总部设在香港,它也因此成为中国唯一一家半导体设备销售额进入全球排名前 15 的企业(VLSI Research 数据)。如今,全球半导体设备竟有超过四分之一的产值来自荷兰。在欧洲,仅有荷兰一个国家建立了较为完整的半导体产业链。围绕着阿斯麦尔和恩智浦,荷兰有一大批中小企业在研发、设计、生产等环节开展芯片相关领域的研发和应用。作为一代业界传奇,普拉多被誉为“欧洲半导体设备行业之父”。

荷兰作为一个小国家,能够孕育出阿斯麦尔这样世界级的拥有垄断优势的企业,很大程度在于它的开放。在荷兰开放式创新的背后,是荷兰人在科技发展上的务实、信任与合作。在阿斯麦尔的一个 30 余人的部门内,很可能就有来自 10 个以上国家的人员参与其中。不同文化背景的科研人员在这里不断进行观点的碰撞,思维的火花得以不断转化成为创新的技术。荷兰因此成为全球人均专利数量最多的国家之一。

综合阿斯麦尔、尼康和佳能 2019 年的财报数据,三家公司的光刻机出货分别为 229 台、84 台和 46 台,阿斯麦尔占比高达约 64%。如果考虑到尼康和佳能的产品线偏低端,佳能甚至不做制造芯片的光刻机,阿斯麦尔在高端光刻机方面实际占有接近 9 成的市场,无疑已是垄断的存在。而在极紫外线光刻机市场中,阿斯麦尔的市占率则是 100%,仅此一家。2019 年,阿斯麦尔出货了 26 台极紫外线光刻机。

光刻机厂与芯片厂是一荣俱荣、一损俱损的关系。日本人曾经总结:"日本半导体业的成功,得益于半导体制造设备的优异。设备制造商因为得到主要半导体制造商的支持,得以开发出十分优异的设备,这是在美国所没有的。"反过来说,一旦设备制造商的竞争力不行了,也会影响到半导体制造商的竞争力。所以说,尼康和佳能光刻机的技术落后对日本半导体产业的衰退是要负重大责任的。

前文说过,日本尔必达失败的一个重要原因是日电和日立使用的清洗液不一样,而这个问题又与尼康有很大的关系。因为尼康的光刻机零配件以自产为主,批量小就会导致误差大,结果使得尼康生产出来的光刻机几乎每台都不一样,迫使日本的芯片厂除了要根据每台光刻机来设计配套的专用清洁液,还得让每台光刻机都做特定的产品,通用性相当差,这也大大降低了日本芯片厂的设备使用效率,使日本芯片厂相对韩国和中国台湾来说根本不具有成本竞争力。

纵观光刻机问世以来的六十年,光刻机产业从美国、日本到荷兰,已经完成了几轮的淘汰和转移。光刻机的市场竞争是非常残酷的。芯片制造本来就是一个门槛极高、玩家有限的行业,光刻机作为芯片制造的上游产业,更是小众之中的小众,销售市场非常狭窄,销量也十分有限,全球每年不过300 来台。同时,光刻机又是一项需要巨额资金进行研发投入和持续更新迭代的高精尖技术,而且随着芯片制程越来越先进,技术难度和投资金额又呈现指数级的增加。因此，一旦一家原本领先的企业出现产品的技术停滞或断档，在某个新赛道上抢先一步的市场新秀就会拿走少数几家半导体厂商的绝大多数订单，而落后的企业也将因失去关键营收而无力进行下一代光刻机技术的研发和改进，也就失去重新赢得竞争的机会。这让尼康与阿斯麦尔的差距越来越大。

从 2016 年到 2019 年，阿斯麦尔一共出货了 59 台的极紫外线光刻机。其每年生产的极紫外线光刻机都优先提供给 3 家大客户：台积电拿走其中的一半，其余大部分被三星电子和英特尔买走。可是，这些极紫外线光刻机没有一台来到中国大陆。

中国拿不到极紫外线光刻机

因为众多半导体新厂的落成，中国大陆成为阿斯麦尔的第 4 大市场也是增长最快的市场，2019 年营收份额高达 12%，仅次于中国台湾、韩国和美国。美国占阿斯麦尔营收的比重这几年都维持在 17% 左右（阿斯麦尔 2019 年财报）。由于中国大陆的芯片厂相对低端且用了不少来自日本的技术，尼康在中国大陆光刻市场表现活跃，所以阿斯麦尔在中国大陆市场还有很大的潜力可以发展。

2018 年 5 月，中芯国际以 9 亿元的价格向阿斯麦尔订购了一台极紫外线光刻机，这笔钱几乎耗尽了中芯国际上一年度的全部利润。阿斯麦尔认为这笔交易并没有违反《瓦森纳协定》，荷兰政府也向阿斯麦尔发放了向中国客户出售先进设备的许可，阿斯麦尔计划在 2019 年交货。听闻此事，美国政府大惊失色。此前一个月，美国政府刚刚重启了对中兴通讯的制裁，制裁的核心措施即是禁止美国企业出售芯片给中兴通讯。

在这里得先说明一下，中国大陆买来极紫外线光刻机并不等于能够仿造。阿斯麦尔在极紫外线光刻机上安装了传感系统，一旦机器被拆解马上就会知道,而且阿斯麦尔很自信即使给出全套图纸中国大陆也仿造不出来。即便如此,美国仍然很紧张。美国为了阻止敏感技术流向中国大陆,不仅限制本国企业向中国大陆出售高科技产品,还要求第三国企业向中国大陆出售高科技产品时,只要这些产品中美国制造零部件的比重超过货值的25%,就必须获得美国的许可。可是,美国商务部对阿斯麦尔的极紫外线光刻机进行检查后发现,源自美国的零部件比重不到25%。

阿斯麦尔的供应链80%在欧洲,其中超过一半在荷兰。阿斯麦尔的5000家供应商中,有1600家在荷兰(阿斯麦尔2019年财报)。所以,不要以为荷兰只有风车和郁金香,它的工业基础也是很强劲的。从阿斯麦尔的供应链,我们也可以看到阿斯麦尔在带动荷兰半导体设备产业中的龙头作用。

阿斯麦尔一直采用轻资产的模式运营,它只是一个整机组装商,其90%的零件都需要从外部采购回来,然后组装成光刻机。为什么选择这一模式?只有一个字可以回答:“穷。”阿斯麦尔自成立以来亏损了许多年,饱受资金短缺之苦,只能让供应商参与零件的开发,并与供应商分享利润。如果不是采用轻资产模式,可以肯定阿斯麦尔早就倒掉了。而这也成为它领先尼康的一个主要原因。尼康的光刻机的零配件主要都是自己生产,即使尼康再强大,也不可能与阿斯麦尔由5000家供应商组成的供应链进行竞争。

阿斯麦尔其实很想把极紫外线光刻机卖给中芯国际。别看极紫外线光刻机卖得那么贵,它的市场实在太小,全球范围内目前仅有台积电、三星电子、英特尔和SK海力士4个客户,每年市场需求仅有几十台。内存厂的需求相对较小、芯片制程技术的演进速度较慢,SK海力士仅买了2台极紫外线光刻机,即使未来加上美光的订单也增加不了几台。此外就仅剩中国大陆的中芯国际等芯片厂可能成为最后的潜在客户。对于阿斯麦尔来说,通过中芯国际在中国大陆这么一个潜在大市场上取得突破非常重要。

由于没有办法直接阻止出售,美国政府转而施压荷兰政府考虑“安全问题”,为此与荷兰官员至少进行了4轮会谈,阻止给予阿斯麦尔出口许可。

2018 年 7 月,美国副国家安全顾问查尔斯·库珀曼在荷兰首相马克·吕特访美期间又向荷兰官员提出了这个问题。美国的施压似乎起作用了。在吕特访问白宫后不久,荷兰政府决定对阿斯麦尔对中国大陆的出口许可证不予续期,该机器至今没有发货。虽然荷兰商界要求放行这一交易,然而在 2019 年 6 月,美国国务卿蓬佩奥访问荷兰,再次要求吕特阻止这一交易。

截至 2020 年底,阿斯麦尔累计出货了 100 多台的极紫外线光刻机,中国大陆 1 台也没拿到。

上海微电子是中国最先进的光刻机生产企业,它还在准备 65 纳米光刻机的研发和验证,与阿斯麦尔的光刻机相比要差上好几代。上海微电子只在部分低端光刻机上有所突破,比如用于封装的光刻机,上海微电子已经占领了 80% 以上的国内市场。在用于芯片制造的光刻机上,上海微电子在 2006 年就做出了 90 纳米制程的光刻机的样机,但此后连续十三年停滞不前。因为该样机包含了许多精密零部件,这些关键零部件大都来自美国、日本、欧洲等发达国家和地区,其中有些敏感元器件,中国很难拿到,导致样机成为摆设,很长一段时间内都无法投入商业化生产。具体来讲,中国产的光刻机在紫外光源、光学镜片、工件台等领域和国际先进水平差距比较明显。中国只实现了小批量生产 45 纳米光源,工件台的精度也只达到 28 纳米,配套能力不足使得国产光刻机无法取得进步。因为没有产业化,所以有人总结说,中国的光刻机研发一直有亮点,但始终被甩在后面。

光刻机的关键技术被垄断、研发门槛很高,中国光刻机厂商难以在短期内取得突破。我们应该冷静地认识到,高端光刻机作为芯片制造中最精密、最复杂、难度最大、价格最昂贵的设备,早已不再是少数几家企业或者举一国之力可以完成的工程。强大如美国者也不行。而且,芯片制造商和光刻机供应商是相互依赖、生死与共的关系,相互之间谁也离不开谁。阿斯麦尔的极紫外线光刻机仅有英特尔、台积电和三星电子 3 个大客户,而英特尔、台积电和三星电子也仅有阿斯麦尔这么一个极紫外线光刻机的供应商。这少数几家芯片制造巨头与阿斯麦尔之间已构成了盘根错节的利益共同体,外人插一脚进去的难度非常大。刻蚀机也是如此,至今尚无美国企业采购中微半导体的刻蚀设备。纵观光刻技术的演变和光刻机产业迁移的过程,我们知道,除非是再有一次类似浸没式光刻、极紫外线光刻这样的新的技术革命,芯片制造商和光刻机供应商的关系才会有重构的机会。比如,在 18 英寸晶圆光刻、电子束光刻、碳晶体管光刻之类的新赛道上的竞争。那么,中国是否做好了准备?

研发光刻机这种高精尖设备,投入金额大、投资回报时间长,民营企业很难主动参与,阿斯麦尔的光刻机在研发过程中也多次获得欧盟和荷兰政府的科研经费或贷款支持。另外,对于光刻机这种关键高精尖设备,一旦中国有了一定的研发突破,西方马上就会进行相应技术的解禁,让我们的研发成果收不回高昂的研发成本,意图打消我们的研发意志。如中科院光电所刚研制出 22 纳米光刻机的原型机,阿斯麦尔就同意向中国出口 28 纳米光刻机。民营企业也很难承受得了市场领先者打压的风险。所以,光刻机的研发需要国家进行组织和投资。

中国自产的可商业化的光刻机还只能达到 90 纳米制程的水准。按照上海微电子的计划,预计将到 2021 年第四季度的时候,才能向国内的芯片制造企业交付一批 28 纳米光刻机设备,极紫外线光刻机根本就没有纳入日程。国产光刻机距离华为需要的 5 纳米节点相去甚远。上海微电子过去十年的研发经费只有 6 亿元,团队只有几百人,不拥有短期快速突破的实力。华为等不及了,才只好亲自披挂上阵。但华为要将光刻机,特别是极紫外线光刻机进行国产化,难度非常之高。

业界严重质疑华为能否造得出光刻机。华为造光刻机,说难也难,说不难也不难。

说难,是因为制造光刻机是一项非常复杂的系统工程,需要在光学镜头、激光器、精密加工、自动控制系统、系统集成和光刻软件等多个学科均有突破，其中有很多部分涉及基础科学，不是单独某一家企业能够完成的任务。在阿斯麦尔一骑绝尘的背后是整个西方工业体系的支持，它的成功受益于全球供应链的紧密配合。所以，华为想单凭自己的努力造出高端光刻机，绝无可能。

说不难，是因为光刻机的技术并非完全掌握在阿斯麦尔一家企业的手中。阿斯麦尔仅仅是一个总装集成商，它只控制了光刻机10％的技术。如果华为能搞定蔡司镜头，那就成功了一半；如果华为能搞定阿斯麦尔的供应商体系，那就成功了一大半。而阿斯麦尔的供应链多数都没有美国技术成分，北美供应链仅占阿斯麦尔14％的比重，努力一下是有可能搞得定的。至于阿斯麦尔手中掌握的工件台技术和集成能力，相信对华为来说并非难事。

中国要在高端光刻机上实现自主可控，仅靠一两家企业的努力是不现实的。但对华为来说，造光刻机已经不是行与不行的问题，而是必须得造的问题。而且，华为做事情从来都不是仅为了解决眼前的问题，而是要解决十年后仍然能够生存和发展的问题。从中国半导体产业的长远发展考虑，华为也必须做这件事情。

除了造光刻机，华为还很可能被迫转型为类似英特尔和三星电子这样的IDM厂商，自己完成芯片的制造。因为即便中国大陆拿到了极紫外线光刻机，在很长一段时间内也仅仅是一个摆设。中国大陆最先进、最大的晶圆代工厂中芯国际，还在为10纳米制程芯片的量产而努力，离要用极紫外线光刻机来生产的5纳米制程芯片相去甚远。

第二十章

被特朗普打压的中国芯片

中芯国际冲刺 7 纳米

收服了中芯国际以后的台积电,包揽了高通、苹果和华为这三大巨头的手机芯片代工业务,一家企业就占到了全球晶圆代工一半的市场份额,并拿下了行业大半的利润。台积电的 2016 年营收为 369 亿美元,接近台湾半导体产业总产值的 4 成,其利润达到了惊人的 103 亿美元,利润率高达 35%。全球 500 强中没有其他哪家制造企业的利润率能高过台积电的,这完全刷新了世人对代工企业的观感。以台积电和联华电子为代表的台湾晶圆代工产业的发达,又对台湾的芯片设计和芯片封测产业提供了有力的支持。如今,中国台湾的晶圆代工占全球市场份额接近三分之二,芯片设计市场份额仅次于美国,芯片封测市场份额则位居全球第一。台积电在台湾半导体产业中发挥的龙头作用不可小觑。

中国大陆是台积电仅次于美国的第 2 大市场及成长最快的市场,华为、小米、OPPO、vivo 等手机品牌的处理器均在台积电代工。台积电自 2003 年在上海松江建设 8 英寸晶圆厂后,又于 2016 年投资 30 亿美元在南京建设 12 英寸晶圆、12 纳米及 16 纳米制程的晶圆代工厂,以便能够更好地为大陆客户服务。台积电建 3 纳米制程新厂的时候,竟然因为缺水缺电的问题险些没能把厂建在台湾。台湾又是个多地震的地区,这对先进制程的芯片制造是很不利的。台积电再在台湾建厂很难了,而南京厂仅用 14 个月就完成建设、不到半年就开始生产、量产不到一年便单季转亏为盈。无论从生产还是市场的角度,台积电都非常需要与中国大陆维持良好的关系。

在晶圆代工领域,台积电"未来十年看不到对手",已经没必要担心来自中芯国际的竞争。2016 年,在获得张忠谋首肯之后,70 岁的蒋尚义离开台积电并来到中芯国际担任独立董事。这是一个积极的信号,意味着台积电向中芯国际摇起了橄榄枝。此前蒋尚义曾位列台积电的三位营运长之一,因为年龄问题,他未成为双位共同执行长之一。

中芯国际熬过了最艰难的岁月,迎来了国家对半导体产业的再一次重视。国家大基金在成立之后的 3 年时间里,对中芯国际的总投资达到 160 亿元。截至 2019 年底,代表国家大基金的鑫芯香港成为中芯国际仅次于大唐电信的第二大股东。中芯国际终于不差钱了。

2016 年,中芯国际销售总额达到 29 亿美元,同比增长 30%,净利润亦创新高,达到 3.4 亿美元。这一年,中芯国际开启了新一轮的大建设,在上海和深圳新增 12 英寸生产线,将天津 8 英寸生产线月产能从 4.5 万片提升至 15万片。依靠国家大基金的帮扶与企业自身的盈利,中芯国际得以每年投入接近 2 倍的净利润的金额进行研发,近 3 年的研发费用率平均达到 19%,远高于台积电的 8%。

这么高比例的研发投入,缘于中芯国际与世界先进水平的技术差距在拉大。在张汝京时代,中芯国际半导体工艺制程的水平从落后世界顶尖水平四代提升至仅差一代。到现在,差距又拉大到了不止两代。从芯片制造厂制程工艺的发展来看,28 纳米转进到 14 纳米是一道关键的坎,因为需要用到全新的 FinFET 工艺,半导体业界也据此划分芯片企业制程能力的先进与否。中芯国际 28 纳米工艺制程在 2015 年第 3 季度就实现量产,但其工艺水平还比较落后,其营收直到 2017 年第 4 季度也还只占中芯国际总营收的11%(中芯国际财报数据),更不要说更先进的工艺制程了。中芯国际要想转守为攻,还需要新的技术牛人加入。

与三星电子的合约期满后,2017 年 10 月,梁孟松接受邀请加入中芯国际,担任联席首席执行官。已完成历史使命的邱慈云于当年 5 月请辞。梁孟松入职不到一年,中芯国际 28 纳米制程的 HKMG 工艺水平就有了很大的提高。再用半年时间,中芯国际即掌握了 FinFET 技术,从 28 纳米制程直接跨入了 14 纳米制程,成为继英特尔、台积电、三星电子、格罗方德、联华电子之后全球第 6 家具备 14 纳米制程能力的芯片制造厂。如果说,张汝京打下了江山,邱慈云稳住了江山,那么梁孟松则是壮大了江山。

中芯国际取得 14 纳米制程技术突破之际,正逢中美贸易战的爆发。中芯国际不能不成为中美两个大国角力的焦点。

2019 年 5 月 24 日晚,中芯国际发布公告称,公司决定主动从纽约证券交易所退市。在这之前 9 天,美国商务部刚刚将华为列入贸易禁令的实体清单。

时间如此接近纯属巧合,因为中芯国际早在年初就开始运作退市的事情,绝对不是因为华为被禁而临时起意要从纽约退市。但两个事件还是有相同的背景,那就是自特朗普上台以来,美国对越来越多的中国高科技企业进行制裁。特朗普的前顾问班农还宣称:"要美国停止所有中国企业在美 IPO,同时限制华尔街对中国企业的投融资,直到看到中方做出美方意愿下的根本性的改革。"受此影响,在退市前夕,中芯国际的纽市总市值仅有 5.55 亿美元,之前 60 个交易日的日均成交额仅 81 万美元。相比之下,中芯国际港股的总市值为 425 亿港币,日均交易额为 2.44 亿港币,分别是美股的 10 倍和 38 倍。中芯国际在纽市的估值不高、成交不活跃,还要承担高昂的日常行政费用,还不如退市。

受中美贸易战的影响,美国投资者不看好中芯国际,中国投资者则恰恰相反。华为事件刺激国产芯片倾向本土化制造,中国的芯片设计公司加大了和中芯国际的合作力度,使得中芯国际来自国内客户的营收规模和占比都在不断上升。特别是华为,自美国采取贸易禁令制裁措施后,华为采购海外芯片遭遇重重阻碍,不得不将中芯国际上升为重要的晶圆代工合作伙伴。中芯国际获得意外的发展契机,2019 年第 3 季度来自中国本土的营收比例上升到了 61%。

发展前景看好,但中芯国际的主要盈利点仍然是低端产线,28 纳米制程在中芯国际的 2019 年第 3 季度的营收占比还是仅有 4.3%,同比不增反降。相比之下,28 纳米制程是台积电仅次于 16 纳米、20 纳米制程的第二大业务版块。为什么差距这么大？这就是半导体产业赢家通吃的残酷规则。芯片先进制程工艺要求的研发和产线投资非常高昂，谁最先取得量产突破，谁就可以利用其在市面上唯一供应商的技术优势快速大量出货，不仅可以用高价格赚取高额代工利润，还可以率先对产线进行快速折旧。当竞争对手也实现该制程工艺技术的突破时，台积电已经掌握更先进的制程并完成了现有成熟制程的折旧，那么就可以把成熟制程进行降价，迫使竞争对手陷入价格战而损失利润，从而保持自己的领先优势。

2019 年第 4 季度，中芯国际实现了 14 纳米制程的量产。此外，中芯国际 12 纳米制程也于 2020 年底进入客户导入阶段，即将小批量试产。中芯国际的 7 纳米制程已启动研发，7 纳米的性能比 14 纳米提高 20％，耗能降低 50％，但所需的投资金额也跟着翻倍，中芯国际还面临很大的挑战。如果不能及时拿到极紫外线光刻机，7 纳米将是中芯国际能够生产的芯片的制程工艺的上限。由于格罗方德和联华电子都已宣布放弃 7 纳米及以下制程的研发，中芯国际需要追赶的竞争对手仅剩台积电、三星电子和英特尔 3 家。

2020 年 4 月 9 日，中芯国际替华为代工的 14 纳米制程芯片麒麟 710A 面世。海思已成为中芯国际第一大客户，为中芯国际贡献了多达 20％的营收。一个多月后，特朗普政府对华为实施了第二轮的更严厉的制裁措施，华为将面临只能找本土晶圆代工商提供代工服务的困境。

在万众期待中，中芯国际创下了 A 股最快上市纪录：从 2020 年 6 月 1 日正式提交申请到获准注册共用时 29 天。计划募集资金 200 亿元，实际募集资金 453 亿元，创造科创板乃至 A 股近十年来最大规模首次公开募股。自从中芯国际回归 A 股一事公布之后，中芯国际港股股价持续上涨，市值突破 2000 亿港币。

7 月 16 日，中芯国际正式登陆科创板，开盘大涨 246％，当天成交额为 480 亿，跻身 A 股历史第 4。截至 7 月 17 日收盘，中芯国际市值高达 5714 亿元，一举问鼎科创板企业市值榜首。

8月6日,中芯国际发布科创板上市后的首份财报,二季度销售额达9亿美元,同比增加19%;利润1.38亿美元,同比大增6倍多。

但是,与行业巨头相比,中芯国际仍显弱小。2020年第4季度,全球晶圆代工排名第一的台积电占据56%的市场份额;排名第二的三星电子仅有16%,约为台积电份额的30%;第三名和第四名的格罗方德和联华电子份额接近,加起来与三星电子相当;第五名的中芯国际在4.3%,再往后的基本可以忽略不计,比如排名第九的华虹半导体就仅有1.2%的市场份额(拓墣产业研究院统计)。

华虹集团旗下的华虹半导体是中国本土排名第二的晶圆代工厂。宏力半导体自成立以来,从各半导体工厂挖角组成的管理团队一直不稳定,业务发展得不太好,不得不与华虹NEC整合成为华虹半导体。华虹半导体还接收了上海贝岭的8英寸生产线,上海贝岭则转型为芯片设计公司。目前,华虹半导体在上海和无锡一共拥有3座8英寸厂和3座12英寸厂。华虹半导体已成为全球最大的智能卡芯片代工厂,累计出售了超过50亿枚的智能卡芯片。华虹半导体占全球SIM卡芯片市场份额的20%以上,还是我国最大的第二代身份证芯片和社保卡芯片供应商,提供了全国75%的身份证芯片和80%的社保卡芯片,为国家节省了上千亿元的芯片采购费用。

2018年,华虹半导体首次实现28纳米制程的量产,为联发科代工无线通信数据处理芯片。华虹半导体计划于2020年底量产14纳米制程,技术进度比中芯国际慢一年半左右。截至2020年第3季度,华虹半导体已连续39个季度实现盈利。

中芯国际的市场份额不到台积电的10%,华虹半导体更是不到中芯国际的30%。作为国产芯片代工的龙头企业,中芯国际承载着协同中国半导体产业发展、实现中国芯片自主化的重任。中芯国际的首要任务仍然是做大和实现技术突破,如果中芯国际缺乏体量和先进技术,中国大陆就缺乏在全球半导体领域的话语权。

特朗普政府对中芯国际的敌视也可以反证中芯国际地位的重要性。2020年9月4日,美国国防部声称,正在审查中芯国际与中国军方的关系,以考虑是否将中芯国际列入贸易黑名单,这将迫使美国供应商在给中芯国际提供技术和产品之前需获得特别许可。美国在不断加大对中国高科技企业的打击力度,其贸易制裁实体名单上的中国公司已经超过275家。12月3日,特朗普政府将中芯国际正式列入所谓"中共军工企业"黑名单。这下倒好,中芯国际原本还在犹豫敢不敢用美国设备为海思代工芯片,现在什么也不用想了,义无反顾地与华为同甘苦、共命运吧。

中国半导体的差距与潜力

中芯国际和海思分别是中国芯片制造和芯片设计的龙头企业,在它们的背后是中国大陆正在成形的芯片全产业链。接下来,让我们盘点一下中国大陆的半导体企业在全球半导体产业中的大致地位。

在芯片设计上,全球是中美两强对峙。美国和中国分别占了68%和29%的份额,其他国家可以忽略不计。在中国所占的份额中,台湾和大陆又各占16%和13%(IC Insights数据,2018)。芯片设计的前3强,高通、博通和英伟达都是美国企业,但中国以海思为首的芯片设计新势力的崛起也不可轻视。由于手机芯片是目前人类社会中最复杂的芯片,而且又有很大的市场,所以中国芯片设计的龙头企业如海思、联华科和展锐都是以手机芯片的设计为主。可以说,中国的芯片设计产业抓住了智能手机兴起带来的机会。在下一个热点的人工智能芯片设计上,仍将延续中美两国分据的局面。无论中国台湾还是中国大陆,风险投资都比较发达,创业氛围浓厚,所以中小芯片设计企业很有活力,这是韩国和日本远远不能比的。

不过,在芯片设计所需要的EDA工具上,美国占据着绝对优势,铿腾(Cadence)、新思(Synopsys)和明导(Mentor)3家美国公司基本垄断了这一市场。明导于 2016 年被西门子以 45 亿美元的价格收购后，总部仍在美国。中国 EDA 市场的 95％被这 3 家厂商占据，4％被其他境外企业占据，本土 EDA 企业份额微乎其微。EDA 是芯片设计必不可少的工具软件，位居芯片产业链的最上游。在没有 EDA 工具之前，设计电路要靠手工，法金就曾抱怨设计英特尔最早的微处理器芯片让他眼睛近视，这对于拥有上亿晶体管的芯片的设计来说是不可思议的。有了 EDA 工具，才有了超大规模集成电路设计的可能。中国本土的 EDA 企业如华大九天，只在某些细分市场有优势，整体上和国外 EDA 三大巨头存在十几年的技术差距。EDA 工具需要用户的密切反馈才能够提升性能，中国本土 EDA 公司主要问题之一是缺乏高端用户。近年来，海思开始主动帮助本土 EDA 公司进行产品迭代，提升竞争力。

关于芯片设计中最核心的处理器架构，美国英特尔的 X86 主要应用在个人电脑和服务器端；英国安谋的 ARM 强势占据智能手机和平板电脑等移动端，并且正在涉入服务器和个人电脑领域；美国 RISC-V 基金会的 RISC-V 目前主要在物联网设备领域立足。在这些处理器架构中，X86 的话语权在走弱，ARM 因为其公正性而得到广泛的应用，免费而开源的 RISC-V 则代表了未来。

在主流的 CPU 芯片中，由于台式电脑市场萎缩和超威咄咄逼人的攻势，英特尔"奔腾的芯"放慢了脚步；海思打造出最强的 5G 手机芯片，在与苹果和高通的手机处理器的竞争上取得一定的优势，因此引来特朗普政府的嫉恨；在手机通用处理器芯片市场，高通主导高端，低端则是联华科和展锐的天下。服务器处理器还主要是英特尔的地盘，超威占据了 5％左右的份额并且有继续上升的趋势。随着人工智能物联网（AIoT）的走热，英伟达的图形处理器风头正健，各种新的处理器概念开始兴起，比如谷歌的张量处理器（TPU）和寒武纪的神经网络处理器（NPU），处理器市场正在不断出现新的机会。

中国手机处理器芯片的兴起，受益于中国拥有全球最大的智能手机市场以及中国本土手机品牌的成长。中国同样拥有全球最大的汽车市场，中国在电动汽车领域的发展基本上也与世界同步，但中国企业在汽车芯片市场上基本还无所作为。汽车电子成本占电动汽车的总成本高达65％的比例，由此可见汽车芯片市场之大。汽车芯片属于工业级芯片，质量要求和设计门槛远大于手机芯片这样的消费级芯片。汽车芯片被欧美日企业高度垄断，闻泰科技和韦尔股份通过对安世半导体的收购才切入了这块市场。早些时候，恩智浦为了方便被高通收购，拆分出了安世半导体，结果高通放弃收购恩智浦，安世半导体却便宜了中国买家。安世半导体40％的营收来自汽车功率半导体，被中国资本收购后，2018年收入同比增长超过35％。

三星电子、SK海力士和美光三巨头垄断了存储器的市场，目前正在面临中国的长江存储和合肥长鑫的挑战，中国取得存储器市场的突破只是个时间问题。晶圆代工领域，无论是规模还是制程工艺，台积电都拥有绝对优势。台积电加上联华电子、世界先进和力晶等厂，中国台湾在晶圆代工行业稳占65％以上的份额。而模拟芯片领域是中国企业的薄弱环节，美国、欧洲和日本的各IDM厂拥有很大优势。

半导体设备分前道的芯片制造设备和后道的封装测试设备。芯片制造设备市场规模达500多亿美元之巨，前5大厂商美国应用材料、阿斯麦尔、泛林、东京电子和美国科天占有90％的市场。中国的芯片制造设备产业链相对完整，每个环节均有企业参与，但大部分只解决了有无的问题，少部分解决了可用的问题，只有个别的如刻蚀机做到了替代进口的水平。2015年，美国商务部宣布，鉴于中国已经能够做出具有国际竞争力的等离子刻蚀机，决定将刻蚀机从对华出口限制清单上去掉。2019年，中微半导体自主研发的5纳米刻蚀机已经批量供给台积电，同时实现61％的零部件国产化，来自美国的零部件占比不到5％。中微半导体还与台积电合作进行3纳米刻蚀机的研发。中微半导体在刻蚀机市场上的占有率原本不到2％，中国大陆正在大规模兴建的芯片厂及中美贸易战会给中微半导体带来很大的发展机遇。此外,中微半导体的薄膜沉积设备也达到世界先进水平并实现了大规模量产。

中国大陆的封装测试设备的国产化做得更差,封装设备由阿斯麦太平洋等 4 家厂商寡头垄断,测试设备仅美国泰瑞达和日本爱德万两家公司就占据了将近一半的市场份额,中国大陆厂商只在个别领域实现了国产化突破。

至于半导体的原材料,中国大陆的硅片正在突围,掩膜刚刚起步,光刻胶仍是短板。光刻胶是日本企业的强项,不过,日本对韩国的半导体材料贸易战的失败证明,即使日本在某些高端半导体原材料上占有很大的优势,但也不拥有绝对不可替代的垄断地位。

最后以半导体产业的龙头企业为代表做比较,看看中国与世界的差距。在芯片设计环节,中国大陆企业和世界第一的差距约是 3 倍(海思 VS 高通);到芯片制造环节,中国大陆企业和世界第一的差距约是 11 倍(中芯国际 VS 台积电);再到芯片生产设备环节,中国大陆企业和世界第一的差距约是 24 倍(北方华创 VS 阿斯麦尔)[①]。

中国的半导体产业还很落后,但美国也没有绝对的优势。2019 年 9 月,华为 Mate30 手机上市,日本财经媒体日经新闻拆解了 Mate30 的 5G 版和 4G 版,然后对每个零部件进行鉴定,确定每个零部件的生产厂商来自哪个国家或者地区,估计出价格,从而计算出整部手机在不同国家和地区的采购比例。拆解结果显示,从 4G 到 5G 版本,来自美国的零部件从 11.2% 下降到 1.5%。用日经新闻报道的话说就是"美国产品几近于消失"。另外,整个 5G 版手机的主板上,除了存储方面采用了三星电子、SK 海力士等国外厂商的零部件,其余均是中国产的零部件,海思自研芯片在中国产的零部件中占据近一半的数量。美国对华为的制裁只会让自己受伤。

---

① 2019 年中外半导体龙头企业收入:海思 74 亿美元,高通 243 亿美元;中芯国际 31.16 亿美元,台积电 346 亿美元;北方华创 40.58 亿元人民币,阿斯麦尔 118 亿欧元。

美国商界和美国盟友均不看好特朗普的政策。比尔·盖茨明确反对向中国禁售高科技产品："现在强迫中国自己制造芯片，迫使中国完全实现自给自足。这样做真的会有好处吗？"[①]ARM 创始人赫尔曼·豪瑟公开表示，表面上来看封禁这件事短期内会对华为造成相当大的危害，但长期来看最终也会对 ARM、谷歌甚至美国工业界带来严重的伤害。"这件事之后，任何一家公司都要考虑如何减少美国总统封杀带来的风险。在跟欧洲的一些公司讨论之后，我发现他们正在考虑自己的 IP 产权，并将美国 IP 产权排除在外。这是悲剧，也是非常严重的问题。"[②]

特朗普政府对华为的制裁，是在主动把自己隔绝于全球半导体产业链之外。2019 年，全球芯片市场规模为 4183 亿美元（Gartner 数据）。美国是全球半导体产业的排名第一的生产大国，也是排名第一的出口大国。半导体产业是美国的重要国家战略产业，半导体产品是美国最重要的出口产品。而中国大陆净进口芯片金额连年增加，已经达到了 2040 亿美元之巨[③]。简单地说，美国生产了全球一半的芯片，而中国大陆则买下了全球一半的芯片。中美在芯片贸易上已经是相互依赖，谁也离不开谁的关系。

中国大陆虽然居于产业链的下游，却拥有芯片采购的话语权。美国曾经在某些高端芯片上拥有垄断优势，如英特尔的 CPU、博通的射频芯片和高通的 3G 手机芯片，但这些垄断优势已相继被瓦解，基本不存在不可替代性。美国对中兴和华为连续出台贸易制裁禁令，不仅是得罪了中国这两个芯片采购的大客户，而且警醒了中国整个信息产业和电子产业界，迫使中国厂商在同等条件下优先采购其他国家所产的芯片，这对美国半导体产业的长远发展来看没有益处。

中国不仅是全球最大的芯片买家，而且具备成为最大芯片产地的潜力。

---

① 《经济日报》，《比尔·盖茨发声反对！》，2020-09-20。
② 《中国经营报》，《ARM 之路的中国启示》，2019-06-22。
③ 中国海关数据：2019 年进口芯片 3056 亿美元，出口芯片 1016 亿美元。

从 20 世纪 50 年代起源于美国开始,芯片产业的发展大致经历了 3 次大迁移,分别是除处理器外的半导体产业链从美国向日本转移、韩国存储器和中国台湾晶圆代工异军突起、中国大陆半导体产业整体努力起飞。对美国投资界来说,半导体产业和通信设备业都是投资回报很低的夕阳产业,硅谷早就一点儿硅都没有了,产业外迁是大势所趋。中国的世界工厂的地位已不可动摇,中国的工业产值超过美国、日本和德国之和,中国的工业必定要向半导体这样的知识密集型产业升级。虽然中国大陆半导体产业起步较晚,但中国大陆在芯片下游的电子产品制造、工程师队伍和国家政策等方面拥有相当优越的条件,能够吸引全球半导体产业链向中国大陆转移。

文及于此,笔者不能不感慨当年中国高校扩招政策出台之远见卓识。当中国的"重厚长大"的劳动密集型或资源密集型传统产业难以为继的时候,是这些通过高校扩招政策造就的每年数百万本科以上学历的高素质人才,得以顺利地保证了中国经济向"轻薄短小"的知识密集型高新产业的升级转型,这才有了大量依托工程师红利成长起来的高科技企业。中国因此才发展后劲十足、综合国力不断提升,没有像拉美国家那样跌入"中等国家的增长陷阱"。

2020 年,中国的半导体市场为 1434 亿美元,中国半导体制造总额为 227 亿美元,半导体自给率仅 16％,其余都依赖进口。如果仅考虑中国本土半导体公司(总部位于中国大陆),制造总额仅 83 亿美元,自给率 6％。不过,中国半导体制造的自给率在连年上升,全球半导体产能正逐渐向中国转移。从 2018 年到 2020 年的三年间,全球投产半导体晶圆厂 62 座,其中 26 座设于中国,约占全球总数的 42％。[①] 中国企业如中芯国际、长江存储、合肥长鑫、台积电和联华电子等都已在中国多个城市建厂,外资企业如英特尔、三

---

① 数据引自国际半导体产业协会(Semiconductor Equipment and Materials International,简称 SEMI)于 2019 年 1 月 7 日发布的《2018 年中国半导体硅晶圆展望报告》。

星电子、格罗方德、意法半导体、海力士等也都陆续在中国大陆建厂或扩产。预计到 2025 年,中国半导体自给率将上升到 19%(IC Insights 数据)。

面对需要投入巨大资本的先进制程的芯片厂,再强大的私人企业也无法独力承担。芯片厂越来越成为一个烧钱的游戏,一座 12 英寸的晶圆厂,按照 7 纳米制程、月产 10 万片进行规划,投入将不低于 180 亿美元。三星电子在 2021 年将在半导体业务投资 300 亿美元以上(日经亚洲评论)。台积电 2021 年的资本开支金额预计在 250 亿至 280 亿美元之间,大幅高于上一年度的 172 亿美元(2020 年 4 季度财报)。因此,在最先进制程工艺的竞争上,台湾《电子时报》社长黄钦勇称:"只有倾全国之力,将这个产业做到全世界都无可替代的时候,企业才能活得下去。半导体行业,以后就是国家力量与国家力量的对抗,背后没有国家力量支持的半导体企业,没一个活得下去。"[1]

2017 年 1 月 6 日,美国总统科技顾问委员会的《确保美国半导体领导地位》报告指出,全球半导体市场从来不是一个完全竞争的市场。半导体行业并不仅仅是"无形的手"能支撑的。芯片行业的资金密集、技术密集、与其他产业关联性强等特点,使得芯片企业的赶超之路离不开国家或地区的政府支持。美国国会提出了《无尽前沿法案》(*Endless Frontier Act*)将向国家科学基金会分五年注入 1000 亿美元,试图在高科技领域加强研究,芯片是其中的重要组成部分。所以,一个国家或地区的半导体产业的崛起,一定离不开国家或地区力量在背后的支持,从美国、日本、韩国、中国台湾到欧洲,无一例外。

特朗普政府对华为的两次贸易禁令,直接刺激了中国政府出台鼓励芯片产业的相关政策。2019 年 5 月 15 日,美国商务部宣布将华为列入贸易禁

---

① 谢志峰、陈大明,《芯事——一本书读懂芯片产业》,上海:上海科学技术出版社,2018 年版,第 240 页。

令的实体清单。一周后的 5 月 22 日,中国财政部和税务总局宣布,为支持集成电路设计和软件产业发展,集成电路设计和软件产业企业在 2019 年和 2020 年两年免征企业所得税。2020 年 5 月 15 日,美国商务部对华为采取了大大升级的新制裁措施。不到 3 个月,7 月 27 日,中国国务院发布《新时期促进集成电路产业和软件产业高质量发展的若干政策》,主要是以减免企业所得税、增值税、进口关税等措施来支持半导体产业,特别是经营期在十五年以上、生产的集成电路线宽小于 28 纳米(含)的制造商将自获利年度起免征长达十年的企业所得税。新政策还关注融资问题,鼓励半导体企业在科创板等以科技股为主的证券交易板块上市。

中兴通讯、福建晋华和华为等与芯片相关的企业受美国制裁的事件接二连三发生,美国对中国大陆以半导体为主的高科技产业的限制和不断在贸易制裁实体名单上增加中国大陆企业的做法极大地加剧了中国大陆的危机感,促使中国大陆加大投资发展半导体产业,实施半导体产品的进口替代,补齐半导体原料和半导体设备等领域的诸多短板。中国大陆在半导体产业上虽然还落后于美国、韩国、日本和中国台湾,但中国大陆的潜力谁也不敢小觑。中国大陆最大的优势在于拥有全球最大规模的电子产品腹地市场,这意味着某项技术一旦发展成熟,很快就能凭借市场规模跃居全球领先。从 0 到 1 很困难,但从 1 到 100 却很容易。中国大陆所需芯片的自给率虽然还很低,但这一局面有望能够很快改善。

从某种意义上说,特朗普成了中国芯片产业的加速器。鉴于特朗普是中国芯片产业的最重要的推手,中国网民亲切地将他称呼为"川建国同志"。

芯片背后的政治与资本

自特朗普上台以来,美国对中国的政策急剧变化,中美贸易战和美国对中国高科技的打压成为国际政治的一大主题。自改革开放以来,中美关系已经多次出现紧张，比如中国驻南斯拉夫联盟大使馆被炸、南海撞机、制裁中兴华为等，美国不少右翼人士表现出对中国明显的敌意，但中国一向坚持走和平发展之路。

之所以会出现这样的现象，源自东西方思维模式的差异。自西方文明的源头——古希腊罗马文明建立以来，西方文明就是商业的、进取的，崇尚优胜劣汰；而中华文明自古以来就是农业的、内敛的，讲究和平共处。在美国人看来，一个大国崛起后，怎么能不重新划分势力范围呢？中国不可能没有野心，一定是野心大得自己都不好意思说出来。可是，在中国人看来，所谓的"一带一路"和郑和下西洋并没有本质的区别，就是中国愿意通过帮助周边国家的共同发展，来宣示自己是一个文明之国。这种不把经济回报放在第一位的行为，在商业立国的美国看来是不可理解的，他们认为除了征服的野心就没有别的理由可以解释。

尽管中国的发展日新月异、今非昔比，但中国的实力与美国相比仍然相去甚远，这也是不争的事实。为了扛住美国政府的打压，中国必须要"团结一切可能团结的力量"。那么，哪些国家是中国可以团结的力量呢？

表面上看，从欧洲、东亚、澳洲到北美的发达国家都是美国的盟友，但与美国的关系是有亲疏之分的，并非铁板一块。与美国关系最紧密的是以英语为母语的五眼同盟，这可以解释为什么英国、澳大利亚、加拿大和新西兰都将华为5G拒之门外，以及孟晚舟会在加拿大被逮捕。"美国同111个国家签有双边引渡条约，同时美方也向数十个其他国家政府提出拘押孟晚舟的要求，其中不乏美国盟友。但其他国家的政府没有理会这个荒谬想法，直到孟晚舟女士踏足加拿大，加拿大政府成了这唯一的一个。"①韩国基本上也是美国的小弟，对美国是亦步亦趋。美国铁杆阵营里的这些国家，其实与中

---

① 《陆慷：美国政府向数十个国家提出拘押孟晚舟，只有加拿大配合》，《人民日报》，2020-09-06。

国都没有利益冲突，相反还有不小的经济互补性，它们纯粹是因为站队才"紧密团结"在美国周围的。

在五眼同盟之外的圈子，则是欧盟诸国。当初欧洲国家之所以要团结起来建成欧盟，就是为了成为美苏之外的世界第三极，以摆脱对美国的依赖，提高政治和经济的自主能力。在苏联解体后，欧盟存在的最重要的一个理由就是欧洲各国需要联手才能与美国在科技和经济等领域相抗衡，具体表现在欧盟合作造空客来与美国的波音竞争大客机市场、欧盟推 GSM 移动通信标准来对抗美国的 CDMA 等等。而美国对欧洲大银行、大公司的打压也一点都不手软，最近的一个例子就是对法国阿尔斯通的肢解。

对欧洲技术公司的收购让中国本土制造业企业获得了巨大的进步。中国制造业通过收购获取的技术中，来自德国的是最多的。例如被美的收购的库卡机器人、被山东潍柴收购的林德液压、被浪潮集团收购的奇梦达部分内存技术，以及被徐工集团收购的全球工程机械 50 强的施维英。另外别忘了，如果没有西门子提供的 TD 技术，中国就不可能推出自己的 3G 移动通信标准 TD-SCDMA。如果看整个欧洲的话，其他还有被中资收购的意大利倍耐力轮胎、瑞士的先正达集团等等，另外法国的阿尔斯通和德国西门子也对中国转让了高铁技术。欧洲真的算是中国的好伙伴。

与美国的关系比欧盟更疏远的，就是日本。日本虽然在二战中被美国打趴了，其实一直都不太服气，所以日本才会曾经挟芯片之威对美国说"不"。日本与中国也没有大的利益冲突，相反，还非常需要中国这个大市场的支持，所以，表面上看，日本是美国的盟友，但其实对中国也提供了很多支持。在半导体范畴，我们也可以看到，中国之所以能够打破《瓦森纳协定》的束缚，发展起芯片产业，绝对离不开日本和欧洲给予的技术支持。

即便是美国内部，也并非举国上下团结一致要和中国过不去。事实上，美国以华尔街和硅谷为代表的上层社会的主流意识是要尽可能地多与中国做生意。美国本质上是一个商业国家，商业国家最重要的事情就是赚钱。

在赚钱这件事上,富人和穷人是有冲突的,毕竟蛋糕就那么大,给穷人多切一点,富人吃到嘴的就少了。于是,华尔街就炮制了一个经济理论,说要发展美国经济就得给富人减税,因为富人手上钱多了就会去投资,投资了就能创造更多的就业机会和更高的经济增长。实际上,这个经济理论是哄骗美国穷人的,给富人过多减税的结果就是美国的贫富分化越来越严重,中产阶级在消失,穷人的购买力越来越差导致富人不愿投资,反而影响美国的经济增长。

再到美国对中国的高科技封锁这件事情,表面上看,美国是对中国进行高科技制裁,不能让中国崛起,但实际上,美国很多公司都想和中国做生意,从中国市场赚大钱,美国高科技企业的技术和华尔街的钱都在源源不断地往中国跑。就像思科的钱伯斯宣称的那样:"我们一直致力于制定出一个整体战略纲要,使自己逐渐变为一家中国公司。"①大家赚钱赚得不亦乐乎、其乐融融,不想突然冒出了特朗普这样的一个刺头,让大家都赚不到钱了。为什么特朗普会是美国政坛的一个异数? 第一,他做的是房地产生意,与中国基本没有生意往来,打压中国对他的家族企业没有不利影响;第二,他靠的是"推特治国",能够绕过传统主流媒体来与选民直接交流。所以,特朗普是罕见的不需要看华尔街脸色的政客。"打压中国"这个话题对特朗普的选票大有帮助。蓝领工人是特朗普的铁杆选民,特朗普为了迎合他们,最喜欢干的事情就是把美国贫富差距的问题归罪到中国头上。讽刺的是,以特朗普为代表的很少纳税的富人才是美国贫富差距问题的真正根源。但是,不管特朗普怎么折腾,凭他一个人的力量,无论如何都无法与整个美国硅谷和华尔街对抗。

国际半导体产业协会的数据显示,随着美国芯片对华为禁令的收缩,海

---

① 赫德里克・史密斯,《谁偷走了美国梦:从中产到新穷人》,北京:新星出版社,2018年版,第313页。

外半导体市场损失惨重,美国为此付出了将近1700亿美元的损失。这是美国经济无法承受之痛。阿斯麦尔和台积电虽然不是美国企业,但阿斯麦尔最大的两个股东都是美国的投资集团,台积电高达78%的股份被以"美国花旗托管台积电存托凭证账户"为首的"外国机构和外国人"持有(台积电2019年财报),所以,特朗普不让阿斯麦尔和台积电与中国大陆做生意,也是在得罪华尔街。到了2020年9月,超威和英特尔都拿到了向华为继续供应电脑芯片的许可,11月,高通也获准向华为供应4G芯片。美国商务部表示,只要能确保向华为供应的芯片不会涉及5G业务,更多的芯片企业向华为供货都将会得到美国许可。在发现自己无法打败华为之后,美国对华为的政策已明显转向为只对华为最先进的5G通信设备和5G手机芯片进行打压。

特朗普政府制裁华为的核心在于华为的手机处理器芯片,处理器领域的竞争是芯片战争中最激烈的部分。在智能手机领域,主要是华为麒麟芯片、苹果A系列处理器和高通骁龙处理器的较量,在计算机和服务器领域则主要是英特尔、英伟达和超威三雄争霸。

第二十一章

处理器的新战场

ARM 架构的崛起

精简指令集敌不过牢固的 Wintel 联盟,退出了个人电脑和工作站的领域,在移动时代却卷土重来、稳居上风。因为复杂指令集有一个致命的缺陷,那就是能耗太高。一个英特尔的酷睿处理器如果昼夜不停使用,一年的耗电量已经等同于它的价格。在个人电脑时代,消费者对耗电问题没有太大的感觉。而在移动时代兴起的智能手机和平板电脑,就得面临续航的问题,对能耗提出了全新的要求,精简指令集低能耗的优势就显现出来了。

1978 年,也就是精简指令集诞生的第 2 年,一家名叫艾康电脑的公司在英国剑桥创立。艾康想生产一款供英国中小学校使用的电脑,向英特尔求助,希望能购买 286 处理器的设计资料和样品,但英特尔没搭理它。艾康于是基于精简指令集研发了一个 32 位、6M Hz、使用自研指令集的处理器,并将其命名为 ARM(Acorn RISC Machine)。20 世纪 80 年代,艾康曾与苹果合作开发新版的 ARM 微处理器内核,苹果想用 ARM 来为牛顿(Newton)掌上电脑开发芯片。1990 年,在获得苹果和 VLSI 科技的投资后,艾康电脑成立了独立的子公司安谋,专门从事低成本、低功耗、高性能芯片的开发。由于牛顿掌上电脑的失败(这是乔布斯离开时苹果推出的产品)以及企业自身实力的弱小,安谋没法自己直接卖芯片,被迫踏上了一条新路:自己不生产芯片,甚至不设计芯片,只将芯片架构的知识产权(IP)内核授权给其他公司。

在知识产权授权模式中,一次性技术授权费用(通常为数百万美元)和版税提成(通常在 1%~2%)是安谋的主要收入来源。各大芯片设计厂商从安谋购买其所设计的 ARM 微处理器内核,并根据自身定位在向细分领域发展时加入适当的外围电路,构建符合市场需要的微处理器芯片。通过这一合作生态,安谋快速主导了全球精简指令集微处理器的架构,其客户也可节省设计微处理器内核的资源,相对较快地切入芯片设计市场。安谋与比它早三年成立的台积电类似,都是半导体产业链各环节专业化分工的产物。

安谋无意中与台积电共同完成了芯片产业的一次革命:分别完成了芯片上端的架构设计和下端的芯片制造。中端就可以有无数芯片设计公司在ARM架构的基础上轻松完成芯片设计,再交给台积电之类的晶圆代工厂完成生产。移动智能产品的"IP授权＋Fabless＋Foundry"模式就此形成,从苹果、华为到小米等目前市场上的几乎所有智能手机品牌都是这一模式的受益者。到现在,安谋占据了95％智能手机和平板电脑的架构设计,台积电则占据了全球一半的晶圆代工市场,两家公司形成了一个与Wintel联盟迥异的垄断格局。安谋和台积电都诞生在小小的岛屿上,这似乎不是巧合。正是因为缺乏广阔腹地市场的支持,这两家企业才被迫走上专业分工的道路,在全球范围内寻求订单,由小公司成长为国际性的大企业。

ARM架构"知识产权模块单独授权、设计者自主开发"的生意模式,使得客户在做移动智能终端的系统芯片时,容易集成基带处理器、应用处理器、Wi-Fi和蓝牙等无线连接芯片,缩减开发周期和降低开发成本,实现产品的高性能和低功耗。基于移动系统芯片的整合优势,ARM架构授权合作的企业已达上千家。截至2020年,ARM合作伙伴已经出货了超过1600亿个基于ARM架构的芯片。

移动智能终端这个大市场是英特尔必争之地。可是,英特尔从哪个细分领域切入? 用什么方式切入? 能够坚持到什么程度? 我们能看到,在移动智能终端市场的进进出出和犹犹豫豫,是英特尔在后格鲁夫时代的一大发展主题。

早期的iPhone采用的是来自美满公司的ARM架构XScale处理器。讽刺的是,这款处理器曾经是英特尔的产品。在2006年的裁员风暴中,英特尔将通信芯片业务以6亿美元的价格出售给了美满公司。后来,在为iPhone 4设计A4处理器时,乔布斯曾考虑是否要使用性能强劲的英特尔

X86 架构,可是 X86 需要较大的计算和存储空间,而且太耗电,最后还是决定仍然使用性能相对较弱,但需要的运作空间较小且相对节能得多的 ARM 架构。这被视为是 ARM 阵营标志性的胜利。

即使不用 X86,乔布斯仍然期望和英特尔合作。他在 iPhone 上市前曾询问英特尔能否帮苹果代工手机处理器,并给出了一个不容商讨的价格,问英特尔能不能接受。芯片的成本取决于它的产量,英特尔计算了一下,发现如果想要从苹果的订单中赚钱,苹果手机必须卖出一个在英特尔看来是天文数字的销量。英特尔时任首席执行官保罗・欧德宁凭直觉认为应该接受苹果提出的交易,毕竟苹果那时刚刚在 iPod 上创造了一个销量奇迹。这款 iPhone 未尝不可能再创造一个奇迹。但英特尔最终还是拒绝了苹果的订单。后来,iPhone 的实际销量不下英特尔预估数的百倍。欧德宁是英特尔第一个不具备工程师专业背景的首席执行官,这让他缺乏自信去做出有争议的决策。后来欧德宁坦言,未为 iPhone 生产处理器芯片是自己职业生涯中最后悔的一件事。但我们知道,这还不是欧德宁犯下的最大错误。

英特尔放弃的订单落到了三星电子的手中。三星电子不仅依靠苹果手机处理器的订单一跃成长为世界排名前列的晶圆代工商,很可能还借此机会让自己的“猎户座”(Exynos)手机处理器的设计水平得到突飞猛进的提高。毕竟三星最擅长的就是商业情报搜集,这种送上门来的宝贝怎么可能轻易放过?三星手机竟因此成为苹果手机最大的竞争对手,这是苹果当初找三星电子做代工时万万没有想到的事情。

就像许多历史太辉煌的公司一样,过去的成功经验往往成为新业务拓展的障碍。英特尔在电脑 CPU 上习惯了用规模优势来碾压对手,但一个新业务往往一开始的量并不大。英特尔对产品的运营目标是毛利率达到 60%,瞧不起那些利润微薄的新业务,但这世上哪里去找那么多暴利的新业务?英特尔习惯了花钱大手大脚,这使得它造出来的新产品总是成本比竞争对手要高。智能手机就是一个典型的例子,智能手机刚开始的时候量不大、利润薄,英特尔没看上,当时谁能想象得到有一天智能手机的市场会发展到个人电脑的 10 倍?

英特尔由于习惯了复杂指令集 X86 架构特许经营的高毛利,在移动终端处理器上缺乏对精简指令集架构的布局。复杂指令集的 X86 架构在与精简指令集的 ARM 架构竞争移动终端市场的战争中彻底失败,复杂指令集只能困守于服务器、个人电脑和网络设备的处理器市场,因此英特尔也基本缺席了智能手机和平板电脑的盛宴。

虽然台式电脑日益被智能手机和平板电脑边缘化,ARM 也不放过这块市场。在移动领域已占据绝对优势的 ARM 架构开始侵入台式和笔记本电脑的地盘,越来越多的电脑采用建立在 ARM 架构基础上的 CPU。2020 年6 月,苹果宣布旗下电脑未来将改用基于 ARM 架构的自研芯片 Apple Silicon,放弃其采用了十五年的 X86 架构。高通也在与惠普、联想和华硕等电脑厂商合作推出使用 ARM 架构骁龙芯片的电脑。X86 所赖以生存的软件生态,在 ARM 的眼里完全不是个问题。建筑在 ARM 架构上的手机应用软件,已高达数百万个,相对于电脑上可用的应用程序来说毫不逊色,连微软都宣称要从 Windows 8 开始支持 ARM 架构。ARM 架构甚至攻入了服务器的处理器市场,安谋逐步将发展重心转移至数据中心、智能汽车以及物联网领域。相比 X86 架构,ARM 架构还有开放的优势,可以通过授权知识产权核给客户,开发多元化的芯片产品,更适合物联网这样的复杂应用场景。

英特尔面临着 ARM 架构全方位的严重威胁,而它需要解决的麻烦还远不仅于此。

"不断在打仗"的苏妈

在美国股市,有一类股票被称作"孤儿寡母股",意思是这类股票的股价波动不大、每季度分红稳定,对无依无靠的孤儿寡母来说,收益虽然不多但风险较小,可以温饱无忧。英特尔就被视作一支典型的"孤儿寡母股"。

英特尔也会犯错,而且是经常犯错,在半导体这样的高技术产业不犯错是不可能的,何况英特尔还总是走在行业的最前沿。在从 32 位处理器向 64 位处理器升级时,英特尔就犯了一个大错误。全球最大个人电脑供应商惠普认为精简指令集和复杂指令集都不完美,就怂恿英特尔设计出了一个看似可以解决一切问题的终极架构——超长指令集(VLIW)。英特尔新任首席执行官克瑞格·贝瑞特正好也想搞点业绩,摆脱格鲁夫的阴影。他认为英特尔犯下的最大错误就是太依赖微软,何不借计算机从 32 位迁移到 64 位的机会,不开发 64 位的 X86,逼着大家都用新架构,彻底摆脱如影随形的超威,憋死附骨之疽的微软?似乎觉得"作死"程度还不够,正逢电影《泰坦尼克号》(*Titanic*)上映,英特尔就给新架构起了个名字叫安腾(Itanium)。

微软如临大敌,甚至做好了同时收购超威和国民半导体的准备,打算 100 美元卖软件、1 美元卖 CPU,反过来掐死英特尔。超威借机推出可与 X86 兼容的 64 位 CPU。因为互联网的发展,网络服务器市场增长很快,对 64 位高端处理器的需求大增。超威的业绩也不断上涨,一度占有 40% 左右的处理器市场,竟可以与英特尔分庭抗礼。貌似强大的安腾很快就像泰坦尼克号一样沉没,英特尔被迫重新推出可与 X86 兼容的 64 位处理器,并与微软重修旧好。与此同时,超威在世界各地状告英特尔搞垄断,欧盟也借机收拾英特尔,日本公正交易委员会突击搜查了英特尔的日本分公司办公室,搞得英特尔相当头疼。英特尔和欧盟打了十多年的垄断官司,至今都还没结束。2005 年,超威推出速龙 64 位双核处理器(Athlon 64 X2)后,并称:"一个芯片上的两个核心是真正的双核,而英特尔的是一个处理器上的两个芯片,是假双核。"着实羞辱了一下英特尔。

在闪存市场上,英特尔也遇到了强大的挑战。英特尔曾经在 NOR 闪存市场耕耘了二十多年,将 NOR 闪存做成了一个几十亿美元的市场。然而,得到东芝技术授权的三星电子急速扩大生产规模,超越东芝成为 NAND 闪存市场的领导者,并用 NAND 闪存挤占了不少 NOR 闪存的市场。英特尔这才意识到三星电子也成了它的一个新的世界级的可怕对手,而且这个对手是个业务众多的庞然大物,基本没有将之彻底击败的可能。在此之前,英特尔不仅与三星电子没有什么市场冲突,还依赖后者的内存供应。全球半导体行业排名第一和第二的两家公司长期维持的奇怪的和平局面就此被打破——三星电子宣称它的目标是要打败英特尔。

贝瑞特把烂摊子抛给了欧德宁,欧德宁不得不启动了英特尔有史以来最大规模的裁员,近 2 万名员工离开。尽管拿三星电子没办法,但英特尔要收拾一下超威还是绰绰有余。英特尔的组织和学习能力实在太过强大,每次犯错后都能迅速重整旗鼓,再次碾压竞争对手。英特尔决定给超威一些颜色看,重磅推出也是"一个芯片两个核心"的酷睿 Core 2 Duo 双核处理器,性能大大高于超威的同类产品。同时,英特尔将生产线从硅谷迁至俄勒冈州和亚利桑那州,以降低成本,然后发动价格战,把超威从盈利打到大幅亏损。就在这时候,超威自己也出现了麻烦。超威花了 56 亿美元的巨资并购加拿大做图形芯片的 ATI 技术公司。ATI 由香港人何国源创建,它于 1988年推出了第一款能够支持 256 种颜色显示的真正意义上的显卡,然后在它的巅峰期的 2006 年被超威收购。收购 ATI 给超威造成了严重的财务负担,还迫使它两线作战,除了英特尔,它还要在 GPU 市场上挑战另一个老大英伟达。

英特尔和超威的双核大战炮声隆隆,沦为炮灰的却是摩托罗拉。2005年,苹果电脑改用英特尔的 CPU,这一举动直接导致失去苹果订单的摩托罗拉永久退出了电脑 CPU 市场。

英特尔趁着超威力不从心的机会重新取得 CPU 产品上的绝对领先优势,在个人电脑处理器市场的份额开始了长达十年的增长,从 2006 年的略多于 50% 上涨到最高超过 80%。英特尔还推出 X86 架构的凌动(Atom)处理器,以牺牲性能为代价降低能耗,通过巨额补贴在平板电脑市场进行强推,2014 年出货量达到 4600 万个。

盛极则衰,2016 年是英特尔的转折之年。这一年,英特尔精简了 1.2 万人,这一数字占其总员工人数的比例高达 11%。裁员的主要原因是占英特尔营收 60% 左右的个人电脑业务随市场整体萎缩而下滑,以及凌动处理器的失败所带来的 40 亿美元巨亏。到 2019 年,英特尔 CPU 份额下降到 70%,在股市上表现平稳,市值长期在 2000 亿美元徘徊。

个人电脑 CPU 上只有英特尔和超威两个玩家。此消彼长,英特尔份额上升的十年,超威则相应地往下溜,销售量从接近英特尔跌到仅有英特尔的四分之一。为了生存,超威甚至卖掉了制造部门,转身为无晶圆厂。2016 年 1 季度后,超威开始从最低谷上爬,10 个百分点的市场份额对英特尔来说不算什么,对超威却是 50% 的大幅增长(从 20% 增加到 30%)。超威的股价表现更是生猛,从最低点的每股不到 2 美元,上升至 2019 年底的每股 43 美元,一口气上涨了 20 多倍,一点也不比创业股差。在专业投资者眼里,超威显然比英特尔更具投资价值。买超威股票的人主要是吃股票差价,分红只能算零头。

在生龙活虎的超威背后,站着一个女人,一个名叫苏姿丰的华裔女人。

苏姿丰 3 岁时随父从中国台湾移居美国,大二时研习 SOI 技术,年仅 24 岁就获得麻省理工学院电机博士学位。毕业后,苏姿丰先去了德州仪器,然后在 IBM 利用 SOI 技术研发铜制程工艺。在 30 岁时,苏姿丰担任了郭士纳的特助,亲身体验当代最传奇的企业再造过程,亲眼看见"大象是如何跳起舞来"。首席执行官特助是 IBM 颇具特色的接班人培育方式,被挑选出的明日之星得以实际参与公司重大决策。而郭士纳的特助又与众不同,郭士纳不懂半导体,需要技术专家给他技术指导。在郭士纳的调教下,苏姿丰习得了领导及谈判技巧。之后,IBM 拨给她一笔经费,创立了一个游戏机芯片部门。苏姿丰成功赢得索尼、微软和任天堂等大客户,被誉为"视频游戏技术女王"。

苏姿丰在半导体业内还有擅长谈判的名声。她被飞思卡尔从 IBM 挖去当首席技术官,任内搞定两个超大客户,让亚马逊和索尼都采用了飞思卡尔的处理器,并因此快速蹿升为飞思卡尔网络与多媒体部门总经理。2012 年 1 月,苏姿丰被挖到超威担任首席运营官,后因为打入微软和索尼的游戏机市场而升任高级副总裁兼全球业务总经理等职务。

当时的超威正如坠崖般衰败,2014 年营收下降近 40%,个人电脑 CPU 市场份额惨遭腰斩,股价跌至 2 美元以下,处于退市边缘。苏姿丰负责的业务是超威唯一的亮点。超威六年更换了 4 任首席执行官,无人再对这家公司拥有信心。在超威生死存亡之际,苏姿丰挺身而出,于 2014 年 6 月成为超威历史上首位女性首席执行官。年仅 45 岁的苏姿丰成为已有四十五年历史的超威的最高领导。

苏姿丰改造超威的举措简直就是郭士纳改革 IBM 的翻版。首先是裁员 7%,节约经营成本,并且将"资源和技术优先投入到能够提升盈利能力、推动持续增长的重点领域";其次是倾听客户的声音,确保与客户和合作伙伴之间的良好关系;当然,最重要的还是"承诺按时推出新产品"。

据说,英特尔的人每次碰到超威的同行就问:"你们新的处理器什么时候才能做出来? 等你们做出来了,我们才有新的活儿要干。"显然,苏姿丰也听过这个笑话。

苏姿丰很清楚超威的问题在哪里:"我们有很好的技术,可是同时又发展了太多的产品,没有一个清楚的目标和焦点。"超威铺了个大摊子,什么都做,却什么都做不好。超威应该做什么才好? 内部意见并不一致,有人认为超威应该进入智能手机正大热的移动领域。苏姿丰有着自己的想法:"我们扩大了在高性能计算的投资,因为我当时判断,不管是当下还是未来五年,不管是在云计算、机器学习、人工智能抑或 PC 市场,高性能计算都会是 CPU、GPU 最重要的诉求。我们没有做智能手机跟平板电脑,因为从战略上来讲,这不会是公司要发展的未来。"鉴于 ARM 生态在服务器领域尚不完善,苏姿丰还放弃了基于 ARM 架构的服务器、处理器的研发。苏姿丰把公司多个业务部门整合成两个大型事业群:一个是针对消费者的计算与显卡业务,这也是超威的传统核心业务;另一个是针对企业的嵌入式与半定制业务,这是苏姿丰所擅长的,由她本人亲自领军。

苏姿丰将最大的赌注押在了个人电脑 CPU 的新架构 Zen 上,该项目经费不受公司缩减开支政策的影响。Zen 的研发历时四年,用了累计超过 200 万个工时才得以问世。在此期间,超威的股价继续下跌,苏姿丰为此承受了巨大的压力。作为一个技术专家,她很清楚 Zen 的潜质,"看到芯片样品那一刻,我相信 AMD 的未来,指日可期。"

2017 年 3 月,锐龙(Ryzen)个人电脑处理器开始在全球各地上架销售,它是基于全新的 Zen 架构的首款处理器,以领先的多核性能为全球游戏玩家、软件编写者和硬件爱好者带来了良好的体验,获得众多用户的好评。超威还发布了高性能显卡镭龙 Radeon RX Vega,受到游戏爱好者的欢迎,用户数量是前一代产品的 10 倍。超威的宵龙 EPYC 7000 系列高性能数据中心处理器的策略是在每个价格点上都拥有更好的性能,因此拿下了百度、思科、腾讯云等大客户。超威原本在服务器的处理器市场上仅有 1% 的份额,这下,英特尔开始担心至少会被超威夺去 15% 的份额。当年第 3 季度,超威净利润为 7100 万美元,从此扭亏为盈。

超威全球拥有 9000 多名员工,老对手英特尔则拥有 10 万余人。苏姿丰强调:"我们有大型竞争对手,如果在决策上面能够简单快速的话,就能够超越他们。"比如弥补超威高端 CPU 短板的 Ryzen Threadripper,就源自出租车上的一个疯狂决定。某高级产品经理同一群 CPU 狂热爱好者在业余时间研发了介于锐龙与宵龙之间的 CPU 产品,当他向计算与显卡事业部总经理谈起这一项目时,后者在出租车上当场拍板,把 Threadripper 纳入超威的产品规划。一年后,Threadripper 惊艳亮相,收割对尖端功能有独特需求的发烧友的众多好评。

超威在 CPU 和 GPU 都是老二，但它的优势是唯一一家同时做 CPU 和 GPU 的厂家，可以把 CPU 和 GPU 做在一个芯片上，这样就可以将笔记本电脑做得更轻薄。超威处理器因此受到华为的青睐，2018 年 6 月，华为发布了首款与超威处理器合作的笔记本电脑。

超威乘胜追击，还在芯片制程上抢了先。由于英特尔在 14 纳米上挤了太久的牙膏，让超威在 7 纳米制程工艺加持下打了个漂亮的翻身仗，12 核、16 核锐龙 9 处理器成为高端玩家的首选，炙手可热、一票难求，顺带着超威的主板 X570 也站上了高端，这直接带动超威开始吞噬英特尔处理器的市场份额。超威开始让英特尔感到紧张，英特尔加快了 18 核、28 核处理器产品的上市进程，并适当下调了处理器的价格。

超威还推出了 7 纳米镭龙和宵龙产品。数年来，超威首次在工艺上领先英特尔。这也是晶圆代工模式对 IDM 模式的胜利，超威的 7 纳米芯片是台积电代工的，英特尔则还在苦于自己工厂的 10 纳米（相当于台积电的 7 纳米）芯片良品率迟迟无法提高，耽误了其先进制程芯片产品的上市。

2020 年 10 月，超威发布最新 Zen3 架构处理器 5000 系列，相较于上一代产品，其性能方面提升超过了 26％，无情碾压了英特尔一直在力推的最优秀处理器 i9-10900K。按照超威的官方说法，新一代锐龙处理器是迄今为止市面上最强的游戏处理器，在性能方面已然站在了行业顶峰。

尽管作风强势，苏姿丰亦极具亲和力，公司内外都称她为"苏妈"。她会用谷歌翻译来浏览电商平台用户对超威产品的评价，从中找到用户的需求和痛点。她拜访客户从不拘泥于身份，而是从业务角度进行交流。她还亲临第一线为经理们打气，亲自参加各种项目验收。这些亲力亲为反过来帮助她加深了对市场的了解，从而做出正确的决策。

让超威从行业失败者到超越巅峰，苏姿丰仅用了六年时间。她用了 5 个字来总结自己在超威的经历："不断地打仗。"这 5 个字很有桑德斯的风格。

也可以同样用 5 个字来总结英特尔这几年的经历："不断打败仗。"除了手忙脚乱地应对安谋和超威咄咄逼人的攻势，在其他领域，英特尔也坏消息不断。

英特尔试图在无线通信市场上也分得一杯羹，于是纠集了 IBM、摩托罗拉等一众美国 IT 企业推出了第 4 个 3G 国际标准 WiMAX。WiMAX 其实是 Wi-Fi 的放大版，它能让消费者在一个城市的范围内都能享受到无线上网的服务。但电信运营商哪里会允许别人来分它的奶酪？由于各电信运营商或明或暗的抵制，加上 4G 时代的到来给了消费者很好的无线上网体验，WiMAX 阵营最终以惨败收场。

2019 年 4 月，在苹果和高通结束专利费纠纷及反垄断诉讼官司，高调重归于好的同时，英特尔宣布将手机基带芯片业务作价 10 亿美元打包卖给苹果。这是一个忍痛割爱的决定，因为从 2010 年以 14 亿美元收购英飞凌的基带业务起步，英特尔在这块业务上寄予了太多的厚望并持续做极高的投入，但毕竟英特尔和德州仪器一样没有通信业务基因，一直未能将这块业务扭亏为盈，在丢掉了苹果订单后就更难以为继。如今十年辛苦付诸东流，同时也宣告英特尔在智能手机领域的彻底失败。

2020 年 7 月，英特尔宣布，原打算在 2021 年末生产 7 纳米（相当于台积电的 5 纳米）制程芯片的计划延迟。其股价马上暴跌 16%，市值蒸发 415 亿美元。英特尔是全球少有的既能设计又能制造 CPU 芯片的 IDM 厂，技术一向是英特尔最大的优势。可是，首席执行官司睿博（Bob Swan）居然表示，其自产的 7 纳米制程芯片将延迟到至少两年以后才能上市，近期将决定是否将 7 纳米制程的芯片交给第三方工厂代工。此举意味着英特尔对自己的技术已经没有信心，长期坚持的自研自产芯片路线开始被放弃。反观台积电生产出的 5 纳米芯片已经伴随着 iPhone 12 和华为 Mate 40 的上市而出现在了消费市场上，3 纳米芯片的上市也已提上日程。从纯粹技术层面来看，英特尔落后台积电一到两年；如果还考量到提高良品率及量产的能力，英特尔至少落后台积电两年。有分析师认为："至少在接下来的五年内，英特尔赶上或超越台积电的可能性几乎为零，甚至可能永远追赶不上。"英特尔作为摩尔定律最后守护者的神话就此被打破。10月，英特尔发布第3季度财报，营收与净利润同比分别下降4%和29%。英特尔股价随即暴跌超过10%，市值再蒸发242亿美元。

英特尔的历任首席执行官多是内部提拔并有技术背景，欧德宁虽然没有技术背景但也管过技术，司睿博以首席财务官身份进入英特尔才工作两年，在上一任因婚外恋丑闻匆匆下台后被仓促选为首席执行官，这似乎表明英特尔实在是缺乏能堪大任的技术领军人物。

英特尔还抛弃了闪存业务。尽管5G与云计算带动闪存市场持续成长，英特尔却认为"无法从中获得预期的利润"。英特尔在闪存6大厂家的全球市场份额的排名中一向垫底，做得也没什么意思。而且，展望未来，随着中国大陆厂家的加入，这块市场的竞争将更趋激烈，英特尔从来都不擅长低价竞争，退出是势所必然。2018年10月，英特尔将它在IMF(Intel-Micron Flash Technologies)公司剩余的股份以15亿美元全部卖给美光，并停止与美光在NAND闪存研发上的合作。2020年10月，英特尔将其NAND闪存业务以90亿美元售予SK海力士，其中最主要的资产是大连闪存厂。英特尔在存储器产品上再一次退缩，从此彻底离开其最初赖以起家的存储器市场。

英特尔把持了二十五年之久的半导体产业第1名的宝座，于2017年被三星电子抢走。到2020年，英特尔的市值跌到1800亿美元左右，仅仅是其历史上最高市值的三分之一。其竞争对手三星电子和英伟达的市值都在3000亿美元以上，台积电的市值更是高达5000多亿美元。多个竞争对手的超越，让英特尔曾经的辉煌成为明日黄花。英特尔打算把未来押在人工智能、5G网络和自动驾驶上，于2017年3月以153亿美元收购以色列自动驾驶技术公司Mobileye。问题是这些也都是全球互联网巨头普遍关注的领域,赛道已相当拥挤。一向擅长硬件但在软件和互联网上缺乏基因的英特尔能否从中突围,还要打个大大的问号。

我们知道,信息时代的竞争,最重要的是走对赛道。垄断是信息企业的主要特征,在老赛道上去挑战垄断者是极难取得胜利的,垄断者被打败,往往是因为赛道变了,昔日的霸主由于"创新者的窘境",很难及时更换到新赛道上去。英特尔正是这样一个困守在CPU老赛道上的企业。

表舅与表甥女的战争

在GPU领域,没有英特尔的什么事,主要是英伟达和超威两家企业的较量。创办英伟达的黄仁勋与执掌超威的苏姿丰有点远亲关系,前者的母亲是后者母亲的姑姑,所以这两家企业之间的竞争又被戏称为表舅与表甥女之间的战争。

黄仁勋与苏姿丰是在同一年迁居美国的,这纯属巧合,因为两人分别是从泰国和中国台湾去的美国。苏姿丰家境优越,从小练钢琴并入读纽约最好的中学。而黄仁勋被送去的是一家近似少年教养院的乡村寄宿学校。读俄勒冈州立大学时,黄仁勋喜欢上了计算机科学。从斯坦福大学硕士毕业后,他来到硅谷,作为一名芯片设计师加入了超威。两年后,他跳槽到擅长做图形处理芯片的艾萨华(LSI Logic),后来转去销售部门并做到总经理。1993年,30岁的黄仁勋和两个工程师看好电子游戏计算市场,用4万美元的启动资金创办了英伟达。在随后四年时间里,英伟达推出了两款芯片。由于押错技术方向,这两款产品都失败了,公司也奄奄一息。黄仁勋决定将公司发展的方向从游戏机调整到正在兴起的个人电脑,并从游戏设计公司晶体动力请来大卫·柯克博士担任首席科学家,组织了一支庞大的研发团队。英伟达的第三款芯片采用微软显卡的标准,获得微软的垂青,这才大获成功。

　　早期的显卡只包含简单的存储器和帧缓冲区,实际上只起到图形的存储和传递的作用,一切操作都必须由 CPU 来控制。CPU 可以处理文本和一些简单的图形,但无法处理复杂场景,特别是真实感很强的 3D 动画。20 世纪 90 年代,一些工程师意识到:在屏幕上进行图像渲染,本质上是个能并行处理的任务——每个像素点的色彩可以独立计算,不需要考虑其他像素点。GPU 就此诞生,并成为比 CPU 更高效的图形处理工具。2000 年,在推出第二代 GPU 的时候,黄仁勋大胆地提出了自己的“黄氏定律”:显卡芯片每 6 个月性能提升一倍。于是,英伟达按照这个战略每半年将产品升级一次,将众多的竞争对手一一超越,最终成为图形计算领域的老大。

　　CPU 适用于多功能任务处理,只能一步步连续计算,按照目前的技术力量能做到几十个核。而 GPU 只为大计算量而生,采用高度并行的方式运作,可以做到上千核。GPU 不会替代 CPU,它可以被视作 CPU 的加速器。CPU 是通用型的,什么场景都可以适用,GPU 则在一些特定的大计算量的领域拥有非常强大的性能,可以超过 CPU 数十倍甚至上百倍。如今的显卡普遍都以 GPU 作为主要处理单元,这样就大大减轻了 CPU 的负担,提高了电脑的显示能力和显示速度。随着电子技术的发展,显卡技术含量越来越高,功能越来越强,许多专业的图形卡已经具有很强的 3D 处理能力,而且这些 3D 图形卡也开始渐渐地走向个人计算机领域。一些专业显卡具有的晶体管数量甚至比同时代的 CPU 的晶体管数量还多。GPU 重新定义了现代计算机图形技术,极大地推动了个人电脑游戏市场的发展。

　　GPU 的计算能力如此强大,在图形处理之外还可以有更多的用途。英伟达还在以游戏为主业的时候,华尔街就有一些做高频交易和金融量化的人在用英伟达的 GPU 跑交易,这些人深受 GPU 编程麻烦之苦。2003 年,英特尔推出了 4 核 CPU,英伟达的 GPU 想与之竞争,但苦于与用户的接口非常复杂,要编写大量的底层语言代码才能编程,这成为程序员的噩梦。柯克说服黄仁勋大力发展统一计算设备架构(CUDA)技术。CUDA 支持 C 语言环境的并行计算,C 语言是一种相对简单且相当普及的程序设计语言,这意味着工程师们很容易在 CUDA 架构的基础上编写程序,轻松上手使用 GPU 来做并行计算。GPU 变身为通用图形处理器(GPGPU),可处理非图形的通用计算任务。通用图形处理器拥有强大的并行处理能力,当数据处理的运算量远大于数据调度和传输的需要时,可以在性能上大大超越传统的 CPU。这项技术成熟后,柯克再次说服黄仁勋,让英伟达未来所有的 GPU 都必须支持 CUDA,以方便工程师们来学习和使用 CUDA。因为柯克在计算机高性能计算(HPC)领域所发挥的重要作用,他后来被誉为"CUDA 之父",还当选为美国国家工程院院士。

2007 年,英伟达正式推出 CUDA 架构的 Tesla GPU,其计算性能之强大就像让工程师们人人都掌握了开启核武器的密码一样。几乎一夜之间,地球上的超级计算机都采用了 Tesla GPU 来进行运算。英伟达的崛起让英特尔心生警惕。2008 年,英特尔中断了与英伟达在集成显卡方面的合作,推出自己的通用中央处理器(GPCPU)与英伟达对抗。这时候,英伟达主打的高端笔记本显卡产品又出现了与散热相关的重大质量问题,部分使用该款显卡的笔记本电脑出现黑屏甚至烧机的事故。英伟达 37 美元的股价在最低时跌到 6 美元。英伟达扛住了压力并持续进行产品迭代,其通用图形处理器被广泛应用于太空探索、金融交易、生物医疗、地理信息系统、天气预报、国防等需要强大计算能力的领域。在高性能并行计算领域,无人可与英伟达匹敌。2010 年,英特尔被迫取消了将 CPU 和 GPU 融合的独立显卡计划。

既然打不过,那就把它买下来。而且 CPU 老二超威收购了显卡老二 ATI,作为 CPU 老大的英特尔也该收购显卡老大英伟达表示一下。对英特尔来说,价格不是问题,问题是该给黄仁勋一个什么职位。然而双方一直没有达成一致意见,最后不了了之。英特尔再次因欧德宁的犹豫不决错失良机。2012 年,深度学习技术悄然兴起的时候,英特尔还在忙着与高通在争夺移动基带芯片市场上较劲。直到 2015 年,人工智能已成热潮,英特尔才如梦初醒,开始启动全方位的人工智能战略,一方面是努力让自己的 X86 追赶英伟达的计算速度,另一方面是收购了一些人工智能方向的芯片公司,设法做生态。英特尔甚至还将超威的 GPU 装入自己的系统芯片中,这是自 20 世纪 80 年代以来英特尔与超威的首次合作,这也再一次证明商场上没有永恒的敌人。

英特尔之所以要去找老冤家超威帮忙,是因为英伟达在 GPU 领域的竞争对手只有超威。市场上主流显卡的显示芯片主要由英伟达和超威两大厂商制造,通常将采用这两家企业显示芯片的显卡分别称为 N 卡和 A 卡,两者分别占据超过 60％ 和接近 25％ 的市场份额。

在硅谷,老黄被称为好斗的男人:爱穿黑色皮衣,时刻做好反击的准备,股价涨到 100 美元时还文了个纹身。黄仁勋得罪过的企业有超威、英特尔、微软、苹果、讯景等大型 IT 企业,以及几乎所有的游戏厂商。

对于处在挑战姿势的超威,黄仁勋当然更不会有什么好话。他曾说,英伟达和超威的差距是 9 跟 0。

黄仁勋的傲慢是有底气的,英伟达是游戏专用 GPU 和高端 GPU 的首选,超威只在“最具价值版块”获得些微优势。“最具价值”其实就是“低价”的同义词,这在轻价格、重性能的图形显示器市场上不是什么好事。

超威在 GPU 上的技术实力与英伟达有着不小的差距,但是别忘了,超威可是一家超有韧性的企业。经过十年的努力,超威在超越英特尔的同时,也给了英伟达一个突然的惊吓:2017 年,在比特币挖矿市场上,由于超威的 A 卡高端系列无论性能还是价格都比英伟达更有优势,很多矿工都争抢购买超威产品,A 卡成了抢手货,价格呈现阶梯似的上涨。

2019 年 1 月初,超威抢在英伟达前面发布了全球首款 7 纳米显卡。黄仁勋装得毫不在意,称“这显卡很一般”,心里却不可能不紧张。苏姿丰则谦虚地表示:“我猜想,他应该还没有见过这张卡吧。”

像英伟达和超威这样由华人创始或掌舵美国知名半导体企业的现象并

非孤例,而且越来越多。尤其是芯片设计领域,全球前 10 大芯片设计公司,除了高通,其他全部都是由华人创办或者担任首席执行官。此外在晶圆代工、半导体设备,甚至是电子设计自动化领域,都有华人担任重要职位。如果特朗普想召集美国半导体企业开一场如何打压中国芯片的会议,他会很郁闷地发现,在座的多数都是华人。

显卡已经不是超威和英伟达的主战场,黄仁勋和苏姿丰这对表舅与表甥女之间的战争,已经延续到战火更加激烈的人工智能芯片市场上。

第二十二章

云计算与人工智能

云计算大较量

2005 年,谷歌、IBM 和亚马逊提出了云计算的概念。这三家公司对云计算的理解完全不同:谷歌是为了把应用软件搬到云上,给用户提供更好的服务;IBM 是为了卖服务器;亚马逊则希望向网上商店和网站兜售计算能力。把这三家的想法合起来,就是一个完整的云计算概念。云计算就是通过在云端建设拥有大量计算和存储资源的数据中心,给个人或企业用户提供随时随地的信息访问、处理和分享等服务。

一开始,大家以为云计算就是当年甲骨文公司的网络计算机概念,是旧酒装新瓶。后来发现,由于技术的进步,云计算已远非昔日的网络计算机可比。首先是互联网上的应用软件已经非常丰富,而且共享功能强大,用户体验远远超过了个人电脑终端。其次是光纤网络的建成让带宽增加,移动通信技术的进步和 Wi-Fi 的无所不在使得上网变得非常方便,上网费用也十分低廉。最后,云计算可以给企业节约大量资金,企业不再需要自己购买和维护服务器,只需要从云上租用,即可根据需要享用几乎无限的云端存储和计算能力。

目前最成功的云计算平台是亚马逊的 AWS(Amazon Web Services),截止到 2018 年,已有 70 多万个企业用户。在一定程度上,它扮演了过去微软在个人电脑上的角色。原来在视窗上运行的应用软件如今移到了 AWS 上,终端不再需要考虑软件兼容的问题,云计算自然就不关 Wintel 联盟什么事了。云计算成为继电脑、智能手机之后的处理器的新赛道。

错过网络搜索、社交网络和移动智能的微软,这回终于走对了路,跟上了云计算的步伐。

2014 年 2 月,微软同时宣布了比尔·盖茨不再担任微软的董事长和萨提亚·纳德拉成为微软的第三任首席执行官的消息。微软的旧时代终于结束了,但没人肯定新时代是否能够开始。

纳德拉于 1988 年从印度前往美国留学,1992 年就加入微软,工作二十二年后,年仅 47 岁就执掌了拥有 13 万名员工的微软。微软的上任首席执行官鲍尔默常被指责为对新趋势反应迟钝,纳德拉则善于说服上司进入新领域。他在比尔·盖茨手下工作时就学会了对付暴君上司的办法:"他们会对你大吼大叫,说你是疯子,指责你试图毁掉整个公司。但你不要被这种戏剧性场面吓倒,只要一次次拿着数据去找他们,证明你的观点,因为这一切很大程度上是为了考验你是否真的知道你自己在说什么。"

纳德拉领导了微软向云计算的转型,在他的推动下,Azure 云计算业务打破微软传统,加大对开源数据的支持,并加入了开放数据中心联盟(ODCA)。Azure 支持包括 Linux 在内的数千个开放标准和开源软件环境。他还帮助微软推出了云计算版 Office 软件,即 Office 365。这是微软有史以来销售增长最快的产品之一。纳德拉"意识到了这是个面向服务的世界",十分看重互联网服务的巨大价值。他还强调要打破微软内部的各自为政,通过集体合作开发出优秀的产品。纳德拉的这些表现让他在微软内部和整个行业都获得了很高的声誉,并为他铺平了通向首席执行官宝座的道路。

很多人不看好纳德拉,他们认为微软已经颓废多年,各种问题积重难返,纳德拉作为一个"内部老人"很难彻底整治微软存在的问题。事实上,大家都看错了纳德拉。他一上任,就决然地把累计亏损 76 亿美元的手机部门清零,并不再对智能手机和平板电脑收取视窗软件的授权费用。过去的微软利用视窗操作系统扼杀竞争对手、压榨客户或合作伙伴,使出一切手段确保视窗在个人电脑领域的绝对统治地位,视窗一直是微软的核心业务和主要供血来源。而纳德拉先是大大压缩了视窗部门的预算,然后在 2018 年 4 月亲手杀掉了这只会下金蛋的鸡——宣布从此停止开发下一代的视窗操作系统,Windows 10 成为最后一版的视窗。

微软此前一直没有找对互联网的感觉,连曾经垄断浏览器市场的 IE 浏览器都被谷歌的 Chrome 浏览器打得落花流水。纳德拉领导微软全面地拥抱移动互联网,他将微软的业务全面云化,比如用户可以随时随地,且不用安装就可使用云端的 Office 服务。如今 Outlook、Skype、Word、Excel、PowerPoint、Dynamics、OneNote、OneDrive 几乎已经形成云端全家桶,微软打造了一支属于自己的超级集团军群。纳德拉在公开场合使用苹果手机,并开放云服务以方便开发商轻松创建苹果手机应用程序,苹果和亚马逊这些老竞争对手都成了微软的合作伙伴。在"去视窗化"后,微软甚至开始尝试使用别的操作系统,比如微软 Azure 云平台就使用了 Linux 操作系统。这些都是之前微软视竞争对手如"仇敌"的企业文化的惊人改变。

在就任首席执行官之前,纳德拉的职务是"服务和商业工具"部门的执行副总裁,微软的云计算业务是他一手推动的,后来成为微软东山再起的核心业务。他认为:"至少已有 2 兆美元投入到整个云服务市场。所以我认为我们的方向是正确的,而且我们已经开了个好头。云服务、大数据不再是遥远的未来,而是当下正在发生的事。"微软在云业务上连年大幅增加投资,积极抢滩云计算平台,建立起世界上规模最大的云基础架构之一,这是它的市值能够重回万亿美元级别的最重要原因。2019 年,微软的云计算收入为 181 亿美元,仅次于亚马逊的 346 亿美元,排名全球第 2。云计算问世不过十来年,全球市场规模已达到 1071 亿美元(Canalys 数据),对比一下,芯片问世后用了三十多年才达到千亿美元的市场规模。

没有云计算就没有大数据,没有大数据就没有人工智能。云计算出现以后,大规模的数据收集以及高强度的信息处理才变得非常容易,因此就兴起了许多做大数据或做企业级软件服务的小公司。这有点类似于半导体产业中晶圆厂和芯片设计公司的关系。哪个互联网巨头不希望自己在云计算市场上享有类似台积电的地位?除了美国的谷歌、IBM、亚马逊和微软,中国的阿里巴巴和华为也加入了云计算的战团。

2019 年,全球云计算市场格局维持一超四强。亚马逊一马当先,占了全球三分之一的市场,份额相当于第 2 名到第 5 名的微软、谷歌、阿里巴巴和 IBM 之和。由于云计算市场还在高速增长中,2019 年同比增长 38%(Canalys 数据),所以后来者还有机会抢到前面。亚马逊的份额在持续下降,微软、谷歌和阿里巴巴则步步逼近。

阿里巴巴的表现相当突出,阿里巴巴在亚太市场排名第一,而亚太市场是全球云计算增长最快的地区。在亚太市场特别是中国市场,云计算是新基建概念下很重要的一部分,而且新冠肺炎疫情大大刺激了市场对远程工作背后的云基础设施与技术的需求。阿里巴巴宣布,未来三年投入 2000 亿元,用于云操作系统、服务器、芯片、网络等重大核心技术的研发攻坚和面向未来的数据中心建设。中国其他云计算厂商如 UCloud、青云、金山云等也在谋求上市,募集资金储备弹药,力争在云计算市场占据一席之地。

IBM 的表现则相当糟糕,其云计算营收增长率远低于其他企业。IBM 是最早做云计算的企业之一,如今却位居前 5 名之末座,而且还有份额下滑之虞。IBM 这位蓝色巨人曾经为世界奉献了许多伟大的发明创新,包括穿孔卡片机、商务打字机、Fortran 编程语言、大型机和小型机、RISC 计算机、硬盘、内存、准分子激光光刻、铜互连技术、对称加密算法、深蓝超级电脑、沃森认知计算平台、物联网、智慧地球……但自 2012 年以来,IBM 的营收几乎每年都在下滑,甚至创下了连续 22 个季度营收下滑的可怕记录,至今股价已跌了近 40%,仅剩 1000 多亿美元。随着传统软硬件和 IT 服务业务日渐萧条,IBM 将自己从销售传统的 IT 工具重新定位为专注新兴数字工具,如云计算、人工智能、量子计算和区块链等。如果在被视为企业转型重要方向的云计算上表现不佳,IBM 前景堪忧。

2019 年 7 月,IBM 正式完成对红帽(Red Hat)公司的收购,收购金额高达 334 亿美元。这是 IBM 发展历史上最大的并购交易,也是美国科技行业史上金额排名第 3 的并购案。红帽是领先的基于开源 Linux 的企业软件供应商,擅长提供云端环境的企业运算解决方案,亚马逊、微软、谷歌和阿里巴巴都是红帽的重要客户。IBM 不打算在规模上与其他云计算企业竞争，而是致力于做公有云和私有云的拼接服务，帮助企业既拥有公有云高效灵活的资源，又拥有私有云的安全性。所以红帽被并入 IBM 的混合云部门，以帮助 IBM 做好混合云服务。相对于红帽 205 亿美元的市值来说，IBM 给出了高达约 63％的溢价。但一些红帽的员工并不开心，他们更希望自己的公司被微软并购。业界也并不看好 IBM 对红帽的收购，因为红帽只有一半的业务与云计算相关。

云端处理器争夺战

处理器和存储器是计算设备的核心构件。自 ENIAC 诞生以来的七十多年时间里，计算设备经历了商用大型计算机、个人电脑、智能手机和云服务器 4 次革命的变迁。每发生一次新的革命，新崛起的计算设备都只是占据市场的主导地位，原有的计算设备只会"老兵不死、逐渐凋零"。每次计算设备新革命都会带来信息产业的大洗牌，昔日不可一世的市场领导者老态龙钟、力不从心，行业新贵在新的赛道上粉墨登场、春风得意，这一幕将一再重复上演。目前，智能手机的巅峰期已过，全球市场的智能手机出货总量开始下降，云计算则驱动对服务器的需求稳步增长，全球每年服务器出货量超过 1000 万台，年市场规模超过 700 亿美元。云服务器是计算设备领域的又一个新赛道。

云服务器的崛起给存储器市场带来了很大的变化。在 2014 年以前，存储器最大的市场在个人电脑。从 2015 年开始，存储器转变为以智能手机和平板电脑为主。即使智能手机的销量下跌，每部智能手机的平均存储量还会继续上升。据 TrendForce 预测，预计到 2022 年，存储器的主战场才将从智能手机转移到服务器。在服务器存储器市场上的表现，将在很大程度上决定新生的中国大陆存储器厂家的成败。而对大陆厂家服务器存储器的采购,又将取决于阿里巴巴、华为等中国企业在云计算市场上的份额。

比云存储器领域的竞争更激烈的是云处理器领域。英特尔原本长期垄断云计算处理器芯片的市场,市占率超过九成。但是,ARM 架构在网络基础设施和数据中心服务器方面显示出强劲的增长势头,ARM 服务器芯片赢得越来越多厂商的青睐。

2019 年 1 月,海思发布首款基于 ARM 架构的服务器芯片——鲲鹏920,它将部分替代英特尔的服务器芯片,大大降低华为运营数据中心的成本。海思成为中国第一家成功基于 ARM 架构自研并量产服务器 CPU 核的厂家。年底,亚马逊宣布,使用 ARM 的新一代架构 NEOVERSE N1 的处理器芯片 GRAVON2 将用在它自己的服务器上,可为客户节省高达 40% 的成本。谷歌、阿里云等服务器大户也都在联合高通、超威等芯片设计公司,推动 ARM 架构的"英特尔替代方案"。

有意思的是,英特尔前总裁蕾妮·詹姆斯离职之后创办了一家芯片创业公司 AMPERE,其业务是基于 ARM 架构打造服务器芯片,还得到了安谋的投资。AMPERE 的首款产品 ALTRA 就是一款基于 ARM 的 80 核服务器处理器。她曾经是格鲁夫的助理,也曾经是英特尔首席执行官的候选人。连这样的英特尔资深管理人员都看好 ARM 架构的前景,可想而知英特尔该是多么的沮丧。

对于 ARM 来说,目前其最大的问题还是需要尽快建成从芯片到平台再到独立软件开发商的生态系统。对于以企业为服务对象的云处理器领域,软件生态问题的门槛没有消费者市场那么高,相信对 ARM 来说这只是一个时间的问题。

随着越来越多的科技公司停用英特尔处理器,选择基于 ARM 架构自行设计的 CPU,精简指令集或许终将彻底赢得这场与复杂指令集之间已持续长达半个多世纪的战争?

在英特尔被 ARM 对服务器市场的蚕食搞得心烦意乱之际,它的两大竞争对手,英伟达和超威分别宣布了各自的大并购计划,举世为之震惊。

2020年9月14日,黄仁勋正式宣布:将以400亿美元收购安谋。如果成功的话,这将是半导体行业有史以来金额最大的一笔收购案。

4年前的2016年7月,日本软银以243亿英镑收购安谋。可是,这桩被孙正义"视为我一生中最重要的交易"让他失望了。到软银想把安谋转售给英伟达的时候,安谋四年间的增值不过30%。要知道,同一期间英伟达的增值可是接近8倍,由400亿美元发展成估值3000多亿美元的芯片设计巨头。

安谋这些年的发展并不好,收入没什么增长,总是徘徊在18亿美元,利润还在不断走低,2019年仅3亿美元。主要原因是智能手机业有目共睹的衰退,影响了安谋的主营收入。而安谋押宝的物联网发展得并不快,尚未成为预期中的下一个千亿颗级别的芯片市场。另外,安谋的垄断地位出现了动摇,精简指令集阵营出现了一个开放性的竞争者——RISC-V。

因为是开放架构,自2010年以来,加州大学伯克利分校的计算机科学系开发的RISC-V逐步流行,在全球范围内已有多所大学和众多企业参与合作。RISC-V架构的一致性由非营利的RISC-V基金会予以保证,开发者可以基于同一语言设计不同的处理器,应用范围从运行Linux的处理器覆盖至物联网处理器。正如基于Linux系统开发的操作系统在个人电脑之外的领域严重威胁了视窗这样商业性的操作系统一样,基于RISC-V架构的处理器设计也动摇了ARM的一统江山。RISC-V架构不会受到政治的干预,ARM断供华为已经产生了很恶劣的影响,为了防止被美国卡脖子,许多中国企业将优先考虑应用RISC-V架构。作为市场的绝对垄断者,安谋要想改善财务状况很简单,提价就是了。但安谋不敢提价,RISC-V已经在全球范围内蓬勃发展,若安谋提价必定会加速客户向RISC-V迁移的速度。

如果安谋落入英伟达之手,英特尔会更加头痛。黄仁勋说了,如果安谋到手,他将把英伟达擅长的人工智能、GPU等技术全线应用到ARM的生态系统中去,这不仅会直接影响智能手机行业,还会影响到云计算和数据中心市场。黄仁勋毫不掩饰自己对服务器市场的野心，而这是英特尔最后的家底。另外，英伟达擅长的是数据中心和游戏两个领域的业务，在移动领域的业绩乏善可陈，对安谋的收购可弥补英伟达的移动领域短板。

英伟达收购安谋的意图受到业内的普遍反对。安谋号称"全球半导体行业的瑞士"，它的行业定位是非歧视地向诸多芯片企业提供架构授权，就像是科技领域的瑞士一样，要保证永久性的中立。安谋的很多重要客户都是英伟达的竞争对手，它们都担忧安谋在落入英伟达手中后还能否公平地给它们提供服务。而且安谋变身为美资企业后，将更易成为美国建立全球霸权的工具，更难保证它的中立地位。[①]

英伟达宣布并购安谋后一个多月，超威也出手了。2020 年 10 月 27 日，苏妈表示：将以 350 亿美元的价格收购赛灵思，该交易将于 2021 年底完成。[②]

罗斯·弗里曼在智陆做工程师的时候，就有一个激进的想法："要做就做别人没有做过的，让芯片就像一个空白的磁带，可以任由工程师在上面编程、增加功能。"在这个想法的激励下，弗里曼创建的赛灵思成为 FPGA、可编程系统芯片及"自适应计算加速平台"（ACAP）的发明者。赛灵思拥有 FPGA 高达 50% 的市场占有率，它和英特尔、莱迪思和美高森美四大厂商几乎垄断了 FPGA 市场。

FPGA 芯片允许用户编程，用户可以反复修改芯片的电路功能，灵活改变芯片的计算任务，在更新任务时不需要重新定制芯片。而且，相对 GPU，FPGA 有低时延、低能耗和架构灵活的特性，这让对某些指标有硬性要求的企业很有吸引力。比如，亚马逊的智能语音助手 Alexa 与人对话时，GPU 的反应速度是几十毫秒，消耗 75 瓦到 100 瓦功耗，而 FPGA 的响应时间是几毫秒，功耗也要小得多。

---

① 2022 年 2 月初，英伟达收购安谋宣告失败。

② 2022 年 2 月 14 日，超威正式完成对赛灵思的收购，赛灵思成为超威的全资子公司。

FPGA 原本多用于通信基站产品，自 2014 年以后相继被微软、亚马逊等企业引入云计算中，可以大幅降低基础设施成本和提高计算速度。FPGA 还可以实现不同应用的切换，提升数据中心的使用效率。比如在亚马逊 AWS 数据中心里，白天 FPGA 上可以跑语音识别、图片分类，晚上就能跑视频文件转码，可在不同时间段更有效地满足消费者的不同需求。

ACAP 最大的优点是高速度和低时延，相比当前最高速的 FPGA 要快 20 倍，明显是冲着与 GPU 抢夺数据中心和人工智能的市场去的。ACAP 已经得到了众多云计算公司的支持，正在培养自己的生态，对数据中心市场的争夺还在初期阶段，发展前景广阔。

赛灵思现任首席执行官为在台湾长大的 Victor Peng，他带领赛灵思从传统的 FPGA 芯片公司逐渐转向以新兴的 AI、5G 和高性能计算为主的平台性公司，2019 财年取得年收入超过 30 亿美元的历史性突破。《财富》杂志 2019 年"未来 50 强"榜单上，赛灵思超过英伟达而成为半导体行业排名最高的公司。赛灵思"喜欢一直跑在前面"，它就像是十几年前的英伟达。赛灵思的 ACAP 业务一旦融入超威，将让超威在数据中心和人工智能领域的业务能力再上一个台阶。超威对赛灵思的收购，既是对英特尔收购赛灵思 FPGA 多年竞争对手 Altera 的回应，又是对英伟达收购安谋的反击。

这场英伟达与超威之间的并购战将对全球半导体行业产生深远的影响。与英伟达收购安谋的情势不同，超威并购赛灵思不存在明显的行业垄断风险，在各国市场监管机构那里通过的概率很大。讽刺的是，美国掀起的贸易战很可能会阻碍英伟达对安谋的收购。2019 年 5 月 22 日，安谋遵守美国贸易禁令，中止了与华为的合作。一旦安谋被美国企业收购，就更容易听从美国政府的政策安排，对某些企业采取歧视政策或优先保证另外一些企业的利益，这就干涉了移动领域的自由市场竞争。这是欧洲和中国都不希望看到的。美国是英国的盟国，英国大概率会允许英伟达收购安谋，但这一收购行为要想通过中国和欧盟的审批相信会有很大的困难。

不管这对表舅与表外甥女谁将笑到最后，最大的赢家都是台积电。无论英伟达还是超威都得找台积电代工芯片。在美国加州的淘金时代，多数淘金客都没赚到什么钱，发大财的是那个卖牛仔裤的人。人工智能芯片就是一场新时代的淘金热，而台积电就是新时代的卖牛仔裤的人。

2019 年，仅仅华为一家的芯片订单都能给台积电带来 50 多亿美元的营收，这也让华为成为台积电仅次于苹果的第 2 大客户。受美国禁令的影响，台积电和华为之间的合作被中断。失去华为以后，台积电的市值居然不跌反升，到了 2020 年 11 月份，台积电的市值突破 5000 亿美元，短短两个多月就增加了 1000 亿美元。台积电甚至还进入全球 10 大市值最高的公司之列。

填补华为缺口的最大新客户就是超威。格罗方德原本是超威的御用代工商，当超威旗下产品普遍进入 7 纳米制程的时候，退出先进制程竞争的格罗方德无力代工，超威只能将订单转交台积电。再下一步，连英特尔都要将代工订单交给台积电。正是出于本土已无法生产出最先进制程芯片的焦虑，美国才要求台积电赴美建厂，而台积电则要求美国给出足够力度的补贴。双方看来一时很难达成一致意见。

按照超威的发展趋势，超威甚至有可能在未来两年内超越苹果成为台积电最大晶圆消耗量的客户。超威可能在晶圆耗用量上超越苹果的背景，是芯片的风口在从智能手机向人工智能物联网转移。

AIoT 的换道超车

人工智能包括算法、数据和算力三要素。IBM 的算力不行，就把发展方向落在更重要的算法上。在人工智能的算法领域，IBM 同样是起了个大早，却又被远远甩在了后面。作为现代计算产业的先驱，早在 1962 年，IBM 就开发出了世界上第一个语音识别设备，当时仅能识别 16 个数字和符号。1997 年 5 月 11 日，IBM 的计算机程序"深蓝"在正常时限的比赛中首次击败了国际象棋排名世界第一的棋手加里·卡斯帕罗夫，举世皆惊。这是电脑击败人脑的重要里程碑，人工智能威胁人类生存的话题从此成为科幻热门题材。

可是，在这场震惊世界的人机大战过后十九年，却是谷歌的 AlphaGo 成为第一个战胜人类围棋世界冠军的人工智能机器人。IBM 率先踏入人工智能算法的大门，为何却被谷歌、亚马逊、微软、苹果这些后来者赶超？

IBM 在算法上犯了路线错误。IBM 搞的是认知计算，试图让电脑超过人脑，打造无所不知的专家系统。IBM 的路线错误让它最重要的人工智能商业化产品沃森系统付出了惨痛的代价。

IBM 是第一家将人工智能用于医疗保健的公司。2012 年，沃森通过了美国职业医师资格考试，并被部署在美国多家医院以提供辅助诊疗的服务。IBM 放下豪言，要让沃森惠及 10 亿人，诊断和治疗 80％的癌症种类中 80％的病患。然而几年过去了，这个诺言非但没有兑现，沃森反而麻烦缠身。多家合作医院的医学专家表示，沃森并没有给他们的工作带来帮助，甚至很多时候给出的结果是错误的。一些人认为，沃森应公开用作数据集的数据，如果沃森依据的只是小部分医生提供的带有局限性的理想化数据，这将是非常不负责任的做法。

这个评论戳到了 IBM 的痛处。因为 IBM 走的是认知计算的道路，对数据的质量要求非常高，加上沃森吹牛要解决连人类医生都挠头的疑难杂症，而疑难杂症的病例本就更少，这导致沃森学习到的治疗病例有限。为了给沃森提供数据支持，IBM 花费数十亿美元收购了多家做医疗数据分析和解决方案的公司。即使如此大的投入，IBM 似乎还是没有获得太多高质量的数据。沃森的知识储备不足，其表现自然也就差强人意。

IBM 宣称沃森将超越人类医生，这个目标在目前来看是不现实的。人工智能的优势是大数据的处理，更适合的定位应该是帮助人类医生进行数据和图像的解读，提供辅助诊断意见。2018 年，沃森健康部门大量裁员，宣告 IBM 在人工智能领域的阶段性失败。

沃森的失败宣告了,现阶段让人工智能像人脑一样能够进行主观判断还是很不现实的。人工智能只能通过深度学习来吃进海量数据,通过一定的算法得出尽可能准确的计算结果。比如无人驾驶,并不是说想上哪去就上哪去,而是必须在设定好的路线行驶。所以,深度学习是人工智能的基本功。深度学习的计算量巨大,需要在云端完成,然后通过算法在终端对新输入的数据进行智能推断。人工智能芯片相应地分成云端训练芯片和终端推断芯片两大类,最常用的云端训练芯片就是 GPU。

在人工智能兴起后,深度学习和大数据处理的运算量非常大。在同样的计算量上,GPU 在价格和功耗上相对传统的 CPU 都有巨大的优势。英伟达的通用图形处理器拥有低成本、大规模的并行处理架构,使得高密度、高性能的并行处理得以在个人电脑上部署。个人电脑就可以变成超级电脑,这为人工智能的发展铺平了道路。几百上千层的深度学习神经网络对高性能计算的需求非常高。GPU 有出色的并行矩阵计算能力,对于神经网络的训练和分类都可以提供显著的加速效果,所以,搭载 GPU 的超级电脑已经成为训练各种深度神经网络的不二选择。

目前世界上约有 3000 多家人工智能初创公司,大部分都采用了英伟达提供的硬件开放平台。这就像 20 世纪 90 年代的人们都基于 Windows 创业,或者在 21 世纪初的人们都在安卓和 iOS 上创业一样。黄仁勋毫不谦虚地宣称:英伟达不仅仅处在人工智能的浪潮之中,而且是人工智能浪潮得以成型和推进的重要原因。在云端训练芯片上,英伟达占据 80% 的市场份额,其次是千年老二超威,其他企业如老牌的英特尔或行业新秀 Graphcore 公司短期内都很难与这两家企业竞争。受益于人工智能应用对数据中心处理器算力的强劲需求,英伟达的数据中心业务自 2016 年起开始爆发性增长,同比增长率连续 7 个季度超 100%。

英特尔为狙击英伟达而做出的所有努力都未能奏效。CPU 已老、GPU

当道,连摩尔定律都需要依靠 GPU 来延续。全世界数据量的年增长速度大约是 40%,并在不断提升。CPU 的性能提升却在放缓,已经跟不上数据增长的速度。而 GPU 中所容纳的晶体管数量还在呈指数级增长,让 GPU 的性能以 40% 左右的速度提升,跟上数据大爆炸的脚步。所以,一点也不让人意外地,2020 年 7 月 8 日,一个分水岭式的历史事件发生了:英伟达当日市值接近 2500 亿美元,首次超越英特尔,成为全美市值最大的半导体企业。多家媒体都迫不及待地宣告:一个时代结束,另一个时代开始了。8 月 30 日,英伟达的市值继续涨至 3240 亿美元,整整甩掉市值跌至 2140 亿美元的英特尔一个千亿级。

除了在云端训练芯片市场上占据主要份额外,英伟达在终端推断芯片市场上也有布局。终端推断芯片最大的一块市场是汽车芯片,英伟达推出自动驾驶解决方案,销售了大量的硬件给特斯拉、奥迪、沃尔沃等车企和谷歌、博世这样的汽车技术供应商。除了一线车企,英伟达还为 100 多家初创公司供应了自动驾驶套件。

英伟达在终端推断芯片上并无很大优势,因为这是一个非常碎片化的市场,谁也不可能做到一家通吃。人工智能的终端推断芯片,其实就是 AIoT 芯片,其通常部署在智能手机、智能家居、自动驾驶汽车和各类 AIoT 设备中。AIoT 芯片对数据吞吐量的要求较小,GPU 在这一领域就显得大材小用。而且 AIoT 芯片更多地需要对成本、功耗、体积和计算性能进行综合考虑,并且对特定功能进行优化,通用型的 GPU 也无法满足。AIoT 芯片主要有 FPGA 和 ASIC 两条技术路线。FPGA 属于半定制芯片,特别适用于处理器研发阶段的快速迭代,在小规模应用时有较高的性价比。ASIC 属于定制芯片,能够针对不同应用进行专门的优化,虽然研发周期长且投入大,但大规模量产后就有较大的成本优势。

物联网的概念在 2016 年被提出,到 2019 年 5G 投入商用后成为热点。5G 的低时延、高带宽和大容量的三大特性的最大受益者正是物联网,如智能家居、可穿戴设备、智能汽车、智能医疗、智能物流、智能制造等。而通过基于物联网设备获得的海量数据，人工智能将能够更快地进化，也将拥有更多落地场景。AIoT 成为 5G 时代的信息产业新浪潮。

AIoT 时代，芯片产业面临截然不同的市场需求。有的对能耗敏感（如共享单车智能锁），有的对性能敏感（如需要进行大量机器视觉计算的终端设备），有的对价格敏感（如工业互联网领域的智能传感器），有的对时延敏感（如无人驾驶汽车）……定制化、专用化芯片成为趋势，NPU、TPU 之类的各种"PU"开始层出不穷，让人担心 26 个英文字母很快就会不够用了。X86和 ARM 架构都已很难满足 AIoT 设备复杂的、特定的计算需求。而 RISC-V 既具有精简指令集固有的优势，如高性能、低功耗，又比 ARM 架构开放、灵活和普惠。RISC-V 的开源意味着任何企业和学术团队都可在它的基础上构建自己的处理器设计架构，开发者具有很高自由度。RISC-V 没有专利授权费用，这点对初创公司、中小企业很重要。可以说，RISC-V 更能适应AIoT 时代的处理器架构需求。

信息时代发展的每个阶段都会有特定的处理器芯片架构诞生。第一次芯片浪潮，IBM 用定制处理器主宰了商用计算机的时代。第二次芯片浪潮，基于复杂指令集的英特尔 X86 架构一统个人电脑的江山。第三次芯片浪潮，基于精简指令集的 ARM 架构成功逆袭，占据了移动端。AIoT 时代，第四次芯片浪潮席卷而来，RISC-V 架构很可能将成为主导。目前 RISC-V 已成气候，未来处理器架构领域将可能形成 X86、ARM 和 RISC-V 三分天下的格局。第四次芯片浪潮如果诞生新的巨头，大概率会出自 RISC-V 指令集阵营。

AIoT 芯片市场偏碎片化和强应用驱动，适合初创企业进入。在这个领域，中国与世界同步，已经诞生了一批独角兽公司，其中一部分已步入全球先进行列。

寒武纪是中国起步较早的人工智能芯片初创企业之一，由中国科学院计算所孵化,其团队曾参与龙芯的研发,在全球人工智能芯片领域发表了多篇顶级论文。2016 年,寒武纪发布了世界上第一款终端人工智能处理器——寒武纪 1A,基于中科院计算所的 Cambricon-X 指令集,主要面向智能手机、安防监控、可穿戴设备、无人机和智能驾驶等各类终端设备。华为麒麟 970 处理器使用寒武纪 1A 作为神经网络单元,在人工智能方面的计算性能得以大幅超越苹果的 A11 处理器。尽管寒武纪创立不过四年,年收入仅有 6 亿元而且还在持续亏损,2020 年 7 月登陆科创板后仍然获得了 1000 亿元左右的市值,这是人工智能时代才会有的商业奇迹。

除了寒武纪这样的初创企业,中国的各个云计算巨头也多有在人工智能芯片的赛道上布局。这也是在从位于下游的云计算市场向上游的芯片设计的产业链延伸。随着云计算和大数据的快速扩张,各大互联网巨头的运算能力占据了全球相当大的比重。于是,这些巨头都想摆脱对 CPU 和 GPU 的依赖,自己亲自操刀,构建一套针对自己的算法和应用的定制人工智能芯片,从而实现更低的能耗和更高的运算效率,甚至构建一套自己的云计算生态。这个场面类似于个人电脑诞生之初微处理器和指令集的大战、智能手机问世时处理器芯片与操作系统的洗牌,云计算正在进入战国争雄般的大杀场阶段。

2018 年,百度推出基于 FPGA 打造的昆仑系列人工智能芯片,这也是中国第一款云端全功能人工智能芯片,既适用云端的深度学习训练,又适配诸如自然语言处理、大规模语音识别、自动驾驶和大规模推荐等具体终端场景的计算需求,用的是百度自研的 XPU 神经处理器架构。采用三星电子 14 纳米工艺的百度昆仑 1 在 2020 年量产,已在百度搜索引擎及云计算用户部署 2 万片,百度自曝其性能相比当前最先进的 GPU 在不同模型下提升 1.5～3 倍。7 纳米工艺的百度昆仑 2 预计将在 2021 年量产。百度昆仑芯片使得百度大脑具备了完备的软硬一体化能力,形成了从芯片到深度学习框架、平台、生态的人工智能全栈技术布局。

2019 年,华为推出昇腾系列人工智能芯片,采用自研的达·芬奇架构——基于 ARM 架构的神经网络处理单元,是目前计算密度最大的芯片单元。华为还发布了由 1024 块昇腾 910 打造的全球最快人工智能平台 Atlas 900。Atlas 900 的总算力相当于 50 万台个人电脑的计算能力,可明显提升天文探索、气象预测、无人驾驶、石油勘探等领域的计算效率。比如说,一张带有 20 万颗星辰的南半球星空图,如果科学家要从这 20 万颗星辰中找到某类特点的星体,非常艰难。过去 1 个科学家必须消耗 169 天的劳动量,才能完成此项工作。如今用了 Atlas 900,仅用 10 秒,就能从 20 万颗星辰中查找出目标星体。Atlas 900 已经部署到了华为云服务上,并且对全世界科研院所和高校进行开放。

为了做芯片,马云投资了中国大半个芯片圈。2019 年,阿里巴巴的平头哥公司推出基于 RISC-V 的处理器架构玄铁 910。阿里巴巴将玄铁 910 的知识产权核全面免费开放,希望能够在 AIoT 领域建立起开发者生态,目的是推它的操作系统 AliOS。AliOS 曾经在智能手机市场上败于安卓和 iOS,如今在物联网市场上卷土重来。

阿里巴巴还推出含光系列人工智能芯片,成功应用于杭州城市大脑数据中心。原来需要 40 颗传统 GPU,使用含光 800 仅需 4 颗,延时也降低一半。拍立淘商品库每天新增 10 亿张商品图片,使用传统 GPU 算力识别需要 1 小时,使用含光 800 后可缩减至 5 分钟。含光 800 不对外直接售卖,而是通过云的形式向阿里云数百万客户售卖算力。相比传统 GPU 算力,含光 800 的性价比可提升一倍。阿里巴巴力图打造“一拖二”的技术战略格局,云计算平台领跑、人工智能算法和人工智能芯片齐头并进,三者互相协同。

历史上,每一代半导体新巨头的出现都伴随着终端迁移:商用计算机市场成就了 IBM;个人电脑市场成就了英特尔;移动智能市场成就了安谋、高通、苹果、三星电子和华为。而在 AIoT 市场的新机会中,中国厂商很可能脱颖而出。要知道,通用处理器和定制处理器之间的界限是很模糊的,只要用的人多了,定制处理器就能变成通用处理器。英特尔的 CPU 诞生之初就是一款为日本企业定制的计算器芯片。GPU 原本也是专用于解决 CPU 搞不定的图形处理难题的定制芯片,市场做大以后就变成了图形处理和高性能计算通用芯片。现在的五花八门的人工智能处理器也是专用于解决 GPU 搞不定的特定计算难题的定制芯片,说不定中国企业中哪家的什么"PU"哪一天能发展壮大成为通用的人工智能处理器了呢?

在摩尔定律走向终结之际,硅管芯片很快将停止对先进制程工艺的追求,将发展重点转向实际应用的领域,而人工智能正是信息时代中一个正在爆发性增长且具有无限想象空间的偏重具体场景应用的新领域。人工智能芯片作为人工智能产业的基础层,提供了大量及特定运算所必需的算力支持,是整个人工智能产业发展的基石。人工智能和物联网有望很快将全球芯片市场的规模从 4000 亿美元提升到 5000 亿美元级别。人工智能领域基本被美国和中国两个国家主导,新兴的人工智能芯片,将是中国芯片企业崛起的一大时代机会。

中国在近年诞生了一大批人工智能公司、芯片公司,中国还有大量的智能化市场需求。一些有资金、技术、经验积累的中国企业甚至已开始了对最底层的处理器架构的攻坚。在人工智能的浪潮中,中国其他企业有机会像英特尔抓住微处理器、三星电子抓住存储器、高通和华为抓住智能手机处理器一样,选对赛道、后发制人,真正切入芯片的高端和上游,改写中国芯片长期落后的历史!

尾声

美国芯焦

2020 年底,受新冠疫情及数字化发展加速等因素的影响,芯片短缺现象开始在全球范围内蔓延。到了 2021 年,芯片荒越演越烈,受芯片短缺影响最大的汽车制造行业,竟有多家车企都因芯片供应不足而被迫减产甚至停产。更严峻的是,芯片短缺可能会持续数月,甚至可能持续到 2022 年。

芯片短缺问题惊动了美国政府。2021 年 4 月 12 日,美国白宫召集 19 家相关大型企业的负责人参加半导体线上峰会,讨论如何解决当下美国芯片短缺的问题。会议由美国白宫国家安全顾问沙利文、国家经济委员会主席布莱恩·迪斯、商务部部长吉娜·雷蒙多主持。国家安全顾问的出席,反映了美国政府将"缺芯"视为国家安全问题。企业方面,在芯片需求端,福特、通用、斯泰兰蒂斯(Stellantis)集团这些属于"缺芯重灾区"的车企的 CEO 自然是必须到场的,此外,"用芯大户"英伟达、谷歌母公司 Alphabet、AT&T、惠普、戴尔等公司的决策层人员也参与了会议。引人注目的是,在芯片供应端,不仅有美国本土的英特尔、格罗方德和美光,还有台积电和三星电子等其他国家的晶圆代工商列席。

会议全程大约持续了 3 个小时。通用和福特首先提出警告,由于汽车芯片这一关键零部件的短缺,可能对他们今年的收入造成总计 45 亿美元的影响。英伟达 CFO 表示很焦虑:"供应端上的问题还会持续几个月,今年芯片将会继续供不应求。"至于芯片为什么会断货?美国半导体工业协会会长约翰·诺伊弗将原因归结为美国芯片制造业的萎缩,他引用波士顿咨询等公司提供的数据指出:"1990 年,美国生产的半导体占世界的 37%,如今只有 12%。这一下降主要是由于全球竞争对手政府提供的大量补贴,使美国在吸引新的半导体投资方面处于竞争劣势。"国安顾问沙利文接着表示,制造端主要在东亚,这"构成美国国家安全的漏洞"。副国家安全顾问也跟着帮腔:"对于绝大部分新兴行业来说,半导体是重中之重,还有医药、航天等等领域也是如此。问题在于:如今,几乎 100% 的制造端都在东亚,90% 由一家公司制造,这是一个严重的漏洞。"至于会议的成效,白宫方面在会后表示,这次会议取得了圆满成功，"与会者们强调了提高半导体供应链透明度，以帮助缓解当前短缺问题。他们认为，改善整个供应链中的需求预测也十分重要，以帮助缓解未来的挑战，也十分重要"。芯片制造商们积极表示，要建设"额外的半导体制造能力"，以解决芯片供应不足的问题。

在会议接近尾声时，执政不足百日的美国总统拜登现身。鉴于此前有人批评拜登为提振美国经济提出的 2.3 万亿美元投资计划偏重道路、桥梁等传统基建项目，拜登特地携带了一块晶圆登场。他声称他的基建计划将"专注于建设美国本土的半导体生产"。他然后举起那块晶圆强调："这些芯片、晶圆、(还有)电池、宽带，都是基建，这些都是基建。"

拜登表示，他今天收到了由 23 位参议员、42 位众议员所写的联名信，支持"美国芯片计划"。来信提到"如果我们在这些高技能的工作岗位和专业知识上输给中国，损失是无法弥补的。"信件还点出，"美国在精密半导体方面依赖于战略竞争对手，其中存在风险。"信中还强调了对中国芯片发展的关注，其中提到"中国计划主导半导体供应链，并投入可观的资金，以达成目的。"信中还以此催促拜登政府尽快通过集结盟友等方式，在打造自己的芯片供应链上，"迈出比中国更激进的步伐"。①

拜登丝毫不隐瞒这次会议的目的是对半导体企业施压，要求在美国进行对芯片制造业的投资，"美国的竞争力取决于你们的投资"。在大约 10 分钟的发言中，拜登 19 次提及"美国（America）"，18 次提及"投资（invest）"。在会议结束后的新闻发布会环节，拜登对记者们公开表示："我一直在强调，中国和世界没有在等，美国也没有理由要等。美国现在在集中资本投入半导体、电池等领域。这是别人正在做的，我们也必须做。"拜登将发展半导体产业的意义提高到复兴伟大美国的高度："我们在 20 世纪中叶领导了世界，

---

①　江月，《拜登半导体峰会上演"硬营销"，手持芯片强推基建计划引全球关注》，《21 世纪经济报道》，2021-04-13。

我们带领世界到了 20 世纪末,我们将再次领导世界,"

　　拜登督促美国复兴芯片制造产业,这并无新意,也不让人意外。人们更关注的是,台积电这家总部位于中国台湾的全球最大晶圆代工厂的动向。台积电会在美国进行多大的投资?是否会将最先进的芯片制造技术输入美国?台积电,或许才是这次全球线上峰会的真正主角。

主要参考书籍

[1]安迪·格鲁夫.只有偏执狂才能生存:特种经理人培训手册[M].安然,张万伟,译.北京:中信出版社,2010.

[2]陈芳,董瑞丰."芯"想事成:中国芯片产业的博弈与突围[M].北京:人民邮电出版社,2018.

[3]大西康之.东芝解体:电器企业的消亡之日[M].徐文臻,译.南京:江苏人民出版社,2020.

[4]冯锦锋,郭启航.芯路:一书读懂集成电路产业的现在与未来[M].北京:机械工业出版社,2020.

[5]高陶.中国芯:战略型科学家江上舟博士传[M].北京:中国青年出版社,2012.

[6]古馆真.反调:驳《日本可以说"不"》[M].北京:经济日报出版社,2001.

[7]胡启立."芯"路历程——"909"超大规模集成电路工程纪实[M].北京:电子工业出版社,2006.

[8]迈克尔·马隆.三位一体:英特尔传奇[M].黄亚昌,译.杭州:浙江人民出版社,2015.

[9]朴常河.李健熙:从孤独少年到三星帝国引领者[M].李永男,杨梦黎,译.北京:中信出版社,2017.

[10]浦祖康,李墨龙.江上舟印象[M].上海:上海人民出版社,2012.

[11]钱纲.芯片改变世界[M].北京:机械工业出版社,2020.

[12]瑞尼·雷吉梅克.光刻巨人:ASML崛起之路[M].金捷幡,译.北京:人民邮电出版社,2020.

[13]商业周刊,器识:张忠谋打造台积电攀登世界级企业的经营之道[M].台北:商业周刊,2018.

[14]盛田昭夫.日本造:盛田昭夫和索尼公司[M].伍江,译.北京:生活·读书·新知三联书店,1988.

[15]汤之上隆.失去的制造业:日本制造业的败北[M].林曌,译.北京:机械工业出版社,2015.

[16]小托马斯·约翰·沃森,彼得·彼得.IBM 帝国缔造者:小沃森自传[M].杨蓓,译.北京:北京联合出版公司,2015.

[17]吴军.浪潮之巅(第四版)[M].北京:人民邮电出版社,2019.

[18]西村吉雄.日本电子产业兴衰录[M].侯秀娟,译.北京:人民邮电出版社,2016.

[19]谢志峰,陈大明.芯事:一本书读懂芯片产业[M].上海:上海科学技术出版社,2018.

[20]张忠谋.张忠谋自传:1931—1964[M].北京:生活·读书·新知三联书店,2001.

后记

在完成《手机战争》一书的写作后,总觉得有些意犹未尽。因为"手机"这个命题太过宏大,一部小小的手机,能够浓缩从芯片、移动通信、计算硬件设备、软件到移动互联网的整个信息产业的发展。信息产业的这些领域,每一个都是宏大的命题,都有很多的故事可以讲,但在《手机战争》这本书中,受"手机"主线的约束,手机之外的话题不可能展开太多。特别是芯片及其背后的半导体产业,是一个价值高达4000多亿美元的大产业,整个信息产业都是以芯片作为基础建筑起来的。芯片的发展历史远比手机要长,其覆盖范围达到整个电子产业界,手机不过是芯片应用的一个细分市场而已。《手机战争》虽然也大致勾勒出了全球及中国芯片产业发展的概况,但远不足以展现芯片几十年发展的全貌。于是,笔者又萌生了专门为芯片写一本书的念头,然后就有了《芯片战争》。

一旦开始动笔,才发现这部书的写作难度远远超出预期。一方面,芯片的发展历程就是一部人类科技进步的交响曲,也可被称作一部无数科技精英代表整个人类挑战科技极限的宏大史诗。没有芯片,人类就不可能进入信息社会的阶段,不可能享受第二次世界大战之前的人类想象不到的繁荣与富足。尽管今天的人们还会抱怨当今世界还存着许多的社会、政治和经济问题,但被他们遗忘或忽视的是,相比第二次世界大战以前的农业或工业社会阶段,今天已经好得太多太多,而这一切都是拜小小的芯片所赐。另一方面,芯片对中国却是一部命运交响曲。对中国来说,一块芯片居然是一个承载了那么多辛酸、泪水、挫折、失败、奋发的宏大命题。一块小小的芯片的背后牵涉了太多的个人命运跌宕起伏、技术进步与挫折、公司兴衰与浮沉、大国角逐与竞争。因为中兴和华为被美国制裁的事件,"芯片"在中国成为一个热词,但相信并没有多少人真正了解,为什么中国要做出一块最先进的手机芯片是这么困难。如果把《手机战争》比作一部喜剧,那么《芯片战争》就是一部励志剧。中国在手机产业上已经取得了相当大的成功,但在芯片产业上还有一段太漫长、太艰辛的道路要走。

　　此前市面上也出了一些与芯片相关书籍，但大多是以科学家为主角、以技术的进步为主线。这部书则不同，主要以商业人士为主角，以公司的发展为主线，从市场的视角看待芯片。毕竟，芯片是一种需要公司不断输血才能生存的产品。对芯片来说，市场的成功或许远远要比科技的进步还要重要。

　　关于高通、博通、海思、苹果等芯片产业巨头的故事在《手机战争》中已有浓彩重墨的描述，本书就不再重复，有兴趣的读者可以进一步阅读《芯片战争》一书的姊妹篇《手机战争》。

　　最后，感谢华中科技大学出版社亢博剑社长对本书出版的支持，感谢田金麟编辑、江彦彧编辑对本书细致、认真而又专业的编辑工作，感谢购买本书的读者们。如果各位读者觉得从这本书中可以得到一点小小的启发，那就让作者感到莫大的欣慰了。

余盛
写于 2021 年 6 月 6 日终稿完成之际，
丽江瓦蓝意庐店